水环境品质提升与水生态安全保障丛书

湖湾水源地水生态健康提升与水质保障

Enhancement of
Water Ecological Health and Protection
in Lake Bay Water Supply Area

李勇　等编著

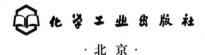

·北京·

内容简介

本书以建立湖湾型水源地水生态健康提升与水质保障技术体系为主线，围绕水源地水生态评价、陆域典型污染源综合防控和湖滨带水生植被优化管理等重点方向，系统论述湖湾型水源地水生态健康安全评价、特色农业面源源头监控和过程控制、入湖河道水质改善和长效维持、湖湾水源地水质维护与植被优化调控等技术体系，并介绍各项技术在太湖东部某湖湾水源地及其周边开展的示范验证情况，旨在为有效保障我国湖湾型水源地水质安全、全面提升区域水生态健康水平提供技术支撑与工程范例。

本书依托国家水体污染控制与治理科技重大专项"十三五"课题"湖湾水源地水生态健康提升与水质保障技术及工程示范"的研究成果，是对课题技术创新成果的凝练和总结，可供从事生态环境、城市水务的科研工作者、技术人员和管理人员参考，也可供高等学校环境科学与工程、市政工程及相关专业师生参阅。

图书在版编目（CIP）数据

湖湾水源地水生态健康提升与水质保障 / 李勇等编著. -- 北京：化学工业出版社，2024.12. -- （水环境品质提升与水生态安全保障丛书）. -- ISBN 978-7-122-24519-9

Ⅰ. X824

中国国家版本馆CIP数据核字第20247G14K1号

责任编辑：刘兴春　刘　婧　　　　　　文字编辑：丁海蓉
责任校对：李露洁　　　　　　　　　　　装帧设计：韩　飞

出版发行：化学工业出版社（北京市东城区青年湖南街13号　邮政编码100011）
印　　装：北京建宏印刷有限公司
787mm×1092mm　1/16　印张24¼　字数542千字　2025年3月北京第1版第1次印刷

购书咨询：010-64518888　　　　　　　售后服务：010-64518899
网　　址：http://www.cip.com.cn
凡购买本书，如有缺损质量问题，本社销售中心负责调换。

定　　价：198.00元　　　　　　　　　　　　　　　版权所有　违者必究

"水环境品质提升与水生态安全保障丛书"
编委会

主　　任：贾海峰

副 主 任：曾思育　李　勇　孙朝霞

编委成员（按姓名笔画排序）：

　　　　　　王洪涛　邓建才　吕卫光　李大鹏　李广贺　杨积德
　　　　　　吴时强　吴乾元　何圣兵　何培民　陈　嫣　周　炜
　　　　　　胡洪营　钱飞跃　席劲瑛　黄天寅　梁　媛　戴晓虎

《湖湾水源地水生态健康提升与水质保障》
编著者名单

编 著 者（按笔画排序）：

　　　　　　王飞华　王俊霞　邓建才　吕卫光　朱金格　刘　锋
　　　　　　许晓毅　孙朝霞　李　勇　李　祥　李大鹏　李建华
　　　　　　杨云锋　杨积德　宋　科　张占恩　金文龙　周集中
　　　　　　郑宪清　袁永达　顾晓丹　钱飞跃　黄　勇　黄天寅
　　　　　　梁　威　梁　媛　韩　涛　滕海媛

序

　　改革开放以来，工业化和城市化的不断推进及社会经济的高速发展，使我国面临严峻的水资源短缺、污染加剧和生态系统退化等问题，大自然敲响了生态环境保护的警钟，特别是20世纪90年代以来，我国河流湖泊水质不断恶化，生态和水环境问题积重难返，社会可持续发展及人民群众生产、生活和健康面临重大风险。面对污染治理、环境管理和饮用水安全的严峻挑战，2007年党中央国务院高瞻远瞩，做出了科技先行的英明决策和重大战略部署，启动了水体污染控制与治理科技重大专项（简称"水专项"），开启了新型举国体制科学治污的先河。"水专项"抓住科技创新这个牛鼻子，开展以问题和目标为导向的科技攻关，按照流域系统性与整体性治理理念，分控源减排、减负修复、综合调控三步走战略，重点突破重点行业、农业面源污染、城市污水、生态修复、饮用水安全保障以及监控预警六个领域关键技术，构建流域水污染治理、饮用水安全保障与水环境管理三大技术体系，开展工程示范，在典型流域和重点地区开展综合示范，通过科技创新、理念创新和体制机制创新，政产学研用深度融合，形成可复制可推广科技解决方案，为国家流域水环境综合整治和饮用水安全保障提供技术与经济可行的科技支撑，全面提升我国水生态环境治理体系和治理能力现代化水平。"水专项"实施以来，特别是"十三五"以来，紧密围绕国家战略和地方需求，聚焦水污染治理、饮用水安全保障、水环境管理三个重点领域，形成中央地方协同、政产学研用联合攻关模式和系统解决方案。针对三大重点领域，"水专项"建立了适合我国国情的流域水污染治理、饮用水安全保障和水环境管理技术体系，各有侧重、互为补充、形成合力，推动了复杂水环境问题的整体系统解决，减少了成果的碎片化，经过工程规模化应用和实践检验，已在水环境质量改善和饮用水安全保障中发挥了重要的科技支撑与示范引领作用。

　　针对我国经济发达地区城市水环境品质提升与水生态安全保障的需求，"十三五"期间水专项设置了"苏州区域水质提升与水生态安全保障技术及综合示范项目"。该项目由清华大学牵头，分别针对水设施功能提升与全系统调控、水源地生态环境安全保障、河道水环境品质提升与水生态健康维系技术开展了系统研究和工程示范。项目首席专家清华大学贾海峰教授组织编写的"水环境品质提升与水生态安全保障丛书",凝聚了苏州"十三五"水专项研究成果的精华。该丛书由三部专著组成,是在总结国内外城市水环境治理经验和教训基础上,以苏州为研究案例,对城市水环境品质提升与水生态安全保障理论方法、技术体系和实践经验的系统总结和提升。其中,《水环境设施功能提升与水系统调控》以城市水系统安全高效运行和水设施精细化智能化管控技术体系构建为主线,选择印染废水处理厂、城市污水处理厂和城市管网等典型设施,系统介绍了设施排水的生态安全性评价与监控、印染废水处理厂毒害污染物与毒性控制、城市污水处理厂数字化全流程优化运行与节能降耗、城市排水系统多设施协同调控与雨季高效安全运行、城市污泥处理处置对水环境影响的综合评价、水环境设施效能动态评估6项核心技术。《湖湾水源地水生态健康提升与水质保障》以湖湾型水源地水生态健康提升与水质保障技术体系构建为主线,围绕水源地水生态评价、陆域典型污染源综合防控和湖滨带水生植被优化管理等重点方向,全面介绍了湖湾型水源地水生态健康安全评价体系、特色农业水肥一体化精准施肥、山地生态种植与病虫害绿色防控、集中式污水处理厂优化运行与尾水深度净化、分散型农村生活污水处理设施长效维护管理、湖滨带水生植被群落优化调控和水生植物收割残体资源化7项核心技术。《城市河流水环境品质提升与生态健康维系》以建立城市河流水环境品质提升与生态健康维系技术体系为主线,针对城市构建高品质水环境的需求,整体介绍了城市水体感官愉悦度与生态健康评价、城市径流多维立体控制、城市河网流态联控联调、河流典型污染物快速去除与透明度提升、河流生态修复与健康维系5项核心技术。丛书还全面介绍了各项技术和技术模式在苏州中心城区范围内的验证、工程示范和成效情况。

  该丛书体系完整,内容丰富,研究方法合理,技术先进实用,实践案例翔实,成效显著,创新性强,代表了当前我国城市水环境与水生态安全领域的最高研究水平,可为环保系统、城市建设、水利水务部门的技术人员和管理者以及相关专业的师生提供参考,相信也会对我国城市水环境管理有所帮助。

中国工程院院士
国家科技重大专项技术总师
中国环境学会　副理事长

2023 年 2 月

前　言

　　我国饮用水源以地表水为主,但随着城市化进程的加快和高强度的开发,饮用水安全面临着内源污染加剧、农业面源污染得不到有效控制、水质恶化等风险,饮用水安全问题不容乐观,水资源和水生态方面的问题越来越突出,直接影响饮用水安全保障。

　　经过多年的治理,作为苏州市最重要的湖湾水源地之一的太湖水质已经得到有效改善,但水安全问题仍不容乐观。水源地周围农业面源、点源众多,还有客水汇入,湖泛、藻类大量生长时有发生,导致水生态安全受到威胁,湖湾水源地的水质指标还不能稳定达到Ⅲ类水标准。尤其浅水湖泊,易受风浪扰动影响,水动力过程复杂,生态系统结构复杂。水源地水质除受上游来水影响外,还与湖湾水源地水生态结构、底泥再悬浮、外部开阔水域藻类漂移以及乡镇农业面源污染和污水厂尾水排放等密切相关。此外,威胁供水安全的微量、痕量污染物(如抗生素、农药等)在湖湾水源地水体中的存在情况及对水质的影响亟待解决。因此,亟须针对湖湾水源地进行环境风险防控,研发促进水源地水生态健康提升和加强水质保障的技术就成为降低湖湾水源地安全风险的迫切需要。

　　苏州作为我国率先进入城市水环境治理转型期的代表性城市,有实现苏州水环境品质持续提升、保障太湖东部区域水生态安全的迫切需求。在此背景下,国家水体污染控制与治理科技重大专项于2017～2021年实施了"苏州区域水质提升与水生态安全保障技术及综合示范项目"研究,该项目由清华大学牵头,设置三个课题,分别针对水环境设施功能提升与水系统调控、湖湾水源地水生态健康提升与水质保障、城市河流水环境品质提升与生态健康维系技术开展了系统研究和工程示范。"水环境品质提升与水生态安全保障丛书"就是本项目三个课题研究成果的系统提炼和总结。

　　本书是课题二"湖湾水源地水生态健康提升与水质保障技术及工程示范"成果的总结,该课题由苏州科技大学负责,参加单位有同济大学、苏州市环境科学研究所、中国科学院南京地理与湖泊研究所、上海市农业科学研究院、中国科学院水生生物研究所等。课题针对苏州湖湾水源地水生态健康提升与水质保障的需求，重点开展了特色农业生态种植污染减控、农村生活污水治理、生态岸带管理与提升、水源地水质维护与水生植物优化管理等技术，并在湖湾水源地进行了示范验证，形成了湖湾水源地水生态健康提升与水质保障体系，为我国饮用水源生态健康提升与水质保障提供了技术支撑。

本书共 5 章。第 1 章阐述了湖湾水源地水环境与水安全的现状及问题；第 2 章介绍了湖湾水源地水环境与水生态的现状调查，建立了湖湾水源地水生态安全评价技术；第 3 章论述了特色农业面源污染问题，介绍了果园林地水肥一体化精准施肥技术、特色农业面源污染截留技术等；第 4 章针对临湖村镇集中式污水厂、分散型生活污水处理的问题，论述了尾水深度净化技术、分散型农村生活污水处理气升回流一体化技术等，并介绍了相关工程案例；第 5 章针对湖湾水源地内源污染控制和湖滨岸带水生植被分布特征，提出了水源地水生植被调控优化技术、水生植物收割残体制备生物炭技术等技术及工程案例。

本书主要由李勇等编著，各章编著具体分工如下：第 1 章由李勇、钱飞跃、孙朝霞完成；第 2 章由杨积德、李勇、张占恩、周集中、杨云锋、李大鹏、金文龙、王俊霞、梁威、王飞华、钱飞跃、孙朝霞完成；第 3 章由吕卫光、李勇、李建华、宋科、郑宪清、袁永达、滕海媛、钱飞跃、孙朝霞完成；第 4 章由黄天寅、李勇、黄勇、钱飞跃、刘锋、许晓毅、李祥、顾晓丹、孙朝霞完成；第 5 章由邓建才、李大鹏、朱金格、李勇、梁媛、韩涛、钱飞跃、孙朝霞完成。在本书编著过程中，为本书提供素材的人员还有刘念、朱强、洪锦波、黄子恒、董藏元。在此对所有参加编著的人员表示感谢。同时本书作者衷心感谢国家水体污染控制与治理科技重大专项、苏州市政府的支持，以及课题实施过程中众多评估专家的宝贵建议，感谢苏州市生态环境局、苏州市吴中区太湖水污染防治办公室、苏州吴中金庭污水处理有限公司以及课题全体研究人员的贡献，本书内容体现了课题组全体研究成员的集体研究成果。书中还引用了不少专家学者的研究成果，在此一并表示衷心感谢！

限于编著者水平及编著时间，书中难免存在不足和疏漏之处，敬请读者提出修改建议。

编著者

2023 年 12 月

目 录

第1章 绪论 1

1.1 湖湾水源地水生态现状及问题 1
    1.1.1 水源地保护研究现状 1
    1.1.2 水源地保护存在的问题 6
1.2 典型湖湾水源地水生态治理需求 11
1.3 湖湾水源地水生态健康提升技术路线 12
参考文献 15

第2章 湖湾水源地水生态安全评价和健康诊断 18

2.1 水源地现状调查与健康诊断方案 18
    2.1.1 水源地现状调查方案 18
    2.1.2 水质评价与健康诊断依据 20
2.2 水源地水质与水生态分析和诊断 22
    2.2.1 常规水质指标分析 22
    2.2.2 特殊水质指标分析 29
    2.2.3 底泥组成分析 36
    2.2.4 微生物群落分析 39
    2.2.5 水生生物群落分析 48
    2.2.6 水生生物与水质的关联性分析 60
2.3 浅水湖泊水源地水生态安全评价技术 69
    2.3.1 水生态安全指标体系构建方法 69

  2.3.2 评价指标选取和选择依据 ························ 70
  2.3.3 水生态安全评价分级标准 ························ 72
  2.3.4 评价指标赋分标准及评价方法 ···················· 72
  2.3.5 水生态安全评价案例 ···························· 79
参考文献 ·· 80

第3章　临湖特色农业面源源头减控和过程控制　　87

 3.1 特色农业面源源头监控和过程控制技术思路 ············ 87
 3.2 临湖农业面源污染负荷调查 ·························· 88
  3.2.1 农业面源研究区域概况 ·························· 88
  3.2.2 临湖农业面源污染调查 ·························· 90
  3.2.3 特色农业污染源调查与监测 ···················· 103
 3.3 果园林地水肥一体化精准施肥技术 ··················· 108
  3.3.1 水肥一体化技术方案 ··························· 108
  3.3.2 水肥一体化施肥设施建设 ······················ 111
  3.3.3 水肥一体化精准施肥技术效果 ·················· 113
 3.4 特色农业生态种植模式 ····························· 122
  3.4.1 枇杷园化肥减量与替代技术 ···················· 122
  3.4.2 病虫害绿色防控技术 ··························· 126
 3.5 特色农业面源污染截留技术 ························· 138
  3.5.1 果园林下径流水收集装置 ······················ 138
  3.5.2 果园林下景观氮、磷生态拦截带技术 ············ 141
  3.5.3 生态箱+生态沟渠面源径流拦截净化技术 ········ 145
参考文献 ·· 154

第4章　入湖河道水质改善与长效维持　　163

 4.1 入湖河道水质改善与长效维持技术思路 ··············· 163
 4.2 农村污水治理现状调查 ····························· 164
  4.2.1 污水处理厂基本情况 ··························· 165
  4.2.2 分散型污水处理基本情况 ······················ 166

4.3 村镇污水厂运行优化与尾水深度处理 ································ 171
    4.3.1 村镇污水厂数字建模与运行优化 ······························ 171
    4.3.2 村镇污水厂尾水深度处理技术 ································ 182
4.4 分散型生活污水处理装备及长效管理 ································ 200
    4.4.1 气升回流一体化污水处理技术 ································ 201
    4.4.2 分散型生活污水处理设施长效管理新模式 ···················· 211
4.5 临湖村镇污水厂优化运行与尾水净化工程案例 ···················· 214
    4.5.1 工程方案 ·· 215
    4.5.2 工程建设运行 ·· 218
    4.5.3 工程实施效果 ·· 219
4.6 临湖分散污水处理及长效运行工程案例 ······························ 221
    4.6.1 工程概况 ·· 221
    4.6.2 工程方案 ·· 222
    4.6.3 工程建设运行 ·· 222
    4.6.4 工程实施效果 ·· 222
4.7 入湖河道生态修复工程案例 ··· 225
    4.7.1 入湖河道生态修复工程方案 ······································ 225
    4.7.2 入湖河道生态修复效果 ·· 229
参考文献 ··· 230

第 5 章 湖湾水源地水质维护与植被优化调控   236

5.1 湖湾水源地水质维护与植被优化调控技术思路 ···················· 236
5.2 水源地外源污染导流阻隔方案 ·· 237
    5.2.1 生态模型的构建 ·· 237
    5.2.2 生态模型的校验与率定 ·· 241
    5.2.3 水环境模型方案设计和结果 ······································ 243
    5.2.4 水源地水动力优化方案和演算 ··································· 247
5.3 水源地流泥污染消除技术 ·· 251
    5.3.1 水源地风场、流场特征 ·· 251
    5.3.2 水源地底泥空间分布与污染特征 ······························· 260
    5.3.3 风浪扰动作用下沉积物再悬浮与营养盐释放特征 ·········· 269
    5.3.4 水源地水下潜坝内污染控制技术 ······························· 278

5.4 水源地水生植被优化调控技术 ································ 282
    5.4.1 湖滨带挺水植被优化调控 ······························ 282
    5.4.2 敞水区沉水植被优化调控 ······························ 306
5.5 水生植物收割残体资源化处置技术 ··························· 329
    5.5.1 技术原理与流程 ·· 329
    5.5.2 水生植物收割残体生物炭的制备及性能 ············· 331
    5.5.3 功能生物炭对污染物的去除效果 ···················· 342
5.6 湖湾水源地水生植被调控管理工程案例 ···················· 364
    5.6.1 工程方案 ·· 365
    5.6.2 工程建设 ·· 367
    5.6.3 工程实施效果 ·· 368

参考文献 ··· 369

第1章 绪 论

我国饮用水源以地表水为主，但随着频繁的人类活动和高强度的开发，饮用水源地也受到不同程度的污染，甚至水质不能达标，危及人们的生产生活和健康安全。饮用水源地保护包括饮用水源安全评价与保护、饮用水源周边农业污染防治、农村生活污水污染防治、水源地内源污染控制等，水源地作为特殊的区域，对城市水资源的利用与保护起到至关重要的作用，是城市可持续发展的不竭动力。

1.1 湖湾水源地水生态现状及问题

我国的集中式饮用水水源地主要包括河流型水源地、湖泊型水源地、地下水水源地等类型。根据《2016 年中国生态环境状况公报》，338 个地级及以上城市 897 个在用集中式生活饮用水水源监测断面（点位）中，有 811 个全年均达标，占 90.4%。其中地表水水源监测断面（点位）563 个，有 527 个全年均达标，占 93.6%，主要超标指标为总磷、硫酸盐和锰。到 2022 年，地级及以上城市在用集中式生活饮用水水源监测的 919 个断面（点位）中，881 个断面（点位）全年均达标，占 95.9%。其中地表水水源监测断面（点位）635 个，有 624 个断面（点位）全年均达标，占 98.3%，主要超标指标为高锰酸盐指数、总磷和硫酸盐。饮用水是人类生存和发展的基本需求之一，随着环保意识的加强，饮用水安全问题已经引起全社会的高度重视，目前我国饮用水水源地水质评价主要参考《地表水环境质量标准》（GB 3838—2002）和《地下水质量标准》（GB/T 14848—2017），我国饮用水的水质监测水平与评价标准体系确立的相关工作还需要进一步完善。

1.1.1 水源地保护研究现状

对饮用水水源地的保护是一项政策性和技术性都很强的工作。世界各国对饮用水水源地的保护都极为重视，但受经济、社会体制和地理环境等不同条件的影响，法规内容及技术标准的规定程度也不尽相同。

(1) 国外水源地保护现状

世界上一些发达国家早在20世纪初就有了饮用水的立法，主要通过法律、经济等多种措施对水源地进行保护。

美国历来重视饮用水安全问题。早在1974年就通过了《美国安全饮用水法》，通过对美国公共饮用水供水系统的规范管理，确保公众健康。该法于1986年和1996年经过两次修改，系统性地从"饮用水水源保护—工作人员培训—改进水系统的筹资和公众信息"等方面确保了"从水源到水龙头"整个过程中的饮用水安全。另外，在水源地保护方面美国值得被借鉴的是：美国流域计划管理机构由水源地供水管理企业人员、地方政府部门人员、专业咨询机构专家组成，该机构对水源地区域数据进行统一收集、管理，分析潜在污染物及其来源，从而制定水源地区域管理目标和工作条例，及时利用有效的措施对区域点源和非点源污染进行处理控制，实现水污染总量控制和污水处理。

日本的水资源法律体系也很完善，颁布了《水资源开发促进法》、《水道法》、《水质保全法》和《水质污染防治法》等多项法律，通过完备的法律体系对饮用水安全实行有效保护。其中，日本《水质污染防治法》规定：都、道、府、县知事必须对公用水域的水源水质污染状况进行经常性监测。其他国家机关和地方公共团体也可以进行水源水质测定，并应将测定结果报送知事。每年地方政府制订一轮水源水质监测计划并开展监测。另外，建设省根据都、道、府、县知事的监测计划，对各水系水质污染状况实施水质例行监测。

欧盟在饮用水管理方面有《欧盟水框架指令》、《饮用水源地地表水指令》、《饮用水水质指令》和《城市污水处理指令》四大基础法律。其中，《欧盟水框架指令》是一个全面的法律框架，规定了包括水源管理在内的全面的水管理事项。后三部指令分别从水源地保护、饮用水生产输送和监测、污水处理等方面规定相关事项。另外，《饮用水源地地表水指令》具体规定了饮用水源地地表水水质标准，要求各成员国按照自来水厂的处理工艺将地表水进行分类。对每一水质指标制定了三级标准，每一级标准分别包含了非约束性的指导控制值和约束性的强制控制值两档。并制定了在特殊极端条件下（如自然灾害）的应急标准，在这种情况下对某些指标可以免除强制控制。

德国对饮用水也极其重视，制定了《水法》，并先后颁布《地下水水源保护区条例》、《水库水水源保护区条例》和《湖水水源保护区条例》等法律条例。地方政府参考这些法律和条例，划定水源保护区，制定保护措施。根据水源保护区控制相关经济和社会活动，评定活动的危险级别，确定保护措施。例如，许多地区的农民有通过深坑自行处理生活污水的传统，如果一个湖泊周围农家渗水坑水位高于湖水水位，则认为湖水会被污染。为此，地方环保部门给农家安装了污水管道。德国政府还积极宣传生态农业种植，减少与限制化肥和农药的使用量，凡是按照政府的规定限量使用化肥和农药的农民，可按照耕地面积获得一定的补偿费。

(2) 国内水源地保护现状

我国对水源地的评估工作可追溯到20世纪60年代，当时开展了对长江武汉段主要水源卫生状况的调查研究。在随后的研究过程中，我国大部分学者主要关注水量与水源开发等方向的水源地研究工作。到了90年代，实质性的水源地评估工作开始发展，结合西方发达国家对水资源的研究，立足于水资源可持续利用，逐步涉及环境保护领域。21世纪后，研究重点逐渐转向对水源地的整体安全评价，水源地安全不仅包括水量与水源开发，而且立足于水资源可持续利用，逐步涉及环境保护领域的整体安全。

我国饮用水水源地管理保护方面的法律主要是《水污染防治法》《水法》等法律法规，2002年修订的《水法》规定了国家建立饮用水水源保护区制度，要求省、自治区、直辖市人民政府应当划定饮用水水源保护区，并采取措施，防止水源枯竭和水体污染，保证城乡居民饮用水安全。同时规定禁止在饮用水水源保护区内设置排污口。2008年修订的《水污染防治法》规定了饮用水水源和其他特殊水体保护，其中的饮用水水源保护区制度主要就是对饮用水水源地的保护要求和措施。此外，一些地方根据《水污染防治法》《水法》的规定，结合本地实际，制定出台了一系列的饮用水水源地保护管理的地方性法规或地方政府规章。例如《长江经济带水资源保护带、生态隔离带建设规划》《长江流域综合规划》《长江流域水资源保护规划》《长江流域十四五水安全保障规划》等规划，从水源地保护、隔离防护、污染防治、生态修复、备用水源地建设等方面提出了重点任务，为布局长江流域饮用水水源地工作谋划了顶层设计。江苏省也发布了《集中式饮用水水源地管理与保护规范》（DB32/T 4030—2021），对强化地方饮用水水源地管理和保护发挥了重要作用。

多年来，各部门在水源地安全保障方面也开展了大量的工作。2011年，水利部开始开展水源地安全保障达标建设评估工作，明确要求要保障城乡供水、保障饮水安全、保障水源地水质。2016年，环境保护部（现生态环境部）要求对集中式饮用水水源地进行规范化建设。经过多年的努力，我国基本实现了公共供水全覆盖，绝大部分地区建立了完备的供水设施，采用多水源联合供水，建立水源地保护区及规范的管理体系。在水源地基础建设等工作已经基本完成的情况下，新时期要建成的是更高质量、更好服务于人民的水源地。

但随着工业化和城市化迅猛发展，水资源短缺、水污染严重、水生态退化等问题逐渐凸显，许多地区的水源水质状况出现恶化，情况不容乐观。根据2016年的《中国水资源公报》，31个省（自治区、直辖市）共监测评价867个集中式饮用水水源地，全年水质合格率未达到80%及以上的水源地有174个，约占20.1%。

（3）国内外水源地生态安全评价标准研究进展

20世纪初期，世界上一些河流的水质开始恶化，水质安全问题逐渐受到重视，也促进了水质评价相关研究的发展。20世纪10年代，德国科学家Kirk Chavez和Moson等提出了以生物学指标对水质进行评价的方法，随后英国科学家提出以化学指标对水质进行污染分类的方法。1965年，美国俄亥俄州（State of Ohio）河流卫生委员会的R.K.Horton提出了水质质量指数法。1970年美国雪城大学（Syracuse University）的N.L.Nemerow在其发表的《河流污染的科学分析》中提出了内梅罗指数法，并将此方法应用到纽约的部分地表水污染的计算中。1977年，S.L.Ross根据生化需氧量、氨氮、浊度、溶解氧4项指标对英国克鲁德河流域水质进行了评价，并提出了简单方便的水质指数计算法。20世纪90年代后，水质评价方法的研究取得了新的进展，数学方法和模型被应用到水质评价研究中。

国外关于饮用水水源地评价的研究主要集中在水质安全以及水源的适宜性评价方面，较少考虑到水量指标、生态指标等影响，这主要是因为美国等发达国家目前用水结构已经处于一个相对稳定的状态，水量指标和生态指标一般均能满足要求。

目前，世界范围内具有国际权威性、代表性的饮用水水质标准有三部，即世界卫生组织（WHO）颁布的《饮用水水质准则》（第四版）、美国环境保护署（US EPA）颁布的《美国饮用水水质标准》和欧盟（EC）发布的《饮用水水质指令》。其他国家或地区通常以这三部标准为基础或重要参考，制定本国饮用水水质标准。泰国、印度尼西亚、南非、捷克等国家都是采用世界卫生组织（WHO）的《饮用水水质准则》，法国、德国等欧盟国家和我国澳门特别行政区则均以欧盟《饮用水水质指令》为指导，而其他一些国家如澳大利亚、加拿大、俄罗斯、日本等则同时参考 WHO、EC、USEPA 的水质标准。

《美国饮用水水质标准》是由国会授权 US EPA 制定的。现行国家饮用水水质标准颁布于 2015 年，分为国家两级饮用水标准。一级饮用水标准共 87 项，是法定强制性的标准，适用于公用给水系统。其中含有机物指标 60 项，无机物指标 16 项，微生物指标 7 项，放射性指标 4 项。非强制性的二级饮用水标准指标共 15 项，主要是指水中会对外貌（如皮肤、牙齿），或对感官（如色、嗅、味）产生影响的污染物。美国标准不仅涵盖了大量有机物指标，体现了对有机物污染的深刻认识和关注，还强调了微生物污染对人体健康产生的影响，制订了在各国标准中不常见的 7 项微生物指标，包括隐孢子虫、贾第鞭毛虫、总大肠杆菌、异养菌总数、军团菌、病毒和浑浊度。

1996 年，美国对安全饮水法案进行修正，要求国家确立并实施饮用水源评价计划（Source Water Assessment Program，SWAP）；要求各州针对取水口划定饮用水源保护区并确定保护区内的主要污染物，同时分析公共供水系统的敏感性。US EPA 通过向各州提供基础资料和水源评价方法来支持水源地评价工作，但由于区域自然条件、水源风险等多方面存在差异，各州制订的饮用水源评价计划也是不同的。US EPA 选取 15 个指标组成的指标体系（indexing system），包括 7 个饮用水源状况（condition）指标和 8 个生态系统脆弱性（vulnerability）指标，对流域内饮用水源的风险进行总体评价。水质安全状况利用定性指标进行说明，分为好、问题很少、问题较多 3 个级别，水源脆弱性分为低和高 2 个级别。

此外，美国 2012 年开展的全国湖泊评估（PLA），选取了生物、化学、物理、人类健康 4 个方面共 16 个指标开展湖泊生态环境状况的调查。其中，生物指标包括底栖大型无脊椎动物、叶绿素、浮游动物等；化学指标包括酸化程度、阿特拉津、溶解氧、氮、磷、沉积物汞等；物理指标包括人为干扰、湖岸栖息地、浅水栖息地和物理栖息地的复杂性等；人类健康指标包括藻毒素（微囊藻毒素）、蓝藻等。

WHO 于 2011 年 7 月 4 日发布了《饮用水水质准则》（第四版），并根据卫生学意义提出水质指标应分为微生物指标、化学物质指标、放射性指标、由于感官可能引发消费者不满的指标等类别。WHO 推荐的饮用水限量值不同于国家正式颁布的标准值，不具有约束力。限量值是从保护人群健康出发制定的，可作为各国制定卫生标准的重要依据和参考。在微生物方面共评估了 19 种致病菌、7 种病毒、11 种致病原虫和寄生虫，也对有毒蓝藻和蓝藻毒素进行了关注。此外，还评估了 187 种化学物质，其中 25 种极少在饮用水中出现的农药并未制定限量值，72 种因现有数据不足或饮用水中不大可能达到对人体健康产生危害的浓度水平也没有制定限量值，剩余的 90 项化学物质已经制定了限量值。该标准是各国家及区域制定饮用水水质标准的蓝本，涵盖项目基本体现了当前世界饮用水水质标准关注的重点及发展的趋势。

欧盟的水环境质量标准是以指令的形式发布的，欧盟新指令于 1998 年底颁布实施，指标参数由 66 项减至 48 项（瓶装或桶装饮用水为 50 项）。其中感官和一般化学指标 11 项，无机物指标 14 项，有机物指标 14 项（含农药指标 2 项），消毒剂及其副产物 2 项，微生物指标 5 项，放射性指标 2 项。该指令强调指标值的科学性及与 WHO《饮用水水质准则》中规定的一致性，提出应以用户水龙头处水样满足水质标准为准。欧盟《饮用水水质指令》的特点是指标项目少，但限值严格。欧盟自 20 世纪 60～70 年代就因认识到农药污染的危害性、持久性而逐步对剧毒农药的使用加以限制。目前，环境中剧毒农药残留量极少，因此在欧盟的《饮用水水质指令》中剧毒农药类指标并没有占据非常重要的地位。

其他国家，如加拿大利用水质指数（water quality index）法对水源水质状况进行评价，将水体水质赋予 0～100 分的分值，据此将水体划分为差（0～44 分）、及格（45～59 分）、中等（60～79 分）、好（80～94 分）、极好（95～100 分）5 个等级，对不同级别的水体采取不同的水处理工艺，对我国在这方面的研究也有一定的借鉴意义。

新西兰针对水源地管理的实际需求，国家环境部和卫生部联合制定《水源地监测分级框架草案》（A monitoring and grading framework for New Zealand drinking-water sources—Draft）作为水源地评价的基础文件。通过收集流域资料，调查潜在污染源以及可能产生的污染物，确定水体水质等级和风险等级，并在此基础上对水源作为饮用水的适宜性进行评价（共分 5 个等级），同时将得出的评价结果向社会发布，根据评价结果提出相关保护措施。该草案将水质评价和风险评价结合起来，评价结果全面、准确，不仅获得饮用水源适宜性等级，也提供了水源地相关信息，有利于流域管理以及水处理工作的开展，对我国饮用水水源地评价工作有借鉴意义。

国内水源地安全评价工作侧重点在于对水环境质量的评价，评价标准主要依据为《地表水环境质量标准》（GB 3838—2002）、《生活饮用水卫生标准》（GB 5749—2022）等现行国标，评价方法多采用单因子评价法。生态环境部曾出台《湖泊生态安全调查与评估技术指南（试行）》，包含包括 1 个目标层、4 个方案层、18 个因素层和 44 个指标层的备选指标体系。

部分学者在富营养状态、生态安全、重金属、污染源以及环境管理等方面做了初步探讨。指标体系构建时，有学者采用压力-状态-响应模型（PSR）、驱动力-压力-状态-影响-响应（DPSIR）模型等方法，并用专家打分法、层次分析法、熵值法等方法确定指标权重。

在指标标准的确定方面，确定指标评价标准阈值的方法主要为：参照已有的国家标准、国际标准或经过研究已经确定的区域标准；流域水质、水生态、环境管理的目标或者参考国内外具有良好特色的流域现状值作为参照标准；依据研究监测结果、同类别水源地监测结果分析后，确定参照标准；在缺乏有关指标统计数据时，以经验数据或专家咨询作为参照标准。

在评价方法方面，目前采用较多的评价方法主要是综合指数法和模糊综合评价法，也有学者采用灰色理论法和神经网络法。例如，有学者从水量安全、水质安全、生态安全、工程管理、应急能力等方面出发建立村镇饮用水安全的综合评价模型，并采用综合指数法进行了水源地安全状况的综合评价。

值得一提的是，虽然国内已经有饮用水源地生态安全评价方面的研究，但涉及水源地复合风险、多种污染协同和累积作用的研究较少，对于水源地生态状况的潜在风险因素的研究也不多见，在这些方面需要进一步研究。

1.1.2 水源地保护存在的问题

饮用水水源地是指为人们生活及公共服务供水的水源地域，水源地安全是保障人们身体健康和生命安全的基础，是关系民生福祉的大事。随着经济发展与城市化进程的加快，饮用水安全面临着饮用水水源较为匮乏、地下水超采严重、水源地周围排污口众多、部分水源地现状存在一定水质污染风险、水生植被管理不到位引起水源地内源污染、缺少完善的水源地水生态健康指标与评价方法等问题。

1.1.2.1 饮用水水源较为匮乏

中国水资源人均占有量少。据2023年《中国水资源公报》，中国水资源总量近$2.58 \times 10^{12} m^3$，居世界第6位，其中河流山川占90%以上，是水量丰沛的国家，但由于人口基数大，而且随着我国城市规模的不断增大城市用水量大大增加，人均占有量不足$3000 m^3$，人均水资源占有量仅为世界平均水平的1/4，再加上城市居民节约用水的意识不够，使得原本有限的饮用水水源更加匮乏。饮用水水源的短缺已经严重阻碍了我国城市的可持续发展。

1.1.2.2 地下水超采严重

城市饮用水水源分为地表水和地下水两种类型。随着地表水污染日益严重，人们对地下水的开采规模逐渐增大，深度越来越深，造成地下水的超采现象。经过超采后的地下水位就会形成一个降落漏斗，容易造成漏斗区域地面的沉降、塌陷、开裂等现象，继而使漏斗周围的建筑物发生倾斜甚至倒塌。据统计，我国在2012年的地下水位降落漏斗总面积较5年前扩大了近1倍，由此也造成了一系列亟待解决的问题。

1.1.2.3 水源地周围排污口众多

河流、湖泊是我国重要的饮用水水源地，同时也是城市的主要排水通道，水源地常受到城市排水口、排污口干扰，影响供水水质。在全国监测的1200多条河流中，有850多条受到污染，90%以上的城市水域也遭到污染，致使许多河段鱼虾绝迹，符合国家一级和二级水质标准的河流仅占32.2%。国家环保部门调查数据显示，全国113个重点环保城市的 222 个饮用水地表水源的平均水质达标率仅为 72%，不少地区的水源地呈缩减趋势。

太湖是重要的水源地之一，根据《2016 年中国生态环境状况公报》，2016 年太湖湖体为轻度污染，主要污染指标为总磷。17 个国考点位中，Ⅲ类 4 个，占 23.5%；Ⅳ类 12 个，占 70.6%；Ⅴ类 1 个，占 5.9%；无Ⅰ类、Ⅱ类和劣Ⅴ类。全湖平均为轻度富营养化状态。环湖河流为轻度污染，主要污染指标为氨氮、总磷和化学需氧量。55 个国考断面中，Ⅱ类 12 个，占 21.8%；Ⅲ类 26 个，占 47.3%；Ⅳ类 14 个，占 25.5%；Ⅴ类 3 个，占 5.5%；无Ⅰ类和劣Ⅴ类。

1.1.2.4　部分水源地现状存在一定水质污染风险

我国很多城市的水源地建设在前、城市发展在后，当时并未对饮用水水源保护区土地利用进行严格的空间约束，随着城市规模的逐步扩大，水源地逐渐进入城市建成区内，周边分布有居民区、商铺、城市道路、农田等，水源保护区内水质存在一定的污染风险。

（1）农田面源污染

城市饮用水水源地一般位于农田的下游区域，随着农药和化肥施用量的增加，农田土壤受到严重的面源污染，再加上对农田的管理较为粗放，没有科学合理的防污染措施，致使饮用水水源地上游地下水和地表水均被污染，进而造成水源的污染。

农业面源污染是当今世界上普遍存在的一个严重的环境问题，全球超 30% 的区域受农业面源污染影响。美国环境保护署报告显示，美国非点源污染占污染总量的比重超过 60%，其中农业非点源污染贡献率约为 70%；在荷兰，农业非点源污染产生的总氮、总磷分别导致 60% 和 50% 的水体环境污染；而芬兰 20% 的湖泊水质恶化是由农业输入的氮导致的。因此，面源污染问题是当前美国和欧洲研究与防治的重点。在中国，由于农业经济的迅速发展，非点源污染所造成的地表水污染问题越来越显著。对全国 25 个湖泊的污染数据调查显示，100% 的湖泊总氮（TN）超过了富营养化临界值 0.2mg/L，92% 的湖泊总磷（TP）超过了富营养化临界值 0.02mg/L。污染范围广、危害程度大和防治困难是面源污染的主要特点。因此，科学认识和有效地防控面源污染已经成为一个世界性的热点课题。

大量研究已经表明，农田中的氮、磷养分通过农田排水和地表径流汇入河流、水库与湖泊等天然水体中是导致农业面源污染的重要因素。在中国，许多农业相对发达、经济水平较高的地区存在过量使用化肥和喷施有害农药等现象，导致了高量的氮、磷在土壤中累积。农田中的氮、磷在降雨或者灌溉的作用下发生面源污染。因此，农田土壤中的氮、磷是面源污染物的来源，而降雨是氮、磷流失的主要驱动力。尤其是随着农业集约化程度的高速增长、化肥和农药施用量的不断增加，高面源污染风险的果园和蔬菜田成为各大流域水体中氮、磷污染物的主要来源。据中国国家统计局数据，2019 年全国果园种植面积共计 1.84 亿亩，约占到耕地总面积的 1/10。果园中种植的果树经济效益高，化肥、农药过量施用十分常见，往往造成过量的氮、磷在土壤中累积，很容易随降雨流失进入地表水体中，造成水体富营养化等环境问题。

目前，针对农田面源污染的控制手段主要包括：

1）污染物源头控制　主要包括农田最佳养分管理及病虫害综合防治、保护性耕作与农田覆盖技术。农田最佳养分管理及病虫害综合防治的关键是平衡施肥、配方施肥，根据农田地块的特点施肥。提倡施肥种类的多元化，采取表施、深施、穴施相结合，常规肥与生物肥相结合，无机肥与有机肥相结合的方式，使作物充分吸收，减少过多投入农田的肥料流失到土壤、水体及大气中。采用农业清洁生产技术，有效降低农药、化肥等投入，提高利用率，减少农业面源污染物对相邻水体的影响。研究发现，采用农业清洁生产技术，进入太湖水体中的 TN、TP 可以削减 50% 和 61% 以上。

2）点源化控制策略　农业面源污染难以控制的主要原因之一是污染分散，如果实现点源化控制，可以使农业污染从"无限"走向"有限"，降低有效控制的难度和成本。

（2）分散农村生活污水

随着城市人口的增多和人民生活水平的提高，我国城市生活污水的排放量不断增大，大大增加了城市污水处理设施的处理负荷，当处理负荷超过其额定处理负荷时就会导致部分污水未经处理直接进入水体，同时一些小型城市污水处理设施落后，导致大量的污水通过污水井盖漫流排放后，随着地表径流进入水体中，致使水体中氮、磷的浓度严重超标。

农村污水通常未经处理直接排放，对周围水体环境产生严重的影响。传统的集中型市政污水收集和处理系统存在基建与运行费用高的问题。因此，针对农村污水呈分散型分布、水质差别大、水量变化大、排放无规律等特点，采用分散型污水处理系统具有重要的意义。目前，用于我国农村生活污水分散处理的系统可分为综合处理系统和分步处理系统，分步处理系统又可分为初级处理工艺和主体处理工艺。其中，初级处理工艺包括化粪池、初沉池等，主要用于去除悬浮物（SS）。主体处理工艺可分为两类：一是自然生态处理系统，即利用土壤、水体作为处理载体和排放载体的自然处理系统，包括土壤快速渗滤池和慢速渗滤池、地下渗滤池、人工湿地、稳定塘等；二是人工生物处理系统，即利用复杂的生物和物理过程的传统处理系统，以各种池体、水泵、鼓风机和其他机械作为一个处理整体，这些处理工艺包括（微生物的）悬浮生长、附着生长以及二者混合的形式。但是，在实际的农村污水处理应用中常常是综合利用上述两类主体处理技术。

近几年来，一系列典型的分散型污水处理系统成功地运用于农村生活污水的处理，包括化粪池、氧化塘、人工湿地、净化槽等。虽然这些技术投资少、见效快，但是因缺少专业的人员进行日常维护，分散型污水处理装置的使用缺乏监督，处理装置制作随意性较大，忽视技术参数的科学性和合理性，导致不少装置的出水不能达到相应标准，影响了分散型污水处理装置的发展。因此，亟须研究开发出无人值守型设备，不需要专业技术人员经常进行运行维护，在保证去除效率的前提下实现分散污水的长期运行。

（3）污水厂尾水深度净化不到位

通常，经污水厂处理达标的尾水直接排放入水体。但城市二级处理厂尾水中残留的污染物如 BOD、SS、细菌、药物活性物质、重金属物质等微量污染物仍使环境存在安全隐患。近年来，江苏省"263 行动"实施，要求尾水需达到氮、磷特殊限值才能排放，对很多生活污水厂出水提出了更高要求，合理有效的尾水深度净化技术也逐渐得到广泛关注。

目前，广泛应用的尾水深度净化技术以人工湿地为主。人工湿地作为一种生态水处理技术，目前已在各种污水处理中得到广泛的应用。人工湿地是由人工建造和控制运行，将污水有控制地投配到经人工建造的湿地上，污水在沿一定方向流动的过程中，主要利用土壤、人工介质、植物、微生物的物理、化学、生物三重协同作用，对污水进行处理的一种技术。其作用机理包括吸附、滞留、过滤、氧化还原、沉淀、微生物分解、转化、植物遮蔽、残留物累积、水分蒸腾、养分吸收及各类动物的作用。人工湿地以其出水水质好、投资少、结构简单、操作方便等优点而得到应用。植物是人工湿地的重要组成部分，湿地植物的筛选在人工湿地处理技术中至关重要，植物的生物量、净化能力和景观效果均是重要的筛选指标。有关植物能吸收转化的污染物种类及效果方面已有较多的报道，但以往的研究主要在室内静止条件下进行，很少有研究在室外动态条件下同时比较不同类型水生植物的氮、磷吸收和水质净化能力，以及季节变化对净化能力的影响。室内静止条件下与室外动态条件下往往存在较大的差异。

其余工艺如物理处理技术（过滤法、吸附法）、生物处理技术（生物反应器、生物滤池）、膜分离技术等，也在尾水处理中得到应用，可以有效降低出水中氮、磷含量。目前较为前沿的技术如高压脉冲放电技术、超声波法、生物酶法、生物制剂增效法、三维电极法等也可以达到较好的处理效果。混凝/沉淀/过滤/氨解析/炭柱组合工艺、双介质过滤/反渗透组合工艺等组合技术也得到了广泛的发展和应用。

1.1.2.5　水生植被管理不到位引起水源地内源污染

水体富营养化是我国江河、湖泊面临的重要水环境问题之一，而恢复与建立水生高等植物系统是治理富营养化水体的重要内容。水生植物在水质净化等方面起着重要的作用，在生态修复、人工湿地、富营养化水体以及景观水体中被广泛应用，不但能直接吸收水体中的营养物质，而且能输送氧气到根区，为微生物的生长、繁殖和污染物降解创造适宜条件。利用水生植物净化污染水体因成本低、效率高、改善景观及生物多样性、恢复生态环境等特点而发展十分迅速。

虽然水生植物净化污水有很多优点，但在其净化污水过程中，随着体内养分的饱和及植物生长的减弱、枯黄和死亡，部分养分重返于水体中，导致二次污染，因此需要合理有效的水生植物调控措施避免其对水体水质产生不良影响。

目前，水生植物调控常采取的方法为：对水生植物生境进行不同程度的改造或干扰，利用影响水生植物生长的因素作为调控措施抑制先锋种的生长与扩散，促进后来种的生长与繁殖，改善群落结构。相关研究进展可按调控要素划分为以下几个方面：

① 利用水生植物对水位波动的耐受性差异，通过水位人工调控实现对植物群落的改变，如改善沉水植物的生境。沉水植物在不同营养级水平上具有维持水体清洁和自身优势稳定状态的机制。

② 利用草食性鱼类对水生植物的牧食压力，通过投放鱼类实现对植被群落结构的

调控。草食性鱼类在控制过度生长的沉水植物方面非常有效。

③ 利用不同植被物种对收割时间、强度、频次的响应差异，通过人工收割实现目标物种的控制及机会物种的扩增。

④ 利用沉水植物对光照的捕获能力差异，通过扰动底泥、投加泥土，利用化学染料、水下遮光物等手段来减弱沉水植物获得光照的强度，进而对水生植物进行调控。

⑤ 也有利用除草剂进行水生植物调控的实验研究和管理应用，但此类技术在大型湖泊植被调控管理中难以应用。

以太湖东部某典型湖湾型水源地（以下简称"湖湾水源地"）为例，湖区内水生植被调控范围巨大，采取各种生物、化学手段都有造成生态系统崩溃的风险，难以操作和实现。此外，太湖具有重要的防洪、供水功能，对水位要求严格，通过水位对水生植被进行调控不仅具有较大的操作难度，也无法满足植物生物量在单个生长周期内迅速增加的应急要求。因此，采取机械收割的方式对目标水生植物及其残体进行直接收割、打捞是最为高效并且可操作性强的方式，适合太湖实际环境及管理要求。然而，水生植物作为太湖生态系统的重要组分，具有维持生态系统平衡、净化水质、减浪、固底、阻止底泥中污染物释放，以及提供其他生物生境等多种重要生态和服务功能。因此，需要针对湖湾水源地的植被群落结构及演替特征，研究水生植被调控管理和资源化处置技术，最终使湖湾水源地生态系统成为一个以生物调控为主、能自我维持平衡状态的良性循环生态系统。

1.1.2.6 缺少完善的水源地水生态健康指标与评价方法

国际上，对饮用水源地评价的研究主要集中在水质安全和水源地适宜性评价方面。不同国家采用了不同的评价指标和体系。欧盟根据水源地满足人们饮用的处理水平及取水适宜度分为三种：一是经过简单处理和消毒就能满足饮用；二是经过常规处理和消毒才能满足；三是需经过强化处理才能满足。美国选取了饮用水源地状况和其生态脆弱性方面的15个评价指标，用定性分级法对水源地进行总体评价。新西兰则通过水质等级和风险等级来评价。我国目前主要是侧重于水质评价，针对具体水源地从饮用水安全角度和健康角度来评价水源地的研究尚有不足。

我国饮用水源地安全还没有统一定义，目前对水源地的评价工作主要分为两类：其中一类为基于水质评价方面开展工作，主要包括单因子评价方法和综合污染指数法。综合污染指数法是国内外较常采用的一种水质评价方法，综合性和可比性比较强，但基于水质评价相关进展的特点是饮用水源地安全评价主要针对单纯的水质指标，较少从流域角度考虑水源地的生态及环境安全。另一类为借鉴我国在水安全评价领域的思路开展工作。然而，水源地安全与水安全的含义是不一样的，水源地安全侧重水体作为饮用水源的安全性。实际工作中，水源地安全评价比较突出的问题之一是某些指标不易获得、可操作性差。所以，在选择确定评价指标时一方面应考虑基于传统监测方式可获得的指标，另一方面需要考虑高新技术的运用。

水源地安全监测与评价是进行水源地水质保护的基础，准确评价水源地安全现状，识别水体主要污染物及潜在隐患，可以提高饮用水的安全性和可靠性。

1.2 典型湖湾水源地水生态治理需求

以太湖东部某典型湖湾水源地为例,针对湖湾水源地存在的水生态健康安全评价指标体系与评价方法还需健全、生活污水及农业面源入湖对水源地的安全造成风险、水生植被物种单一、水生植物收割维护管理措施及资源化利用还需优化等问题,在已有研究成果的基础上,结合湖湾水源地具体的地理地势特征,提出有针对性和前瞻性的技术解决方案。

(1) 水源地评价急需完善的水生态健康安全评价指标与评价方法

通过水专项"十一五"、"十二五"的研究,在管理技术创新方面,实现了太湖流域水生态四级功能分区、太湖流域水环境风险评估与预警技术平台,提出了跨界生态补偿与水污染赔偿等政策措施,在太湖流域试行排污许可证制度。但是,还缺乏针对浅水湖泊水源地健康水生态系统的评价指标体系,对水源地藻类典型代谢产物(藻毒素、土臭素等)和可能威胁供水安全的微量、痕量污染物(如抗生素、农药等)还缺乏快速有效的监测方法和有针对性的评价方法,还未能探索水生生物多样性与水质安全、蓝藻暴发之间的关联。

湖湾水源地位于太湖下游,湖区水质相对较好,但还存在一定的生态安全风险,因此需要针对最主要的蓝藻暴发风险进行生态安全评价和预警。在已有研究成果应用的基础上,通过对湖湾水源地水生态健康安全评价指标体系与评价方法的进一步完善,形成浅水湖泊水源地藻类代谢物、新污染物以及水生态健康评价的指标体系和方法。

(2) 水源地外源污染截留与控制急需兼顾当地特色农业、生态旅游景观与长效运行管理需求

湖湾水源地是苏州太湖水源地中最具特色的水源地,太湖最大的岛屿——岛屿 A 位于湖湾水源地内,岛内的生活污水及农业面源污染经河道进入太湖,对水源地造成潜在的安全风险;上游来水是湖湾水源地安全风险最主要的影响因素。针对这种情况,尽可能降低人为可控安全风险,减缓上游来水对水源地的影响,就需要相应的技术支撑或技术集成。

水专项"十一五""十二五"期间针对研发突破了一批基于种植业、养殖业及农村生活污染治理方面的关键技术。种植业面源污染控制方面,围绕"减氮控磷"这个农田种植业面源污染治理的核心和难点,研发并集成了"4R"技术、稻田适时适地养分全程调控氮磷减排技术、湖滨带陆向农业生产区污染控制技术等一批先进技术;农村生活面源污染控制方面形成了兼氧膜生物反应器(FMBR)技术和"远程监控+4S 流动站"设备、农村生活污水处理中的新型曝气充氧技术、太阳能曝气接触 AO(厌氧-好氧)法、生活污水多介质土壤层耦合处理技术等一系列技术,并得到推广应用;针对流域低污染水深度净化、河道水质强化净化与河道生态修复等问题,研发与集成了尾水湿地深度净化、多级生物生态净化、河口前置库净化、低污染水模块化组装、生态丁型潜坝-浮床-稳定湿地净化、静脉河道生态净化、湖荡湿地生态调控、河道修复清水养护与水源涵养

区建设等技术。

但对岛屿 A 而言，岛上农业布局深具特色，以碧螺春、枇杷等特色作物为主，它们的种植要求和肥药减施与水稻、小麦等农作物存在差异。岛屿 A 是全国有名的旅游景点，生态旅游是其特色之一，污染源截流与净化仅仅考虑环境保护功能是不够的，将污染源截流和深度净化与特色生态旅游景观营造相结合，不仅能达到污染源减排的目的，而且能为岛屿 A 增加特色旅游景点，增加居民的收入来源，实现环保与经济发展"双赢"。因此，需要在现有研究基础上，针对岛屿 A 的特色农业与污染源现状，通过技术集成和创新研发，形成特色农业（果林）源头"双减"与生态截流净化相结合，旅游景观、环境教育和尾水净化功能相结合，尾水深度处理与接纳河道景观生态修复相结合，无人值守分散型农村生活污水处理与较高的长期运行率相结合，水源地外源污染导流阻隔等的技术方法和体系。

（3）水源地内源污染控制与水生生态修复急需复杂系统的水质维护和水生植物优化管理方法

湖湾水源地为浅水型湖泊，易受风浪扰动影响，水动力过程复杂，加之湖湾水源地为草藻过渡型湖区，生态系统结构复杂，水源地水质除受上游来水影响外，还与湖湾水源地水生态结构、底泥再悬浮、外部开阔水域藻类漂移等密切相关。湖湾水源地西侧与大太湖相连，在风力驱动下藻类向湾内漂移并堆积，威胁水源地供水安全。不合理的水草打捞导致沉水植物消失快、湖底裸露，极易产生湖泛。因此，需要针对湖湾水源地流泥内源污染、水生植被优化、水生植物调控管理措施、芦苇收割残体资源化利用技术等进行研究。

1.3 湖湾水源地水生态健康提升技术路线

针对浅水湖湾水源地水生态健康持续提升和水质安全保障技术的迫切需求，以创建水生态文明和引领水源地水生态健康提升为导向，推动完善水源地水生态健康评价体系，以及促进水生态系统健康提升与水质保障技术的进步，以湖湾水源地为研究区域，重点围绕湖湾水源地水生态安全评价的标准化方法构建、临湖污染源精准化源头减控和规模化过程控制技术集成、水源地水质维护技术体系和水生植被调控管理技术研发，开展水源地水生态安全评价和健康诊断、临湖农业面源源头减控和过程控制、入湖河道水质改善与长效维持、水源地水质保护与植被优化调控技术验证，并实施工程示范。技术路线如图 1-1 所示。

具体内容包括以下几个方面。

（1）湖湾水源地水生态安全评价和健康诊断

在水源地水生态现状调查、水源地特征污染物分析以及水环境状况模拟分析的基础上，针对现有以水质指标为核心的水环境评价体系难以客观反映水源地生态现状，无法及时提供蓝藻暴发预警的问题，基于对湖湾水源地水体的长期环境监测，系统开展常规水质指标、新污染物、微生物群落、水生生物种群和底泥磷释放量等参数间的关联性

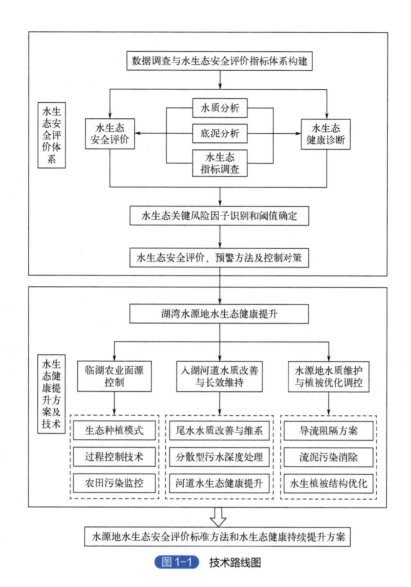

图 1-1　技术路线图

分析，通过关键风险因子识别和预警阈值研判，采用层次分析法建立预评价指标与赋分评价指标相结合的浅水湖泊水源地水生态安全评价指标体系，并以此为基础提出了涵盖水体营养状态、水质安全和生态健康的多层级评价方法，为管理者提供系统全面的水源地健康状况信息，有效识别生态风险及其变化趋势，指导采取针对性管控措施。

（2）临湖特色农业面源源头减控和过程控制技术

为有效防控湖湾水源地周边特色农业与旅游业快速发展产生的水体污染问题，基于"源头减排-过程净化-养分循环"理念，开展果园林地水肥一体化精准施肥技术、特色农业生态模式、特色农业面源污染截留技术研究，将智能监控平台集成到水肥一体化施肥灌溉系统中，实现自动配置肥水比例，减少氮、磷养分的地表径流和渗漏损失。优化果园景观型生态种植模式，构建以面源径流截留净化为主要功能的生态箱和资源循环型利用模式等集约型强化净化与资源循环利用技术，形成一套适合岛屿 A 乃至整个太湖流域的农业面源减控技术体系。

(3) 临湖污水厂尾水深度净化和分散污水处理技术

以保障湖湾水源地水生态健康和降低环境风险为目标,针对水源地最主要的可控点源——生活污水厂 B 的高标准排放要求,进行污水厂运行优化和尾水深度净化研究。同时,针对区域内分散型农村生活污水存在的问题,研发气升回流一体化分散污水处理技术,实现集中式和分散式污水的处理与水质提升。

1)村镇污水处理厂运行优化与尾水深度净化技术 瞄准临湖村镇污水厂出水提标和入湖河道水质改善的现实需求,建立污水厂数字化模型,围绕污泥龄、好氧池末端溶解氧和内回流比等参数制定运行优化方案,提出"新型反硝化滤池 - 景观生态湿地"组合工艺,开展污水厂尾水深度净化技术研究与工程示范,通过优化滤池布水结构、碳源投加方案和湿地组合布置,使污水厂 B 出水水质稳定达到苏州市特殊排放限值。通过研发河道水质高效净化关键支撑技术,建设河道水质长效保持技术验证平台,实现污水厂出水受纳水体水质提升,为入湖河道水质改善提供支撑和范例。

2)分散型农村生活污水处理与长效运行技术 针对游客潮汐流动造成的污水不规律排放及分散型污水处理设施运维效率低下等问题,开展易维护分散型农村生活污水处理气升回流一体化技术研究,研发成套技术装备,进行工程示范,实现出水水质稳定达标。依据太湖岛屿 A 区域内的分散型污水的排放特征、收集范围、处理现状和排水去向,制定处理设施分级分区管理方案,研发智慧型设施长效运维新方法,提高工程示范点的运行效率,降低运行能耗。

(4) 水源地水质保护与植被优化调控技术

鉴于控制污染流泥迁移和维系草型生态系统对饮用水源地水质保障的重要作用,通过水源地外源污染导流阻隔、水源地流泥污染消除、水源地水生植被调控优化、水生植物收割残体资源化处置等技术,系统集成生态潜坝水下地形重塑、水生植被结构优化、植物收割残体制备生物炭等功能模块,并开展工程示范,制定湖滨带水生植被优化管理方案,优化植物养分资源化利用的技术路线,形成水源地内污染控制与水生植被优化管理集成技术体系。

1)水源地外源污染导流阻隔方案 基于湖湾水源地高精度生态动力学模型和高精度三维水环境数值模拟系统,制定情景方案,结合野外实测流量、水质数据,分析大太湖以及流量、水质对湖湾水源地水环境要素的影响,从闸门调度角度改善水源地水质,为水源地水质提升提供理论依据。针对湖湾水源地水浅、浪大、底泥易悬浮,同时大太湖水流直接冲向水源地的问题,对水源地现状水流进行改造,设计水源地围隔情景方案,为水源地挡藻围隔工程的实施提供依据。

2)水源地流泥污染消除技术 针对浅水湖湾流向不固定、流泥迁移导致营养盐空间分布多变等问题,基于风浪扰动作用下流泥再悬浮与营养盐释放规律,设计建设锯齿形生态潜坝,实现水下地形重塑,最大限度地降低湖流流速和波浪强度,降低流泥污染,提高湖体透明度,为水生植物生长营造良好生境,为开展水生植被调控优化奠定基础。

3)水源地水生植被调控优化技术 为满足水源地周边水体生态健康提升的迫切需求,基于水生植被生活史和植物体内营养盐变化规律,结合水位 - 水动力 - 群落结构关联性分析，制定水生植物空间配置与分时引种、收割方案，借助生态系统自组织功能作用下的竞争机制，调控敞水区沉水植物、近岸区挺水植物的优势种密度及生物量，提升水生植被多样性，降低水体营养盐水平，保障水源地生态安全。

4）水生植物收割残体资源化处置技术　为破解植物残体资源化处置与次生污染防控的难题，将芦苇收割残体作为生物炭制备原料，基于工艺参数优化和材料特性表征，研发空气爆破预处理-循环热解技术，有效提升植物生物炭的制备效率。

参考文献

[1] 马曧，李梦洁，陈志平. 国内外饮用水标准比较及对我国未来水质标准的思考[J]. 中国给水排水，2016，32(10): 11-14.
[2] 李宗来，宋兰合. WHO《饮用水水质准则》第四版解读[J]. 给水排水，2012，48(7): 9-13.
[3] 喻峥嵘，乔铁，张锡辉. 某市饮用水系统中药品和个人护理用品的调查研究[J]. 给水排水，2010，46(9): 24-28.
[4] 刘敏，殷浩文，许慧慧，等. 上海市水源中药品及个人护理品污染现状分析及生态风险评价[J]. 环境与职业医学，2019，36(7): 609-615.
[5] 王景深. 水源地安全评价指标体系探究[J]. 安徽农业科学，2013，41(2): 775-778.
[6] 王启田，王丽红，郭象赟. 饮用水水源地安全评价体系及方法研究[J]. 山东农业大学学报(自然科学版)，2008，39(2): 273-277.
[7] 左伟，周慧，王桥. 区域生态安全评价指标体系选取的概念框架研究[J]. 土壤，2003(1): 2-7.
[8] 高吉喜，张向晖，姜昀，等. 流域生态安全评价关键问题研究[J]. 科学通报，2007，52(S2): 216-225.
[9] 乐林生，鲍士荣，康兰英，等. 黄浦江上游原水水质特征与处理对策[J]. 给水排水，2005，31(7): 26-31.
[10] 刘宴辉，王绍祥，黄怡，等. 黄浦江水源原水水质安全在线监测指标筛选[J]. 净水技术，2012，31(4): 31-33.
[11] 王春，江文华. 水源水质预警系统的建立与应用[J]. 净水技术，2010，29(5): 62-66.
[12] 孙根云，邵宝婕，丁孙金衍，等. 基于GEE平台的黄河流域水体指数研究[J]. 人民黄河，2023，45(3): 119-124.
[13] 申一尘，王绍祥，张东，等. 上海市水源地突发污染事故水质预警及应急处理系统[J]. 城镇供水，2009(1): 19-21.
[14] 王然，王研，唐克旺. 国内外饮用水水源地保护规范研究综述[J]. 中国标准化，2012(8): 105-110.
[15] 张海涛，王亦宁. 进一步推进全国重要饮用水水源地安全保障达标建设的思考[J]. 中国水利，2018(9): 17-19, 38.
[16] 贾冬梅. 关于城市饮用水水源地保护对策探讨[J]. 环境与可持续发展，2015，40(3): 126-127.
[17] 王成文. 城市饮用水水源地保护管理中存在的问题及对策[J]. 环境保护与循环经济，2018，38(12): 52-55.
[18] 王亦宁，双文元. 国外饮用水水源地保护经验与启示[J]. 水利发展研究，2017，17(10): 88-93.
[19] 唐克旺. 地下水水源地水质保护若干问题分析[J]. 中国水利，2021(7): 29-31.
[20] 马秀梅，徐晓琳，张世坤. 典型饮用水水源地现状问题与对策措施[J]. 地下水，2022，44(4): 100-103.
[21] 王瑜. 城市饮用水水源现状及水源保护对策研究[J]. 黑龙江科学，2014，5(8): 26.
[22] 刘长娥，付子轼，周胜，等. 水生植物收割管理对水质净化效果的影响[J]. 浙江农业科学，2022，63(3): 623-626.
[23] 韩景，吴巍巍. 太湖及下游水源地安全评价指标体系和方法研究[J]. 水利水电技术，2020，51(S2): 329-333.
[24] 刘素芳. 上海市郊区集约化供水回顾与思考[J]. 水资源开发与管理，2018(6): 69-73.
[25] 吴强，王晓娟，汪贻飞. 饮用水水源地管理立法现状、问题及推进建议[J]. 水利发展研究，2017，17(7): 1-3, 9.

[26] 罗军华，赵卫权，李威，等. 基于CiteSpace的国内外饮用水源地研究知识图谱分析[J]. 灌溉排水学报，2022, 41(4): 109–119.

[27] 马秀梅，张天宇，闫莉. 黄河流域(片)重要饮用水水源地抽查问题及对策研究[J]. 华北水利水电大学学报(自然科学版)，2021, 42(4): 16–20.

[28] 王彬，梁璇静. 我国饮用水水源保护制度现状及完善建议[J]. 环境保护，2016, 44(21): 29–35.

[29] 王金南，孙宏亮，续衍雪，等. 关于"十四五"长江流域水生态环境保护的思考[J]. 环境科学研究，2020, 33(5): 1075–1080.

[30] 成水平，吴振斌，况琪军. 人工湿地植物研究[J]. 湖泊科学，2002(2): 179–184.

[31] 郑丙辉，付青，刘琰. 中国城市饮用水源地环境问题与对策[J]. 环境保护，2007(19): 59–61.

[32] 孔景. 太湖东部湖区水生植物和水环境特征及相关性分析[D]. 南京：南京林业大学，2023.

[33] 仲晓倩. 石家庄市饮用水水源地水质评估研究[D]. 石家庄：河北科技大学，2014.

[34] 王琦. 某市地表饮用水源地典型PPCPs赋存状况及其风险评价研究[D]. 武汉：武汉理工大学，2019.

[35] 张羽. 城市水源地突发性水污染事件风险评价体系及方法的实证研究[D]. 上海：华东师范大学，2006.

[36] 邓瑞，邓志民，王孟，等. 长江流域重要饮用水水源地保护长效机制研究[J/OL]. 长江科学院院报，2024: 1–8.

[37] 魏怀斌，李卓艺，刘静，等. 湖库型饮用水水源地安全评估指标体系研究[J/OL]. 华北水利水电大学学报(自然科学版)，2024: 1–8.

[38] 杨京平. 生态安全的系统分析[M]. 北京：化学工业出版社，2002.

[39] 国家统计局. 2020中国统计年鉴[M]. 北京：中国统计出版社，2020.

[40] 保障饮用水安全美德日层层设防[N]. 广州日报，2010-08-03.

[41] Chilundo M, Kelderman P, Okeeffe J H. Design of a water quality monitoring network for the Limpopo River Basin in Mozambique[J].Physics and Chemistry of the Earth, 2008, 33(8–13): 655–665.

[42] Li P Y, Wu J H. Drinking water quality and public health[J]. Exposure and Health, 2019, 11(2): 73–79.

[43] Allen W C, Hook P B, Biederman J A, et al. Temperature and wetland plant species effects on wastewater treatment and root zone oxidation [J]. Journal of Environmental Quality, 2002, 31(3): 1010–1016.

[44] Gullick R W, Grayman W M, Deininger R, et al. Design of early warning monitoring systems for source waters[J]. Journal American Water Works Association, 2003, 95(11): 58–72.

[45] Richard W G, Leah J G, Christopher S C, et al. Developing regional early warning systems for us source waters[J]. Journal American Water Works Association, 2004, 96(6): 68–82.

[46] Chad P, Chris C. Howard N. Source water assessment and protection programs leading the way for comprehensive watershed management planning[J]. American Society of Civil Engineers, 2003, 6: 2477–2484.

[47] Sullivan, Caroline. Calculaiing a water povery index[J]. World De-velopment, 2002(7): 1195–1210.

[48] Environmental Proteetion Ageney. United States.State Source Water Assessmentand Proteetion Programs[S]. 1997.

[49] Water Quality Control Division, Colorado Department of Public Healthand Environment, United States.Source Water Assessment Methodology for Surface Water Source sand Ground Water Sources Under the Dircet Influence of Surface Water[S]. 2004

[50] Seaside Water Department, Oregon. Source Water Assessment Report[S]. 2000.

[51] Environmental Proteetjon Ageney, United States. Source Water Assessment Steps[EB]. http://water·epa·gov/infrastructure/drinkingwater/sourcewater/proteetion/sourcewaterassessments.efm.

[52] Division of Drinking water and Environmental Management, California Department of Health Services, United States. Drinking Water Source Assessment and Protection Program[S]. 2000.

[53] Canadian Council of Ministers of the Environment. Water Quality Index[EB]. http://www.cceme.ea/ourwork/water.html?category_id=102.

[54] Peng Y, Fang W D, Krauss M. Screening hundreds of emerging organic pollutants(EOPs) in surface water from the Yangtze River Delta(YRD): Occurrence, distribution, ecological risk[J]. Environmental Pollution, 2018, 241: 484-493.

第 2 章
湖湾水源地水生态安全评价和健康诊断

对于湖湾型水源地，其水质、水生态安全尤为重要，建立有效的水质、水生态评价方法，诊断分析相关问题，指导水源地生态保护，成为当前专家学者关注的热点。很多城市对水源地的藻类生物量和藻密度进行了常规监测，但对藻类典型代谢产物（藻毒素、土臭素等）了解甚少，对威胁供水安全的微量、痕量污染物（如抗生素、农药等）在水体中的存在情况及其对水质的影响也不甚了解，这些因素导致很多水源地水生态安全还存在一定风险。因此，水源地水生态安全评价和健康诊断也尤为重要。

2.1 水源地现状调查与健康诊断方案

以太湖东部某典型湖湾型水源地（简称"湖湾水源地"）为例，制定水源地现状调查方案及水生态系统评价和健康诊断方案，对常规水质指标、特殊水质指标、底泥、微生物群落、水生生物等进行监测，分析湖湾水源地水环境特征及水质时空变化规律，进行水生态健康状况的诊断，为水生态系统优化提升提供支撑。

2.1.1 水源地现状调查方案

2.1.1.1 水源地监测点位

在太湖湖体与湖湾水源地交接断面处、湖湾水源地内部、饮用水水源地、战备江、胥口闸内等处布设 20 个监测点位，监测点涵盖湖区内的饮用水水源地、湖区进出水上下游区域、影响湖水水质的出入河道、工程涉及区域等。

监测点坐标如表 2-1 所列。

2.1.1.2 水源地监测指标

（1）常规水质指标

常规水质指标包括水温、pH 值、溶解氧（DO）、高锰酸盐指数（COD_{Mn}）、化学需

表2-1　湖湾水源地各水质监测点坐标

监测点	经纬度	监测点	经纬度
1#	31°12′83.24″N, 120°26′04.93″E	11#	31°11′35.27″N, 120°28′39.98″E
2#	31°12′15.33″N, 120°22′10.33″E	12#	31°13′17.21″N, 120°27′42.38″E
3#	31°11′34.52″N, 120°27′60.61″E	13#	31°13′1.37″N, 120°21′30.41″E
4#	31°13′45.63″N, 120°28′25.06″E	14#	31°10′18.87″N, 120°23′95.76″E
5#	31°10′28.95″N, 120°20′19.79″E	15#	31°07′31.49″N, 120°18′59.30″E
6#	31°09′12.35″N, 120°18′27″E	16#	31°07′43.77″N, 120°19′11.18″E
7#	31°07′68.17″N, 120°21′30.18″E	17#	31°07′35.03″N, 120°20′29.09″E
8#	31°06′96.29″N, 120°21′43.93″E	18#	31°07′35.5″N, 120°20′28.43″E
9#	31°07′03.12″N, 120°24′67.75″E	19#	31°14′5.61″N, 120°16′34.41″E
10#	31°04′7.2″N, 120°17′33.31″E	20#	31°00′29.15″N, 120°16′23.21″E

氧量（COD_{Cr}）、五日生化需氧量（BOD_5）、氨氮（NH_4^+-N）、总氮（TN）、总磷（TP）、氟化物、氰化物、挥发酚、石油类、硫化物、阴离子表面活性剂、铜、锌、硒、砷、汞、镉、六价铬、铅、粪大肠菌群等。

（2）特殊水质指标

考虑到水源地水质的影响因素，筛选出特殊指标，包括微囊藻毒素（MCs）、异味物质、抗生素、有机磷农药、环境激素和持久性有机污染物（POPs）6类，进行调查，对监测数据分析、筛查，确定出具体的监测指标。

（3）底泥指标

底泥指标包括含水率、有机质、间隙水中 DIP（溶解性无机磷）、间隙水 Fe^{2+}、NH_4Cl-P、Fe-P、Al-P、Org-P（有机磷）、Ca-P、Res-P（残渣磷）、Cu、Zn、Ni、Pb。

（4）微生物群落指标

微生物群落指标包括细菌、古菌、病原微生物群落结构及多样性指标。

（5）水生生物指标

水生生物指标包括优势物种名、生物量（kg/m^2）、株高（m）、冠层高度（m）、频度（%）、多样性指数。

2.1.1.3　水源地监测频次

① 常规水质指标：2018年每月监测1次，2019～2020年每年监测不少于6次。

② 特殊水质指标：2018年上半年，在对微囊藻毒素、异味物质、抗生素、有机磷农药、POPs、环境激素初步调查分析的基础上，筛查、确定出具体的监测指标。2018年下半年开始每个季度监测1次。

③ 底泥指标、水生植物指标、水生生物指标：每季度监测1次，具体时间为3月、6月、9月、12月中上旬。

④ 微生物群落指标：2018年1月～2019年1月，水体微生物群落每月中旬监测1次，底泥微生物群落每季度监测1次，具体时间为3月、6月、9月、12月。

2.1.2 水质评价与健康诊断依据

2.1.2.1 水质评价依据

① 常规水质指标：评价依据《地表水环境质量标准》（GB 3838—2002）中Ⅲ类水标准。

② 富营养化指标：主要为叶绿素 a 指标。按照《江苏省太湖蓝藻暴发应急预案》中一般事件的叶绿素 a 预警值（30μg/L）。

③ 异味物质：《生活饮用水卫生标准》（GB 5749—2006）；2023 年 4 月 1 日之后的监测数据，评价依据《生活饮用水卫生标准》（GB 5749—2022）。

④ 微囊藻毒素：《地表水环境质量标准》（GB 3838—2002）。

⑤ 农药类：参照日本饮用水水质基准中农药总量。

⑥ 药品及个人护理品：参照日本饮用水水质基准中农药总量。

2.1.2.2 水生生物健康诊断依据

（1）水生植物

水生植物作为淡水生态系统的主要初级生产者，通过根、茎、叶等组织及根系生物膜的吸附、吸收和生长过程实现对水体与底泥中养分的吸收，降低水体中营养物含量。在水生植物生长过程中，生长期吸收、储存营养物，衰亡期通过腐解将营养物重新释放回水生态系统中又会造成水体污染。水生植物的密度与生物量等特性会直接影响水体富营养化。

（2）浮游植物

相对于其他水生植物而言，浮游植物生长周期短，对环境变化敏感。浮游植物数量及群落结构是反映湖泊生态系统健康状况的重要指标，例如浮游植物生物量越大，湖泊生态系统的健康状况越差。因此，浮游植物的生物量及种群结构变化能很好地反映湖泊现状及变化。

（3）浮游动物

浮游动物是湖泊水生态系统食物链中将初级生产者藻类的能量传递给大型无脊椎动物及鱼类的重要环节，浮游动物种群结构对富营养化和鱼类养殖等环境胁迫有直接响应。因此，浮游动物的生物量、群落结构组成、多样性等方面的调查评价成果可以反映湖泊水生态系统所受到的胁迫响应特征。

（4）底栖动物

底栖动物是指生活史的全部或大部分时间生活于水体底部的水生动物群，是水生态系统中的一个重要生态类群，也是水体生态系统多样性的重要组成部分。底栖动物通常为初级消费者和次级消费者，是淡水生态系统食物网中承上启下、必不可少的一环，在生态系统的物质循环和能量流动中起着重要的作用。由于具有多样性高、生活周期长、活动场所比较固定、易于采集、不同种类对水质的敏感性差异大、受外界干扰后群落结构的变化趋势可以预测等一系列特点，底栖动物是了解淡水生态系统结构、功能及健康状况的关键类群，在环境生物评价中已得到极为广泛的应用。

（5）水生微生物

水生微生物作为水生态系统中极为重要的组成部分，对水环境健康指示和调控具有重要作用。例如，蓝藻菌门（Cyanobacteria）和硝化螺旋菌门（Nitrospirae）与水体富营养化密切相关；水环境中与人类健康密切相关的常见病原菌，可用于评估人类健康风险。因此，水环境中微生物的群落结构以及潜在人类致病菌数量，在水生态健康诊断中也不容忽视。包括专性致病菌和条件性致病菌在内的潜在人类致病性细菌名录见表2-2。

表2-2 潜在人类致病性细菌名录（属水平）

序号	细菌属	序号	细菌属	序号	细菌属
1	Acinetobacter（不动杆菌属）	20	Enterococcus（肠球菌属）	39	Peptostreptococcus（消化链球菌属）
2	Actinobacillus（放线杆菌属）	21	Escherichia（埃希氏菌属）	40	Plesiomonas（邻单胞菌属）
3	Aeromonas（气单胞菌属）	22	Francisella（弗朗西斯菌属）	41	Proteus（变形杆菌属）
4	Anaplasma（无形体属）	23	Haemophilus（嗜血杆菌属）	42	Pseudomonas（假单胞菌属）
5	Arcobacter（斯氏弓形菌属）	24	Hafnia（哈夫尼菌属）	43	Ralstonia（罗尔斯通菌属）
6	Bacillus（芽孢杆菌属）	25	Helicobacter（螺杆菌属）	44	Rickettsia（立克次体属）
7	Bacteroides（拟杆菌属）	26	Herbaspirillum（草螺菌属）	45	Salmonella（沙门氏菌属）
8	Bartonella（巴尔通体菌属）	27	Klebsiella（克雷伯氏菌属）	46	Serratia（沙雷氏菌属）
9	Bordetella（鲍特菌属）	28	Legionella（军团杆菌属）	47	Shigella（志贺菌属）
10	Borrelia（包柔氏螺旋体属）	29	Leptospira（钩端螺旋体属）	48	Staphylococcus（葡萄球菌属）
11	Brucella（布鲁氏菌属）	30	Listeria（李斯特菌属）	49	Stenotrophomonas（寡养单胞菌属）
12	Burkholderia（伯克霍尔德氏菌属）	31	Moraxella（莫拉菌亚属）	50	Streptococcus（链球菌属）
13	Campylobacter（弯曲菌属）	32	Mycobacterium（分枝杆菌属）	51	Streptomyces（链霉菌属）
14	Chlamydia（衣原体属）	33	Mycoplasma（支原体属）	52	Treponema（密螺旋体属）
15	Citrobacter（柠檬酸杆菌属）	34	Neisseria（奈瑟菌属）	53	Ureaplasma（脲解支原体属）
16	Clostridium（梭菌属）	35	Nocardia（诺卡菌属）	54	Vibrio（弧菌属）
17	Corynebacterium（棒杆菌属）	36	Ochrobacterium（赭色杆菌属）	55	Yersinia（耶尔森氏菌属）
18	Ehrlichia（埃立克体属）	37	Pantoea（泛菌属）		
19	Enterobacter（肠杆菌属）	38	Pasteurella（巴斯德氏菌属）		

2.2 水源地水质与水生态分析和诊断

以 2018 年的水质监测结果为例,对 2018 年 20 个监测站点的常规水质指标、特殊水质指标、底泥组成、微生物群落、水生生物群落等指标进行介绍,并对其水生态健康状况进行诊断。

2.2.1 常规水质指标分析

2018 年 1～12 月采样 11 次,共计 214 个样品。监测发现:a. 1 月份常规水质指标中挥发酚、氰化物、砷、汞、六价铬、铅、镉、硫化物、铜、硒均未检出,其余 14 个指标均有检出;b. 3 月份挥发酚、氰化物、六价铬、铅、镉、硫化物、铜均未检出,其余 18 个指标均有检出;c. 4 月份挥发酚、氰化物、砷、六价铬、铅、镉、硫化物、铜均未检出,其余指标均有检出;d. 5 月份挥发酚、氰化物、砷、六价铬、铅、镉、硫化物、铜均未检出;e. 6～8 月水中氰化物、硫化物、六价铬、铅、镉、铜 6 个指标均未检出,挥发酚、砷、汞、大肠菌数、石油类、阴离子表面活性剂和硒仅有较少样点有检出;f. 9～12 月,氢化物、六价铬、铅、镉、铜均未检出,挥发酚、石油类、阴离子表面活性剂和硫化物检出率较低。

(1) 不同站点常规水质指标变化趋势

2018 年不同站点化学需氧量(COD_{Cr})、总磷(TP)、总氮(TN)、高锰酸盐指数(COD_{Mn})的变化趋势如图 2-1～图 2-4 所示,可以看出:4# 监测点 COD_{Cr} 含量最高,属于Ⅳ类水质标准;4# 和 19# 监测点的 TP 符合Ⅴ类水质标准,部分监测点仍存在 TP 超标的情况;4#、11# 和 15# 监测点的 TN 超过Ⅴ类水质标准;仅有 4# 监测点的 COD_{Mn} 超过Ⅲ类水质标准。

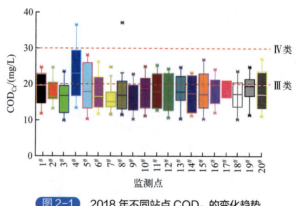

图 2-1 2018 年不同站点 COD_{Cr} 的变化趋势

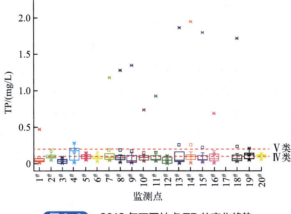

图 2-2　2018 年不同站点 TP 的变化趋势

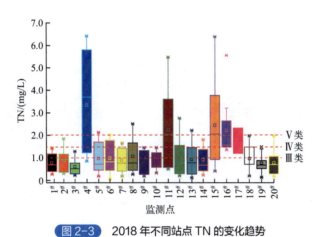

图 2-3　2018 年不同站点 TN 的变化趋势

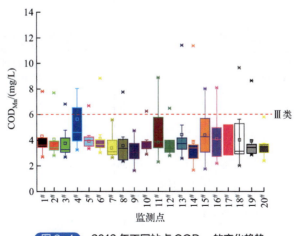

图 2-4　2018 年不同站点 COD_{Mn} 的变化趋势

（2）不同月份常规水质指标变化趋势

参考《地表水环境质量标准》(GB 3838—2002)，常规指标中 TP 和 TN 绝大多数处于Ⅳ类和Ⅴ类水质标准之间。TN 中 50.5%超过Ⅲ类水质标准，27.1%超过Ⅳ类水质标准，15.9%超过Ⅴ类水质标准；DO 中 85%属于Ⅲ类水质标准；高锰酸盐指数中 89.3%属于Ⅲ类水质标准；COD_{Cr} 中 65.9%属于Ⅲ类水质标准；BOD_5 中 84.1%属于Ⅲ类水质标准。监测区域内全年主要污染物是 TN 和 TP，叶绿素 a 含量也较高，如图 2-5 所示。一般化学指标如锌、阴离子表面活性剂和挥发酚属于Ⅰ类水质标准或远远低于Ⅰ类水质标准，铜未检出。毒理指标如砷、汞、硒和氟化物均是Ⅰ～Ⅲ类水质标准，铅、铬（六价）、镉、硫化物和氰化物均未检出。

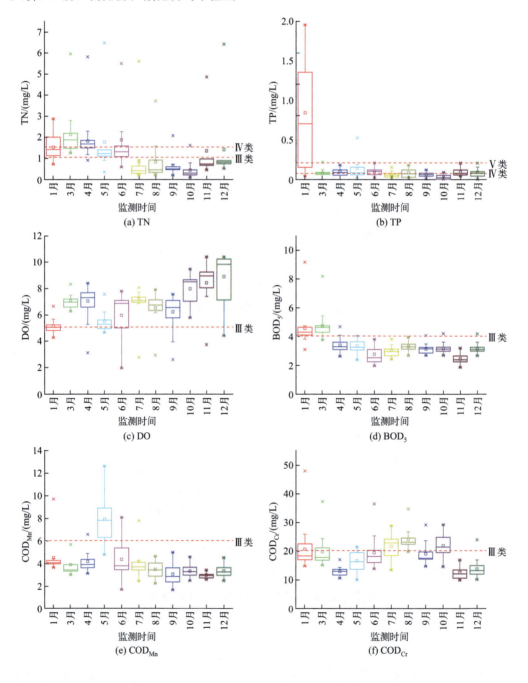

(a) TN　(b) TP　(c) DO　(d) BOD_5　(e) COD_{Mn}　(f) COD_{Cr}

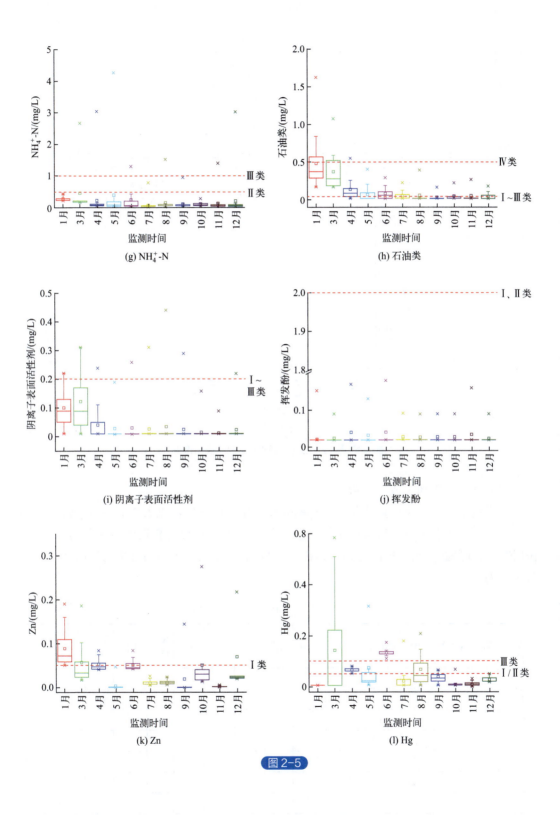

图 2-5

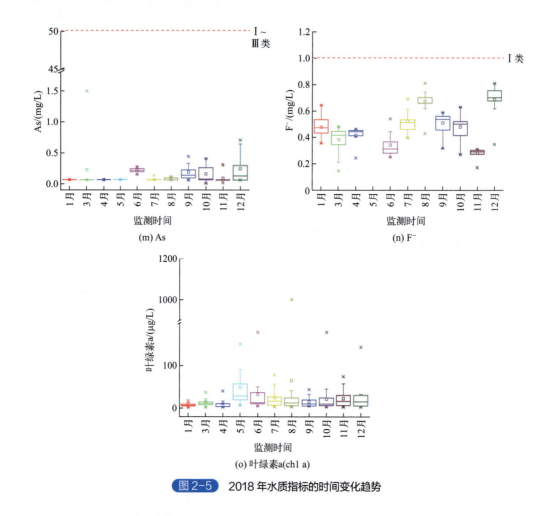

图2-5　2018年水质指标的时间变化趋势

（3）聚类分析和主成分分析

对常规水质指标进行斯皮尔曼（Spearman）相关性分析，见表2-3。可以看出，DO与pH值呈显著正相关，与其他指标均呈显著负相关；石油类和表面活性剂均与水温、pH值和DO呈显著负相关，与硒、锌和TP呈显著正相关，说明石油类与表面活性剂的环境行为一致。

表2-3　常规指标之间Spearman相关系数

项目	温度	pH值	DO	COD$_{Mn}$	COD$_{Cr}$	BOD$_5$	挥发酚	砷	汞	F$^-$	大肠菌数	NH$_4^+$-N	石油类	阴离子表面活性剂	Zn
pH值	0.53	1													
DO	−0.20	0.23	1												
COD$_{Mn}$			−0.45	1											
COD$_{Cr}$	0.29		−0.31	0.22	1										
BOD$_5$	−0.32	−0.51	−0.23	0.23	0.45	1									
挥发酚			−0.28	0.17			1								
砷								1							

续表

项目	温度	pH值	DO	COD$_{Mn}$	COD$_{Cr}$	BOD$_5$	挥发酚	砷	汞	F$^-$	大肠菌数	NH$_4^+$-N	石油类	阴离子表面活性剂	Zn
汞	0.29							0.31	1						
F$^-$		0.26			0.20					1					
大肠菌数			−0.23				0.40	0.16	−0.18		1				
NH$_4^+$-N		−0.25	−0.35	0.36		0.23	0.43				0.40	1			
石油类	−0.40	−0.54	−0.38	0.16	0.17	0.58		−0.26	−0.20			0.33	1		
阴离子表面活性剂	−0.20	−0.38	−0.38	0.19	0.31	0.54	0.33	−0.24	−0.14		0.28	0.51	0.61	1	
Zn	−0.42	−0.35				0.26							0.27	0.21	1
Se		−0.35				0.45							0.35	0.28	
TP	−0.37	−0.29	−0.28	0.22	0.18	0.39							0.53	0.26	0.14
TN		−0.44	−0.37	0.34		0.25	0.39	−0.16	0.17	−0.27	0.31	0.73	0.33	0.38	
叶绿素a		0.20						0.21	0.14						

2018年常规水质指标中，除了氰化物、铜、铅、六价铬和硫化物未检出外，铜和挥发酚检出率较低，将剩余监测指标数据标准化后进行聚类分析，结果如图2-6所示。常规水质指标的影响因素主要分为两大类。第一类主要是自然因素影响，如水温、pH值、DO、叶绿素a和F$^-$，温度与COD$_{Cr}$、DO和叶绿素a均存在相关性，太湖水体垂直面水温差使水体在垂直方向上迁移，这类因素被称为水体理化性质。第二类为生产生活影响，又分为三个亚类，主要是人类活动影响：第一亚类为有毒金属砷和汞，主要是农业污染，如农药；第二亚类为总氮、氨氮和大肠菌数，来自农产养殖及家禽粪便；第三亚类为TP、BOD$_5$、阴离子表面活性剂、石油类和硒、锌，主要来自生活污水排放。

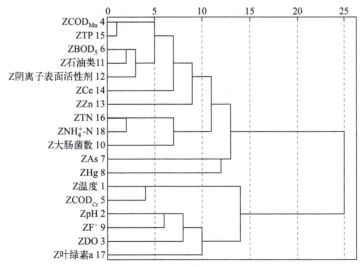

图2-6 2018年常规水质指标聚类分析结果（图中"Z"表示聚类分析的变量）

从图 2-7 和表 2-4 主成分分析的结果也可以看出：主成分 1 和主成分 2 解释的总方差的 24.86% 和 12.83%；主成分分析印证了聚类分析结果，主成分 1 主要是人为活动来源，主成分 2 主要是自然来源。

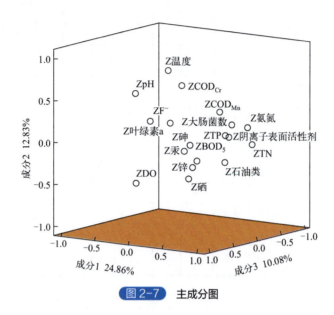

图 2-7　主成分图

表 2-4　主成分的解释总方差

成分	初始特征值			提取平方和载入		
	合计	方差/%	累积/%	合计	方差/%	累积/%
1	4.474	24.858	24.858	4.474	24.858	24.858
2	2.309	12.827	37.685	2.309	12.827	37.685
3	1.815	10.082	47.767	1.815	10.082	47.767
4	1.372	7.620	55.387	1.372	7.620	55.387
5	1.176	6.532	61.919	1.176	6.532	61.919
6	1.121	6.228	68.147	1.121	6.228	68.147
7	1.024	5.687	73.834	1.024	5.687	73.834
8	0.848	4.710	78.544			
9	0.738	4.098	82.642			
10	0.594	3.299	85.941			
11	0.574	3.192	89.133			
12	0.511	2.838	91.971			
13	0.384	2.133	94.104			
14	0.321	1.785	95.889			
15	0.221	1.229	97.118			
16	0.204	1.133	98.251			
17	0.185	1.026	99.277			
18	0.130	0.723	100.000			

2.2.2 特殊水质指标分析

2.2.2.1 微囊藻毒素

2018 年 3 月采集 2#、11#、20# 站点水样，采用离子液体磁性石墨烯萃取、富集水样中的微囊藻毒素，每个水样平行测定 5 次，仅 20# 站点检出了微囊藻毒素 MC-LR 和 MC-RR（L、R 分别代表亮氨酸、精氨酸），浓度分别为 0.005μg/L 和 0.006μg/L，由于磁性材料对微囊藻毒素的吸附量有限，7 月开始利用串联固相萃取技术，7 月、8 月均未检出。9 月仅 2# 站点检出微囊藻毒素 MC-RR，浓度为 3.76ng/L；仅有 6 个监测点检出 MC-LR，每个监测点基本持平，约为 3.4ng/L。10 月和 11 月，MC-RR 未检出，仅有 5～6 个监测点检出 MC-LR，浓度与 9 月持平。

2.2.2.2 异味物质指标

2018 年采样 10 次，3 月采集 16 个点，4 月采集 20 个点，5 月未采集，6 月采集 20 个点，7 月采集 8 个点，8 月采集 13 个点，9～12 月每月采集 20 个点，共采集 157 个样品。以下仅对部分月份的监测结果进行分析。

3 月份所有指标中 β-环柠檬醛的平均含量最高，其余依次是 2,4,6-三氯苯甲醚、土臭素（geosmin）和 2-甲基异茨醇（2-MIB）。16 个监测点中检出 β-环柠檬醛，监测值为 2.42～107.29ng/L，其中 12# 监测点含量最高，其次是 8#、14# 监测点最低。2,4,6-三氯苯甲醚有 11 个监测点检出，监测值在 2.1～36.48ng/L 范围内，最大值在 14# 监测点，最小值在 1# 监测点。14 个监测点中检出土臭素，监测值在 1.09～26.95ng/L 范围内，最大值在 17# 监测点，最低值在 1# 监测点。14 个监测点中检出 2-甲基异茨醇，监测值在 0.23～13.27ng/L 范围内，最大值出现在 4# 监测点，最低值出现在 6# 监测点。2-异丁基-3-甲氧基吡嗪（IPMP）、2-异丙基-3-甲氧基吡嗪（IBMP）、2,3,6-三氯苯甲醚（2,3,6-TCA）和 2,3,4-三氯苯甲醚（2,3,4-TCA）均未检出。

6 月监测结果如图 2-8 所示，水样中 IPMP、IBMP、2,3,6-TCA 和 2,4,6-TCA 4 种未检出。含量最高的是 β-环柠檬醛，在 10#、13#、18# 和 20# 这 4 个监测点的含量较高，在 13# 监测点含量高达 3521ng/L。紫罗酮在这 4 个监测点含量也较高。其次是土臭素，在 1#、6#

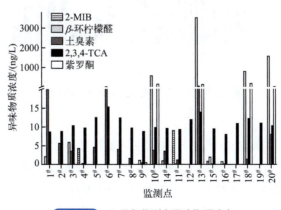

图 2-8　6 月各监测点异味物质浓度

和 13#3 个监测点的含量较高。2-甲基异莰醇仅在 4# 和 11# 2 个监测点有检出,含量较低。说明 6 月在 13# 和 20# 这 2 个监测点 5 种异味物质含量均较高,这两地的异味物质污染严重。

8 月仅有土臭素和 2-甲基异莰醇检出。2-甲基异莰醇的范围为 0.7～9.3ng/L,10# 监测点含量最高;土臭素仅在 5# 和 9# 监测点检出,含量远远低于 2-甲基异莰醇,如图 2-9 所示。这说明 8 月各监测点位异味物质污染并不严重。

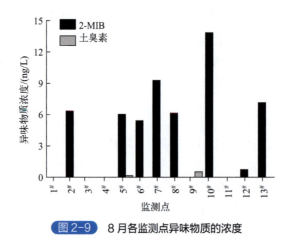

图 2-9　8 月各监测点异味物质的浓度

9 月,5#、6#、19#、8#、10# 和 20# 监测点的 2-MIB 检出浓度明显高于其他点位,是胥口湾的主要异位物质组分。如图 2-10 所示。

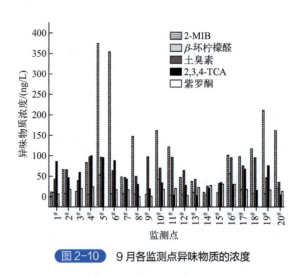

图 2-10　9 月各监测点异味物质的浓度

从图 2-11 2018 年太湖异味物质主要组成中可以看出:2,3,6-TCA、2,4,6-TCA、IPMP 和 IBMP 未检出;主要异味物质为 β-环柠檬醛和紫罗酮,占比分别为 36% 和 18%;土臭素和 2-MIB 分别占比 18% 和 15%,2,3,4-TCA 占比 13%。异味主要为土霉味和干草味。

图 2-11　2018 年太湖异味物质主要组成

如图 2-12 所示，紫罗酮和 β- 环柠檬醛主要分布在 6 月和 10 月，2-MIB 主要分布在 9 月，土臭素主要分布在 9～11 月。

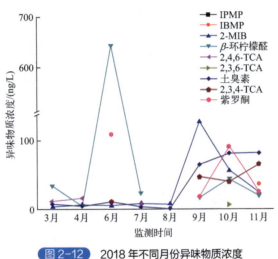

图 2-12　2018 年不同月份异味物质浓度

2.2.2.3　新型烟碱类农药

由图 2-13 所示的 2018 年 1 月新型烟碱类农药的浓度可以看出，6- 氯烟酸只在 3 个监测点检出，浓度分别为 1.83ng/L、2.53ng/L 和 2.57ng/L；啶虫脒在 5# 监测点未检出，其余均检出，浓度范围为 1.88～22.33ng/L；噻虫胺在 13 个监测点检出，浓度范围为 1.02～7.20ng/L；吡虫啉在 17 个监测点检出，浓度范围为 1.01～41.20ng/L，最高值在 16# 监测点；噻虫嗪在 9 个监测点检出，浓度范围为 1.27～21.21ng/L；噻虫啉在所有采样点均未检出。

7～11 月 6 种新型烟碱类农药的浓度见图 2-14～图 2-16。7 月和 8 月的 10# 监测点主要污染物一致，均是啶虫脒和吡虫啉占比较高。7 月 4 个监测点中啶虫脒的浓度最高可达 28.9ng/L；8 月 4#、11#、12#、15# 和 16# 监测点的吡虫啉浓度最高可达 724.3ng/L，15# 和 16# 监测点除了啶虫脒和吡虫啉浓度较高外，噻虫嗪浓度也较高，是

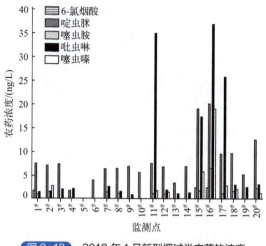

图 2-13　2018 年 1 月新型烟碱类农药的浓度

第三主要污染物；9 月主要污染物是啶虫脒，所有监测点均有检出，浓度范围为 3.25～285.82ng/L，平均值为 30.46ng/L，最高值在 1# 监测点；其次是吡虫啉，最高为 81.49ng/L，最高值在 15# 监测点。噻虫啉的浓度最低；10 月和 11 月，在所有监测点噻虫啉均未检出，主要污染物均是吡虫啉，最高浓度分别为 41.10ng/L 和 264.07ng/L，分别在 16# 和 4# 监测点。

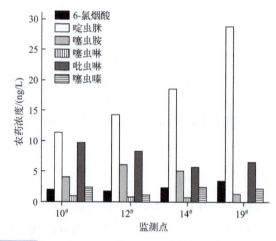

图 2-14　2018 年 7 月 4 个监测点 6 种新型烟碱类农药的浓度

2018 年 12 月监测结果如图 2-17 所示，可以看出，啶虫脒在所有监测点均有检出，浓度范围为 1.51～14.07ng/L，最高值在 17# 监测点；噻虫胺在 15 个监测点检出，15# 监测点最高，为 16.05ng/L，而且显著高于其他监测点，说明此监测点该类物质污染十分严重；噻虫啉只在 11# 和 13# 监测点检出，而且浓度不是很高，说明该类物质污染不是很严重；吡虫啉在 11#、15# 和 17# 监测点浓度极高，污染非常严重；噻虫嗪在 15 个监测点检出，最高值为 15.40ng/L。

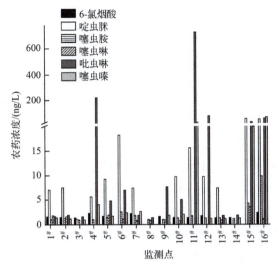

图 2-15　2018 年 8 月 16 个监测点 6 种新型烟碱类农药的浓度

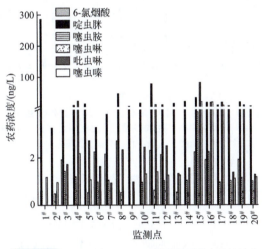

图 2-16　2018 年 9 月 6 种新型烟碱类农药的浓度

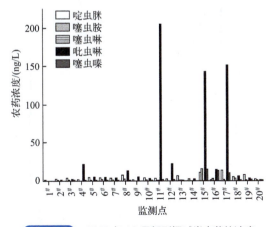

图 2-17　2018 年 12 月新型烟碱类农药的浓度

2.2.2.4 有机磷阻燃剂

由于有机磷阻燃剂监测的前处理较烦琐，2018年5月仅筛选了4个监测点进行初步监测判断，之后根据监测结果情况增加监测点。根据监测结果，5月在14#监测点无目标物被检出，其他监测点主要污染物是TCPP[磷酸三(2-氯丙基)酯]、TCEP[三(2-羧乙基)膦]、TBEP[磷酸三(丁氧基乙基)酯]、TBP（磷酸三丁酯）和TEP（磷酸三乙酯）等5种目标物。TCPP检测值为341.52～582.25ng/L，TCEP检测值为369.89～532.28ng/L，TBEP检测值为177.47～672.96ng/L，TBP检测值为45.07～229.10ng/L，TEP检测值为37.17～57.02ng/L。2018年6月主要污染物是TCEP，TCEP最高检测值在20#监测点，高达915ng/L；还有一个主要污染物是TEP，每个监测点普遍存在，如图2-18所示。

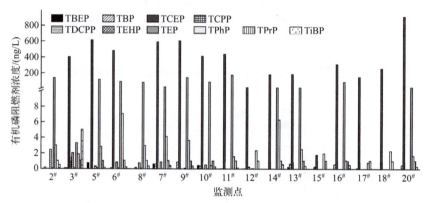

图 2-18　2018年6月17个监测点中10种有机磷阻燃剂的浓度

[TDCPP为磷酸三(1,3-二氯丙基)酯；TEHP为磷酸三(2-乙基己基)酯；TPhP为磷酸三苯酯；TPrP为磷酸三丙酯；TiBP为磷酸三异丁酯]

2018年8月有机磷阻燃剂的监测结果如图2-19所示。16个监测点中TEP、TPhP和TEHP均未检出，TPrP只在5#监测点检出，浓度为1.73ng/L（图中未显示）；TCPP只在7个采样点有检出；TBEP在14个监测点有检出，浓度范围为0.65～23.25ng/L，其中，1#监测点最高，为23.25ng/L，明显高于其他监测点，说明1#监测点的TBEP污染程度更为严重；TCEP在15#和16#监测点中的浓度分别高达480.94ng/L和580.59ng/L，污染程度极其严重。

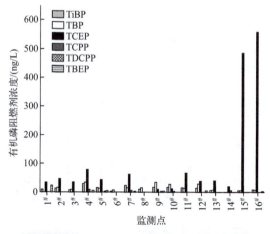

图 2-19　2018年8月各有机磷阻燃剂的浓度

如图 2-20 所示，2018 年 9 月主要污染物为 TCEP 和 TBEP。TCPP 仅在 6 个监测点中检出，TDCPP 仅在 3 个监测点中检出，TEP、TPrP、TPhP 和 TEHP 在所有监测点中均未检出。

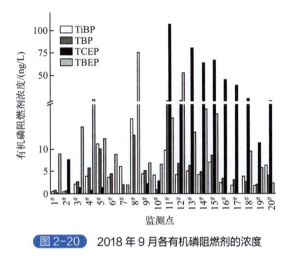

图 2-20　2018 年 9 月各有机磷阻燃剂的浓度

2018 年 11 月各有机磷阻燃剂的监测结果如图 2-21 所示。TEP、TPrP、TCPP、TDCPP、TPhP 和 TEHP 在所有监测点中均未检出；相对于其他类型的有机磷阻燃剂，TCEP 的浓度要高得多，说明该指标污染较为严重。

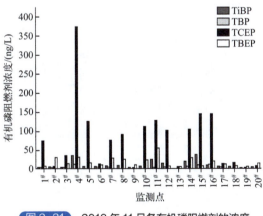

图 2-21　2018 年 11 月各有机磷阻燃剂的浓度

2018 年 12 月 20 个监测点的有机磷阻燃剂的监测结果如图 2-22 所示。其中，TDCPP、TPhP 和 TEHP 在所有采样点中均未检出；TEP 在 13 个监测点检出，浓度范围为 1.86～12.07ng/L；TPrP 只在 5# 和 8# 监测点有检出，浓度分别为 0.46ng/L 和 0.40ng/L，污染程度较轻；TCPP 在 5 个监测点有检出，浓度范围为 5.15～7.96ng/L。此外，10# 监测点的 TCEP 和 TBEP 检出浓度明显高于其他点位，可能与沿岸人为活动有关，后续应重点关注。

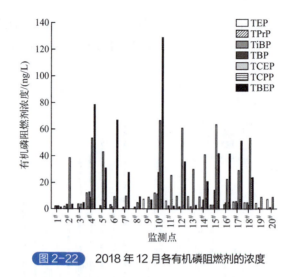

图 2-22　2018 年 12 月各有机磷阻燃剂的浓度

2.2.3　底泥组成分析

底泥组成每季度监测一次，分别在 2018 年 3 月、6 月、9 月、12 月中下旬进行，监测点位与水质指标相同。监测项目包括含水率、有机质、内源磷形态（弱吸附态磷、铁铝结合态磷、有机磷、钙结合态磷、残渣磷）以及铜、铅、锌和镍等常见重金属。

2018 年，湖湾水源地湖体底泥含水率和有机质分布情况见图 2-23。含水率分布介于 33%～75% 之间。其中，含水率最高点出现在 14# 监测点（75%），最低点出现在 3#

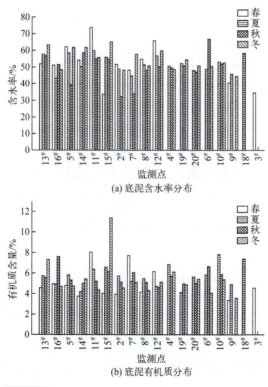

图 2-23　湖湾水源地湖体底泥含水率和有机质分布情况

监测点（33%）。受底栖生物活动、水生植物生长及采样方式等因素的影响，部分监测点含水率存在季节性差异。底泥有机质分布介于 3.09%～8.1% 之间。其中，有机质最高点出现在 15# 监测点（11.5%），有机质最低点则出现在 9# 监测点（3.5%）。11#、15#、7# 等监测点距人们的居住地较近，有机质含量相对较高。

底泥中内源磷的形态分布与上覆水中磷含量存在密切关系，磷对水体中藻类生长也有重要影响。底泥中弱吸附态磷、铁结合态磷、铝结合态磷、钙结合态磷和残渣磷含量如图 2-24 所示。可以看出，底泥中弱吸附态磷与铁铝结合态磷在夏季释放明显，证实了其是上覆水中藻类生长的主要磷源。钙结合态磷与残渣磷则基本保持稳定，其略有升高与藻类死亡释放的磷和钙离子相结合有关。

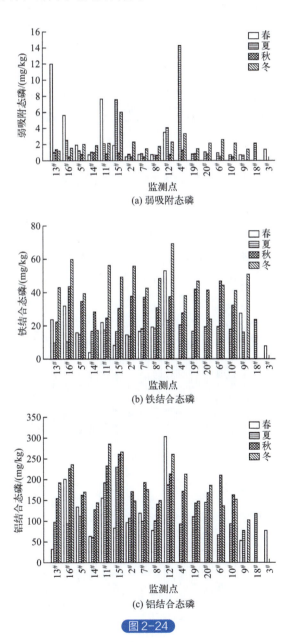

图 2-24

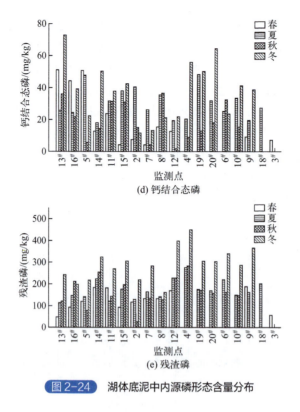

图 2-24 湖体底泥中内源磷形态含量分布

湖湾水源地湖体底泥中重金属含量如图 2-25 所示。总体上看，重金属含量分布与 TP 情况相似，距离湖心较近的监测点重金属含量较低，靠近陆地以及污染源排放口的监测点重金属含量较高。各个监测点中铜含量较低，锌含量普遍较高，说明外源污染物从陆地排入湖湾水源地，造成了较为严重的污染。

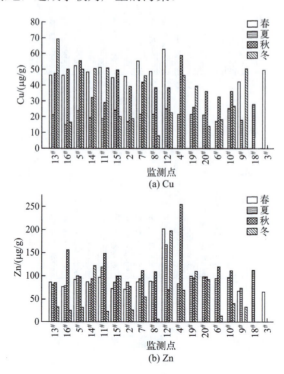

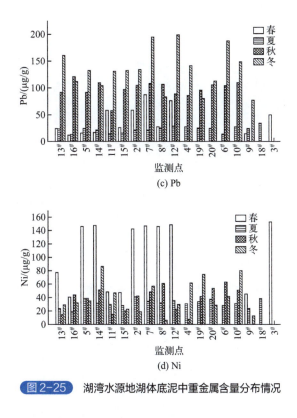

图 2-25 湖湾水源地湖体底泥中重金属含量分布情况

2.2.4 微生物群落分析

2.2.4.1 水体和沉积物中微生物特性分析

采用 IlluminaHiSeq 高通量测序技术，对 2018 年 1 月至 2019 年 9 月采集的 209 个水样、66 个底泥样品进行细菌 16S rRNA 基因高通量测序，共获得约 14G 原始测序数据。按照生物信息学分析流程，经过原始序列质控、OTU（operational taxonomic units）群落聚类、OTU 表重抽样等处理后，样品的最终测序深度为 19703 条 reads/样品，共测得 22787 个细菌 OTU，涵盖 48 个门（phylum）、105 个纲（class）、203 个目（order）、394 个科（family）和 1423 个属（genus）。

水体和沉积物中细菌群落在门水平上的物种构成如图 2-26 所示。可以看出，水体和沉积物中的细菌群落结构有明显差异。其中，水体中的细菌优势物种包括 β 变形菌纲（Betaproteobacteria）、拟杆菌门（Bacteroidetes）、放线菌门（Actinobacteria）等；沉积物中的优势物种则为 δ 变形菌纲（Deltaproteobacteria）、热孢菌门（Thermotogae）、后壁菌门（Firmicutes）等。

图 2-27 中基于 Bray-Curtis 距离的 PCoA 排序分析显示，水体与沉积物中的细菌群落构成存在明显差异。沉积物中的细菌群落时空差异较小，水体中的细菌群落时空变化显著。Adonis 多元方差分析进一步表明（表 2-5），水体和沉积物中的细菌群落均表现为时间变化大于空间变化。

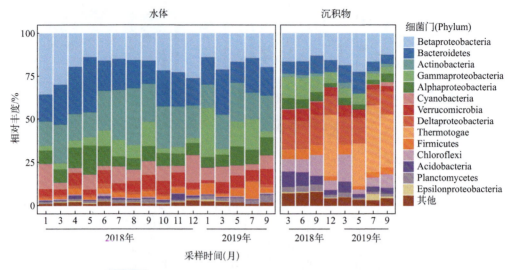

图 2-26　湖湾水源地水体和沉积物中的细菌（门水平）群落结构

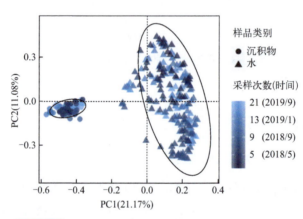

图 2-27　基于 Bray-Curtis 距离的细菌群落 PCoA 分析

表 2-5　细菌群落结构差异的 Adonis 检验

项目	水体			沉积物		
	F	R^2	P	F	R^2	P
时间	9.159	0.359	0.001	5.552	0.326	0.001
空间	4.463	0.175	0.001	2.850	0.287	0.001

注：表中 F 为检验统计量，显示组间差异的程度，F 越大，表示组间差异越显著；R^2 为解释的总方差比例，R^2 越接近 1，表示模型解释程度越高；P 为检验水平，认为 $P<0.05$ 时组间差异是显著的。

2.2.4.2　水生态健康的潜在指示和微生物分析

（1）微生物指标分析

1）蓝细菌　在湖湾水源地水体和沉积物样品中，共检出 337 个蓝细菌 OTU，涵盖 11 个科（family）、12 个属（genus），Family Ⅱ、Family Ⅰ 和 Family Ⅺ 最有优势。如图 2-28 和图 2-29 所示，监测期间，沉积物中蓝细菌相对丰度范围为 0.008%～3.9%，平均为 0.7%；水中蓝细菌相对丰度范围为 0.17%～42.14%，平均为 7.3%。在空间上，近岸监测站点 2#、5#、7#、8# 的水体中蓝细菌相对丰度高于其他各点，各监测点沉积物中蓝细菌丰度差异较小。在时间上，冬、春两季水体中蓝细菌含量相对较高（2018 年 1 月、12 月；2019 年 3 月）；两年度沉积物中蓝细菌丰度最高值均出现在 9 月份。

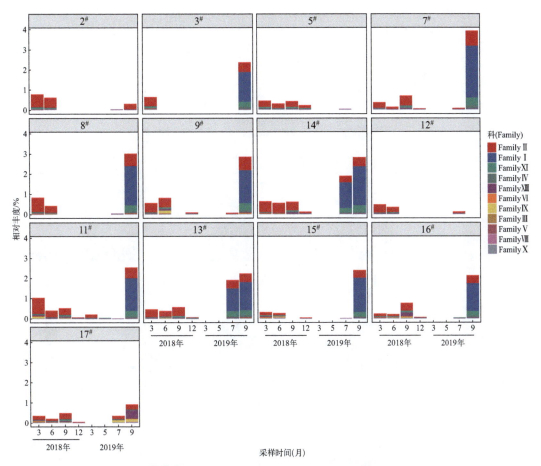

图 2-28　沉积物中蓝细菌构成（科水平）及相对丰度

2）硝化螺菌　如图 2-30 和图 2-31 所示，湖湾水源地沉积物中硝化螺菌属（*Nitrospira*）丰度为 0.11%～3.5%，平均相对丰度为 1%。水体中硝化螺菌属的相对含量低于沉积物中，最高相对丰度为 1.49%，部分样品中未检出，平均相对丰度为 0.06%。在空间上，5#、7#、8# 监测点的水体和沉积物中硝化螺菌丰度均高于其他点；在时间上，除个别点位外，水体和沉积物中硝化螺菌丰度均在夏季（6 月）、秋季（9 月）达到最高。

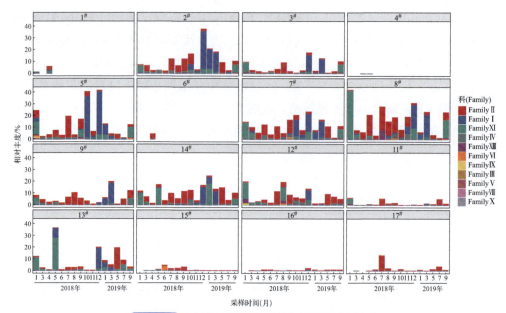

图 2-29　水体中蓝细菌构成（科水平）及相对丰度

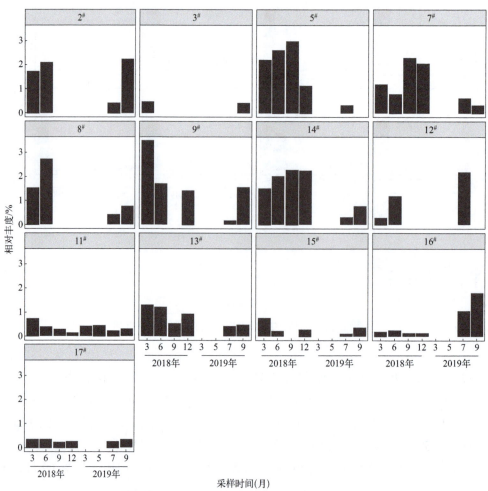

图 2-30　沉积物中硝化螺菌属（*Nitrospira*）相对丰度

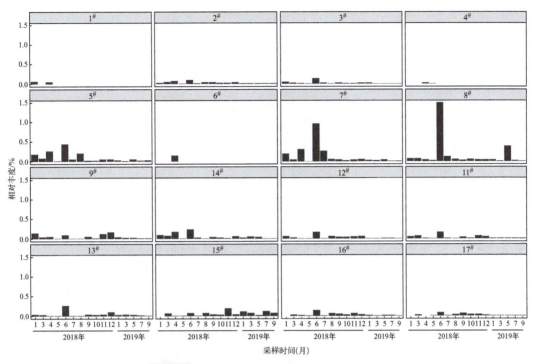

图 2-31　水体中硝化螺菌属（*Nitrospira*）相对丰度

3）潜在人类致病菌　对照潜在人类致病性细菌名录（表 2-2），在湖湾水源地水体和沉积物样品中共检出 384 个潜在致病性细菌 OTU，分别隶属于表 2-2 名录中的 33 个细菌属。如图 2-32 和图 2-33 所示，水体和沉积物中最常见的潜在人类致病细菌属包括不动杆菌属（*Acinetobacter*）、假单胞菌属（*Pseudomonas*）、草螺菌属（*Herbaspirillum*）、嗜麦芽窄食单胞菌属（*Stenotrophomonas*）、气单胞菌属（*Aeromonas*）等。在空间上，2#、5#、7#、11#、16#、17# 监测点的水体和沉积物中潜在人类致病菌含量高于其他点位；在时间上，各监测点位夏季、秋季（6～9 月）潜在人类致病菌含量高于其他季节。根据潜在人类致病菌进行诊断，夏、秋季胥口水源地水生态健康风险较高，应当重点关注。

（2）微生物指标评价计算方法

微生物指标（EH5）包含蓝细菌、硝化螺旋菌和潜在人类致病菌三方面要素，对应权重分别为 0.3、0.3、0.4。微生物指标（EH5）的分值计算公式为：

$$EH5 = 0.3 \times 蓝细菌占比得分 + 0.3 \times 硝化螺菌占比得分 + 0.4 \times 潜在人类致病菌占比得分 \tag{2-1}$$

各指标的计算方法如下：

① 蓝细菌占比得分

$$蓝细菌占比得分 = 100 \times \frac{Cyano_{max} - Cyano}{Cyano_{max} - Cyano_{min}} \tag{2-2}$$

式中　　Cyano——蓝细菌门占细菌群落相对丰度的实测值，%；

$Cyano_{max}$、$Cyano_{min}$——评估时期内蓝细菌占比得分为 100 和 0 时的蓝细菌相对丰度实测值，%。

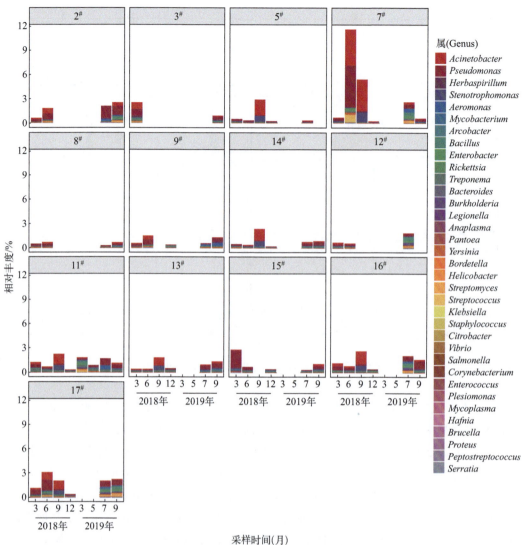

图 2-32　沉积物中潜在人类致病菌相对丰度

根据太湖湖湾水源地 2018 年 1 月至 2019 年 9 月的监测结果，水体样品中，$Cyano_{max} = 42.15\%$，$Cyano_{min} = 0.17\%$；沉积物样品中，$Cyano_{max} = 3.90\%$，$Cyano_{min} = 0.008\%$。因此，对于水体样品：

$$蓝细菌占比得分 = 100.4 - 238.2 Cyano \tag{2-3}$$

对于沉积物样品：

$$蓝细菌占比得分 = 100.2 - 2569.4 Cyano \tag{2-4}$$

② 硝化螺菌占比得分

$$硝化螺菌占比得分 = 100 \times \frac{Nirospira_{max} - Nirospira}{Nirospira_{max} - Nirospira_{min}} \tag{2-5}$$

式中　　　$Nirospira$——硝化螺菌占细菌群落相对丰度的实测值，%；

$Nirospira_{max}$、$Nirospira_{min}$——评估时期内硝化螺菌占比得分为 100 和 0 时的硝化螺菌相对丰度实测值，%。

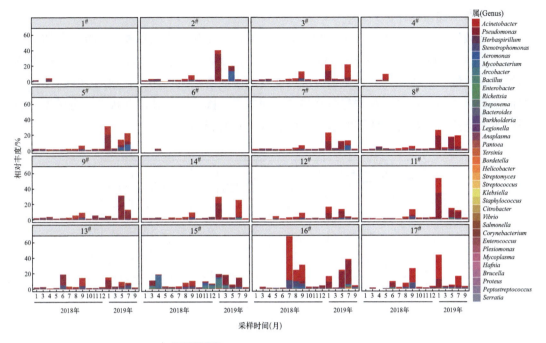

图 2-33 水体中潜在人类致病菌相对丰度

根据太湖湖湾水源地 2018 年 1 月至 2019 年 9 月的监测结果，水体样品中，$Nirospira_{max} = 1.49\%$，$Nirospira_{min} = 0$；沉积物样品中，$Nirospira_{max} = 3.50\%$，$Nirospira_{min} = 0.11\%$。因此，对于水体样品：

$$硝化螺菌占比得分 = 100 - 6711.4 Nitrospira \qquad (2-6)$$

对于沉积物样品：

$$硝化螺菌占比得分 = 103.2 - 2949.9 Nitrospira \qquad (2-7)$$

③ 潜在人类致病菌

$$潜在人类致病菌占比得分 = 100 \times \frac{Pathogen_{max} - Pathogen}{Pathogen_{max} - Pathogen_{min}} \qquad (2-8)$$

式中　　Pathogen——潜在人类致病菌占细菌群落相对丰度的实测值，%；

$Pathogen_{max}$、$Pathogen_{min}$——评估时期内潜在人类致病菌占比得分为 100 和 0 时的潜在人类致病菌相对丰度实测值，%。

根据太湖湖湾水源地 2018 年 1 月至 2019 年 9 月的监测结果，水体样品中，$Pathogen_{max} = 67.46\%$，$Pathogen_{min} = 0.28\%$；沉积物样品中，$Pathogen_{max} = 11.66\%$，$Pathogen_{min} = 0.20\%$。因此，对于水体样品：

$$潜在人类致病菌占比得分 = 100.4 - 148.9 Pathogen \qquad (2-9)$$

对于沉积物样品：

$$潜在人类致病菌占比得分 = 101.7 - 872.6 Pathogen \qquad (2-10)$$

(3)微生物指标评价

依照微生物指标的计算方法,对湖湾水源地进行水生态健康的微生物指标评价。各监测点位水体的 EH5 得分如图 2-34 所示。在空间上,位于风景区沿岸的 $5^\#$ ～ $8^\#$ 监测点得分总体低于其他各点,说明该区域可能受周围旅游和生活污水排放的影响较大。在时间上,EH5 得分在冬 - 春季有向好趋势,而在夏 - 秋季转差并出现极低得分情况,也反映了人类活动和水文条件等的季节变化对水生态的影响。

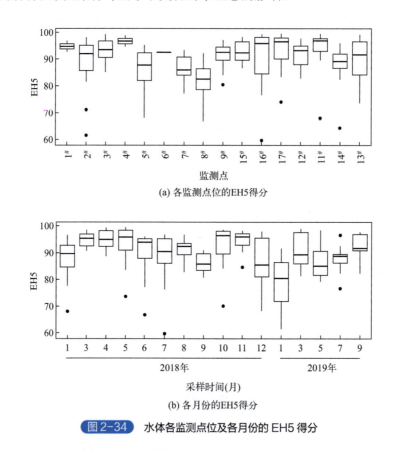

图 2-34 水体各监测点位及各月份的 EH5 得分

2018 年各监测点位沉积物的 EH5 得分如图 2-35 所示。在空间上,$5^\#$、$7^\#$ ～ $9^\#$ 监测点得分总体低于其他各点,显示了沿岸人类活动和污水排放的潜在水生态影响。在时间上,沉积物的 EH5 得分亦表现为冬 - 春季优于夏 - 秋季。以上结果也说明,沉积物与其上覆水体的微生物群落构成有一定的关联性。

为了验证 EH5 用于评价水生态健康的有效性,对 EH5 及其 3 个要素(蓝细菌得分、硝化螺旋菌得分、潜在人类致病菌得分)和水质因子进行了主坐标分析,如图 2-36 所示,结果显示,蓝细菌得分(EH5.Cyano.)和硝化螺旋菌得分(EH5.Nitro.)与温度(Temp.)、水体总氮(TN)、氨氮(NH_4^+-N)有强烈的相关性;潜在人类致病菌得分(EH5.Pathogen)与水体化学需氧量(COD_{Cr}、COD_{Mn})、生化需氧量(BOD)、总磷(TP)有强烈的正相关性。以上结果说明,EH5 能作为水质化学评价指标的延伸和补充,有效反映与水生态健康相关的微生物要素状态。

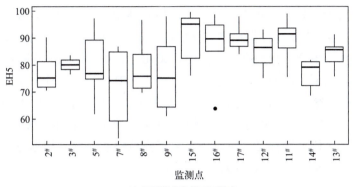

(a) 各监测点位的EH5得分

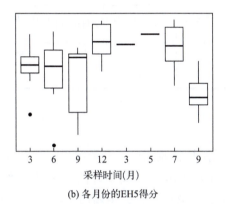

(b) 各月份的EH5得分

图 2-35　2018 年沉积物各监测点位及各月份的 EH5 得分

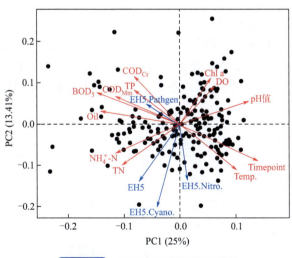

图 2-36　EH5 与环境因子的相关性

2.2.5 水生生物群落分析

2018年1月份开始,课题组对湖湾水源地水体中的浮游植物、浮游动物和底栖动物进行了物种鉴定,分析了浮游植物、浮游动物和底栖动物的种类组成、生物量、优势种等,构建了水生生物监测数据库。同时,采用改进的Shannon-Wiener指数进行了生物多样性分析,以期根据相关性分析、冗余分析(RDA)等统计方法定量解析水生生物特性与水质理化参数之间的关系,并进行水生生物特性与水质的关联性分析研究。需要说明的是,因季节不同,采集水生生物的点位略有不同;此外,部分点位未采集到底泥,即未采集到底栖生物样品,所以全年采样点位略有差异。根据每次采样的实际情况,每次采样点位数目如表2-6所列。

表2-6 2018年全年水生生物采样点位数目表

采样时间	浮游植物点位/个	浮游动物点位/个	底栖动物点位/个	采样时间	浮游植物点位/个	浮游动物点位/个	底栖动物点位/个
3月	16	16	13	9月	20	20	15
6月	20	20	16	12月	20	20	18

2.2.5.1 浮游植物

2018年全年各季度浮游植物监测门、种情况见表2-7。春季(3月)16个浮游植物监测点共检测出浮游植物7门74种,其中硅藻门35种、绿藻门21种、蓝藻门6种、裸藻门4种、金藻门3种、隐藻门3种、甲藻门2种。夏季(6月)20个浮游植物监测点共检测出浮游植物6门91种,其中硅藻门44种、绿藻门24种、蓝藻门10种、裸藻门6种、甲藻门4种、隐藻门3种。硅藻门占比最大,高达48%;其次为绿藻门,占比26%。秋季(9月)20个浮游植物监测点共检测出浮游植物6门93种,其中绿藻门38种、硅藻门31种、蓝藻门12种、裸藻门6种、隐藻门3种、甲藻门3种。绿藻门占比最大,高达41%;其次为硅藻门,占比33%。冬季(12月)20个浮游植物监测点共检测出浮游植物7门66种,其中硅藻门29种、绿藻门23种、蓝藻门7种、裸藻门2种、隐藻门2种、甲藻门2种以及金藻门1种,硅藻门和绿藻门占比较大。从图2-37浮游植物各类群百分比中可以看出,全年四个季度里硅藻门和绿藻门的占比都是最大的,其次是蓝藻门。

表2-7 2018年全年各季度浮游植物监测门、种情况

门类	种数				门类	种数			
	3月	6月	9月	12月		3月	6月	9月	12月
硅藻门	35	44	31	29	裸藻门	4	6	6	2
甲藻门	2	4	3	2	蓝藻门	6	10	12	7
金藻门	3	0	0	1	绿藻门	21	24	38	23
隐藻门	3	3	3	2	总计	74	91	93	66

(a) 2018年3月

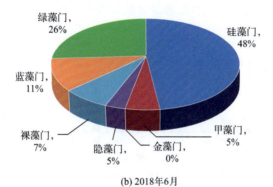

(b) 2018年6月

(c) 2018年9月

(d) 2018年12月

图 2-37　浮游植物各类群百分比

2018年各季度各监测点浮游植物密度分布如图2-38所示。春季（3月）浮游植物密度为（2.25～36.99）×10^{6}cells/L，夏季（6月）浮游植物密度为（0.21～119.64）×10^{6}cells/L，秋季（9月）浮游植物密度为（0.07～36.08）×10^{6}cells/L，冬季（12月）浮游植物密度为（0.04～39.28）×10^{6}cells/L。夏季浮游植物密度显著高于春、秋、冬季。春季密度的最高点出现在12#监测点，优势种是蓝藻门的铜绿微囊藻。夏季密度最高点出现在20#监测点，10#监测点次之，优势种也是铜绿微囊藻。夏季温度较高，要警惕蓝藻暴发。秋季密度最高点出现在10#监测点，19#和20#监测点次之，最低点出现在16#监测点，优势种也是铜绿微囊藻。冬季密度最高点出现在19#监测点，最低值出现在16#监测点，优势种为蓝藻门微囊藻、水华鱼腥藻。微囊藻属、鱼腥藻属等都是湖泊水体中常见的有害藻类，因此水生态健康状况存在风险。

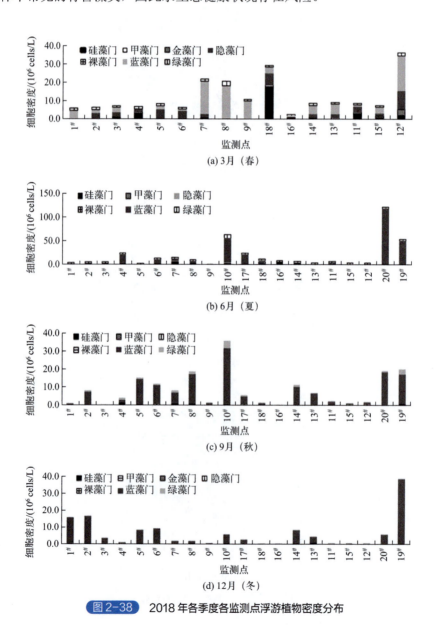

图2-38　2018年各季度各监测点浮游植物密度分布

2018年各季度各监测点浮游植物生物量分布如图 2-39 所示。春季（3月）浮游植物生物量为 0.44～7.27mg/L，夏季（6月）浮游植物生物量为 0.03～12.28mg/L，秋季（9月）浮游植物生物量为 0.02～6.78mg/L，冬季（12月）浮游植物生物量为 0.06～19.14mg/L。浮游植物生物量分布具有较为明显的季节变化，冬季最大生物量出现在 19# 监测点，冬季总生物量最高，夏季浮游植物生物量次之，春、秋季生物量相对较低。根据浮游植物生物量进行健康诊断，湖湾水源地冬季水生态状况可能存在健康风险问题。

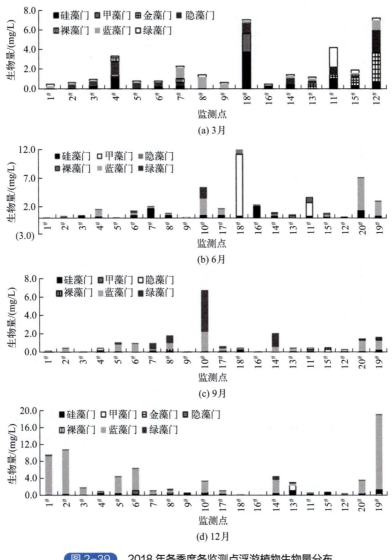

图 2-39　2018 年各季度各监测点浮游植物生物量分布

2018年各季度各监测点浮游植物生物香农多样性指数（H）如图 2-40 所示。春季（3月）浮游植物生物多样性指数为 0.682～2.658，夏季（6月）浮游植物生物多样性指数为 0.143～2.408，秋季（9月）浮游植物生物多样性指数为 0.572～2.376，冬季（12月）浮游植物生物多样性指数为 0.736～2.055。H 值在 0～1.0 为重度污染，1.0～2.0 为中度污染，2.0～3.0 为轻度污染，3.0 以上是无污染，因此湖湾水源地全年大部分点位均处于中轻度污染状态，有较为明显的季节变化，夏季 H 值整体略低于其他季节，而且处于重度污染的点位数也明显多于其他季节。根据浮游植物生物多样性指数进行健康诊断，夏季水生态健康状况差于其他季节。

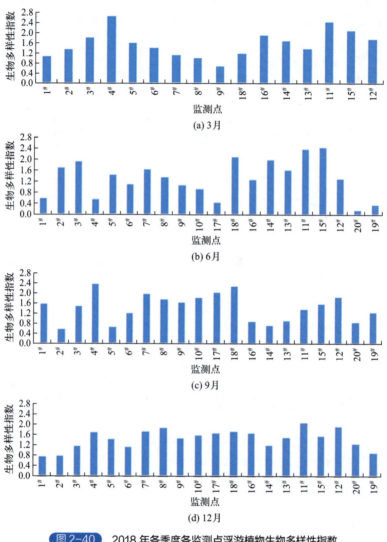

图 2-40　2018 年各季度各监测点浮游植物生物多样性指数

2.2.5.2　浮游动物

2018 年各季度浮游动物种类监测结果见表 2-8，监测到的浮游动物主要包括原生动物、轮虫、枝角类和桡足类。春季（3月）16 个监测点共检出浮游动物 35 种，包括原生动物 10 种，轮虫 16 种，枝角类 4 种，桡足类 5 种。夏季（6月）20 个监测点共检出浮游动物 67 种，包括原生动物 17 种，轮虫 26 种，枝角类 14 种，桡足类 10 种。秋季（9月）20 个监测点共检出浮游动物 76 种，包括原生动物 14 种，轮虫 39 种，枝角类 12 种，桡足类 11 种。冬季（12月）20 个监测点共检出浮游动物 67 种，包括原生动物 19 种，轮虫 34 种，枝角类 8 种，桡足类 6 种。全年各季度的原生动物和轮虫的比重均高于枝角类和桡足类的比重。

表2-8　2018年各季度浮游动物种类监测结果

采样时间	浮游动物点位/个	原生动物/种	轮虫/种	枝角类/种	桡足类/种	总计/种	优势种/种
3月	16	10	16	4	5	35	5
6月	20	17	26	14	10	67	10
9月	20	14	39	12	11	76	11
12月	20	19	34	8	6	67	6

从所调查的湖湾水源地采样点浮游动物密度分布（图 2-41）来看，春季（3 月）浮游动物密度为 0.045～4861.75ind./L，夏季（6 月）浮游动物密度为 376～6074.8ind./L，秋季（9 月）浮游动物密度为 45.05～1201.4ind./L，冬季（12 月）浮游动物密度为 78.6～1164ind./L。同一点位的浮游动物密度随季节有明显的波动，夏季浮游动物密度

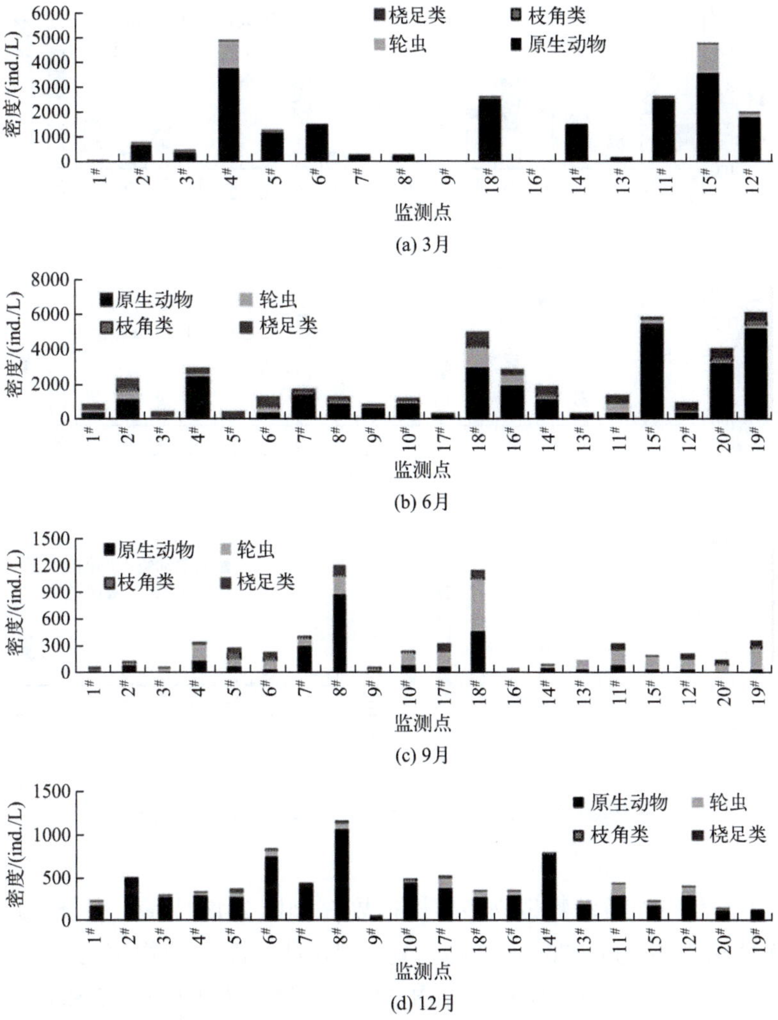

图 2-41　2018 年各季度各监测点浮游动物密度分布

高于春季和秋、冬季，秋季和冬季浮游动物密度相当。从浮游动物密度来看，夏季水生态健康风险明显高于其他季节。

从所调查的湖湾水源地采样点浮游动物生物量分布（图2-42）来看，3月浮游动物生物量为0.01～1.53mg/L，6月浮游动物生物量为0.38～7.85mg/L，9月浮游动物生物量为0.04～1.90mg/L，12月浮游动物生物量为0.05～0.60mg/L。夏季浮游动物最大生物量显著高于春、秋季浮游动物生物量，冬季浮游动物生物量最低。根据浮游动物生物量进行诊断，湖湾水源地夏季水生态健康状况较差，秋季次之。

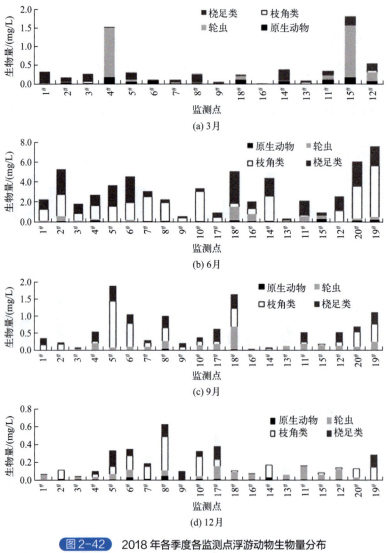

图2-42　2018年各季度各监测点浮游动物生物量分布

水源地各监测点浮游动物生物多样性指数 H 如图2-43所示。春季（3月）浮游动物生物多样性指数 H 为0.076～2.013，夏季（6月）浮游动物生物多样性指数 H 为0.579～2.424，秋季（9月）浮游动物生物多样性指数 H 为1.106～2.537，冬季（12月）浮游动物生物多样性指数 H 为0.847～2.020。春季绝大部分点位的生物多样性指数基本都在 0～1.0，少部分点位在 1.0～2.0；夏季大部分点位的 H 在 1.0～3.0，普遍处于中轻度污染状态；秋季大部分点位的 H 在 2.0～3.0，处于轻度污染状态；冬季大部分点位的 H 在 1.0～2.0，处于中度污染状态，个别点位在 1.0 以下。部分点位的 H 随季节有较为明显的变化。根据浮游动物健康诊断，夏季和冬季的水生态健康状况相对较差。

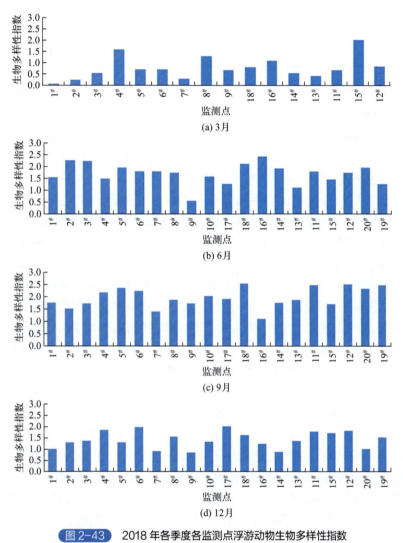

图 2-43 2018 年各季度各监测点浮游动物生物多样性指数

2.2.5.3 底栖动物

底栖动物主要监测到环节动物门、节肢动物门和软体动物门等种类，见表 2-9。春季 13 个底栖动物监测点共检出底栖动物 3 门 19 种，湖区优势种包括霍甫水丝蚓、摇蚊属及环棱螺属。夏季 16 个底栖动物监测点共检出底栖动物 3 门 15 种，以河蚬和环棱螺属为绝对优势种。秋季 15 个底栖动物监测点共检出底栖动物 3 门 15 种，优势种包括流粗腹摇蚊及摇蚊属。冬季 18 个底栖动物监测点共检出底栖动物 3 门 26 种，优势种包括苏氏尾鳃蚓、铜锈环棱螺、中华沼螺及河蚬。冬季的种类数明显高于其他三个季度，春、夏、秋季的种类数大体相当。

表2-9 2018年全年各季度底栖动物种类情况

采样时间	底栖动物点位/个	环节动物门/种	节肢动物门/种	软体动物门/种	总计/种
3月	13	5	9	5	19
6月	16	4	7	4	15
9月	15	4	7	4	15
12月	18	6	8	12	26

从水源地各监测点底栖动物密度分布情况来看，春季（3月）底栖动物密度为288～1376ind./L，夏季（6月）底栖动物密度为32～528ind./L，秋季（9月）底栖动物密度为16～448ind./L，冬季（12月）底栖动物密度为16～624ind./L。春季底栖动物最大密度显著高于夏、秋、冬季底栖动物密度，夏、秋、冬季的密度大体相当。部分点位的底栖动物密度有非常明显的季节变化。

对水源地各监测点底栖动物生物量分布情况进行分析，发现：春季（3月）底栖动物生物量为1.21～861mg/L，夏季（6月）底栖动物生物量为0.10～650mg/L，秋季（9月）底栖动物生物量为0.01～573.8mg/L，冬季（12月）底栖动物生物量为0.06～720.4mg/L。底栖动物春季最大生物量高于其他季节，不同季节底栖动物最大生物量出现的点位不同，春季出现在12#监测点，夏季出现在16#监测点，秋季出现在18#监测点，冬季出现在13#监测点，同一点位的底栖动物生物量也有较为明显的季节变化。

水源地各监测点底栖动物生物量多样性指数H如图2-44所示。春季（3月）底栖动物生物多样性指数H为0～1.485，夏季（6月）底栖动物生物多样性指数H为0～0.931，秋季（9月）底栖动物生物多样性指数H为0～1.097，冬季（12月）底栖动物生物多样性指数H为0～1.773。春、冬季的底栖生物多样性整体要高于夏、秋季的底栖生物多样性。夏季所有点位的底栖生物多样性指数H均在1.0以下，部分点位的H甚至为0；秋季除个别点位外，其他点位的H也均在1.0以下，部分点位的H也为0。物种的种类数与分布均匀度皆会影响生态系统的稳定性，通常多样性指数值越高，表明物种数越多，分布越均匀，生态系统相对越健康。故根据底栖动物多样性指数分析，夏、秋季湖湾水源地水生态健康状况较差，而冬季，所有点位的底栖生物多样性指数H约有50%超过1.0，仅20#监测点低于0.5，所有点位多样性指数H均高于0.5，处于较均匀水平，水生态健康状况良好。

2.2.5.4 沉水植物

沉水植物每季度监测一次，分别是3月、6月、9月、12月中上旬。采用的设备主要为不锈钢质笼式采草器，该采草器开口为0.4m×0.5m，自重25kg，采样时抛入目标水域，仪器在重力作用下快速沉入湖底，拉绳索使仪器底部开口闭合，该点0.4m×0.5m范围内的所有沉水植被连同少量底泥被采集到。采样完成后将采草器提上采样船，去除采草器内的枯枝败叶和其他杂质，按植被种类分别装入网兜进行清洗，并带回实验室进行相关指标的分析，包括优势物种名、生物量（kg/m²）、株高（m）、冠层高度（m）、频度（%）、多样性指数等。

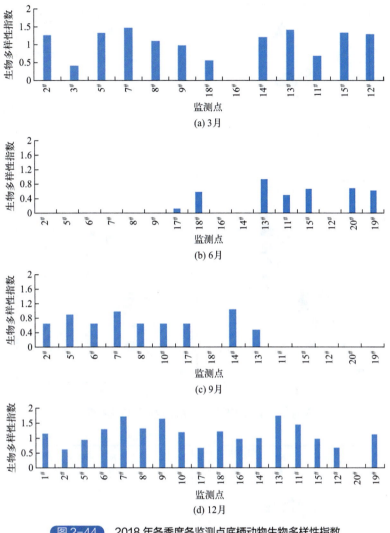

图 2-44　2018 年各季度各监测点底栖动物生物多样性指数

2018 年，该水源地沉水植被生物量存在较为明显的季节变化，如图 2-45 所示。夏季、秋季生物量较高，最大生物量分别为 26kg/m²、20.1kg/m²，植被空间分布也不均，湖湾内较高，开阔水体较低。单位面积的植被数量也有较为明显的季节变化，如图 2-46 所示。夏季最高密度达 150 株 /m²，秋季最高密度为 114 株 /m²，冬季植被处于衰亡期，马来眼子菜、微齿眼子菜等降解周期较长的植株体依然保持较为完整的地上部分，因此，植株体密度较春季略高。植株体密度空间变化趋势与生物量一致，表现为湖湾内较高，开阔水体偏低，如图 2-47 所示。单样点物种数量最大为 5 种，出现在夏季、秋季湖湾内附近水体。冬季物种数量最低，56% 监测点物种数量为 2 种（马来眼子菜、微齿眼子菜）。水源地区域内水生植被物种数量与生物量的空间变化趋势一致，对水动力强度胁迫较为敏感。水生植被香农 - 威纳多样性指数最大为 0.64，出现在夏季湖湾内，如图 2-48 所示。该区域年内多样性指数变幅较小，群落结构较为稳定。空间上，水源地湖湾内和邻湖湾内多样性指标相对较高，开阔水体植被稀少且物种多为单一马来眼子菜，多样性指数为 0，植被分布区域有待扩增。

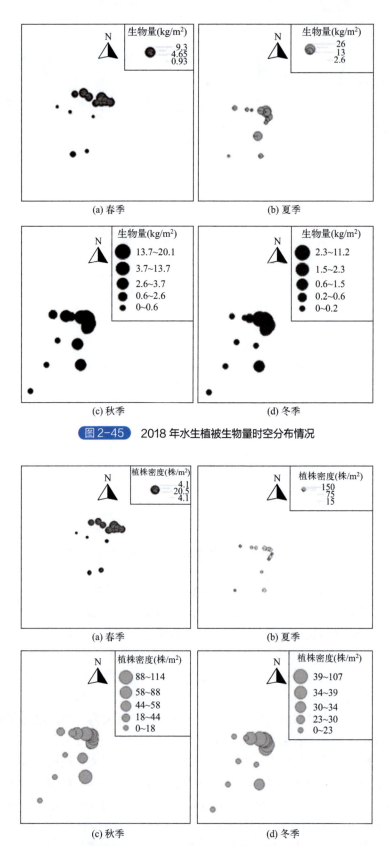

图 2-45　2018 年水生植被生物量时空分布情况

图 2-46　2018 年水生植被生物密度时空分布情况

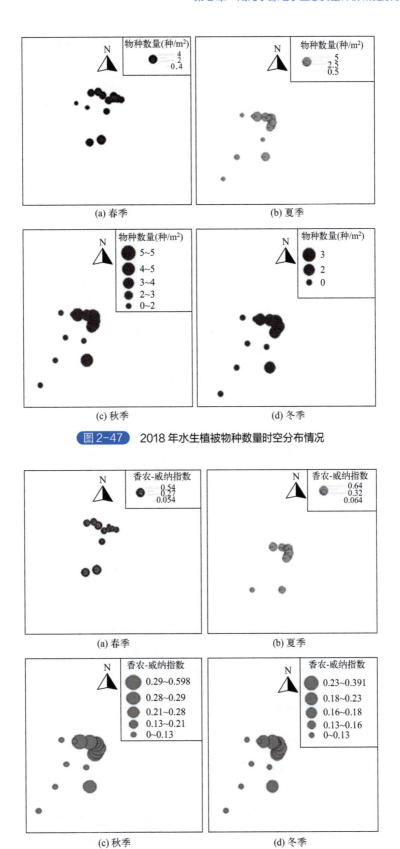

图2-47 2018年水生植被物种数量时空分布情况

图2-48 2018年水生植被多样性指数时空分布情况

2018年全年监测数据（图2-49）表明，湖湾水源地水生植物春季优势种为微齿眼子菜、轮叶黑藻、金鱼藻，优势度分别为48.6%、36.0%、32.3%；夏季优势种为轮叶黑藻、微齿眼子菜，优势度分别为53.9%、59.8%；秋季优势种为微齿眼子菜、轮叶黑藻、金鱼藻，优势度分别为53.2%、27.3%、32.4%；冬季优势种为微齿眼子菜、狐尾藻，优势度分别为62.51%、25.28%。

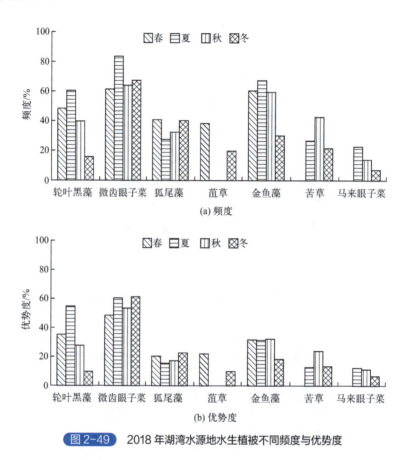

图2-49　2018年湖湾水源地水生植被不同频度与优势度

基于水生植被现状分布及演变趋势，分析植被参数在其生长周期内的变化，可以识别该水源地主要水生植被物种萌发、快速生长、密度限制和衰亡等关键过程的年内时间分配，这为植被生物量的年内优化配置技术研发提供了重要支撑。

2.2.6　水生生物与水质的关联性分析

2.2.6.1　浮游植物与水质的关联性

2018年浮游植物特性与水质理化参数之间的相关系数（表2-10）表明，全年水温变化极显著或显著影响浮游植物的总密度和总生物量，水温与有害藻类的密度和生物量呈极显著负相关关系。由于浮游植物的大量繁殖会提高水体中叶绿素a的含量，浮游植物的光合作用会产生大量氧气并释放到水体中，因此DO、叶绿素a与浮游植物总密度、总生物量呈显著或极显著正相关关系。

表2-10　2018年浮游植物特性与水质理化参数之间的相关系数（$n=76$）

指标	浮游植物总密度	浮游植物总生物量	有害藻类密度	有害藻类生物量	有害藻类密度占比	有害藻类生物量占比	香农-威纳多样性指数
水温	−0.357**	−0.259*	−0.310**	−0.336**	0.103	−0.180	−0.070
pH值	0.100	−0.026	0.126	0.132	0.161	0.201	−0.108
DO	0.409**	0.279*	0.385**	0.415**	0.083	0.323**	−0.078
COD_{Mn}	−0.025	0.071	−0.024	−0.030	−0.066	−0.105	0.121
COD_{Cr}	−0.066	−0.043	−0.023	−0.028	0.217	0.087	−0.150
BOD_5	−0.009	0.028	−0.027	−0.026	−0.092	−0.055	0.087
NH_4^+-N	−0.066	0.030	−0.116	−0.123	−0.223	−0.192	0.162
TP	0.152	0.177	0.171	0.156	0.157	0.169	−0.117
TN	−0.082	0.011	−0.116	−0.128	−0.227*	−0.205	0.056
叶绿素a	0.478**	0.409**	0.483**	0.461**	0.182	0.193	−0.012

注：* 表示 $P < 0.05$（显著相关）；** 表示 $P < 0.01$（极显著相关），下同。

不同季节的浮游植物特性与水质理化参数之间的相关系数见表2-11，可以看出，不同季节间浮游植物特性与水质理化参数之间的关系不同。春季，浮游植物总生物量与水温呈显著正相关关系，与pH值呈显著负相关关系；浮游植物香农-威纳多样性指数与COD_{Mn}、NH_4^+-N、TN呈极显著正相关关系，BOD_5与有害藻类的密度、生物量、生物占比呈显著正相关关系。夏季，所有浮游植物特性指标与水质理化参数之间无显著相关关系。秋季，叶绿素a和浮游植物总密度、有害藻类密度呈显著正相关关系，TP与香农-威纳多样性指数呈显著负相关关系，水温则显著影响有害藻类密度占比。冬季，叶绿素a与所有所选的浮游植物特性指标均显著相关，COD_{Cr}与有害藻类生物量呈显著正相关关系，TN与有害藻类密度占比呈显著负相关关系，DO与有害藻类生物量占比呈显著正相关关系。

表2-11　不同季节浮游植物特性与水质理化参数之间的相关系数

	指标	浮游植物总密度	浮游植物总生物量	有害藻类密度	有害藻类生物量	有害藻类密度占比	有害藻类生物量占比	香农-威纳多样性指数
春季 ($n=16$)	水温	0.351	0.520*	0.222	0.199	0.201	0.065	0.261
	pH值	−0.275	−0.550*	−0.003	0.045	0.147	0.286	−0.447
	DO	0.069	−0.023	−0.132	−0.124	0.003	0.100	−0.367
	COD_{Mn}	0.046	0.370	−0.129	−0.132	−0.367	−0.455	0.682**
	COD_{Cr}	0.191	−0.041	0.423	0.468	0.334	0.459	−0.080
	BOD_5	0.298	−0.099	0.555*	0.595*	0.450	0.603*	−0.382
	NH_4^+-N	−0.169	0.218	−0.337	−0.314	−0.476	−0.344	0.629**
	TP	−0.177	−0.081	−0.084	−0.037	−0.212	−0.028	0.381
	TN	−0.126	0.204	−0.242	−0.209	−0.442	−0.294	0.641**
	叶绿素a	0.433	0.356	0.424	0.409	0.044	0.007	0.164

续表

指标		浮游植物总密度	浮游植物总生物量	有害藻类密度	有害藻类生物量	有害藻类密度占比	有害藻类生物量占比	香农-威纳多样性指数
夏季 (n=20)	水温	0.196	0.255	0.208	0.208	0.305	0.188	−0.045
	pH值	0.174	−0.023	0.159	0.159	−0.125	−0.037	−0.019
	DO	0.128	−0.074	0.110	0.111	−0.080	−0.054	0.038
	COD_{Mn}	−0.244	−0.124	−0.223	−0.224	−0.110	−0.103	0.099
	COD_{Cr}	0.179	−0.062	0.200	0.200	0.303	0.412	−0.365
	BOD_5	0.045	0.047	0.042	0.041	−0.229	−0.098	0.149
	NH_4^+-N	−0.062	−0.020	−0.046	−0.047	0.206	0.219	−0.221
	TP	0.204	0.173	0.211	0.211	0.257	0.235	−0.156
	TN	−0.024	−0.011	−0.005	−0.006	0.184	0.153	−0.197
	叶绿素a	0.050	0.006	0.022	0.021	−0.114	−0.192	0.282
秋季 (n=20)	水温	−0.350	−0.258	−0.373	−0.299	−0.529*	−0.382	0.066
	pH值	0.258	0.165	0.198	0.223	0.032	0.100	0.132
	DO	0.253	0.125	0.277	0.280	0.238	0.323	−0.186
	COD_{Mn}	0.122	0.032	0.163	0.137	0.065	0.025	0.148
	COD_{Cr}	0.067	−0.005	0.101	0.061	0.012	−0.056	0.150
	BOD_5	0.181	0.061	0.134	0.124	−0.125	0.001	0.227
	NH_4^+-N	−0.076	0.005	−0.126	−0.111	−0.174	−0.201	0.269
	TP	0.363	0.279	0.373	0.297	0.372	0.344	−0.454*
	TN	−0.182	−0.150	−0.153	−0.141	0.037	0.034	−0.143
	叶绿素a	0.554*	0.341	0.513*	0.406	0.244	0.201	−0.030
冬季 (n=20)	水温	−0.043	−0.002	−0.097	−0.092	−0.347	−0.313	−0.015
	pH值	0.085	0.081	0.150	0.163	0.373	0.334	−0.150
	DO	0.314	0.326	0.332	0.354	0.435	0.466*	−0.401
	COD_{Mn}	0.295	0.302	0.297	0.306	0.440	0.347	−0.320
	COD_{Cr}	0.398	0.434	0.435	0.483*	0.421	0.347	−0.392
	BOD_5	0.271	0.259	0.250	0.230	0.177	0.044	−0.085
	NH_4^+-N	−0.062	−0.033	−0.133	−0.143	−0.277	−0.255	0.033
	TP	0.192	0.176	0.216	0.205	0.309	0.221	−0.177
	TN	−0.146	−0.123	−0.196	−0.206	−0.452*	−0.398	0.085
	叶绿素a	0.712**	0.701**	0.731**	0.693**	0.611**	0.500*	−0.459*

湖湾水源地内检出的5类有害藻类中,随季节变化最大的是铜绿微囊藻,其次是微囊藻和水华鱼腥藻。在夏、秋两季铜绿微囊藻丰度最高,春季次之,而冬季有害藻类则主要是微囊藻和水华鱼腥藻。水温、pH值、COD_{Cr}、DO、TN、BOD_5 6个参数是影响浮游植物群落结构全年差异的主要因子。

2.2.6.2 浮游动物与水质的关联性

2018年浮游动物特性与水质理化参数之间的相关系数(见表2-12)表明,水温对浮游动物总密度没有显著影响，但却与浮游动物总生物量、清水型浮游动物生物量、清水型浮游动物密度占比以及香农-威纳多样性指数呈极显著的正相关关系，与清水型浮游动物密度呈显著正相关关系。这说明全年水温变化虽然不直接影响太湖全年浮游动物的密度，但却会改变浮游动物的群落物种组成结构，进而使浮游动物的生物量和多样性发生改变。pH 值的变化也会正向极显著地影响清水型浮游动物的密度占比和浮游动物的多样性。DO 与清水型浮游动物生物量、香农-威纳指数呈显著负相关关系，BOD_5 与浮游动物总生物量、清水型浮游动物生物量、清水型浮游动物密度占比、香农-威纳指数呈显著或极显著的负相关关系，这些可能与浮游植物的大量繁殖进而释放大量有机物、氧气进入水体有关，浮游植物的大量繁殖会使浮游动物种类、清水型浮游动物减少。TP 与清水型浮游动物的密度和生物量呈显著或极显著正相关关系，TN 与浮游动物总密度呈显著正相关关系。

表2-12　2018年浮游动物特性与水质理化参数之间的相关系数（n=76）

指标	浮游动物总密度	浮游动物总生物量	清水型浮游动物密度	清水型浮游动物生物量	清水型浮游动物密度占比	清水型浮游动物生物量占比	香农-威纳多样性指数
水温	0.165	0.428**	0.284*	0.368**	0.414**	0.013	0.444**
pH 值	−0.201	0.212	0.146	0.145	0.388**	0.020	0.563**
DO	−0.188	−0.197	−0.196	−0.254*	−0.150	−0.097	−0.227*
COD_{Mn}	0.296**	0.096	0.088	0.182	−0.112	0.020	0.003
COD_{Cr}	0.177	0.150	0.189	0.177	0.016	−0.060	0.130
BOD_5	0.016	−0.290*	−0.148	−0.277*	−0.332**	−0.116	−0.405**
NH_4^+-N	0.180	−0.061	0.027	0.013	−0.131	−0.016	−0.082
TP	0.211	0.220	0.293*	0.300**	0.107	0.128	−0.125
TN	0.240*	0.011	0.087	0.077	−0.170	0.179	−0.156
叶绿素a	0.215	0.106	0.089	0.066	0.036	−0.060	0.077

不同季节的浮游动物特性与水质理化参数之间的相关系数（表2-13）表明，不同季节的浮游动物特性与水质理化参数之间的关系不同。春季，不同点位水温差异较小，但水温与清水型浮游动物密度、清水型浮游动物密度占比、清水型浮游动物生物量占比呈显著负相关关系；pH 值与浮游动物总密度、DO 与清水型浮游动物生物量也呈显著负相关关系；COD_{Mn} 与浮游动物总密度和总生物量以及清水型浮游动物生物量呈显著正相关关系，与香农-威纳多样性指数呈极显著正相关关系；氨氮与浮游动物总密度呈显著正相关关系；TN 与浮游动物总密度和生物量以及香农-威纳多样性指数呈显著正相关关系，与清水型浮游动物生物量呈极显著正相关关系。夏季，仅发现 COD_{Mn} 与浮游动物总生物量呈显著负相关关系。秋季，叶绿素 a 与浮游动物总生物量和清水型浮游动物生物量呈极显著正相关关系，与清水型浮游动物密度呈显著正相关关系；TP 与清水型浮游动物密度占比呈显著正相关关系；TN 与清水型浮游动物生物量占比呈极显著正相关关系；COD_{Cr} 和 BOD_5 与香农-威纳多样性指数呈显著正相关关系。冬季，仅 DO 与香农-威纳多样性指数呈显著负相关关系。

表2-13 不同季节浮游动物特性与水质理化参数之间的相关系数

	指标	浮游动物总密度	浮游动物总生物量	清水型浮游动物密度	清水型浮游动物生物量	清水型浮游动物密度占比	清水型浮游动物生物量占比	香农-威纳多样性指数
春季 ($n=16$)	水温	0.391	0.461	−0.535*	0.062	−0.634**	−0.606*	0.377
	pH值	−0.511*	−0.433	0.319	−0.091	0.390	0.338	−0.176
	DO	−0.392	−0.443	−0.331	−0.507*	−0.239	−0.281	−0.270
	COD_{Mn}	0.600*	0.614*	0.062	0.510*	−0.094	−0.068	0.702**
	COD_{Cr}	−0.025	0.167	−0.136	0.096	−0.146	−0.115	0.495
	BOD_5	−0.404	−0.307	−0.128	−0.284	−0.046	−0.051	0.151
	NH_4^+-N	0.545*	0.477	0.211	0.492	−0.017	−0.006	0.463
	TP	0.325	0.395	0.272	0.490	0.089	0.108	0.381
	TN	0.616*	0.574*	0.316	0.646**	0.094	0.135	0.615*
	叶绿素a	0.069	0.150	−0.020	0.033	−0.078	−0.113	0.271
夏季 ($n=20$)	水温	0.356	0.123	0.331	0.330	0.335	0.369	−0.263
	pH值	−0.099	0.192	0.118	−0.004	0.313	−0.103	0.248
	DO	0.018	0.367	0.065	0.047	0.255	−0.242	0.304
	COD_{Mn}	−0.120	−0.545*	−0.249	−0.232	−0.347	0.107	−0.164
	COD_{Cr}	0.085	−0.151	0.243	0.074	0.001	0.142	−0.028
	BOD_5	0.406	0.115	0.273	0.099	−0.119	−0.131	0.135
	NH_4^+-N	−0.126	−0.334	−0.007	−0.014	−0.147	0.282	−0.231
	TP	−0.035	0.053	0.273	0.265	0.061	0.271	−0.093
	TN	−0.134	−0.387	−0.106	−0.176	−0.303	0.123	−0.303
	叶绿素a	0.332	−0.117	−0.037	−0.169	−0.067	−0.281	−0.080
秋季 ($n=20$)	水温	−0.122	−0.217	−0.187	−0.311	−0.049	−0.048	−0.102
	pH值	0.099	0.173	0.211	0.034	0.159	−0.384	0.007
	DO	0.005	0.117	0.036	−0.040	0.104	−0.164	−0.077
	COD_{Mn}	−0.007	0.307	−0.120	0.224	−0.210	−0.227	0.333
	COD_{Cr}	0.061	0.282	−0.116	0.183	−0.297	−0.052	0.536*
	BOD_5	0.237	0.383	0.169	0.284	−0.144	−0.162	0.502*
	NH_4^+-N	0.011	−0.086	−0.001	0.053	0.074	0.257	0.112
	TP	0.151	0.138	0.172	0.285	0.473*	0.223	−0.075
	TN	−0.106	−0.192	−0.126	−0.011	−0.100	0.730**	0.245
	叶绿素a	0.400	0.668**	0.448*	0.692**	0.194	−0.041	0.416
冬季 ($n=20$)	水温	−0.230	−0.376	−0.301	−0.258	−0.268	−0.102	0.106
	pH值	0.124	0.139	0.235	0.067	0.278	0.105	−0.071
	DO	0.147	0.181	0.242	0.058	0.201	0.010	−0.530*
	COD_{Mn}	−0.163	−0.068	−0.146	0.144	0.011	0.019	0.167
	COD_{Cr}	−0.179	−0.156	−0.287	−0.245	−0.305	−0.218	−0.151
	BOD_5	−0.058	0.034	−0.021	0.035	0.035	−0.027	0.314
	NH_4^+-N	−0.156	−0.212	−0.190	−0.170	−0.219	−0.150	−0.030
	TP	−0.079	0.104	−0.026	−0.014	−0.076	−0.013	−0.440
	TN	−0.243	−0.257	−0.235	−0.045	−0.215	0.198	0.157
	叶绿素a	0.024	0.319	0.037	0.144	0.046	−0.043	0.060

在监测到的 15 类清水型浮游动物中，随季节变化差异最大的是王氏似铃壳虫，其次是江苏似铃壳虫，其他 13 类清水型浮游动物在全年分布差异较小。水温、pH 值、BOD_5、DO、TN、COD_{Cr}、NH_4^+-N、叶绿素 a 8 个参数是影响浮游动物群落结构全年差异的主要因子。

2.2.6.3 底栖动物与水质的关联性

全年底栖动物特性与水质理化参数之间的相关系数（表 2-14）表明，水体 pH 值负向极显著地影响底栖动物总密度，负向显著影响寡毛类的密度和生物量；NH_4^+-N 与底栖动物的总密度和总生物量呈极显著正相关关系；TN 也与底栖动物总密度呈极显著正相关关系，与底栖动物总生物量呈显著正相关关系；水温与香农 - 威纳多样性指数呈极显著负相关关系；DO 与香农 - 威纳多样性指数呈极显著正相关；COD_{Cr} 与香农 - 威纳多样性指数呈显著负相关关系。

表2-14　全年底栖动物特性与水质理化参数之间的相关系数（n=62）

指标	底栖动物总密度	底栖动物总生物量	寡毛类密度	寡毛类生物量	寡毛类密度占比	寡毛类生物量占比	香农-威纳多样性指数
水温	−0.176	−0.109	−0.160	−0.052	−0.128	−0.077	−0.455**
pH 值	−0.402**	−0.229	−0.272*	−0.258*	0.038	0.125	−0.057
DO	−0.042	−0.031	0.070	−0.011	−0.017	−0.012	0.345**
COD_{Mn}	0.212	0.084	0.103	0.169	0.071	0.024	−0.067
COD_{Cr}	0.104	0.017	−0.036	0.036	−0.168	−0.159	−0.260*
BOD_5	0.301*	0.160	0.181	0.120	−0.113	−0.152	0.058
NH_4^+-N	0.370**	0.399**	0.167	0.187	−0.029	−0.093	0.084
TP	−0.153	−0.235	−0.111	−0.114	0.152	0.193	0.094
TN	0.358**	0.313*	0.178	0.147	−0.027	−0.137	0.150
叶绿素a	−0.067	0.070	−0.108	−0.029	−0.049	−0.081	0.105

不同季节底栖动物特性与水质理化参数之间的相关系数（表 2-15）表明，不同季节底栖动物特性与水质理化参数之间的关系不同。春季，DO 与寡毛类的密度和生物量呈显著正相关关系；COD_{Mn} 与底栖动物的总密度和总生物量呈极显著正相关关系；NH_4^+-N 也与底栖动物总密度呈极显著正相关关系；TN 与底栖动物总密度呈显著正相关关系；叶绿素 a 与底栖动物总生物量呈极显著正相关关系。夏季，DO 与寡毛类的密度、生物量呈极显著负相关关系，与寡毛类密度占比呈显著负相关关系；COD_{Mn} 与寡毛类密度、COD_{Cr} 与寡毛类生物量呈显著正相关关系；BOD_5 与香农 - 威纳多样性指数呈显著负相关关系；NH_4^+-N 与寡毛类生物量呈极显著正相关关系，与寡毛类密度呈显著正相关关系；TN 与寡毛类生物量呈极显著正相关关系。秋季，pH 值、DO 与底栖动物总密度呈极显著负相关关系；BOD_5 与底栖动物总密度呈显著负相关关系；水温与寡毛类生物量占比、叶绿素 a 与寡毛类密度呈显著正相关关系；TP 与香农 - 威纳多样性指数呈极显著正相关关系。冬季，水温、NH_4^+-N、TN 与底栖动物总生物量呈极显著的正相关关系；水温、TN 与底栖动物总密度呈显著正相关关系；TP 与寡毛类生物量呈显著负相关关系；COD_{Mn} 与香农 - 威纳多样性指数呈显著负相关关系。

表2-15 不同季节底栖动物特性与水质理化参数之间的相关系数

指标		底栖动物总密度	底栖动物总生物量	寡毛类密度	寡毛类生物量	寡毛类密度占比	寡毛类生物量占比	香农-威纳多样性指数
春季 (n=13)	水温	0.147	0.266	0.216	0.341	0.054	−0.258	0.013
	pH值	0.088	−0.340	−0.054	−0.091	−0.226	0.054	0.296
	DO	0.170	−0.390	0.564*	0.588*	0.508	0.413	0.450
	COD_{Mn}	0.736**	0.684**	0.119	0.056	−0.062	−0.077	0.027
	COD_{Cr}	0.065	0.067	−0.136	−0.125	−0.307	−0.154	0.009
	BOD_5	−0.021	0.000	−0.117	−0.095	−0.233	−0.106	0.075
	NH_4^+-N	0.842**	0.306	0.532	0.406	0.404	0.175	0.327
	TP	−0.084	−0.249	−0.244	−0.351	−0.194	0.149	0.135
	TN	0.679*	0.295	0.293	0.137	0.194	0.199	0.403
	叶绿素a	0.418	0.756**	−0.127	−0.151	−0.333	−0.106	−0.163
夏季 (n=16)	水温	−0.202	−0.208	−0.213	−0.036	−0.087	0.049	0.467
	pH值	−0.291	−0.087	−0.441	−0.476	−0.394	−0.316	0.092
	DO	−0.075	0.127	−0.633**	−0.722**	−0.529*	−0.333	−0.040
	COD_{Mn}	0.053	−0.114	0.532*	0.488	0.495	0.433	−0.137
	COD_{Cr}	0.355	0.277	0.264	0.521*	0.166	0.061	−0.416
	BOD_5	0.386	0.459	−0.280	−0.207	−0.217	0.151	−0.536*
	NH_4^+-N	0.124	0.017	0.516*	0.703**	0.389	0.167	−0.048
	TP	−0.263	−0.379	0.427	0.298	0.447	0.441	0.029
	TN	0.321	0.099	0.463	0.608*	0.293	0.089	−0.194
	叶绿素a	−0.015	−0.042	0.066	0.319	−0.018	−0.111	0.295
秋季 (n=15)	水温	−0.194	−0.074	−0.127	0.209	−0.157	0.563*	−0.003
	pH值	−0.677**	−0.480	0.244	0.329	0.354	0.283	0.289
	DO	−0.756**	−0.427	0.128	0.332	0.102	0.291	0.155
	COD_{Mn}	−0.184	−0.029	0.059	0.263	−0.064	−0.185	−0.164
	COD_{Cr}	−0.083	−0.135	0.020	−0.059	−0.109	−0.338	−0.445
	BOD_5	−0.627*	−0.474	0.279	−0.025	0.332	−0.319	−0.251
	NH_4^+-N	0.420	0.044	−0.078	−0.254	−0.140	−0.190	0.152
	TP	−0.083	−0.440	0.079	0.169	0.106	0.259	0.697**
	TN	−0.154	−0.213	0.087	−0.216	−0.023	−0.205	−0.124
	叶绿素a	−0.321	−0.303	0.621*	0.472	0.530	−0.149	0.144
冬季 (n=18)	水温	0.486*	0.686**	0.044	0.022	−0.199	−0.101	−0.072
	pH值	−0.127	−0.452	0.209	0.128	−0.084	−0.238	0.324
	DO	−0.374	−0.276	−0.231	−0.028	−0.204	−0.317	0.127
	COD_{Mn}	−0.323	−0.062	−0.383	−0.169	0.060	0.285	−0.572*
	COD_{Cr}	−0.083	−0.056	−0.212	−0.190	−0.116	0.026	−0.100
	BOD_5	−0.128	0.208	−0.346	−0.293	−0.253	−0.185	−0.292
	NH_4^+-N	0.334	0.662**	−0.180	−0.119	−0.227	−0.146	−0.055
	TP	−0.258	−0.118	−0.393	−0.492*	0.107	0.116	−0.268
	TN	0.517*	0.597**	0.162	−0.139	−0.177	−0.173	0.104
	叶绿素a	−0.151	0.142	−0.374	−0.259	−0.278	−0.181	−0.073

在监测到的 4 类寡毛类底栖动物中,不同季节变化差异最大的是苏氏尾鳃蚓,其次是霍甫水丝蚓,其他 2 类寡毛类底栖动物在全年分布差异较小。水温、COD_{Cr}、pH 值、TN、DO、COD_{Mn}、BOD_5 7 个参数是影响底栖动物群落结构全年差异的主要因子。

2.2.6.4 水生植物与水质的关联性

水生植物的生长分布与水质因子密切相关,流速、水下光照、底质、水体营养盐等多种环境因子都在不同程度上影响水生植物的物种组成、生物量和分布。在一定营养盐浓度范围内,营养盐升高有助于水生植物生长,当水体营养盐浓度过高时又会对植物根系和叶片造成胁迫,限制植被群落的扩张。同时,高营养盐水体易发生藻类水华,恶化水下光照条件,抑制水生植物生长。明确植被与环境要素的关系是进行多要素水位调控模式情景设计的重要前提。

① 统计太湖水生植被各物种与水质的 Pearson 相关性(表 2-16),发现湖湾水源地水生植被生物量与 TN 的关系在不同物种间存在一定的差异。湖湾水源地是典型的草藻过渡性湖区,草型与藻型生态系统在湖湾内均有一定的规模,二者之间存在较为明显的边界。藻型湖区 TN 浓度峰值高且变幅较大,植被生物量较小,东部草型湖区植被生物量增加,TN 变化范围缩窄。作为太湖植被覆盖率最大的湖区,当植被生物量较低时,TN 变化范围较大;植被生物量超过 $2.5kg/m^2$ 之后 TN 浓度大幅下降;当生物量超过 $4kg/m^2$ 时,TN 浓度稳定在 $1.0mg/L$ 以下。总体上,分布较为广泛的马来眼子菜、微齿眼子菜、轮叶黑藻和苦草的生物量与 TN 浓度呈显著负相关,水草茂盛的湖区 TN 浓度低。

表2-16 太湖不同水生植被物种与水质相关性

水质因子		马来眼子菜	狐尾藻	微齿眼子菜	轮叶黑藻	苦草	蓖草
TN	Pearson 相关系数	−0.13*	−0.04	−0.24*	−0.12*	−0.19*	0.08
	P	0.00	0.34	0.00	0.01	0.00	0.09
	N	484	476	482	482	481	481
TP	Pearson 相关系数	−0.10*	0.03	−0.17*	−0.08	−0.13*	0.03
	P	0.03	0.50	0.00	0.07	0.01	0.47
	N	483	475	481	481	480	480
NH_4^+-N	Pearson 相关系数	−0.01	0.21	0.06	0.01	0.03	0.03
	P	0.92	0.06	0.32	0.83	0.61	0.58
	N	333	331	332	331	332	333
COD_{Mn}	Pearson 相关系数	0.07	−0.20*	−0.11*	−0.11*	−0.11*	0.22*
	P	0.13	0.00	0.02	0.02	0.02	0.00
	N	483	475	481	481	480	480
叶绿素a	Pearson 相关系数	0.08	0.13*	−0.10*	−0.02	−0.02	0.07
	P	0.09	0.01	0.04	0.62	0.66	0.19
	N	411	405	411	413	410	409
透明度	Pearson 相关系数	0.15*	0.15*	0.44*	0.08*	0.12*	0.09*
	P	0.00	0.00	0.00	0.04	0.01	0.04
	N	446	439	444	444	444	444

注:表中"P"为相关系数,代表差异的显著性大小;N 表示样本量,单位为个。

② 氨氮（NH_4^+-N）被认为最易被植物吸收和利用，尤其是沉水植物。实验结果发现，低浓度的NH_4^+-N（0.5mg/L、1.2mg/L）对轮叶黑藻的生长具有促进作用；但NH_4^+-N超过4mg/L时，轮叶黑藻的相对生长率明显下降；当浓度达到16mg/L时，轮叶黑藻在20多天内全部死亡。研究结果也发现，当NH_4^+-N＞1.5mg/L时，轮叶黑藻的生长会受到胁迫。适宜狐尾藻生长的NH_4^+-N浓度为1.5～4.0mg/L，更高的浓度会抑制其生长，从而导致生物量降低。对湖体NH_4^+-N浓度与沉水植被生物量进行了统计，发现由于太湖NH_4^+-N浓度不高，NH_4^+-N并未对水生植物产生明显的抑制作用，因此不同物种生物量与NH_4^+-N浓度不具有显著相关性。

③ 水体中总磷（TP）浓度对沉水植物生长的影响程度因植物物种不同而不同，轮叶黑藻在TP为0～0.2mg/L情况下能够正常生长，在0.2mg/L下生长得最好，而在高磷（0.4～0.8mg/L）处理情况下受到胁迫。狐尾藻在TP为0.1～0.8mg/L下能够正常生长，在0.4mg/L下生长得最好，而在低磷（0～0.02mg/L）处理情况下受到胁迫。伊乐藻在TP为0.064～0.512mg/L时能够正常生长，而且最佳生长浓度为0.128mg/L；当TP达到1.024mg/L时，伊乐藻光合速率生物量明显降低，生长受到抑制。近年来，太湖各湖区TP浓度在0.04～0.27mg/L，与实验处理浓度较为接近，但太湖TP浓度的上升会导致水体中藻类的异常增殖，通过营养竞争和遮蔽光照对水生植物产生抑制，发现太湖春季和冬季浮游植物的生长主要受磷限制，磷浓度升高能显著提高浮游植物的生物量和生长速率，而夏、秋季蓝藻水华发生时，氮是主要限制因子，磷是次要限制因子。因此，TP浓度的变化对太湖水生植被具有重要影响。统计结果显示，马来眼子菜、微齿眼子菜和苦草的生物量与TP浓度呈显著负相关。

④ 水体叶绿素a浓度反映水体浮游藻类的数量，是表征湖泊富营养化状态的核心指标。湖泊中大型水生植物与藻类相互竞争氮、磷等营养盐及光能，一方面，大型水生植物能够分泌化感物质抑制浮游植物生长，同时能够遮光抑藻，控制富营养化水体中藻类的生长。狐尾藻、伊乐藻通过释放水解多酚对铜绿微囊藻的生长产生抑制，马来眼子菜、黑藻、苦草、光叶眼子菜、篦齿眼子菜等沉水植物通过释放酚酸类、脂肪酸类、生物碱等化感物质从而抑制藻类。另一方面，藻类生物量增加，水体透明度下降，同时藻毒素浓度增加，在很大程度上对大型水生植物产生毒性，在一定的营养盐浓度区间内，原本的生态系统在外界环境扰动（风浪、光抑制和鱼类牧食）下极易发生水生植被衰退现象。湖湾水源地植被茂盛，叶绿素a总体处于全湖较低水平，统计结果显示，容易形成大规模面积的狐尾藻和微齿眼子菜的生物量与叶绿素a呈显著负相关。

⑤ 高锰酸盐指数（COD_{Mn}）是反映水体中有机及无机可氧化物质污染的常用指标。研究发现，在中营养水体中，太湖水生植物优势种马来眼子菜叶片叶绿素含量、过氧化物酶活性均与COD_{Mn}呈显著正相关，表明马来眼子菜在较高COD_{Mn}浓度下仍能够生长。太湖目前COD_{Mn}处于Ⅱ类和Ⅲ类水质标准，浓度不高，并非影响水生植被分布的关键因素，但植被的生物量大小对COD_{Mn}有一定的影响。统计结果表明，狐尾藻、微齿眼子菜、轮叶黑藻、苦草、菹草的生物量均与COD_{Mn}浓度呈显著负相关。

⑥ 草型湖区植被茂盛，水体透明度高，统计结果显示，马来眼子菜、狐尾藻、微齿眼子菜、轮叶黑藻、苦草、菹草的生物量与透明度呈显著正相关。扩大水生植被分布

面积是改善局部水体透明度的重要手段，二者相辅相成。

2.3 浅水湖泊水源地水生态安全评价技术

在前述研究成果的基础上，从湖泊营养状态、水质安全、生态健康角度，采用层次分析法，构建了包括综合营养状态指数、异味物质、农药类、药品和个人护理品、水生植物、浮游植物、浮游动物、底栖动物、微生物、底泥磷释放通量等在内的多维度水源地水生态安全评价指标体系，基于国内外相关标准、相关湖泊类比以及湖湾水源地长期监测调查等，赋予各类指标具体的评价方法和评分标准，对评价指标进行计算赋分。

2.3.1 水生态安全指标体系构建方法

2.3.1.1 构建原则

水生态安全指标体系的构建应该遵循系统性、目的性、代表性、科学性、可表征性和可度量性等原则。

（1）系统性

把水源地水生态系统看作是"自然—社会—经济"复合生态系统的有机组成部分，从整体上选取指标，对其健康状况进行综合评估。评估指标应能比较全面、系统地反映水源地水生态健康的各个方面，指标间应相互补充，充分体现水源地水生态环境的一体性和协调性。

（2）目的性

水源地水生态安全评估的目的不是为生态系统诊断疾病，而是定义生态系统的一个期望状态，确定生态系统破坏的阈值，实施有效的生态系统管理，从而促进生态系统健康的提高。

（3）代表性

评估指标应能代表水源地水生态环境本身固有的自然属性、湖泊水生态系统特征，并能反映其生态环境的变化趋势及其对干扰和破坏的敏感性。

（4）科学性

评估指标应能反映湖泊水生态环境的本质特征及其发生发展规律，指标的物理及生物意义必须明确，测算方法标准，统计方法规范。

（5）可表征性和可度量性

以一种便于理解和应用的方式表示，其优劣程度应具有明显的可度量性，并可用于单元间的比较评估。选取指标时，多采用相对性指标，如强度或百分率等。评估指标可直接赋值量化，也可间接赋值量化。

2.3.1.2 构建方法

层次分析法（analytic hierarchy process）是将与决策有关的元素分解成目标、准则、指标层次，再进行定性和定量分析的一种决策方法。

层次分析法的优势在于删繁就简，利用少量定量信息解决多目标、多准则的复杂决策问题。该方法通过抓住问题的本质和内在逻辑，通过分层分组，形成有序的递阶的影响因子层次分析结构，使得决策过程更加可控化、系统化、数字化。这种方法能在一定程度上检验和减少主观影响，尤其适用于难以通过现有数据准确计量、直接推断的决策问题。因此，本评价技术中采用层次分析法进行分析。

2.3.1.3 指标层次结构模型

指标层次结构模型主要包括预评价和赋分评价两个步骤，分步开展浅水湖泊水源地水生态安全的评价。

（1）预评价

预评价指标为水源地水生态安全的前提条件，预评价指标满足相应要求才可认为水源地水生态安全。预评价指标分为一般化学指标、有毒有害化学物及重金属两类。

（2）赋分评价

赋分评价是在预评价指标满足要求后，开展水源地水生态安全的定量评估，采用水生态安全综合指数反映水生态安全情况。赋分评价指标共分为三个级别，分别为：

① 一级指标包含综合营养状态指数、水质安全指数、生态健康指数三个指标，主要用于识别水源地在这三个方面的现状和问题，综合反映饮用水水源地安全状况。

② 二级指标进一步刻画水源地水生态安全的水平和内部协调性，从异味物质、农药类、药品和个人护理品等方面反映水质情况是否满足要求；从水生植物、浮游植物、浮游动物、底栖动物、微生物、底泥等方面反映生态健康程度是否满足要求。

③ 三级指标则是反映二级指标中各个分项的具体指标，依据目前水质水生态监测的能力水平以及指标对水生态安全表征的重要程度，分为必选指标和备选指标两类，其中：必选指标为水生态安全评价时必须纳入评价的指标；备选指标为具备条件时建议纳入的指标，当不具备相应监测能力时可不纳入评价。

据此构建多层级、多维度的水生态安全评价指标体系，如图2-50所示。

2.3.2 评价指标选取和选择依据

2.3.2.1 预评价指标

预评价指标主要依据相关现行国家标准选取，分为一般化学指标、有毒有害化学物及重金属两个类别。

（1）一般化学指标

一般化学指标共计26项，主要为《地表水环境质量标准》（GB 3838—2002）表1中除水温、总氮、粪大肠菌群以外的21项指标，表2中的5项作为集中式生活饮用水地表水水源地补充项目。具体指标见《地表水环境质量标准》（GB 3838—2002）中表1和表2。

（2）有毒有害化学物及重金属

《地表水环境质量标准》（GB 3838—2002）中表3涉及的集中式生活饮用水地表水水源地特定项目80项，全部纳入作为有毒有害化学物及重金属指标。

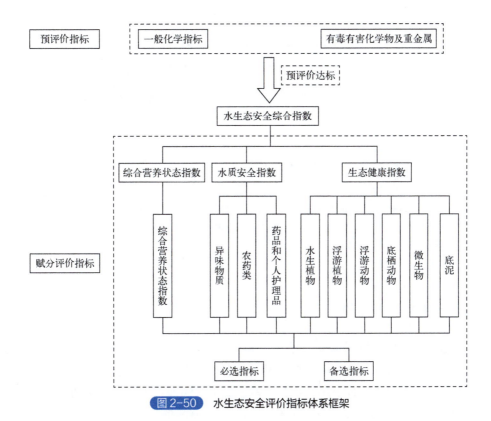

图 2-50 水生态安全评价指标体系框架

2.3.2.2 赋分评价指标

赋分评价指标分为一级指标、二级指标以及三级指标三个层次。其中，三级指标分为必选指标和备选指标两类，具体见表 2-17。

表 2-17 赋分评价指标

一级指标	二级指标	三级指标
综合营养状态指数（TLI）	综合营养状态指数（TLI）	高锰酸盐指数
		总磷
		总氮
		叶绿素
		透明度
水质安全指数（QSI）	异味物质（QS_1）	土臭素（二甲基萘烷醇）
		2-甲基异莰醇
	农药类（QS_2）	农药总量[1]
	药品和个人护理品（QS_3）	药品和个人护理品总量[2]
生态健康指数（EHI）	水生植物（EH_1）	沉水植物盖度[3]
		水生植物多样性指数
	浮游植物（EH_2）	浮游植物生物量
		有害藻类数量占比[3]

续表

一级指标	二级指标	三级指标
生态健康指数（EHI）	浮游动物（EH_3）	浮游动物生物量
		清水型浮游动物数量占比②
	底栖动物（EH_4）	底栖动物多样性指数
		寡毛类数量占比③
	微生物（EH_5）③	潜在人类致病菌占比③
	底泥（EH_6）③	底泥磷释放通量③

① 农药总量：太湖流域浅水湖泊水源地选取吡虫啉、啶虫脒、呋虫胺等农药参与评价。

② 药品和个人护理品总量：太湖流域浅水湖泊水源地选取诺氟沙星（NOR）、氧氟沙星（OFX）、环丙沙星（CIP）等药品参与评价。

③ 备选指标。

2.3.3 水生态安全评价分级标准

参考《河湖健康评价指南（试行）》（水利部河长办，2020年8月），确定水生态安全的分级标准，共分为安全、较安全、基本安全、不安全4个级别。

预评价指标评价不达标，则直接认定浅水湖泊水源地水生态安全级别为不安全。

预评价指标评价达标，再进行赋分评价指标的评价。采用水生态安全综合指数（WESI）确定浅水湖泊水源地水生态安全的等级，分级标准见表2-18。

表2-18 水生态安全分级标准

水生态安全综合指数（WESI）	WESI≥80	80＞WESI≥70	70＞WESI≥60	WESI＜60
等级	安全	较安全	基本安全	不安全

水生态安全综合指数（WESI）的计算方法为：

$$WESI = \frac{TLI + QSI + EHI}{3} \quad (2-11)$$

式中　TLI——综合营养状态指数分值；

QSI——水质安全指数分值；

EHI——生态健康指数分值。

2.3.4 评价指标赋分标准及评价方法

2.3.4.1 预评价指标赋分标准及计算方法

预评价指标采用单因子评价法评价其达标情况。

一般化学指标的标准限值参照《地表水环境质量标准》（GB 3838—2002）表1中的Ⅲ类水标准；有毒有害化学物及重金属的标准限值参照《地表水环境质量标准》（GB 3838—2002）表3中的规定。

2.3.4.2 赋分评价指标赋分标准及计算方法

（1）一级指标

综合营养状态指数的评价和赋分方法同该项二级指标。

水质安全指数（QSI）和生态健康指数（EHI）的得分为其对应二级指标得分的均值，计算公式为：

$$QSI = \frac{\sum_{i=1}^{m}(QS_i)}{m} \tag{2-12}$$

$$EHI = \frac{\sum_{i=1}^{n}(EH_i)}{n} \tag{2-13}$$

式中　QSI——水质安全指数分值；

　　　EHI——生态健康指数分值；

　QS_i、EH_i——水质安全指数、生态健康指数对应的第 i 项二级指标的分值；

　　m、n——水质安全指数、生态健康指数对应的纳入评价二级指标的数量。

（2）二级指标

1）综合营养状态指数（TLI）　综合营养状态指数采用高锰酸盐指数、总磷、总氮、叶绿素、透明度 5 项指标计算的综合营养状态指数 TLI（∑）结果进行赋分，赋分标准见表 2-19。

表 2-19　湖泊综合营养状态指数赋分标准

综合营养状态指数 TLI(∑) 计算值	赋分/分	综合营养状态指数 TLI(∑) 计算值	赋分/分
TLI ≤ 30	100	60 < TLI ≤ 70	10
30 < TLI ≤ 50	80	TLI > 70	0
50 < TLI ≤ 60	60		

TLI（∑）的计算方法为：

$$TLI(\Sigma) = \sum_{j=1}^{m}[W_j \times TLI(j)] \tag{2-14}$$

式中　W_j——第 j 种参数的营养状态指数的相对权重；

　　TLI(j)——第 j 种参数的营养状态指数。

W_j 的计算公式为：

$$W_j = \frac{r_{ij}^2}{\sum_{j=1}^{m}r_{ij}^2} \tag{2-15}$$

式中　r_{ij}——第 j 种参数与基准参数 Chl-a（也称"Chl a"）的相关系数，Chl-a 取 1，TP 取 0.84，TN 取 0.82，透明度（SD）取 -0.83，COD_{Mn} 取 0.83；

　　　m——评价参数的个数。

各参数营养状态指数计算公式为：

$$\begin{cases} \mathrm{TLI(Chl\text{-}a)} = 10(2.5 + 1.086\ln\mathrm{Chl\text{-}a}) \\ \mathrm{TLI(TP)} = 10(9.436 + 1.624\ln\mathrm{TP}) \\ \mathrm{TLI(TN)} = 10(5.453 + 1.694\ln\mathrm{TN}) \\ \mathrm{TLI(SD)} = 10(5.118 - 1.94\ln\mathrm{SD}) \\ \mathrm{TLI(COD_{Mn})} = 10(0.109 + 2.66\ln\mathrm{COD_{Mn}}) \end{cases} \quad (2\text{-}16)$$

式中，Chl-a 的单位为 mg/m³；SD 的单位为 m；其余指标单位均为 mg/L。

2）其他二级指标　其他各项二级指标分值为其对应所选三级指标得分的均值，计算公式为：

$$\mathrm{QS}_i = \frac{\sum_{j=1}^{p}(\mathrm{QS}_{ij})}{p} \quad (2\text{-}17)$$

$$\mathrm{EH}_i = \frac{\sum_{j=1}^{q}(\mathrm{EH}_{ij})}{q} \quad (2\text{-}18)$$

式中　QS_{ij}、EH_{ij}——第 i 项二级指标对应的第 j 项三级指标的水质安全、生态健康的分值；

　　　p、q——第 i 项二级指标对应的纳入评价三级指标的数量。

（3）三级指标

1）土臭素、2-甲基异莰醇、农药总量、药品和个人护理品总量　根据欧洲风险评估技术指导文件中不同环境风险评估方法，可以采用风险熵值法（riskquotient，RQ）对异味物质、农药、药品的生态风险进行评估。风险熵值 RQ 计算公式为：

$$\mathrm{RQ} = \frac{C_{实测}}{C_0} \times 100 \quad (2\text{-}19)$$

式中　$C_{实测}$——指标的实测浓度；

　　　C_0——指标的评价阈值。

各项指标阈值 C_0 的选取方法如下：

① 土臭素和 2-甲基异莰醇（异味物质），参照《生活饮用水卫生标准》（GB 5749—2022）附表中给出的限值 0.01μg/L 为评价阈值。

② 农药，参考日本饮用水水质基准，所有检出农药之和应小于 1.0mg/L，故 1.0mg/L 为农药总量的阈值。

③ 药品和个人护理品，因国内外暂无相关标准的规定，根据相关毒性分析，药品和个人护理品的毒性没有农药强，为从严保护水源地，参照农药总量来确定药品和个人护理品总量的阈值，即 1.0mg/L。

综上，各项指标阈值 C_0 具体见表 2-20。

表2-20 各项指标阈值 C_0 选取

类别	指标名称	阈值/(μg/L)
异味物质(QS_2)	土臭素(二甲基萘烷醇)	0.01
	2-甲基异莰醇	0.01
农药类(QS_3)	农药总量	1000
药品和个人护理品(QS_4)	药品和个人护理品总量	1000

根据长期监测,对典型研究区域的土臭素(二甲基萘烷醇)、2-甲基异莰醇、农药总量、药品和个人护理品总量的 RQ 值进行计算分析,在此基础上确定 RQ 值的赋分方法,具体见表 2-21 和表 2-22。

表2-21 土臭素(二甲基萘烷醇)、2-甲基异莰醇的RQ值赋分标准

风险值RQ	指标得分/分	风险值RQ	指标得分/分
RQ≤1	100	10＜RQ≤100	25
1＜RQ≤10	50	RQ＞100	0

表2-22 农药总量、药品和个人护理品总量的RQ值赋分标准

风险值RQ	指标得分/分	风险值RQ	指标得分/分
RQ≤0.01	100	0.1＜RQ≤1	60
0.01＜RQ≤0.1	80	RQ＞1	0

2)沉水植物盖度(覆盖率) 沉水植物盖度得分的计算公式为:

$$沉水植物盖度得分 = 100 \times C_{实测} / 100\% \tag{2-20}$$

式中 $C_{实测}$——沉水植物实测盖度。

当盖度为 100% 时,该项指标得分为满分;当盖度为 0 时该项指标得分为 0。

3)水生植物多样性指数 水生植物多样性指数得分的计算公式为:

$$水生植物多样性指数得分 = 100 \times \frac{D_{实测}}{D_{max}} \tag{2-21}$$

式中 D_{max}——健康湖泊生态系统的多样性指数,根据水专项苏州项目示范区沉水植物的最大多样性指数,取值 2.13;

$D_{实测}$——样点实测多样性指数。

当多样性指数达到健康湖泊生态系统多样性指数时,该项指标得分为满分;当多样性指数为 0 时,该项指标得分为 0。

4)浮游植物生物量 通过对数级差规格化公式法,计算浮游植物生物量得分,计算公式为:

$$浮游植物生物量得分 = 100 \times \frac{\ln V_{max} - \ln V}{\ln V_{max} - \ln V_{min}} \tag{2-22}$$

式中 V——浮游植物生物量的实测值,mg/L;

V_{min}、V_{max}——评估时期内浮游植物生物量得分为100分和0分时的浮游植物生物量的实测值，根据2018年四个季度共76个浮游植物的监测结果，V_{min}=0.022mg/L，V_{max}=19.143mg/L。

评估时期内，当监测点位的浮游植物生物量最小时，其得分最大，得分为100分；当监测点位的浮游植物生物量最大时，得分最小，得分为0分。

5）有害藻类数量占比　采用极差值处理方法对有害藻类数量占比赋分，计算公式为：

$$有害藻类数量占比 = 100 \times \frac{HAR_{max} - HAR}{HAR_{max} - HAR_{min}} \quad (2-23)$$

式中　　HAR——某个样点中有害藻类数量占该样点浮游植物总数量百分比的实测值，%；

HAR_{min}、HAR_{max}——评估时期内有害藻类数量占比得分为100分和0分时的有害藻类数量占浮游植物总数量百分比的实测值，%。

湖泊水体中常见的有害藻类主要是蓝藻门下的微囊藻属、鱼腥藻属、束丝藻属、假鱼腥藻属。太湖湖湾水源地2018年四个季度共76个浮游植物样本的监测结果显示，太湖湖湾水源地水体中监测到的有害藻类主要有铜绿微囊藻（*Microcystis aeruginosa*）、微囊藻（*Microcystis* sp.）、假鱼腥藻（*Pseudanabaena* sp.）、鱼腥藻（*Anabaena* sp.）、水华鱼腥藻（*Anabaena flosaquae*）5类。76个浮游植物样本中HAR_{min}=0，HAR_{max}=97.445%。

评估时期内，当监测点位的有害藻类数量占比最小时，得分最大，得分为100分；当监测点位的有害藻类数量占比最大时，得分最小，得分为0分。

6）浮游动物生物量　浮游动物生物量评价体系采用得分评价法，浮游动物生物量得分计算公式为：

$$浮游动物生物量得分 = 100 \times \frac{V_{max} - V}{V_{max} - V_{min}} \quad (2-24)$$

式中　　V——浮游动物生物量的实测值，mg/L；

V_{min}、V_{max}——评估时期内浮游动物生物量得分为100分和0分时的浮游动物生物量的实测值，根据2018年四个季度共76个浮游动物样本的监测结果，V_{min}=0.005mg/L，V_{max}=7.851mg/L。

生物量大小与生态系统健康呈负相关，即在一定范围内生物量越大，得分越低，生态系统相对越不健康。将浮游动物生物量按得分法计算，即把该指标划分为0~100分。评估时期内，当监测点位的浮游动物生物量最小时，其得分最大，得分为100分；当监测点位的浮游动物生物量最大时，得分最小，得分为0分。

7）清水型浮游动物数量占比　清水型浮游动物数量占比越大表示浮游动物类群越接近清水草型状态，湖泊相对越健康，反之则湖泊相对越不健康。评价方法采用极差法，结合2018年四个季度共76个浮游动物样本的监测结果建立清水型浮游动物物种清单（表2-23），根据实测物种数计算清水型浮游动物数量占比。

表2-23 清水型浮游动物物种清单

类型	种属
清水型浮游动物	尖顶砂壳虫、球砂壳虫、砂壳虫、江苏似铃壳虫、王氏似铃壳虫、曲腿龟甲轮虫、矩形龟甲轮虫、前节晶囊轮虫、等刺异尾轮虫、刺盖异尾轮虫、暗小异尾轮虫、圆筒异尾轮虫、冠饰异尾轮虫、颈沟基合溞、短尾秀体溞

采用极差值处理方法对清水型浮游动物数量占比赋分，计算公式为：

$$清水型浮游动物数量占比得分 = 100 \times \frac{GZ - GZ_{min}}{GZ_{max} - GZ_{min}} \quad (2\text{-}25)$$

式中　　GZ——清水型浮游动物占比的实测值，%；

GZ_{min}、GZ_{max}——评估时期内清水型浮游动物数量占比得分为0分和100分时清水型浮游动物数量占比的实测值，%，结合表2-23清水型浮游动物物种清单，根据太湖湖湾水源地2018年四个季度共76个浮游动物样本的监测结果，$GZ_{min}=0$，$GZ_{max}=99.542\%$。

评估时期内，当监测点位的清水型浮游动物数量占比最大时，其得分最大，得分为100分；当监测点位的清水型浮游动物数量占比最小时，得分最小，得分为0分。

8）底栖动物多样性指数　底栖动物多样性指数（Shannon-Wiener多样性指数）是最常用的生物多样性指数之一，计算公式为：

$$H' = -\sum_{i=1}^{S}(P_i)(\ln P_i) \quad (2\text{-}26)$$

式中　　H'——Shannon-Wiener多样性指数；

S——样本中总分类单元数；

P_i——物种i在样本中的相对丰度，即样品中属于第i种的个体的比例，如样品总个体数为N，第i种个体数为n，则$P_i=n/N$。

多样性指数值越大，表明物种数越多，分布越均匀。种类数和分布均匀程度都会影响到多样性指数值。

根据水源地2018年四个季度共62个底栖动物样本的监测结果，设置多样性指数值判别临界点。评估时期内，当监测点位的Shannon-Wiener多样性指数≥4时，其得分最大，得分为100分；当监测点位的Shannon-Wiener多样性指数＜0.5时，得分最小，得分为0分。对各分布范围赋分，评分标准详见表2-24。

表2-24 底栖动物多样性指数赋分表

底栖动物健康状况	赋分/分	多样性指数H'
健康 赋分≥80分	100	≥4
	90	≥3.5
	80	≥3
亚健康 60分≤赋分＜80分	70	≥2
	60	≥1
不健康 赋分＜60分	50	≥0.5
	0	＜0.5

9）寡毛类数量占比　采用极差值处理方法对寡毛类数量占比赋分，计算公式为：

$$寡毛类数量占比得分 = 100 \times \frac{P_{max} - P}{P_{max} - P_{min}} \quad (2\text{-}27)$$

式中　P——某个样点中寡毛类数量占该样点底栖动物总数量百分比的实测值，%；

P_{min}、P_{max}——评估时期内寡毛类数量占比得分为 100 分和 0 分时的寡毛类数量占该样点底栖动物总数量百分比的实测值，%。

水源地 2018 年四个季度共 62 个底栖动物样本的监测结果显示，太湖水体中监测到的寡毛类有霍甫水丝蚓（*Limnodrilus hoffmeisteri*）、巨毛水丝蚓（*Helobdella* sp.）、水丝蚓属（*Limnodrilus* sp.）、苏氏尾鳃蚓（*Glossiphonialata*）4 类。62 个底栖动物样本中 $P_{min}=0$，$P_{max}=100\%$。

评估时期内，当监测点位的寡毛类数量占比最小时，其得分最大，得分为 100 分；当监测点位的寡毛类数量占比最大时，得分最小，得分为 0 分。

10）潜在人类致病菌占比　潜在人类致病菌得分的评价方法为：

$$潜在人类致病菌占比得分 = 100 \times \frac{Pathogen_{max} - Pathogen}{Pathogen_{max} - Pathogen_{min}} \quad (2\text{-}28)$$

式中　$Pathogen$——潜在人类致病菌占细菌群落相对丰度的实测值，%；

$Pathogen_{max}$——评估时期内潜在人类致病菌占比得分为 100 分时，潜在人类致病菌相对丰度实测值，%；

$Pathogen_{min}$——评估时期内潜在人类致病菌占比得分为 0 分时，潜在人类致病菌相对丰度实测值，%。

根据水源地 2018 年 1 月至 2019 年 9 月的监测结果，水体样品中，$Pathogen_{max}=67.46\%$，$Pathogen_{min}=0.28\%$；沉积物样品中，$Pathogen_{max}=11.66\%$，$Pathogen_{min}=0.20\%$。

11）磷释放通量　根据对长江中下游湖泊，如五里湖、竺山湖、骆马湖、东太湖、贡山湾等有关磷释放通量的调研，计算所得磷释放通量均值在 1.35mg/（m²·d）。因此，以 1.35mg/（m²·d）为阈值评价磷释放通量。

$$F = \frac{Pflux_{实测}}{Pflux_{阈值}} \times 100\% \quad (2\text{-}29)$$

式中　F——磷释放通量实测值与阈值的比值，%；

$Pflux_{实测}$——磷释放通量实测值，mg/(m²·d)；

$Pflux_{阈值}$——磷释放通量阈值，mg/(m²·d)。

根据长期监测，对典型研究区域的底泥磷释放通量的 F 值进行计算分析，在此基础上确定赋分方法，见表 2-25。

表 2-25　底泥磷释放通量赋分标准

磷释放通量实测值与阈值的比值 F	赋分/分	磷释放通量实测值与阈值的比值 F	赋分/分
$F \leqslant 50\%$	100	$80\% < F \leqslant 90\%$	70
$50\% < F \leqslant 70\%$	90	$90\% < F \leqslant 100\%$	60
$70\% < F \leqslant 80\%$	80	$100\% < F$	0

2.3.5 水生态安全评价案例

浅水湖泊水源地水生态安全评价以苏州市现有的太湖金墅港水源地、太湖上山水源地、太湖渔洋山水源地、太湖浦庄寺前水源地等 13 个集中式饮用水水源地为研究对象进行初步评价。13 个集中式饮用水水源地中，包括河流型 4 个、湖泊型 9 个，其中，地级水源地 2 个，县级水源地 11 个，取水以太湖和长江为主，以阳澄湖、傀儡湖、尚湖等为补充。

苏州市地表水饮用水源地每月监测《地表水环境质量标准》(GB 3838—2002)中的 61 项指标，每年进行一次 108 项全指标分析。湖库型水源地每月补充监测叶绿素 a 和透明度两项指标。

2.3.5.1 水生态安全综合评价案例

评价发现，苏州市 13 个集中式饮用水水源地水质较好，除个别月份外均能稳定达标，2018 年 2 月太湖金墅港水源地、1 月和 3 月工业园区阳澄湖水源地总磷超标，5 月太湖浦庄寺前水源地 pH 值超标（因水源地水草生长旺盛，光合作用强烈，打破水中碳酸盐平衡，是一种自然生态现象）；2019 年 10 月和 12 月太湖金墅港水源地、10 月太湖镇湖（上山）水源地总磷超标；其余月份各水源地均达标。需要说明的是，评价案例中不再对具体评价过程进行描述，只对评价结果进行总述。

总体上看，苏州市水源地水生态安全状况属于安全或较安全水平。其中长江（常熟）、尚湖和庙港（太湖）水源地的水生态安全状况属于安全水平，其余为较安全水平。

各水源地水质安全指数（QSI）得分均较高（93.3～100 分），其次为综合营养状态指数（TLI）（60～100 分），生态健康指数（EHI）得分最低（50～65.5 分）。

水生态安全综合指数：长江 86.3 分＞尚湖 81.4 分＞庙港 80.3 分＞渔洋山 78.5 分＞寺前 77.7 分＞上山 76.7 分＞阳澄湖 75.1 分＞亭子港 73.6 分＞傀儡湖 72 分＞金墅港 70 分。

其中：

① 水质安全指数（QSI）：尚湖 100 分 = 阳澄湖 100 分 = 庙港 100 分 = 亭子港 100 分 = 渔洋山 100 分 = 上山 100 分＞傀儡湖 97.8 分＞寺前 93.3 分 = 金墅港 93.3 分 = 长江 93.3 分。

② 综合营养状态指数（TLI）：长江 100 分＞庙港 80 分 = 渔洋山 80 分 = 尚湖 80 分 = 上山 80 分 = 寺前 80 分＞傀儡湖 60 分 = 金墅港 60 分 = 阳澄湖 60 分 = 亭子港 60 分。

③ 生态健康指数（EHI）：长江 65.5 分＞尚湖 64.1 分＞阳澄湖 63.4 分＞庙港 60.8 分 = 亭子港 60.8 分＞寺前 59.9 分＞傀儡湖 58.3 分＞金墅港 56.6 分＞渔洋山 55.4 分＞上山 50 分。

从生态健康指数来看，长江水源地得分最高，上山得分最低。各水源地普遍存在沉水植物盖度低、水生植物多样性较差、浮游植物生物量高、清水型浮游动物占比少、底栖动物多样性差等问题。

2.3.5.2 典型水源地评价案例

以渔洋山、寺前水源地为例进行初步评价，发现：2018～2020 年，渔洋山、寺前水源地水生态安全综合指数均上升，其中综合营养状态指数（TLI）均基本稳定，水质安全指数均上升，寺前生态健康指数上升，渔洋山下降。

(1) 渔洋山水源地

① 按年度来看，渔洋山水源地 2018～2020 年水生态安全综合指数从 74.9 分上升到 78.5 分。其中，综合营养状态指数（TLI）基本稳定；水质安全指数从 2018 年的 76.7 分上升到 100 分，主要是由于土臭素（二甲基萘烷醇）、2-甲基异莰醇两个异味物质指标由 2018 年超标提高至达标，得分均从 50 分提高到 100 分，农药总量指标得分也有所提高。生态健康指数则从 2018 年的 68 分下降到 2020 年的 55.4 分，除了潜在人类致病菌得分有所上升外，其余如浮游植物生物量、有害藻类占比、浮游动物生物量、清水型浮游动物占比得分均有所下降，由于渔洋山水源地点位 2020 年未采到底泥，底栖动物指标未参与统计。

② 按季度来看，2018 年渔洋山水源地生态健康指数得分依次为 9 月＞3 月＞12 月＞6 月；综合得分依次为 9 月＞12 月＞3 月＞6 月。

(2) 寺前水源地

① 按年度来看，寺前水源地 2018～2020 年水生态安全综合指数从 68.9 分上升到 77.7 分。其中，综合营养状态指数（TLI）基本稳定；水质安全指数从 2018 年的 72.5 分上升到 2020 年的 93.3 分，进一步分析具体因子发现，水质安全指数中的土臭素（二甲基萘烷醇）、2-甲基异莰醇分别从 2018 年的 50 分、25 分上升到 2020 年的 100 分、100 分；生态健康指数从 2018 年的 54.2 分上升到 2020 年的 59.9 分，生态健康指数中的沉水植物盖度、水生植物多样性指数、浮游植物生物量、有害藻类占比、清水型浮游动物占比、潜在人类致病菌占比、底泥磷释放通量等 7 个指标得分均有所上升，特别是沉水植物盖度从 2018 年的 24.1 分上升到 98 分，有害藻类占比下降，得分从 5.8 分提高到 35.5 分；潜在人类致病菌占比从 81.6 分提高到 97 分。总体上看，寺前水源地水生态健康水平有所提高，但清水型浮游动物数量和底栖动物多样性仍然较少。

② 按季度来看，2018 年寺前水源地水生态健康指数得分由高到低依次为 12 月＞3 月＞9 月＞6 月；综合指数得分依次为 6 月＞3 月＞12 月＞9 月。

参考文献

[1] 赵思琪，代嫣然，王飞华，等. 湖泊生态系统健康综合评价研究进展[J]. 环境科学与技术，2018，41(12): 98-104.

[2] 赵思琪，范垚城，代嫣然，等. 水体富营养化改善过程中浮游植物群落对非生物环境因子的响应：以武汉东湖为例[J]. 湖泊科学，2019，31(5): 1310-1319.

[3] 朱广伟，金颖薇，任杰，等. 太湖流域水库型水源地硅藻水华发生特征及对策分析[J]. 湖泊科学，2016，28(1): 9-21.

[4] 邓建明，徐彩平，陈宇炜，等. 太湖流域主要河道浮游植物类群对比研究[J]. 资源科学，2011，33(2): 210-216.

[5] 钱珍余，陈梅. 不同沉水植物及其组合对水质的净化效果[J]. 安徽农业科学，2019，47(1): 64-67.

[6] 郑丙辉，许秋瑾，周保华，等. 水体营养物及其响应指标基准制定过程中建立参照状态的方法——以典型浅水

湖泊太湖为例[J]. 湖泊科学, 2009, 21(1): 21-26.

[7] 李文朝. 浅水湖泊生态系统的多稳态理论及其应用[J]. 湖泊科学, 1997(2): 97-104.
[8] 孔繁翔, 高光. 大型浅水富营养化湖泊中蓝藻水华形成机理的思考[J]. 生态学报, 2005(3): 589-595.
[9] 严航, 夏霆, 陈宇飞, 等. 太湖流域平水期水生态功能区浮游动物群落结构特征[J]. 长江流域资源与环境, 2021, 30(11): 2641-2650.
[10] 王丑明, 张君倩, 蒋小明, 等. 洱海湖滨带大型底栖动物的群落结构[J]. 水生态学杂志, 2011, 32(2): 25-30.
[11] 顾宗濂. 中国富营养化湖泊的生物修复[J]. 农村生态环境, 2002(1): 42-45.
[12] 王丽红, 王启田, 王开章. 城市地下水饮用水水源地安全评价体系研究[J]. 地下水, 2007(6): 99-102, 121.
[13] 庾莉萍. 从我国饮水安全危机看市场[J]. 中国公共安全(综合版), 2007(8): 78-81.
[14] 王珮, 谢崇宝, 张国华, 等. 村镇饮用水水源地安全评价研究进展[J]. 中国农村水利水电, 2013(4): 5-7, 12.
[15] 李艳芳, 曲建武. 城市生态文明建设评价指标体系设计与实证[J]. 统计与决策, 2018, 34(5): 57-59.
[16] 闫旭旭, 刘璐, 李之旭, 等. 基于层次分析法的生态文明建设评价研究[J]. 赤峰学院学报(自然科学版), 2016, 32(4): 36-39.
[17] 徐文娟, 吴礼斌. 城市生态文明建设模糊综合评价[J]. 上海工程技术大学学报, 2017, 31(4): 367-370.
[18] 冯霞, 吴以中, 宗良纲, 等. 水源地水质安全评价指标体系研究[J]. 安徽农业科学, 2008(14): 5968-5970.
[19] 冯霞, 吴以中, 宗良纲, 等. 水源地水质评价指标体系及实例应用[J]. 江西农业学报, 2008(7): 98-101.
[20] 王景深. 水源地安全评价指标体系探究[J]. 安徽农业科学, 2013, 41(2): 775-778.
[21] 张培培. 农村饮水工程现状及对策[J]. 现代农业科技, 2010(6): 264, 267.
[22] 王伯荪, 王昌伟, 彭少麟. 生物多样性刍议[J]. 中山大学学报(自然科学版), 2005(6): 68-70.
[23] 林佳宁, 高欣, 贾晓波, 等. 基于PSFR评估框架的太子河流域水生态安全评估[J]. 环境科学研究, 2016, 29(10): 1440-1450.
[24] 李玉照, 刘永, 颜小品. 基于DPSIR模型的流域生态安全评价指标体系研究[J]. 北京大学学报(自然科学版), 2012, 48(6): 971-981.
[25] 魏子艳, 金德才, 邓晔. 环境微生物宏基因组学研究中的生物信息学方法[J]. 微生物学通报, 2015, 42(5): 890-901.
[26] 吴钢, 曹飞飞, 张元勋, 等. 生态环境损害鉴定评估业务化技术研究[J]. 生态学报, 2016, 36(22): 7146-7151.
[27] 於方, 张衍燊, 徐伟攀. 《生态环境损害鉴定评估技术指南 总纲》解读[J]. 环境保护, 2016, 44(20): 9-11.
[28] 薛明月, 肖景义, 高丽文, 等. 湖泊型旅游景区经济价值综合评估——以青海湖景区为例[J]. 山西大学学报(自然科学版), 2018, 41(1): 241-247.
[29] 阎友兵, 肖瑶. 旅游景区利益相关者共同治理的经济型治理模式研究[J]. 社会科学家, 2007(3): 108-112.
[30] 蔡琨, 秦春燕, 李继影, 等. 基于浮游植物生物完整性指数的湖泊生态系统评价——以2012年冬季太湖为例[J]. 生态学报, 2016, 36(5): 1431-1441.
[31] 黄琪, 高俊峰, 张艳会, 等. 长江中下游四大淡水湖生态系统完整性评价[J]. 生态学报, 2016, 36(1): 118-126.
[32] 张艳会, 杨桂山, 万荣荣. 湖泊水生态系统健康评价指标研究[J]. 资源科学, 2014, 36(6): 1306-1315.
[33] 刘永, 郭怀成, 戴永立, 等. 湖泊生态系统健康评价方法研究[J]. 环境科学学报, 2004(4): 723-729.
[34] 沈颜奕, 陈星. 城市湖泊生态系统健康评价与修复研究[J]. 水资源与水工程学报, 2017, 28(2): 82-85, 91.
[35] 高卓, 何鑫, 胡祖芳, 等. 层次分析法在生态系统健康评价指标体系中的应用[J]. 中央民族大学学报(自然科学版), 2017, 26(1): 61-66.
[36] 马立广, 曹彦荣, 李新通. 基于层次分析法的拉市海高原湿地生态系统健康评估[J]. 地球信息科学学报, 2011, 13(2): 234-239.
[37] 张峰, 杨俊, 席建超, 等. 基于DPSIRM健康距离法的南四湖湖泊生态系统健康评价[J]. 资源科学, 2014, 36(4): 831-839.
[38] 刘江, 贾尔恒·阿哈提, 程艳, 等. 基于多级灰关联法的博斯腾湖水生态健康评价[J]. 中国环境监测, 2014,

30(2): 47-52.

[39] 庞发虎，庞振凌，杜瑞卿. 粗糙集理论对湖泊生态系统健康评定指数法的评价[J]. 生物数学学报，2008(2): 337-344.

[40] 黄国如，武传号，向碧为. 基于粗糙集理论的东江流域水基系统健康集对评价[J]. 系统工程理论与实践，2014, 34(5): 1345-1351.

[41] 王丹丹，冯民权，焦梦. 基于支持向量机的汾河下游河流健康评价[J]. 黑龙江大学工程学报，2017, 8(1): 17-24.

[42] 金相灿，王圣瑞，席海燕. 湖泊生态安全及其评估方法框架[J]. 环境科学研究，2012, 25(4): 357-362.

[43] 解雪峰，吴涛，肖翠，等. 基于PSR模型的东阳江流域生态安全评价[J]. 资源科学，2014, 36(8): 1702-1711.

[44] 谈迎新，於忠祥. 基于DSR模型的淮河流域生态安全评价研究[J]. 安徽农业大学学报（社会科学版），2012, 21(5): 35-39.

[45] 李冰，杨桂山，万荣荣. 湖泊生态系统健康评价方法研究进展[J]. 水利水电科技进展，2014, 34(6): 98-106.

[46] 戴纪翠，倪晋仁. 底栖动物在水生生态系统健康评价中的作用分析[J]. 生态环境，2008, 17(5): 2107-2111.

[47] 秦伯强. 长江中下游浅水湖泊富营养化发生机制与控制途径初探[J]. 湖泊科学，2002(3): 193-202.

[48] 孟昭翠，类彦立，和莹莹，等. 样品保藏方式与时间对海洋底栖细菌及原生生物荧光计数效能的影响[J]. 海洋科学，2010, 34(5): 13-20.

[49] 毛彧涵，刘师源，纪璐，等. 太湖蓝藻生长与水质、气候因素的相互作用分析[J]. 吉林水利，2019(11): 1-6.

[50] 朱广伟，许海，朱梦圆，等. 三十年来长江中下游湖泊富营养化状况变迁及其影响因素[J]. 湖泊科学，2019, 31(6): 1510-1524.

[51] 马健荣，邓建明，秦伯强，等. 湖泊蓝藻水华发生机理研究进展[J]. 生态学报，2013, 33(10): 3020-3030.

[52] 叶琳琳，孔繁翔，史小丽，等. 富营养化湖泊溶解性有机碳生物可利用性研究进展[J]. 生态学报，2014, 34(4): 779-788.

[53] 许海，陈洁，朱广伟，等. 水体氮、磷营养盐水平对蓝藻优势形成的影响[J]. 湖泊科学，2019, 31(5): 1239-1247.

[54] 孔繁翔，高光. 大型浅水富营养化湖泊中蓝藻水华形成机理的思考[J]. 生态学报，2005(3): 589-595.

[55] 张增虎，唐丽丽，张永雨. 海洋中藻菌相互关系及其生态功能[J]. 微生物学通报，2018, 45(9): 2043-2053.

[56] 王丽红，王开章，刘锋范，等. 饮用水水源地安全的内涵、现状及对策[J]. 山东农业科学，2007(5): 94-96, 100.

[57] 衣强，毛战坡，彭文启. 饮用水水源地评价方法研究[J]. 给水排水，2006(S1): 6-10.

[58] 姚延娟，吴传庆，王雪蕾，等. 地表饮用水源地安全指数及快速评价方法[J]. 环境科学与技术，2012, 35(1): 186-190.

[59] 霍鉴琳，周翠宁，孙淑玉，等. 黑龙江省农村饮水安全现状及水源保护标准分析[J]. 水利科技与经济，2008(10): 835-836.

[60] 申献辰，杜霞，邹晓雯. 水源地水质评价指数系统的研究[J]. 水科学进展，2000, 10(3): 260-265.

[61] 黄海东，张克峰. 小城镇水源水质评价方法选择方案探讨[J]. 水利科技与经济，2010, 16(7): 736-738, 740.

[62] 朱红云，杨桂山，董雅文. 江苏长江干流饮用水源地生态安全评价与保护研究[J]. 资源科学，2004(6): 90-96.

[63] 闻常玲，王莉红，贺徐蜜，等. 水库型饮用水水源地生态安全评价及应用[J]. 水资源保护，2008(3): 91-94.

[64] 常剑波，陈小娟，乔晔. 长江流域综合规划中的生态学原理及其体现[J]. 人民长江，2013, 44(10): 15-17, 47.

[65] 马放，邱珊. 完善饮用水水源保护预警应急机制[J]. 环境保护，2007(2): 30-33.

[66] 俞成国，刘韬韬. 上海港水上化学品事故风险管理对策探讨[J]. 交通环保，1997(4): 3-6.

[67] 王亚宜，严敏. 城市供水突发事件的应急预案[J]. 浙江工业大学学报，2005(6): 60-64.

[68] 李娴，蔡勋江，黎晓微. 东莞市典型农村饮用水水源地风险评估[J]. 环境卫生工程，2012, 20(1): 34-36, 39.

[69] 曹小欢，邱雪莹，黄茁. 饮用水水源地安全评价指标的分析[J]. 中国水利，2009(21): 25-28.

[70] 朱党生，张建永，史晓新，等. 城市饮用水水源地安全评价(Ⅱ)：全国评价[J]. 水利学报，2010, 41(8): 914-920.

[71] 朱党生，张建永，程红光，等. 城市饮用水水源地安全评价(Ⅰ)：评价指标和方法[J]. 水利学报，2010, 41(7): 778-785.

[72] 王丽红. 城市饮用水地下水水源地安全评价体系研究[D]. 泰安：山东农业大学，2009.

[73] 李沙沙. 鹊山水库水源地安全评价体系研究[D]. 济南：山东大学，2012.

[74] 李长福. 我国生态文明建设评价指标体系研究[D]. 沈阳：沈阳师范大学，2018.

[75] 王然. 中国省域生态文明评价指标体系构建与实证研究[D]. 武汉：中国地质大学，2017.

[76] 魏彩霞. 河北省生态文明建设面临的问题及其对策[D]. 石家庄：河北师范大学，2017.

[77] 熊素芬. 论河北省生态文明建设[D]. 石家庄：河北经贸大学，2017.

[78] 迟永山. 地表水源地水环境现状评价及污染控制对策研究[D]. 长春：吉林大学，2006.

[79] 周凯慧. 城市饮用水源地水质分析与现状评价研究[D]. 泰安：山东农业大学，2005.

[80] 王宏乾. 黄河下游引黄供水规模变化及影响因素分析[D]. 西安：西安理工大学，2007.

[81] 王四海. 规划环评中旅游对生物多样性影响评价指标体系与方法研究[D]. 北京：中国林业科学研究院，2010.

[82] 彭静. 基于RS与GIS的生态系统健康评价研究[D]. 太原：太原理工大学，2011.

[83] 于玲. 自然保护区生态旅游可持续性评价指标体系研究[D]. 北京：北京林业大学，2007.

[84] 王备新. 大型底栖无脊椎动物水质生物评价研究[D]. 南京：南京农业大学，2003.

[85] 卢媛媛. 武汉市湖泊生态系统健康评价[D]. 武汉：华中科技大学，2008.

[86] 张韵. 重庆市城镇饮用水水源地水安全调查与评价[D]. 重庆：西南大学，2009.

[87] 黄海东. 小城镇饮用水源水质安全评估技术研究[D]. 济南：山东建筑大学，2011.

[88] 施育青. 绿色饮用水水源地(水库型)评估方法研究[D]. 杭州：浙江大学，2012.

[89] 王开章，孔繁亮，李晓. 地下水水源地脆弱性及安全评价体系研究[C]//中国环境科学学会. 中国环境科学学会2009年学术年会论文集(第一卷). 北京航空航天大学出版社(Beihang University Press)，2009: 7.

[90] 胡鸿钧，等. 中国淡水藻类[M]. 北京：科学出版社，2006.

[91] 周开全. 旅游经济学[M]. 北京：中国劳动出版社，2005.

[92] 刘鸿亮. 湖泊富营养化控制[M]. 北京：中国环境科学出版社，2011.

[93] Bal K, Struyf E, Vereecken H, et al. How do macrophyte distribution patterns affect hydraulic resistances？[J]. Ecological Engineering, 2011, 37(3): 529-533.

[94] Canfield D E, Glazer A N, Falkowski P G. The evolution and future of Earth's nitrogen cycle[J]. Science, 2010, 330(6001): 192-196.

[95] Chen K N, Bao C H, Zhou W P. Ecological restoration in eutrophic lake wuli: A large enclosure experiment[J]. Ecological Engineering, 2009, 35(11): 1646-1655.

[96] Dhote S. Water quality improvement through macrophytes—A review[J]. Environmental Monitoring and Assessment, 2009, 152(1-4): 149-153.

[97] Ellison M E, Brett M T. Paniculate phosphorus bioavailability as a function of stream flow and land cover[J]. Water Research, 2006, 40(6): 1258-1268.

[98] Engelhardt K A M, Ritchie M E. Effects of macrophyte species richness on wetland ecosystem functioning and services[J]. Nature, 2001, 411: 687-689.

[99] Gao H L, Qian X, Wu H F, et al. Combined effects of submerged macrophytes and aquatic animals on the restoration of a eutrophic water body—A case study of Gonghu Bay, Lake Taihu[J]. Ecological Engineering, 2017, 102: 15-23.

[100] Golterman H L, Clymo R S. Methods for chemical analysis of fresh waters[J]. Journal of Ecology, 1969, 46: 316-317.

[101] Zhang X, Tang Y, Jeppesen E, et al. Biomanipulation-induced reduction of sediment phosphorus release in a tropical shallow lake[J]. Hydrobiologia, 2017, 794(1): 49-57.

[102] Sondergaard M, Liboriussen L, Pedersen A R, et al. Lake restoration by fish removal: Short-and long-term effects in 36 Danish lakes[J]. Ecosystems, 2008, 11(8): 1291-1305.

[103] Cai Y, Zhang Y, Wu Z, et al. Composition, diversity, and environmental correlates of benthic macroinvertebrate communities in the five largest freshwater lakes of china[J]. Hydrobiologia, 2017, 788: 85-98.

[104] Donohue I, Donohue L A, Ainín B N, et al. Assessment of eutrophication pressure on lakes using littoral invertebrates[J]. Hydrobiologia, 2009, 633: 105-122.

[105] Jackson J K, Füreder L. Long-term studies of freshwater macroinvertebrates: A review of the frequency, duration and ecological significance[J]. Freshwater Biology, 2006, 51: 591-603.

[106] Li F, Cai Q, Jiang W, et al. The response of benthic macroinvertebrate communities to climate change: Evidence from subtropical mountain streams in central china[J]. International Review of Hydrobiology, 2012, 97: 200-214.

[107] Li Z, García-Girón J, Zhang J, et al. Anthropogenic impacts on multiple facets of macroinvertebrate α and β diversity in a large river-floodplain ecosystem[J]. Science of The Total Environment, 2023, 874: 162387.

[108] Li Z, Jiang X, Wang J, et al. Multiple facets of stream macroinvertebrate alpha diversity are driven by different ecological factors across an extensive altitudinal gradient[J]. Ecology and Evolution, 2019, 9(3): 1306-1322.

[109] Meng X, Jiang X, Xiong X, et al. Mediated spatio-temporal patterns of macroinvertebrate assemblage associated with key environmental factors in the qinghai lake area, china[J]. Limnologica, 2016, 56: 14-22.

[110] Żbikowski J, Kobak J. Factors influencing taxonomic composition and abundance of macrozoobenthos in extralittoral zone of shallow eutrophic lakes[J]. Hydrobiologia, 2007, 584: 145-155.

[111] Donohue I, Donohue L A, Ainín B N, et al. Assessment of eutrophication pressure on lakes using littoral invertebrates[J]. Hydrobiologia, 2009, 633: 105-122.

[112] Chilundo M, Kelderman P, Okeeffe J H. Design of a water quality monitoring network for the Limpopo River Basin in Mozambique[J]. Physics and Chemistry of the Earth, 2008(33): 655-665.

[113] Raini J A. Impact of land use changes on water resources and biodiversity of Lake Nakuru catchment basin, Kenya[J]. African Journal of Ecology, 2009, 47(S1): 39-45.

[114] Sofield T H B. Empowerment for sustainable tourism development[J]. Empowerment for Sustainable Tourism Development, 2003.

[115] Tang Bangxing, Shi Feng, Liu Shuqing. Tourism in the northwestern part of Sichuan Province, PR China[J]. Geo Journal, 1990, 21(1/2): 155-159.

[116] Aubert E J. The need for great lakes research[J]. Journal of Great Lake Research, 1986, 12(3): 147.

[117] Bar-On R. Cost-benefit considerations for spa treatments, illustrated by the Dead Sea and Arad, Israel[J]. Tourism Review, 1989, 44(4): 12-15.

[118] Zhang Feng, Zhang Jiquan, Wu Rina, et al. Ecosystem health assessment based on DPSIRM framework and health distance model in Nansi Lake, China[J]. Stochastic Environmental Research and Risk Assessment, 2016, 30(4): 1235-1247.

[119] Dredge D. Policy networks and the local organisation of tourism[J]. Tourism Management, 2006, 27(2): 269-280.

[120] Fleming C M, Cook A. The recreational value of Lake McKenzie, Fraser Island: An application of the travel costmethod[J]. Tourism Management, 2008, 29(6): 1197-1205.

[121] Gürlük S, Rehber E. A travel cost study to estimate recreational value for a bird refuge at Lake

Manyas, Turkey[J]. Journal of Environmental Management, 2008, 88(4): 1350-1360.

[122] Hadwen W L. Lake tourism: An integrated approach to lacustrine tourism systems[J]. Annals of Tourism Research, 2007, 34(2): 555-556.

[123] Carvalho L, Poikane S, Solheim A L, et al. Strength and uncertainty of phytoplankton metrics for assessing eutrophication impacts in lakes[J]. Hydrobiologia, 2013, 704(1): 127-140.

[124] Dave G, Munawar M, Wangberg S A. Ecosystem health of Lake Vanern: Past, present and future research[J]. Aquatic Ecosystem Health&Management, 2015, 18(2): 205-211.

[125] Zhai S J, Hu W P, Zhu Z C. Ecological impacts of water transfers on Lake Taihu from the Yangtze River, China[J]. Ecological Engineering, 2010, 36(4): 406-420.

[126] Wang C, Bi J, Fath B D. Effects of abiotic factors on ecosystem health of Taihu Lake, China based on eco-exergy theory[J]. Scientific Reports, 2017, 7.

[127] Rapport D J. What constitutes ecosystem health[J]. Perspectives in Biology and Medicine, 1989, 33(1): 120-132.

[128] Ryder R A. Ecosystem health, a human perception-definition, detection and the dichotomous key[J]. Journal of Great Lakes Research, 1990, 16(4): 619-624.

[129] Constanza R, Mageau M. What is a healthy ecosystem[J]. Aquatic Ecology, 1999, 33(1): 105-115.

[130] Rapport D J, Bohm G, Buckingham D, et al. Ecosystem health: The concept, the ISEH, and the important tasks ahead[J]. Ecosystem Health, 1999, 5(2): 82-90.

[131] Elser J J. The pathway to noxious cyanobacteria blooms in lakes: the food web as the final turn[J]. Freshwater Biology, 1999, 42(3): 537-543.

[132] Xu H, Paerl H W, Qin B, et al. Nitrogen and phosphorus inputs control phytoplankton growth in eutrophic Lake Taihu, China[J]. Limnology and Oceanography, 2010, 55(1): 420-432.

[133] Paerl H W, Xu H, Mccarthy M J, et al. Controlling harmful cyanobacterial blooms in a hyper-eutrophic lake(Lake Taihu, China): The need for a dual nutrient(N & P) management strategy[J]. Water Research, 2011, 45(5): 1973-1983.

[134] Li Y, Waite A M, Gal G, et al. An analysis of the relationship between phytoplankton internal stoichiometry and water column N: P ratios in a dynamic lake environment[J]. Ecological Modelling, 2013, 252: 196-213.

[135] Needham D M, Fuhrman J A. Pronounced daily succession of phytoplankton, archaea and bacteria following a spring bloom[J]. Nature Microbiology, 2016, 1(4): 16005.

[136] Chen X, Jiang H, Sun X, et al. Nitrification and denitrification by algae-attached and free-living microorganisms during a cyanobacterial bloom in Lake Taihu, a shallow Eutrophic Lake in China[J]. Biogeochemistry, 2016, 131(1): 135-146.

[137] Terrat, Yves, Tromas, et al. Characterising and predicting cyanobacterial blooms in an 8-year amplicon sequencing time course[J]. The ISME Journal, 2017, 11(8): 1746-1763.

[138] Xue Y Y, Chen H H, Yang J R, et al. Distinct patterns and processes of abundant and rare eukaryotic plankton communities following a reservoir cyanobacterial bloom[J]. The ISME Journal, 2018, 12: 2263-2277.

[139] Vanmensel D, Chaganti S R, Droppo I G, et al. Exploring bacterial pathogen community dynamics in freshwater beach sediments: A tale of two lakes[J]. Environmental Microbiology, 2020, 22(2): 568-583.

[140] Li Y, Wu H, Shen Y, et al. Statistical determination of crucial taxa indicative of pollution gradients in sediments of Lake Taihu, China[J]. Environmental Pollution, 2019, 246: 753-762.

[141] Shen M, Li Q, Ren M, et al. Trophic status is associated with community structure and metabolic potential of planktonic microbiota in plateau Lakes[J]. Frontiers in Microbiology, 2019: 10(7):

2560.

[142] Bouma-Gregson K, Olm M R, Probst A J, et al. Impacts of microbial assemblage and environmental conditions on the distribution of anatoxin-a producing cyanobacteria within a river network[J]. The ISME Journal, 2019, 13: 1618-1634.

[143] Liu L, Chen H, Liu M, et al. Response of the eukaryotic plankton community to the cyanobacterial biomass cycle over 6 years in two subtropical reservoirs[J]. The ISME Journal, 2019, 13: 2196-2208.

[144] Du P, Jiang Z B, Wang Y M, et al. Spatial heterogeneity of the planktonic protistan community in a semi-closed eutrophic bay, China[J]. Journal of Plankton Research, 2019, 41(3): 223-239.

[145] Kleinteich J, Hilt S, Hoppe A, et al. Structural changes of the microplankton community following a pulse of inorganic nitrogen in a eutrophic river[J]. Limnology and Oceanography, 2019, 65(S1): 264-276.

[146] Kavagutti V S, Andrei A S, Mehrshad M, et al. Phage-centric ecological interactions in aquatic ecosystems revealed through ultra-deep metagenomics[J]. Microbiome, 2019, 7(1): 135.

[147] Beaulieu J J, Delsontro T, Downing J A. Eutrophication will increase methane emissions from lakes and impoundments during the 21st century[J]. Nature Communications, 2019, 10(1): 1375.

[148] Grossart H P, Silke V D W, Kagami M, et al. Fungi in aquatic ecosystems[J]. Nature Reviews Microbiology, 2019, 17(6): 339-354.

[149] Tanentzap A J, Fitch A, Orland C, et al. Chemical and microbial diversity covary in fresh water to influence ecosystem functioning[J]. Proceedings of the National Academy of Sciences, 2019, 116(49): 24689-24695.

[150] Godwin C M, Cotner J B. What intrinsic and extrinsic factors explain the stoichiometric diversity of aquatic heterotrophic bacteria[J]. The ISME Journal, 2018, 12: 598-609.

[151] Gretchen R B, Tammy L, Vanessa R, et al. Beyond eutrophication: Vancouver Lake, WA, USA as a model system for assessing multiple, interacting biotic and abiotic drivers of harmful cyanobacterial blooms[J]. Water, 2018, 10(6): 757.

[152] Wisniewski, Ryszard. Lake Lasinskie lost tourist attraction: Possibilities to recover[C]// Tuija Harkonen. Collectionsof the International Lake Tourism Conference. Finland: Savonlinna, 2003: 85-97.

[153] Seaside Water Department, Oregon.Source Water Assessment Report[S]. 2000.

[154] Division of Drinking water and Environmental Management, California Department of Health Services, United States. Drinking Water Source Assessment and Protection Program[S]. 2000.

[155] Water Quality Control Division, Colorado Department of Public Health and Environment, United States. Source Water Assessment Methodology for Surface Water Source sand Ground Water Sources Under the Dircet Influence of Surface Water[S]. 2004.

[156] Bryson J M, Crosby B C. Leadership for the common good: Tackling public problems in a shared-power world[M]. San Francisco: Jossey—Bass, 1992.

第 3 章

临湖特色农业面源源头减控和过程控制

我国许多农业相对发达，经济水平较高的地区存在过量使用化肥和喷施有害农药等现象，导致了大量的氮、磷在土壤中累积。农田中的氮、磷在降雨或者灌溉的作用下发生面源污染。因此，农田土壤中的氮、磷也成为农业面源污染物的重要来源，而降雨是氮、磷流失的主要驱动力。尤其是随着农业集约化程度的高速增长，化肥和农药施用量的不断增加，高面源污染风险的果园和蔬菜田成为各大流域水体中氮、磷污染物的主要来源，随降雨流失进入地表水体，造成水体富营养化等环境问题。对水源地来说，农业面源污染带来的生态安全风险尤为重要。

3.1 特色农业面源源头监控和过程控制技术思路

以太湖东部某大型岛屿（以下简称岛屿 A）为研究对象，针对其农业（以种植业为主）面源污染源头减控效能不足和该区域下垫面生态截留净化功能退化等问题，以提升施肥利用率为手段，以实现源头减控农业面源污染物流失负荷为目标，开展化肥、农药的源头减控和入水前的过程拦截技术研究，主要包括果园林地水肥一体化精准施肥技术、特色农业生态种植模式、特色农业面源污染截留技术等，构建化学肥料和农药等入河污染物源头减控与过程生态截留及净化技术体系，并进行示范验证，旨在为太湖东部某湖湾型水源地水质提升与健康保障做出贡献。

特色农业面源源头减控和过程控制技术路线如图 3-1 所示。

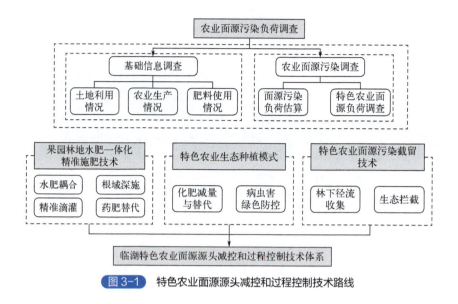

图 3-1　特色农业面源源头减控和过程控制技术路线

3.2　临湖农业面源污染负荷调查

岛屿 A 是太湖东部某湖湾水源地内陆域的重要组成。以农业为主，其农业面源污染对太湖东部水源地有极其重要的影响。

3.2.1　农业面源研究区域概况

3.2.1.1　土地利用情况

研究用到的土地利用数据是基于 2018 年 11 月的 Landsat8 OLT 遥感影像，采用遥感信息提取方法，参照现有的土地利用分类体系，经过波段选择及融合，图像几何校正，对图像进行增强处理、拼接与裁剪，参考高清谷歌卫星影像和谷歌 DEM，运用 ArcGIS10.2 软件对遥感影像的主干道路、居民点、风景名胜区、河塘水系等地表要素进行矢量化处理，利用 GIS 软件建立矢量图层并人工勾绘图斑范围，根据影像特征并结合土地利用分类体系进行地块类别解释分类，最终形成覆盖整个测量范围的矢量数据层。

根据现状调查结合土地利用情况，岛屿 A 的土地利用类型主要分为 6 类，即园地、林地、耕地、水田（鱼塘）、居住用地和河流水域。全岛土地总面积为 125122.4 亩（1 亩 ≈666.7m²）。其中，园地面积最大，为 49980.3 亩，约占岛屿 A 总面积的 39.94%。其次是林地，面积 17901.91 亩，约占 14.31%。耕地面积 11957.6 亩，约占 9.56%，其中灌溉水田 7059.1 亩。交通用地 2178.8 亩。水域（不含太湖水面）13322.46 亩，占土地总面积的 10.6%，水田（鱼塘）约占 5.94%，河流水域约占 5.29%，其中河流水面 1103.5 亩，坑塘水面 3104.9 亩（含人工鱼池水面 2231.1 亩），苇塘 454.9 亩，滩涂 10552.5 亩（含滩涂水田 9333.2 亩，滩涂旱地 1005.7 亩），沟渠 3326.3 亩，水工建筑物 995.1 亩。未利用土地 24617.7 亩，其中荒草地 24021.5 亩，裸岩石砾地 581.3 亩，田坎 0.7 亩，其他 14.2 亩。

3.2.1.2 农业生产情况

岛屿 A 的第一产业以农业为主，农业又以种植业为核心。2018 年岛屿 A 区域内的农业种植情况见表 3-1；主要种植水稻、茶叶、果品等，包括枇杷、柑橘、青梅、杨梅、桃子、梨子和葡萄等，见表 3-2。

表3-1　2018年岛屿A农业种植情况

农产品	水稻	果品	蔬菜	茶叶	合计
面积/亩	1194	38080	2227	19800	61301

表3-2　2018年岛屿A水果产量一览表

名称	产量/担	单价/(元/担)	产值/10^4元	产量/t	面积/亩
青梅	12000	80	96	600	2850
枇杷	60000	2000	12000	3000	11800
杨梅	50000	1000	5000	2500	7260
桃子	38000	250	950	1900	1700
李子	4000	600	240	200	190
杏子	700	600	42	35	30
梨子	4500	500	225	225	1230
葡萄	2300	600	138	115	340
夏果小计	171500		18691	8575	25400
板栗	7200	500	360	360	3990
银杏	2400	400	96	120	8980
石榴	3600	600	216	180	140
枣子	3600	500	180	180	105
柑橘	50000	100	500	2500	8200
香橙	1500	100	15	75	80
秋果小计	68300		1367	3415	21495
草莓	7680	2500	1920	384	256
合计	247480		21978	12374	47151

岛屿 A 的农业占了 1/2 以上的比重，处于主导地位，畜禽养殖业和渔业占比也很大（表 3-3），林业和牧业占比很少。说明岛屿 A 是以农业和渔业为主的，同时也反映了太湖对岛屿 A 经济发展不可缺少的作用。

表3-3　2018年岛屿A牲畜与水产情况表

牲畜与水产	猪/头	羊/头	家禽/10^4羽	鱼类/t	虾蟹类/t
产量	398	211	1.93	127	762

3.2.1.3 农业肥料使用情况

根据调查结果，长江三角洲地区果林单季作物氮化肥（纯 N，以下同）平均用量为

700kg/hm², 磷化肥（P_2O_5，以下同）平均用量为400kg/hm²，耕地氮、磷化肥平均用量分别为1400kg/（hm²·a）和800kg/（hm²·a），远远高于作物氮、磷吸收总量。氮（N）、磷（P_2O_5）吸收总量一般不超过400kg/（hm²·a）和200kg/（hm²·a）。

据调查，岛屿A果树品种施肥量为枇杷树每年施用有机肥2次，每棵树约为10kg/次，1亩果林约40棵树，共施用有机肥12000kg/（hm²·a）；施用复合肥3~4次，每棵树2.5kg/次。梨树每年施用饼肥2次，每棵树2.5kg/次；每棵树施用复合肥2.5kg/次，每年施用4~5次；每棵树施用有机肥10kg/次，每年施用4次，共施用24000kg/（hm²·a）。桃树复合肥一年共施用4次，每棵树3kg/次；有机肥每年施用4次，每棵树10kg/次，一年共施用24000kg/（hm²·a）。3种果树纯养分施用量如表3-4所列，养分施用量远高于作物对氮、磷的吸收量，氮、磷肥料利用率不足20%。

表3-4　岛屿A不同品种果林纯养分施用量　　　单位：kg/（hm²·a）

果树品种	氮肥(N)	磷肥(P_2O_5)	钾肥(K_2O)
枇杷树	825.3	684.6	410.8
梨树	1041.5	893.4	533.6
桃树	1035.5	822.9	583.5

3.2.2　临湖农业面源污染调查

根据岛屿A的自然环境概况以及土地利用情况，结合气候、气象，于2017年11月对岛屿A全域开展了面源污染现状的调查，确定后续的监测方案。

3.2.2.1　调查方案

按照岛屿A的功能区域划分，分别在果园区、农田区、生活区、养殖区及混合区入湖河道布设采样点15个，采样点经纬度坐标如表3-5所列。结合降雨，于2018年4月20日和4月21日分别进行晴天和降雨后的采样，7月7日进行梅雨季节采样（2018年的入梅时间是6月13号，出梅时间则为7月14号）。因为当地农户是在降雨前施肥，施肥期一般和降雨期耦合，所以降雨后的数据可作为农业面源污染的重要分析数据。

2019年，在春季4月和梅雨季节6~7月进行季节性的采样，在2019年6月、10月、12月和2020年的3月、6月进行了补充采样，以便进行持续跟踪并验证前期的实验结果。监测的水质指标包括水温（T）、酸碱度（pH）、溶解氧（DO）、浊度、总氮（TN）、硝态氮（NO_3^--N）、氨氮（NH_4^+-N）、总磷（TP）和化学需氧量（COD）等。

表3-5　采样点坐标信息

采样点编号	经纬度坐标	采样点编号	经纬度坐标
S1	31°8′30.77″N，120°19′9.25″E	S5	31°7′37.50″N，120°20′23.91″E
S2	31°7′44.32″N，120°19′5.95″E	S6	31°6′56.66″N，120°19′52.37″E
S3	31°7′13.17″N，120°18′44.84″E	S7	31°6′3.97″N，120°18′1.97″E
S4	31°7′27.99″N，120°18′9.19″E	S8	31°5′0.49″N，120°17′34.59″E

续表

采样点编号	经纬度坐标	采样点编号	经纬度坐标
S9	31°4′19.80″N，120°15′58.68″E	S13	31°5′27.73″N，120°14′56.17″E
S10	31°4′41.26″N，120°16′11.82″E	S14	31°8′1.19″N，120°14′14.32″E
S11	31°4′57.12″N，120°16′23.12″E	S15	31°8′30.09″N，120°15′23.89″E
S12	31°5′49.98″N，120°16′5.70″E		

3.2.2.2 模型计算方法

（1）蒙特卡罗水质评价模型

蒙特卡罗（Monte Carlo）法是进行模型不确定性分析最常用的方法。其主要原理是从输入参数的概率密度函数中随机取样，多次运行模型得到模型输出的概率统计分布。Monte Carlo 是一种通过随机抽样对模型或数学方程进行求解的分析方法，当所要求解的问题是某个随机变量的期望值或者是某种事件出现的概率时，可以通过某种"试验"的方法得到这个随机变数的平均值或者这个事件出现的频率，并将它们作为问题的解。

Monte Carlo 法模拟步骤包括：a. 根据提出的问题构造概率分布模型，使问题的解对应于该模型中随机变量的某些特征（如概率、均值和方差等）；b. 确定参数的概率分布；c. 根据参数的分布，利用给定的某种规则，进行大量的随机抽样；d. 对随机抽样的数据进行必要的数学计算，统计分析模拟试验结果，得出相应的结论。

利用蒙特卡罗水质评价模型可以求出任意可信度下的综合污染指数，有效降低水质评价中的随机性和不确定性，为水环境管理提供更为丰富的决策信息。采用蒙特卡罗法模拟得到的综合污染指数是基于河流水质状态的实际变化，考虑了其取值的可信度，这相对于按一次或多次取样的均值来确定综合污染指数的传统评价方法更为科学、合理，并且能够减少资料信息的不完整性带来的统计问题。

（2）输出系数模型

输出系数法是利用半分布式途径计算流域年均污染负荷量的数学模型，可以通过污染源的输出系数估算污染物对水体的输出负荷。该模型在使用过程中只考虑应用对象中的输入量及输出量，而对复杂的中间过程不予考虑。

结合太湖流域的实际状况，采用输出系数法确定岛屿 A 流域的面源污染负荷，选取总 TP、TN 和 COD 等指标作为污染物研究对象，污染源则选取农林用地、畜禽养殖、水产养殖和农村生活污染。

3.2.2.3 农业面源调查结果分析

研究中基于蒙特卡罗模拟对金庭镇河流水系污染现状进行综合评价，确定金庭镇各河流的污染特征和主要污染因子，以期为面源污染的防控提供科学依据。

（1）基于蒙特卡罗模拟的综合污染指数分析

综合污染指数法（comprehensive pollution index of water quality）是国内外普遍采用的一种水质评价方法，计算简单，易于操作，综合性和可比性强，能够反映水质现状是否满足水功能区要求。参考《地表水环境质量标准》（GB 3838—2002），综合污染指数法水质分级见表 3-6，计算出综合污染指数（CWQI）后，可根据污染分级标准划定水质等级。

表3-6　综合污染指数法水质分级表

CWQI	≤0.20	0.21~0.40	0.41~0.70	0.71~1.00	1.01~2.00	≥2.0
水质状况	好	较好	轻度污染	中度污染	重度污染	严重污染

选取 DO、TN、TP、NH_4^+-N、COD_5 作为评价指标，进行综合污染指数的计算，计算公式为：

$$CWQI = \frac{1}{n}\sum_{i=1}^{n} P_i \tag{3-1}$$

式中　CWQI——综合污染指数；

n——参与评价的水质指标个数；

P_i——单因子污染指数，数值越大，表明该因子的污染程度越高。

对于非溶解氧指标：

$$P_i = C_i / C_0 \tag{3-2}$$

对于溶解氧指标：

$$P_{DO} = \begin{cases} |C_{DOf} - C_i|/(C_{DOf} - C_0) & C_i \geq C_0 \\ 10 - \dfrac{9C_i}{C_0} & C_i < C_0 \end{cases} \tag{3-3}$$

式中　C_i——某评价指标的实测值，mg/L；

C_0——某评价指标的标准值（GB 3838—2002 中 V 类水标准），mg/L；

C_{DOf}——饱和溶解氧浓度，mg/L，可通过式（3-4）进行计算：

$$C_{DOf} = 468 / (31.6 + T) \tag{3-4}$$

式中　T——水温，℃。

应用 Monte Carlo 模拟，结合综合污染指数法，以 CWQI 为预测变量，设置 5 个随机变量，分别为各评价指标的单因子污染指数，建立蒙特卡罗水质评价模型。为表征各水质指标对水体污染程度的影响，计算不同水质指标的 Spearman Rank 相关系数（SRCC），公式为：

$$SRCC = \frac{\sum_{i=1}^{m}(x_i - \bar{x})(y_i - \bar{y})}{\left[\sum_{i=1}^{m}(x_i - \bar{x})^2 \sum_{i=1}^{m}(y_i - \bar{y})^2\right]^{1/2}} \tag{3-5}$$

式中　m——模拟次数；

x——输入参数的排序值；

y——输出结果的排序值。

SRCC 的取值范围是 $-1 \sim 1$，SRCC 的值越高，说明输入变量对目标变量的影响程度越大。

（2）河流水质指标描述性统计分析

岛屿 A 上的 8 条河流的水质描述性指标统计见表3-7。TN 浓度变化范围为 0.29~15.61mg/L，平均为 3.44mg/L，远超目标水质限值，是 V 类水标准的 1.72 倍。NO_3^--N 是主要的氮素形态，占 TN 含量的 60% 以上。TP 平均浓度处于 III 类水质标准

（0.2mg/L）。有机污染指标 DO、NH_4^+-N 和 COD 的平均值分别为 7.30mg/L、0.50mg/L 和 17.02mg/L，DO、NH_4^+-N 达到或优于国家Ⅱ类水水质标准，COD 优于Ⅲ类水水质标准。说明岛屿 A 上的河流水质有机污染程度低，污染物主要来源于农业面源氮、磷污染。

变异系数指示样本的离散程度，可以用于说明数据集的波动程度，岛屿 A 河流水质指标描述性统计见表 3-7。当变异系数＜10% 时，表明数据集的变异性较小；当变异系数＞90% 时，表明数据集的变异性较大。DO、TN 和 COD 的变异系数变化范围为 30%～80%，表明这些指标存在中等程度的时空变异。而 NO_3^--N、NH_4^+-N 和 TP 的变异系数＞100%，表明这些水质指标的时空变异较大。

表3-7 岛屿A河流水质指标描述性统计

指标	最小值/(mg/L)	最大值/(mg/L)	平均值/(mg/L)	标准差/(mg/L)	变异系数/%	水质标准/(mg/L)
DO	0.62	12.08	7.30	2.74	37.58	2
TN	0.29	15.61	3.44	2.65	77.18	2.0
NO_3^--N	0.08	12.98	2.13	2.34	104.79	—
NH_4^+-N	0.08	3.66	0.50	0.64	127.78	2.0
TP	0.04	1.56	0.20	0.25	120.83	0.4
COD	3.50	47.10	17.02	7.51	44.13	40

2019～2020 年研究期间，对岛屿 A 主要入湖河流氮、磷浓度和 COD 浓度进行每季度的持续监测，以掌握入湖河流污染物浓度的整体变化趋势。2019～2020 年各采样点位水质指标空间差异分析发现，TN 浓度平均为 3.06mg/L，TP 浓度平均为 0.22mg/L，NH_4^+-N 浓度平均为 0.24mg/L，COD 浓度平均为 19.65mg/L（图 3-2）。TN 浓度除 2019 年 6 月达到 6.0mg/L 外，其余时间基本处于 2.0～3.0mg/L 之间；TP 浓度表现出同样的季节趋势，2019 年 6 月达到 0.37mg/L，其他季节基本为 0.20mg/L 左右；NH_4^+-N 浓度也表现为 2019 年 6 月较高为 0.47mg/L，其他季节为 0.20mg/L 左右；COD 则表现出相反的趋势，2019 年 6 月处于最低的水平，为 9.5mg/L，其余时间普遍处于 20～30mg/L 之间。

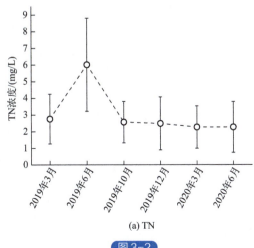

(a) TN

图3-2

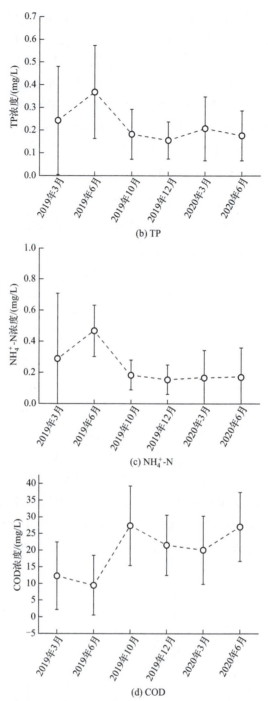

图 3-2 岛屿 A 2019~2020 年入湖河流 TN、TP、NH_4^+-N 和 COD 浓度季节变化

从图3-3中对2019~2020年15个采样点各指标的空间分析可知，岛屿A各入湖河流水质存在显著的空间差异。从氮、磷营养指标来看，岛屿A营养盐浓度最低的河流为S6号点位，最高的点位为S7号点位，位于居民区的中间位置，存在较多的生活污水未经处理直接排放的现象。其他点位TN在2.0~4.0mg/L之间变化，TP在0.1~0.3mg/L之间变化，而NH_4^+-N在0.2~0.3mg/L之间变化。COD浓度呈现出与氮、

磷营养盐指标不同的空间变化规律，最低的点位为 S3 和 S4 点位，均为进行过河流生态修复的点位，最高的点位为 S12 号点位，而其他各点位之间基本在 20～30mg/L 之间变化，彼此间无显著的差异。总体来看，S3、S4 和 S6 号点位污染程度较小，较为清洁；S7 号点位处于中度污染状态，S7 号点位的河流及相关区域应当列为重点治理对象；其他各点位之间的污染程度差异较小，基本处于轻度污染状态，水体水质需要采取相关管理及净化措施做进一步的修复。

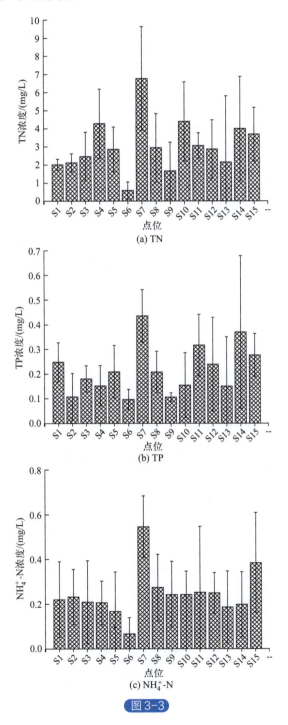

图 3-3

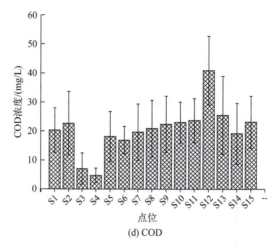

图 3-3　岛屿 A 2019～2020 年各采样点位水质指标空间差异

（3）各河流水质评价

通过式（3-2）～式（3-4）计算出各水质指标的单因子污染指数后，再根据式（3-1）进行综合污染指数的计算，发现，岛屿 A 各河道采样点位的水质评价结果总体良好，S1～S15 计算出来的各河流 CWQI 分别为 0.53、0.64、0.45、0.63、0.60、0.39、1.75、0.65、0.49、0.45、0.57、0.56、0.55、0.68、0.85。在所有采样的河流断面中，S1～S6、S8～S14 的 CWQI 都是＜ 0.7，水质受到轻微污染；S7 点位的 CWQI 值为 1.75，水质处于重度污染；S15 点位水质受到中度污染。

为保证数据服从正态分布，采用自然对数变换的方式对数据进行处理。经 SPSS17.0 软件 Shapiro-Wilk 检验，经自然对数变换后的各水质指标单因子污染指数均服从正态分布（表 3-8）。对式（3-1）进行编辑，应用基于 Microsoft Excel 环境的 Crystal Ball 软件进行 10000 次 Monte Carlo 抽样模拟，从而获得各监测断面综合污染指数的累计频率分布和模型参数的灵敏度。

表 3-8　岛屿 A 河流单因子污染指数对数转换概率（P）分布检验结果

河流点位	单因子污染指数	均值	标准差	P 值	概率分布类型
S1	TN	0.0221	0.85287	0.343	正态分布
	TP	−1.5772	0.48782	0.049	近似正态分布
	COD	−0.8911	0.20091	0.442	正态分布
	NH_4^+-N	−2.1635	0.79959	0.172	正态分布
	DO	−1.1454	0.83429	0.203	正态分布
S2	TN	0.4730	0.29279	0.515	正态分布
	TP	−1.0638	0.98742	0.026	近似正态分布
	COD	−0.9103	0.14161	0.641	正态分布
	NH_4^+-N	−1.8132	0.83184	0.850	正态分布
	DO	−1.3998	0.94985	0.284	正态分布

续表

河流点位	单因子污染指数	均值	标准差	P值	概率分布类型
S3	TN	0.1817	0.31077	0.936	正态分布
	TP	−1.7084	0.52266	0.487	正态分布
	COD	−0.9656	0.33092	0.519	正态分布
	NH_4^+-N	−2.3051	0.38848	0.252	正态分布
	DO	−1.6207	1.19672	0.086	正态分布
S4	TN	0.4891	0.98872	0.305	正态分布
	TP	−1.9958	0.43501	0.098	正态分布
	COD	−1.4189	0.46258	0.152	正态分布
	NH_4^+-N	−2.3071	0.62373	0.168	正态分布
	DO	−0.9760	0.63031	0.446	正态分布
S5	TN	0.4262	0.56660	0.285	正态分布
	TP	−1.3121	0.41401	0.961	正态分布
	COD	−0.9789	0.26492	0.909	正态分布
	NH_4^+-N	−2.0414	1.00271	0.398	正态分布
	DO	−1.6268	1.60001	0.231	正态分布
S6	TN	−0.2979	0.54942	0.700	正态分布
	TP	−0.8846	0.33944	0.957	正态分布
	COD	−1.2262	0.47799	0.424	正态分布
	NH_4^+-N	−2.1553	0.95550	0.299	正态分布
	DO	−2.1237	1.03585	0.984	正态分布
S7	TN	1.4332	0.34745	0.412	正态分布
	TP	0.6472	0.54561	0.955	正态分布
	COD	−0.5241	0.36656	0.123	正态分布
	NH_4^+-N	−0.4053	1.05089	0.484	正态分布
	DO	−0.8983	1.09860	0.263	正态分布
S8	TN	0.3799	1.04500	0.107	正态分布
	TP	−0.8992	0.59492	0.823	正态分布
	COD	−0.9337	0.32292	0.746	正态分布
	NH_4^+-N	−1.8508	0.66291	0.464	正态分布
	DO	−1.8282	0.79735	0.785	正态分布
S9	TN	0.2950	0.36194	0.199	正态分布
	TP	−1.6294	0.50434	0.319	正态分布
	COD	−1.2415	0.81004	0.928	正态分布
	NH_4^+-N	−2.2418	0.67361	0.197	正态分布
	DO	−2.1439	2.13686	0.089	正态分布

续表

河流点位	单因子污染指数	均值	标准差	P值	概率分布类型
S10	TN	−0.1768	0.67095	0.515	正态分布
	TP	−1.6656	0.22921	0.580	正态分布
	COD	−0.9406	0.35668	0.515	正态分布
	NH_4^+-N	−2.1219	0.60219	0.442	正态分布
	DO	−0.9817	0.68344	0.365	正态分布
S11	TN	−0.5015	1.10088	0.471	正态分布
	TP	−0.9938	0.43596	0.192	正态分布
	COD	−0.8105	0.42092	0.575	正态分布
	NH_4^+-N	−1.5816	0.56177	0.718	正态分布
	DO	−0.6971	0.89677	0.265	正态分布
S12	TN	0.0139	0.73788	0.409	正态分布
	TP	−1.5145	0.82779	0.141	正态分布
	COD	−0.4606	0.34092	0.600	正态分布
	NH_4^+-N	−1.5379	0.81728	0.175	正态分布
	DO	−1.7192	1.10808	0.988	正态分布
S13	TN	0.1299	0.58753	0.207	正态分布
	TP	−0.8171	0.37228	0.529	正态分布
	COD	−0.7120	0.26134	0.045	近似正态分布
	NH_4^+-N	−1.6937	0.58194	0.699	正态分布
	DO	−2.1043	1.38065	0.679	正态分布
S14	TN	0.2917	0.58735	0.611	正态分布
	TP	−0.4807	0.62865	0.163	正态分布
	COD	−0.7238	0.21762	0.471	正态分布
	NH_4^+-N	−1.6398	0.49101	0.718	正态分布
	DO	−0.9847	0.60071	0.560	正态分布
S15	TN	0.8051	.59063	0.227	正态分布
	TP	−0.3372	0.52670	0.523	正态分布
	COD	−1.5800	0.49617	0.171	正态分布
	NH_4^+-N	−1.3722	0.98023	0.757	正态分布
	DO	−2.0566	2.00838	0.071	正态分布

根据 Monte Carlo（蒙特卡罗）模拟出来的综合污染指数结果，可以得到岛屿 A 不同河流监测点位的综合污染指数的概率分布，如图 3-4 所示。水质评价可以利用多种信息推断出各种水质类别的可能性，以可能性最大作为依据，进行最终决策。蒙特卡罗模拟水质评价计算结果给出了水质评价参数不确定条件下的所有可能性，能够为面源污染的估算提供一种更有效且精确的方法。岛屿 A 各河流水质综合评价及概率分布情况如表 3-9 所列，S1～S15 处于或优于轻度污染的概率分别为 69.50%、60.63%、99.66%、59.75%、

67.65%、99.85%、1.15%、57.01%、95.55%、91.30%、65.46%、77.14%、75.85%、55.63%和30.24%；处于或劣于重度污染的概率分别为7.85%、4.71%、0、10.23%、3.11%、0、94.74%、9.54%、0.04%、0.14%、9.02%、1.26%、1.63%、4.19%和30.63%。

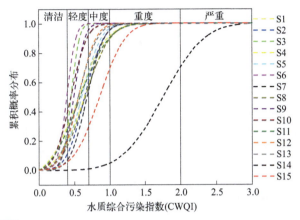

图3-4　岛屿A不同河流采样点水质综合污染指数（CWQI）的概率分布

表3-9　岛屿A河流水质综合评价及概率分布情况表

点位	CWQI平均值	水质状况	处于或优于轻度污染概率	处于或劣于中度污染概率	处于或劣于重度污染概率
S1	0.53	轻度污染	69.50%	30.50%	7.85%
S2	0.64	轻度污染	60.63%	39.37%	4.71%
S3	0.45	轻度污染	99.66%	0.34%	0
S4	0.63	轻度污染	59.75%	40.25%	10.23%
S5	0.6	轻度污染	67.65%	32.35%	3.11%
S6	0.39	清洁水体	99.85%	0.15%	0
S7	1.75	重度污染	1.15%	98.85%	94.74%
S8	0.65	轻度污染	57.01%	42.99%	9.54%
S9	0.49	轻度污染	95.55%	4.45%	0.04%
S10	0.45	轻度污染	91.30%	8.70%	0.14%
S11	0.57	轻度污染	65.46%	34.54%	9.02%
S12	0.56	轻度污染	77.14%	22.86%	1.26%
S13	0.55	轻度污染	75.85%	24.15%	1.63%
S14	0.68	轻度污染	55.63%	44.37%	4.19%
S15	0.85	中度污染	30.24%	69.76%	30.63%

面源污染的产生、迁移过程与土地利用情况紧密相关。除此之外，地形地貌因素（河网密度、坡度等）、社会经济因素（人口数量和畜禽养殖情况等）也会对受纳水体水质产生一定的影响。根据岛屿A划分的5个功能区（生活区、农田区、果园区、养殖区和混合区），总体来说，在同一可信度下，生活区入湖口S7点位的水质综合污染指数（CWQI）最大，生活区入湖口的综合污染指数（CWQI）排序为S8＜S5＜S7；S6

点位是农田区入湖口，水质综合污染指数（CWQI）最小；S9 点位是养殖区入湖口；S14 点位是果园区入湖口；S15 点位是农田生活混合区入湖口。各类功能区的水质污染情况从低到高的顺序为（图 3-5）：农田区（S6）＜养殖区（S9）＜果园区（S14）＜混合区（S15）＜生活区（S5、S7、S8 平均）。

图 3-5 是岛屿 A 各河流水质综合污染指数（CWQI）计算模型输入参数灵敏度分析，当输入参数的 SRCC＞0.5 时，说明其和目标变量之间具有本质的相关性。由图 3-5 的 Spearman Rank 相关系数（SRCC）可见，各河流中 TN 是对综合污染指数影响最大的输入变量，其 SRCC 值范围是 0.48～0.98，相关系数平均为 0.85；其次为 TP，其 SRCC 值处于 0.05～0.80 之间，其中 S2 采样点 TP 的 SRCC 达到 0.80；各监测断面的 DO、NH_4^+-N 和 COD 的 SRCC 值较小，输入变量范围分别为 0.13～0.46、0.06～0.38 和 0.02～0.29。表明岛屿 A 河流水质受有机污染影响程度较小。

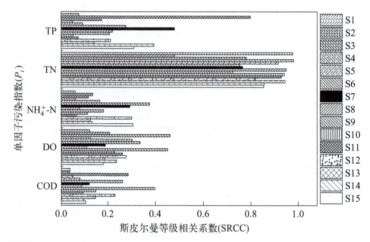

图 3-5　岛屿 A 各河流水质综合污染指数（CWQI）计算模型输入参数灵敏度分析

3.2.2.4　农业面源污染负荷估算

（1）面源污染负荷系数确定

通过文献分析，结合岛屿 A 流域的实际状况，确定了岛屿 A 流域面源污染负荷的估算系数（表 3-10），并计算污染物输出量。

表 3-10　岛屿 A 面源污染负荷估算系数

污染源	类别	污染物输出系数			降雨影响系数			入河系数			降解系数		
		COD	TN	TP	COD	TN	TP	COD	TN	TP	COD	TN	TP
农林用地	水田	2.74	1.80	0.07	0.46	0.36	0.64	0.915	0.915	0.915	0.25	0.35	0.21
	旱地	8.33	0.74	0.19	0.46	0.36	0.64	0.915	0.915	0.915	0.25	0.35	0.21
	果茶园	8.33	0.74	0.20	0.46	0.36	0.64	0.885	0.885	0.885	0.25	0.35	0.21
畜禽养殖	猪	30.55	5.06	1.76	0.46	0.36	0.64	0.600	0.600	0.600	0.25	0.35	0.21
	羊	12.27	1.44	0.83	0.46	0.36	0.64	0.600	0.600	0.600	0.25	0.35	0.21
	家禽	1.20	0.27	0.15	0.46	0.36	0.64	0.600	0.600	0.600	0.25	0.35	0.21

续表

污染源	类别	污染物输出系数			降雨影响系数			入河系数			降解系数		
		COD	TN	TP	COD	TN	TP	COD	TN	TP	COD	TN	TP
水产养殖	鱼类	91.29	9.93	1.76	0.46	0.36	0.64	1.000	1.000	1.000	0.25	0.35	0.21
	虾蟹类	28.56	2.22	0.42	0.46	0.36	0.64	1.000	1.000	1.000	0.25	0.35	0.21
农村生活污染	日常污水	8.40	0.58	0.15	0.46	0.36	0.64	0.756	0.756	0.756	0.25	0.35	0.21
	人粪尿	1.98	4.40	0.44	0.46	0.36	0.64	0.104	0.104	0.104	0.25	0.35	0.21
	垃圾类	—	1.58	0.32	0.46	0.36	0.64	—	1.000	1.000	—	0.35	0.21

注：农林用地污染物输出系数单位为 kg/（亩·a），畜禽养殖、农村生活污染物输出系数单位为 kg/（人·a），水产养殖污染物输出系数单位为 kg/（t·a）；家禽的污染物输出系数为鸡、鸭的平均值，虾蟹类的污染物输出系数为虾、蟹的平均值。

（2）面源污染负荷输出总量

通过模型计算得到岛屿 A 2017 年面源污染中 COD、TN、TP 的输出总量，如图 3-6 所示。全年 COD、TN、TP 的输出总量分别为 91.64t、20.12t、4.83t；果茶园和日常污水的 COD 输出量最大，分别可达到 48.21t/a 和 31.89t/a，占到总输出量的 87.4%；垃圾类和果茶园对 TN 输出量的贡献最大，分别达到 8.69t/a 和 4.68t/a；TP 输出量贡献较大的也是垃圾类和果茶园，输出量分别为 1.88t/a 和 1.35t/a，占总输出量的 66.9%。除此以外，家禽、日常污水和人粪尿也是 TP 输出量的主要来源，共计占总输出量的 26.9%。

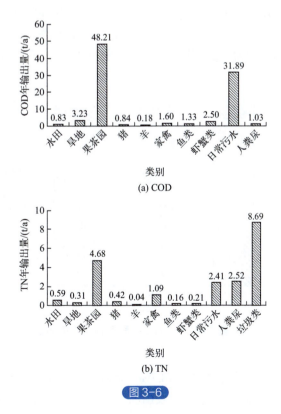

图 3-6

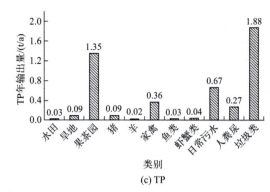

(c) TP

图 3-6　岛屿 A 2017 年面源污染中 COD、TN、TP 输出量

岛屿 A 农业经济发展以果茶园为支撑，占地面积约为其他类型农用地的 10 倍以上，因此果茶园是岛屿 A 面源污染的主要来源。除果茶园以外，第二大面源污染来源主要为当地农村居民的生活污染。受经济发展水平较低、管理滞后、基础设施不健全，加上居民长期以来形成的生活习惯等影响，在降雨期间居民生活污染物随地表径流进入河流，加之附近河网密集，污染物迁移进入河流的距离短，陆域传输的衰减程度降低，易造成水体污染。

（3）面源污染输出负荷比

将调查中发现的 11 个污染源分为生活污水、生活垃圾、农林用地、畜禽养殖、水产养殖五大类，分析其污染负荷比。由图 3-7 可知，农林用地和生活污水是 COD 的主要污染源，贡献率分别为 57.0% 和 35.9%；生活垃圾和农林用地是 TN 的主要污染源，贡献率分别为 42.3% 和 27.2%，TN 贡献率中生活污水占比也达到 24.5%；TP 的主要污染物来源是生活垃圾、农林用地和生活污水，分别占 40.3%、31.5% 和 20.1%。

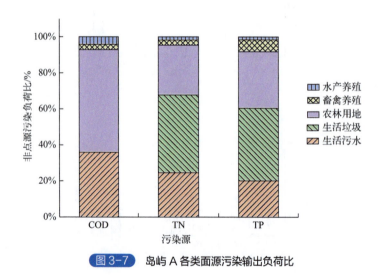

图 3-7　岛屿 A 各类面源污染输出负荷比

岛屿 A 上果园面积占耕地面积的 48.7%，茶园面积占耕地面积的 31.9%，在降雨集中期，不合理的施肥方式造成果茶园和农田的氮、磷流失，果茶园的 COD、TN、TP 贡

献率分别占农林用地输出量的92.2%、83.8%和92.2%。

农村生活污水中有机物含量较高，大量COD随着生活污水进入水体。由于农村地区生活垃圾的乱堆乱放现象严重，降雨时垃圾中的大量氮、磷营养负荷直接释放或者随降雨径流进入河湖水体。因此，农村生活污染是岛屿A面源污染中COD和N、P负荷的重要来源。

3.2.3 特色农业污染源调查与监测

为了更好地分析研究区特色农业生态种植氮、磷流失负荷的源头发生量及污染负荷特征，以农田面源污染为主要方向，以农业氮、磷污染物和土壤环境指标为监测重点，选取典型农业区域——某梨园种植区开展定位监测和试验研究，对其施肥施药状况进行调查分析，为评估特色农业生态种植技术措施对土壤环境和水环境污染防治的效果提供支撑，力求科学、客观、准确地评价农业面源污染防控措施的成效性。

3.2.3.1 调查与监测方案

（1）监测点位设置

岛屿A上现有各类果树种植面积47151亩，其中枇杷种植面积11800亩、柑橘8200亩、杨梅7260亩、板栗3990亩、青梅2850亩、桃子1700亩、梨1230亩等，有茶叶种植面积19800亩，水稻种植面积1194.6亩。选择枇杷、茶叶和落叶果树作为代表性的监测作物。每种监测作物种植园内设置3个监测小区，3种作物共设置9个监测小区。

选择的监测小区的地表坡度、肥力水平、耕作方式、种植方式等均具有较强代表性，而且距离人口密集区较远，受干扰性较小。

监测小区由径流小区和集流槽组成，径流小区面积为$4m^2$（$2m \times 2m$），监测小区的3边用PVC（聚氯乙烯）塑料板插入土壤中构成，地势最低的边连接集流槽，集流槽高10cm、宽10cm，槽顶设置高出5cm的盖子，集流槽与径流小区连接，承接地表径流水。集流槽一端封闭，另一端设置导流管，收集的径流水可以通过导流管流入集水桶中，如图3-8所示。

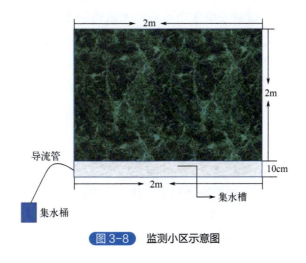

图3-8 监测小区示意图

（2）监测方案

1）水质监测方案

① 监测频次：每月一次。

② 监测点位：农田沟渠，邻近河道，排水渠，排水口，邻岸湖水，渗漏水（20cm、40cm），地下水（岛屿 A 全域采样点经纬度见表 3-5，梨园采样点经纬度坐标见表 3-11）。

表3-11 梨园采样点经纬度坐标

采样点编号	经纬度坐标	采样点编号	经纬度坐标
1#	31°7′32.07″N, 120°13′22.23″E	6#	31°7′28.77″N, 120°13′30.09″E
2#	31°7′32.54″N, 120°13′24.29″E	7#	31°7′30.76″N, 120°13′28.46″E
3#	31°7′30.57″N, 120°13′23.69″E	8#	31°7′31.53″N, 120°13′31.34″E
4#	31°7′29.77″N, 120°13′25.39″E	9#	31°7′29.16″N, 120°13′22.36″E
5#	31°7′28.96″N, 120°13′26.88″E	10#	31°7′27.32″N, 120°13′20.39″E

③ 监测指标：COD、TN、TDN（水溶性总氮）、NO_3^--N、NH_4^+-N、TP、TDP（水溶性总磷）。

2）土样监测方案

① 监测频次：每季度一次。

② 土层深度：表层（0～20cm），1m 土体（0～100cm）土壤样品。

③ 监测指标：硝态氮、氨态氮、土壤有效磷（Olsen-P）、pH 值、有机质。

3）害虫监测方案

① 监测频次：每月一次。

② 监测点位：东、南、西、北、中 5 点取样。

③ 监测指标：主要害虫种类包括梨瘿蚊、蚜虫和梨小食心虫。

另外，每次降雨停止后检查集水桶内是否收集到径流水，如有降雨产流则采集水样。

每次产流均单独计量、采样，准确测量集水桶内水面高度，计算径流水体积。记录完产流量后采集桶内径流水样。

每个监测小区每次产流后采集 3 个水样，水量约为 250mL，采样前用记号笔标明样品编号和采样日期。采样前用洁净工具充分搅匀集水桶中的径流水，然后用取样瓶采集水样。采集水样后用抽水泵将集水桶内的径流水抽排干净。

（3）数据计算

监测周期内，农田面源污染排放通量计算公式为：

$$F = \left(\sum_{i=1}^{n} \frac{V_i C_i}{S} \right) \times f \tag{3-6}$$

式中 F——农田面源污染排放通量，kg/hm^2；

n——监测周期内的农田产流（地表径流）次数；

V_i——第 i 次产流的水量，L；

C_i——第 i 次产流的氮、磷面源污染物浓度，mg/L；

S——监测单元的面积,即监测小区的面积,m²;

f——转换系数,是由监测单元面源污染物排放量(mg/m²)转换为每公顷面源污染物排放量(kg/hm²)时的换算系数。

3.2.3.2 调查结果分析

(1)研究区施肥状况

在前期调查的基础上,明确了梨园化肥施用状况,如表3-12所列。发现梨园种植区存在施肥量大、施肥量不合理的问题,包括:a.化肥用量大[N——46kg/(亩·a),P——26kg/(亩·a)],N、P、K肥的施用比例不合理;b.撒施、沟施方式不科学,容易造成氮、磷养分径流流失;c.有机肥施用太少(只追施少量饼肥),农田生产力呈现下降的趋势;d.农田水分管理不合理,沟渠生态功能退化,既影响作物产量,又增加氮、磷等污染物流失负荷。

表3-12 梨园施肥状况调查表

施肥时间	肥料类型	施用量/kg	养分含量/%			折有效亩用量/(kg/亩)		
			N	P	K	N	P	K
12月底~1月	复合肥	100	15	15	15	15	15	19
	饼肥	200	3.52	2.61	0.95	7.14	5.22	1.9
5月	复合肥	40	15	15	15	6	6	6
7月	尿素	40	46	0	0	18.4	0	0
施肥总量		—	—	—	—	46.54	26.22	26.9

针对上述问题,建议采取的施肥管理技术措施包括:a.根据果树需肥规律和产量目标,确定施肥阈值,减少氮、磷养分在土壤中的积累;b.基于化肥替代技术,增施有机肥,减少化肥用量,培肥地力,提高土地生产力;c.依据果树生长状况,配合施用硼、锌、钙、镁等微量元素肥料,提升氮、磷等大量元素养分的吸收利用效率;d.基于水肥一体化施肥技术,筛选配置水溶性肥料,降低施肥成本,提高养分利用效率。

(2)研究区氮、磷流失状况

在前期调查的基础上,明确了梨园种植基地施肥状况、地形地貌特点、土壤条件和人为管理措施等情况,通过对研究区排水沟渠、主要排水口和临湖水体总氮、总磷负荷浓度的测定,结合降雨量引起的排水量,计算了研究区梨园氮、磷流失负荷,计算公式为:

$$Q = \left[\sum_{i=1}^{12}(C_i M_i)\right] ARD \times 10^{-6} \qquad (3-7)$$

式中 Q——氮、磷流失负荷,kg;

C_i——面源污水氮、磷浓度,mg/L;

M_i——月均降水量,mm;

A——单位面积,hm²;

R——径流系数(0.21);

D——排水系数（0.48）。

研究区 2018 全年月均降水量见表 3-13，最大降水量出现在 8 月，为 826mm，最小降水量出现在 10 月，为 53.4mm，总降水量为 4725.2mm，平均降水量为 393.77mm。1～8 月日均降水量与月均降水量的趋势相同，最大值也出现在 8 月，为 26.6mm，最小值出现在 10 月，为 1.7mm。小时降水强度最高也出现在 7 月，为 18.5mm，最低出现在 10 月，为 3mm。径流系数随降雨强度的增大而增大，日均降水量和小时降水量越高，氮磷污染流失负荷越高。

表3-13 研究区2018年月均降水量　　　　　　　　　　　单位：mm

降水量	1月	2月	3月	4月	5月	6月	7月	8月	9月	10月	11月	12月
日均降水量	13.3	7	9.5	7.3	21.1	3.6	17.9	26.6	16.7	1.7	12.1	17.5
小时降水量	8.5	11	12.9	10.3	17	4.4	18.5	14.2	15.6	3	11.3	14.6
总降水量	411.5	195.8	295.7	219.5	654	106.6	554.1	826	501.7	53.4	363.5	543.4

根据式（3-7）计算得到 2018 年梨园基地内 TN 流失负荷，见表 3-14。全年排水沟渠 TN 的最大浓度出现在 8 月，为 6.77mg/L，最小浓度出现在 10 月，为 3.15mg/L，平均浓度为 4.77mg/L。月度 TN 流失量最大值在 8 月，为 5.74kg/hm²，最小值在 10 月，为 0.17kg/hm²，总流失量为 25.97kg/hm²。

表3-14 2018年研究区TN流失负荷

月份	TN浓度/(mg/L)	降水量/mm	径流系数	排水系数	排水量/(m³/hm²)	TN流失量/(kg/hm²)
1月	5.82	411.50	0.21	0.49	422.59	2.46
2月	4.22	195.80	0.21	0.49	201.08	0.85
3月	3.36	295.70	0.21	0.49	303.67	1.02
4月	4.11	219.50	0.21	0.49	225.42	0.93
5月	5.93	654.00	0.21	0.49	671.63	3.98
6月	3.61	106.60	0.21	0.49	109.47	0.40
7月	5.66	554.10	0.21	0.49	569.03	3.22
8月	6.77	826.00	0.21	0.49	848.26	5.74
9月	5.13	501.70	0.21	0.49	515.22	2.64
10月	3.15	53.40	0.21	0.49	54.84	0.17
11月	4.01	363.50	0.21	0.49	373.30	1.50
12月	5.48	543.40	0.21	0.49	558.05	3.06
年均/全年	4.77（年均）	4725.20（全年）	0.21（全年）	0.49（全年）	4852.56（全年）	25.97（全年）

2018 年梨园基地内 TP 流失负荷如表 3-15 所列，全年排水沟渠 TP 的最大浓度出现在 8 月，为 0.632mg/L，最小浓度出现在 10 月，为 0.411mg/L，平均浓度为 0.554mg/L。月度 TP 流失量最大值在 8 月，为 0.536kg/hm²，最小值在 10 月，为 0.023kg/hm²，总流失量为 2.826kg/hm²。

表3-15　2018年梨园基地内TP流失负荷

月份	TP浓度/(mg/L)	降水量/mm	径流系数	排水系数	排水量/(m³/hm²)	TP流失量/(kg/hm²)
1月	0.607	411.50	0.21	0.49	422.59	0.257
2月	0.576	195.80	0.21	0.49	201.08	0.116
3月	0.582	295.70	0.21	0.49	303.67	0.177
4月	0.511	219.50	0.21	0.49	225.42	0.115
5月	0.604	654.00	0.21	0.49	671.63	0.406
6月	0.433	106.60	0.21	0.49	109.47	0.047
7月	0.584	554.10	0.21	0.49	569.03	0.332
8月	0.632	826.00	0.21	0.49	848.26	0.536
9月	0.542	501.70	0.21	0.49	515.22	0.279
10月	0.411	53.40	0.21	0.49	54.84	0.023
11月	0.593	363.50	0.21	0.49	373.30	0.221
12月	0.569	543.40	0.21	0.49	558.05	0.318
年均/全年	0.554(年均)	4725.20(全年)	0.21(全年)	0.49(全年)	4852.56(全年)	2.827(全年)

如图 3-9 所示，分析了 TN、TP 浓度与月均降水量的相关关系。结果表明，TN 浓度与月均降水量的关系式为：$y = 0.0046x + 2.9498$，相关系数 $R^2=0.8373$，呈显著的正相关关系。TP 浓度与月均降水量的关系式为：$y = 0.0002x + 0.4633$，相关系数 $R^2=0.5958$。每月采集的水样中 TN 和 TP 的浓度与月均降水量均呈极显著的正相关关系。这一结果表明，研究区农业面源污染在源头层面的问题主要是由于研究区集约化的种植方式，使各种速溶性肥料被频繁施用，土壤氮、磷养分大量积累，随降雨径流进入水体，引发大量氮、磷径流损失。

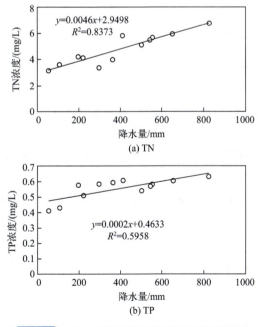

图 3-9　TN、TP 浓度与月均降水量的相关关系

鉴于上述问题，后续研究中，首先需调整施肥方式，在不影响产量的条件下，降低施肥量，提高肥料利用率，减少氮、磷养分在表层土壤中的累积。其次，通过林下种草等生态种植方式，增加地表植被，构建植物篱，降低地表径流量，避免地表土壤中氮、磷养分随地表径流进入水体。

3.3　果园林地水肥一体化精准施肥技术

水肥一体化技术是利用管道灌溉系统，将肥料溶解在水中，同时进行灌溉与施肥，适时、适量地满足农作物对水分和养分的需求，实现水肥同步管理和高效利用的节水节肥农业技术。通过实施水肥一体化措施，可有效提升农民科学施肥水平，能有效利用有限的水肥资源，减少养分的深层渗漏和地表径流流失，减少农业面源污染，促进农业增产、农民增收和节能减排。其具体的灌溉形式，包括滴灌施肥、喷灌施肥、微喷灌施肥等，要求灌溉和施肥必须同时进行，以保证施入土壤的肥料被充分吸收，提高肥料利用率。

结合果园土壤养分丰缺指标体系、作物需肥规律和区域水文特点，研究果园林地水肥一体化精准施肥技术，建立适宜金庭镇果树高效种植的智能型水肥一体化田间工程，调制专用配方肥和功能型微生物肥等绿色高效新型肥料，增强果树施肥的针对性和有效性；提高土壤供养能力，降低化肥用量，减少 N、P 排放负荷，形成适用于水源地丘陵区域的果树水肥一体化技术模式。

3.3.1　水肥一体化技术方案

水肥一体化技术方案主要包括水肥一体化施肥系统、水肥一体化建设方案，具体如下。

3.3.1.1　水肥一体化施肥系统

水肥一体化施肥系统主要由水源、首部枢纽、输配水管网、灌水器等四部分组成。
（1）水源
水肥一体化施肥系统所需要的水源包括地下水、库水、塘水、河水等。
（2）首部枢纽
① 水泵。根据水源状况及灌溉面积选用适宜的水泵种类和合适的功率。
② 过滤器。井水作灌溉水源宜选用筛网过滤器或叠片过滤器。库水、塘水及河水作灌溉水源时要根据泥砂状况、有机物状况配备旋流水砂分离器和砂过滤器。
③ 施肥器。根据果园面积和施肥量多少选择自动搅拌式施肥器、压差式施肥罐、文丘里注入器或注肥泵。
④ 控制设备和仪表。系统应安装阀门、流量和压力调节器、流量表或水表、压力表、安全阀、进排气阀等。
（3）输配水管网
输配水管网是按照系统设计，由 PVC（聚氯乙烯）或 PE（聚乙烯）等管材组成的干管、支管和毛管系统。干管宜采用 PVC 管或 PE 管，采用地埋方式，管径 90～150mm。支管宜采用 PE 软管，管壁厚 2.0～2.5mm，直径为 40～60mm，支管沿果园走向长的一侧铺设。毛管宜采用 PE 软管，管壁厚 0.4～0.6mm，直径为 15～20mm，与支管垂直铺设。每行树铺设两条毛管。

（4）灌水器

灌水器宜采用滴灌管或微喷头。内镶式滴灌管滴头间距 50cm，流量为 1～3L/h；管上式滴灌管每株果树 4 个滴头，流量为 2～12L/h；微喷头流量为 40～90L/h，喷洒半径为 3～4m，每株果树设 1 个微喷头。地面坡度大于 10% 的果园宜采用压力补偿式灌水器。

3.3.1.2 水肥一体化建设方案

水肥一体化建设方案主要包括灌溉施肥系统建设、灌溉制度和施肥制度、灌溉施肥监测体系和质量标准四大部分。

（1）灌溉施肥系统建设

灌溉施肥系统建设包括：建设面积、引水蓄水水源工程建设、微灌首部枢纽设备、输水管道、灌水器和施肥设备等。通过综合分析研究区土壤、地貌、气象、农作物布局、水源保障等条件，系统规划、设计和建设水肥一体化设施，如图 3-10 所示，要根据种植的果树品种明确灌溉方式，选用水泵、施肥设备、分区干支管，确定管道布置方式等，各类设备须注明产地、型号、单价及购置数量。

图 3-10　水肥一体化首部系统组配效果图

（2）灌溉制度和施肥制度

根据作物的需水需肥规律、土壤墒情、根系分布、土壤性状、设施条件和技术措施，制定科学合理的灌溉制度和施肥制度。例如，施肥包括基肥和追肥，基肥施用有机肥，追肥采用水肥一体化施肥技术。

1）基肥　秋季施入，以充分腐熟的农家肥或饼肥为主。施肥量按每生产 1kg 梨施 1.5～2kg 优质农家肥计算，一般每亩施 2000～3000kg 农家肥，饼肥按照每棵树施用 5kg 计算，每亩施用 200kg 饼肥。施肥时沿树冠外缘挖环状沟或条沟施入，沟深、宽各 50cm 左右，肥料与土混匀后回填并及时灌水。

2）追肥　采用水肥一体化追肥方式：萌芽前以氮肥（N）为主，花芽分化及果实膨大期以磷肥（P_2O_5）、钾肥（K_2O）为主，果实生长后期以钾肥为主。推荐施肥量如表 3-16～表 3-19 所列。

表3-16　萌芽前期不同梨产量施肥推荐量

产量/(kg/亩)	推荐量/(kg/亩)		
	N	P_2O_5	K_2O
2500以下	2.23	0.76	0.16
2500～3500	3.98	0.97	0.42
3500～4500	6.78	1.79	0.47
4500以上	8.26	1.97	0.62

注：1 亩 =666.7m²，下同。

表3-17　落花后期不同梨产量施肥推荐量

产量/(kg/亩)	推荐量/(kg/亩)		
	N	P_2O_5	K_2O
2500以下	2.95	1.22	0.64
2500～3500	3.98	2.42	1.27
3500～4500	4.52	2.86	1.88
4500以上	5.01	3.15	2.06

表3-18　果实膨大期不同梨产量施肥推荐量

产量/(kg/亩)	推荐量/(kg/亩)		
	N	P_2O_5	K_2O
2500以下	2.21	1.83	1.29
2500～3500	2.98	3.23	1.71
3500～4500	3.39	4.47	2.35
4500以上	3.75	4.92	3.10

表3-19　采果后期不同梨产量施肥推荐量

产量/(kg/亩)	推荐量/(kg/亩)		
	N	P_2O_5	N
2500以下	1.47	—	0.12
2500～3500	1.99	—	0.42
3500～4500	2.26	0.89	0.85
4500以上	2.50	1.97	0.72

① 萌芽前期（一般在 3 月上中旬），花芽膨大，芽体露白。灌水量 25～30m³/亩，施肥量见表 3-16。

② 落花后期，一般 3 月中至 4 月初，灌水量 25～30m³/亩，施肥量见表 3-17。

③ 果实膨大期，在 7～8 月，灌水量 20～25m³/亩，施肥量见表 3-18。

④ 采果后期，即采果后 7～10d，灌水量 20～25m³/亩，施肥量见表 3-19。

3）水肥一体化追肥方法　滴灌前先滴清水 5～10min，肥料滴完后再滴清水 10～15min，水源和微灌设施要清洁，水质应符合《农田灌溉水质标准》(GB 5084—2021)，可使用库水、地下水等。

研究表明，采用科学合理的施肥管理方法，可以实现梨园较传统灌溉方式[500m³/(亩·a)]平均节水 50%；在现有化肥施用量 46kg N/(亩·a)、26kg P/(亩·a) 和农药施用量 1.42kg/(亩·a) 的基础上实现节肥节药 20%；较传统耕作方式[劳动用工 15 个/(亩·a)]省工 40%，每亩年产量在现有 1600kg 的基础上增产 10% 以上。

(3) 灌溉施肥监测体系

在研究区内设置对照监测点，包括常规施肥对照和一般灌溉施肥对照。监测内容包括：

1）日常监测　日常监测主要包括降雨量、灌溉时间、灌溉次数、灌溉量、施肥时间、肥料种类、施肥量作物生物学产量和经济产量等。

2）养分利用状况和氮、磷流失情况监测

① 在每季作物种植前后，分别测定土壤耕作层氮、磷养分状况，以及作物不同部位的氮、磷养分含量。根据生物学产量和经济学产量测算养分利用情况。

② 在每个监测区域设定排水情况监测点位，测定区域的径流量和氮、磷含量，计算出不同条件下的流失量。同时，收集降雨样品，测定氮、磷含量情况，测算氮、磷带入量。

③ 在地下水位较低时期，测定不同深度不同土壤的氮、磷含量，以了解养分淋溶情况和对地下水的影响。平均每年 8～10 次。

(4) 质量标准　质量标准主要包括设施建设总体完成情况和仪器、设备安装及调试情况等。

① 设施建设总体完成情况主要包括建设地点、建设内容、建设规模、建设标准、建设质量等完成情况及合理性。

② 仪器、设备安装及调试情况主要包括仪器、设备是否经过试运行，有无试运转及试生产的考核、记录等。具体包括：水肥一体化设施是否设计合理，是否满足研究区农业生产及灌溉、施肥需要，系统是否达到安全可靠、质量保证、操作简单可行的标准；干管必须采用耐压的供水管，控制阀、进排气阀和冲洗排污阀门均应止水性能好、耐腐蚀、操作灵活；过滤器应满足相应灌溉类型、灌水器对过滤器精度的要求；滴灌、微喷的过滤器精度要 > 100 目，喷灌的过滤器精度要 > 80 目；施肥罐应耐腐蚀，压差式施肥罐的抗压能力不能低于该设备处系统的最大工作压力。

3.3.2　水肥一体化施肥设施建设

2018 年，选择岛屿 A 区域范围内典型的梨园基地（面积 80 余亩）为研究区，开展水肥一体化施肥设施建设和调试工作，包括水源工程、首部系统、输水工程、田间管网及滴灌设备等。

（1）水源工程

水源工程主要包括打机井和建设彩钢瓦设施安置房。

1）打机井　打机井分为两个阶段：一是确定机井位置和打井深度；二是施工打井。首先确定机井水源的位置，用直径2.5cm的钢钎试验性打孔、钻深。施工步骤包括：场地平整（包括移除果树）→施工放线→管井定位→埋置护筒→钻孔→电测含水层排管→安装井管→回填滤料及管外封闭→洗井→抽水试验→成井。建设的机井井深13m，直径45cm，蓄水量2.07m³。施肥和灌溉过程中，为防止蓄水池水量不足，接装了自来水管进入蓄水池，如果机井中供水不足，可以随时依靠自来水进行补充。

2）建设彩钢瓦设施安置房　建设了彩钢板设施安置房，用于安放水肥一体化设施的首部系统。彩钢板安置房占地面积15m²，分为地基和主房体两部分：地基采用混凝土结构，厚度50cm；主房体包括顶盖、梁柱、墙壁和门窗。

（2）首部系统

水肥一体化首部系统包括DN65水泵配件总成、DN65水泵钢制管路（含配件）、5.5kW水泵和控制柜间配线（含水位信号线）、智能变频恒压控制系统（含1.5kW的工频水泵控制）、手动反冲洗砂石过滤系统、叠片过滤器、水泵灌引水系统、免电源式比例注肥泵、500L肥料桶（塑料）等。

首部系统安装步骤主要包括：潜水泵经泵管、第一供水管与离心过滤器的进水口连通；第一供水管上依次串联第一控制阀、逆止阀、第一压力表；离心过滤器的出水口经第二供水管与过滤装置连通；第二供水管上依次串联排气阀、第二控制阀；第二供水管上在第二控制阀的两侧并联压差施肥罐；过滤装置的出水口连接第三供水管。该水肥一体化首部系统与田间系统直接对接，保证整个系统正常运行，施工过程中为保证供水、供肥的流畅性，将整个研究基地（梨园）分为4个田区，不同的田区使用同一套首部系统，无需自己组装，减少了施工量，节约了施工成本，而且使用水肥一体化首部系统，施肥的肥效快，大幅度提高了肥料的利用率，具有省肥节水、省工省力、降低湿度、减轻病害、增产高效等优点。

（3）输水工程

输水工程的建设包括防藻蓄水池、钢质衬膜蓄水桶、潜水泵（流量5m³/h、扬程32m、功率1.5kW）、镀锌钢管、井口安装处理（直径60cm）、1.5kW水泵和控制柜间配线（含水位信号线）等。其中，搭建的蓄水池包括不锈钢蓄水桶和阿拉丁钢制衬膜两个部分，整个蓄水桶高2.64m，直径2.75m，蓄水量15.67m³。蓄水池的管道系统连接了机井、自来水管和首部系统，机井和自来水管通过100QJ5-32/8潜水泵为蓄水池进水，蓄水池为首部系统提供灌溉水源。

（4）田间管网

田间管网由干管、支管、辅管、各种连接件和控制、调节器组成。管道安装按照先干管后支管的顺序，承插口管材遵循插口在上游、承口在下游、依次施工的原则。干管沿着基地内的主路和围栏进行铺设，交叉过路的管道均通过凿路镶嵌在路面内，防止管道因重压而破裂。支管沿着梨树的排列方式进行铺设，紧邻每棵梨树，方便辅管的铺设。辅管铺设在梨树周围,可以通过调节位置,满足不同根际区域对养分的需求。

(5)滴灌设备

滴灌设备主要包括毛管、滴头和滴箭,毛管采用 PE 管,滴头采用 HW1826 压力补偿滴头(4L),滴箭采用一出四滴箭(80cm 毛管)。滴头与毛管的连接采用插接方式,根据滴头间距在与管轴线平行的同一直线上打孔,在孔中插装滴头,并栓在毛管上。滴箭采用一出四滴箭,间距 30cm,滴箭通过人工插入土壤中,可以保证滴液通过滴箭进入土壤,防止养分停留在土壤表面,随地表径流流失。

3.3.3 水肥一体化精准施肥技术效果

2018 年,在某梨园基地开展了果园林地水肥一体化精准施肥技术的应用研究,并对梨树精准施肥效果,土壤剖面养分含量,渗漏水中氮、磷含量等进行分析。技术流程如图 3-11 所示。

首先,通过研究区土壤样品的采集与测定,明确研究区土壤养分库存容量,结合作物目标产量和农田渗漏水中的氮、磷养分浓度,开展氮、磷养分丰缺评估,确定氮、磷环境安全阈值,在常规施肥量的基础上减少了氮、磷肥投入量。借助水肥一体化设施的优势,结合化肥替代技术、精准施肥技术和养分根际微域深施技术使肥料和水分准确均匀地滴入果树根区,适时、适量地供给果树,实现水肥同步管理和高效利用的目标。

3.3.3.1 梨树精准施肥效果分析

梨树是深根系果树,根系一般多分布于肥沃、疏松、水分良好的上层土中,以 20~60cm 之间最密,80cm 以下根很少,到 150cm 根更少。越近主干,根系越密,越远则越稀,树冠外一般根渐少,并多细长少分叉的根。梨树生育,需水量较多。梨树叶蒸腾系数为 284~401,每平方米叶面积蒸腾水分约 40g,低于 10g 时即能引起伤害。梨树对土壤的适应性强,以土层深厚、土质疏松、透水和保水性能好、地下水位低的砂质壤土最为适宜。梨树对土壤的酸碱适应性较广,pH 值在 5~8.5 范围内均能正常生长,以 pH 值 5.8~7 为最适宜;梨树耐盐碱性也较强,土壤含盐量在 0.2% 以下生长正常,达 0.3% 以上时,根系生长受害,生育明显不良。梨树需要每年施肥,才能保证树体的健壮生长、成花和结果,未结果幼树以施氮肥为主,结果后需要氮、磷、钾等肥料配合施用。第一次在萌芽期,以氮肥为主。第二次在新梢生长缓慢期,以磷、钾肥为主,对结果较多的植株,可再追施一次,追肥以氮、钾肥为主,以促进果实肥大和花芽分化。生长期内,根据叶色变化,叶面喷肥数次,前期喷氮肥,后期氮、磷、钾肥配合。果实采收后,还可喷肥 1~2 次,以加强后期光合产物的积累。梨树需水量较高,一般全年灌水 3~4 次。

基于果园林地水肥一体化精准施肥技术,在整个梨树的生育期共施用 6 次肥料(表 3-20),分别在基肥、萌芽期、果实膨大期、采果期、成熟期和收获后,与传统施肥方式相比(表 3-21),采用水肥一体化技术实现了少量多次的施肥目标。

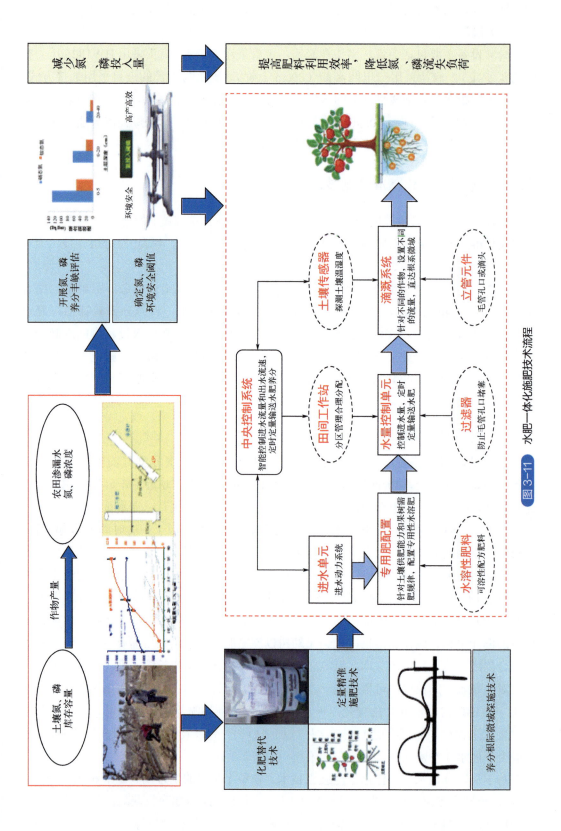

图 3-11 水肥一体化施肥技术流程

表3-20 基于水肥一体化设施的施肥方案

项目		基肥	萌芽期	果实膨大期	采果期	成熟期	收获后	合计
灌溉次数/次		1	1	2	2	1	1	8
灌水量/[m³/(亩·次)]		20	20	12	12	20	20	104
施肥品种		有机肥	高氮型水溶肥	均衡型水溶肥	高钾型水溶肥	均衡型水溶肥	有机肥	—
施肥量/(kg/亩)	N	4.08	6	4	2.6	4	4.08	24.76
	P	2.96	2	4	1.4	4	2.96	17.32
	K	4.04	2	4	8	4	4.04	26.08
	Ca	—	2.4	—	—	—	—	2.4
	Mg	—	2	—	—	—	—	2
	Fe(EDDHA)	—	—	0.64	0.4	0.64	—	1.68
	Mn	—	—	0.4	0.4	0.4	—	1.2
	Zn	—	—	0.6	—	0.6	—	1.2
	B	—	—	0.4	0.4	0.4	—	1.2

表3-21 传统施肥方式下施肥次数和施肥量

施肥时间	肥料名称	施用量/(kg/亩)	养分含量/%			折有效亩用量/(kg/亩)		
			N	P	K	N	P	K
12月底~1月（第1次施肥）	复合肥	100	15.00	15.00	15.00	15.00	15.00	15.00
	饼肥	200	3.52	2.61	0.95	7.14	5.22	1.90
5月（第2次施肥）	复合肥	40	15.00	15.00	15.00	6.00	6.00	6.00
7月（第3次施肥）	尿素	40	46.00	0	0	18.40	0	0
总量		—	—	—	—	46.54	26.22	22.90

基于研究区梨树目标产量1000～1500 kg/亩，结合果园土壤中氮、磷、钾等养分的含量水平，利用土壤养分与目标产量的相关关系，获得了曲线方程：$Y=0.576X^2+32.57X+7.78$，得出氮肥的投入阈值为22.38～31.69kg/亩，比常规施肥氮素少30%以上。根据氮肥投入量与预期梨树产量，确定环境安全与高产高效的磷素投入阈值范围为15.48～21.37kg/亩，比常规磷投入减少30%以上。

基肥对梨树生长发育很重要，最好的基肥施用时间为秋季，在采收后8～9月早秋施入，正好迎着秋根生长高峰，根系有2～3个月的生长时期，能使伤根早愈合，并促发大量新的吸收根。研究区每亩梨园种植40棵梨树，每个梨树施用有机肥10kg，有机肥的纯氮含量为1.02%，纯磷含量为0.74%，纯钾含量为1.01%。所以，每亩施用有机肥400kg，纯氮、磷、钾的用量分别为4.08kg、2.96kg和4.04kg。施用有机肥之前以30cm为半径挖浅沟，然后将有机肥均匀撒入沟内，用表土覆盖后灌溉1次，共20m³，每棵树约为0.5m³。

果树萌发前将高氮型水溶肥溶入水中，通过水肥一体化系统施到梨园中，深度约20～40cm，以到达根系密集层为宜。灌溉水量约为20m³/亩，确保浇足水。果实膨大期滴灌 2 次，灌水量 12m³/（亩·次）。每次灌水时滴灌施肥，选择均衡型水溶肥，每亩施用量约为 20kg，保证氮、磷、钾肥均衡供应。采果前根据土壤墒情滴灌 2 次，灌水量 12m³/（亩·次），以高钾型水溶肥为主，每亩施用水溶肥为 20kg，一起灌溉到田里的除了氮、磷养分外，还有铁、锰和硼等微量元素。成熟期根据土壤墒情滴灌 1 次，灌水量 20m³/（亩·次），施用均衡型水溶肥，氮、磷、钾的施用量均为 4kg/亩（按纯养分含量计算），同时施用的还有铁、锰、锌和硼等微量元素。收获后，每亩施用有机肥 400kg。在梨树落叶休眠、土壤结冻以前（10 月下旬至 11 月上旬）浇水，灌水量 20m³/（亩·次），保证土壤有充足的水分，以利梨树的安全越冬。此时灌溉时间不应太晚，以免根茎部积水或水分过多，昼夜冻融交替导致茎腐病的发生。

3.3.3.2 土壤剖面养分含量分析

（1）土壤有机质含量

土壤有机质是土壤固相部分的重要组成成分，是植物营养的主要来源之一，能促进植物的生长发育，改善土壤的物理性质，促进微生物和土壤生物的活动，促进土壤中营养元素的分解，提高土壤的保肥性和缓冲性。它与土壤的结构性、通气性、渗透性、吸附性、缓冲性有密切的关系。通常在其他条件相同或相近的情况下，在一定含量范围内，有机质的含量与土壤肥力水平呈正相关关系。在农业土壤中，自然植被已不存在，土壤有机质主要靠人为施用的各种有机肥料（厩肥、腐殖酸肥料、污泥以及土杂肥等）来补充，通常肥沃的果园或菜田中表土层有机质的含量在 18～22g/kg 之间。如图 3-12 所示，研究区表土层有机质平均含量低于 18g/kg，表明土壤中有机质的含量不高。根据实地调查结果，研究区果园主要施用化学肥料，而有机肥施用量偏低，这是导致土壤有机质含量偏低的主要原因。

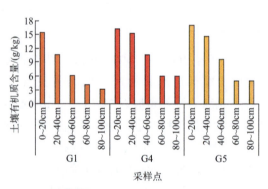

图 3-12　土壤剖面有机质含量分析

（2）土壤全氮和碱解氮含量

在水肥一体化设施应用之前，分析测定了 0～100cm 土壤全氮和碱解氮含量。共选择了 3 个点位，每个点位采用 5 点采样法，按照"S"路线分别采集 0～20cm、20～40cm、40～60cm、60～80cm 和 80～100cm 共 5 个土层的土壤样品。土壤剖面氮肥含量分析结果如图 3-13 所示。结果表明，随着土层深度的增加，土壤全氮和碱解氮的含量逐渐降低，0～20cm 土层氮含量最高，全氮的平均含量为 0.92%，碱解氮为

158.72mg/kg。20～40cm 全氮的平均含量为 0.68%，40～60cm 为 0.37%，60～80cm 为 0.21%，80～100cm 为 0.18%。土壤剖面中碱解氮的分布与全氮相似，0～20cm 土层最高，20～40cm 平均为 96.83mg/kg，40～60cm 为 62.38mg/kg，60～80cm 为 42.55mg/kg，80～100cm 为 56.08mg/kg。这些结果符合氮素养分在土壤剖面的分布规律，也表明施肥对土壤氮素产生了显著的影响，常规的地表施肥导致氮素养分主要分布在 0～20cm 表层土壤中，而梨树根系在土壤中的分布有明显的层次，根群主要分布在 20～60cm 土层深度中，这一深度根群展角较大，分枝性强，对养分的吸收率高，易受环境条件影响。而由于传统的施肥方式导致氮素养分主要分布在表土层，导致大量的须根分布的中土层，氮素和矿物盐供应不足，严重影响梨树的养分吸收，降低氮素养分利用率。因此，可以借助水肥一体化施肥技术，促进土壤养分向土壤深层渗透，以满足深层根系的养分需求，提高梨树对氮素养分的利用效率。

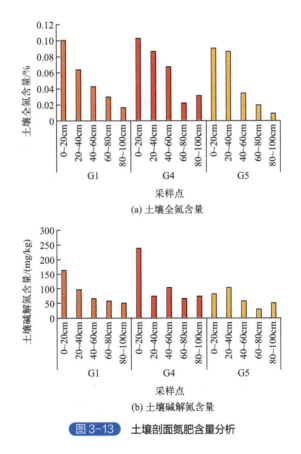

图 3-13 土壤剖面氮肥含量分析

（3）土壤全磷和速效磷含量

研究区土壤全磷含量统计特征如图 3-14 所示。研究区 0～1m 土体土壤全磷含量呈现随土层深度增加而降低的趋势，均值含量最小值出现在 80～100cm 土层深度，为 0.034%；最大值出现在表层土壤，为 0.058%。表层土壤全磷含量变幅较大，显著高于下层土壤，分别是 20～40cm 和 40cm 以下土壤全磷均值含量的 1.24 倍和 1.78 倍。从土壤剖面来看，随土层深度增加，土壤全磷含量呈现明显的下降趋势。其中，40cm 以上土壤全磷均值含量均显著高于 40cm 以下土壤，而 40～60cm 和 60～100cm 土壤全磷均值含量间无显著差异。

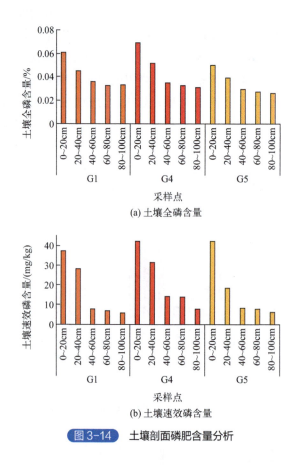

图 3-14　土壤剖面磷肥含量分析

研究表明，施肥导致土壤表层和亚表层全磷含量较高。由于研究区种植的梨树，根系较深，其 40cm 以下土层中全磷含量也高于水稻、小麦等大田作物的含量。与全磷相比，土壤速效磷受施肥和农田管理的影响也更加明显，研究区表土层和亚表层土壤速效磷的平均含量分别为 39.25mg/kg 和 26.77mg/kg，远高于 40cm 以下土层，这说明通过农田施肥施用的磷肥主要在土壤表层累积，很难进入 40cm 以下深层土壤，这与磷素自身的特性有关。磷素在土壤中的活动性差，很容易固定，所以施入土壤的磷素很难进入土壤深层。而果树的根系较深，难以利用土壤表面积累的磷素，导致磷素利用率低，而且磷素主要集中在 0～20cm 表土层，很容易在降雨的过程中随地表径流进入地表水体，导致水体富营养化。因此，现在普遍认为农田磷素流失是导致地表水体富营养化的重要因素之一。

（4）土壤速效钾含量

研究区土壤速效钾的含量如图 3-15 所示。与土壤氮素和磷素在剖面中的分布规律有所差异，土壤速效钾在 0～20cm 表土层中含量较高，平均值为 136.78mg/kg，而 20～40cm 亚表层和 40cm 以下土层中速效钾显著降低，平均含量低于 50mg/kg。出现这一结果，是因为表面土壤中的钾主要是通过有机肥施入的，有机肥主要分布在

0～20cm 表土层，很难通过水分渗漏进入亚表层和更深层次的土壤，导致 20cm 以下土层中钾的含量显著降低。钾是一切植物需要量大的三大元素之一，尤其是对苹果、桃、梨等果树作物，都是生长前期需要氮多，利于长枝长叶，中期需要磷多，利于成花，生长后期需要钾多，利于上色，增加果实含糖量。深层土壤中钾素的缺乏导致果树产量不高，果实甜度低，质量差。所以，增加深层土壤中钾素的含量，满足根系对钾的需求是果树作物增产增效的重要措施。

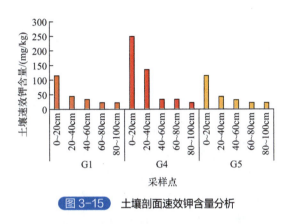

图 3-15　土壤剖面速效钾含量分析

（5）土壤 pH 值

土壤 pH 是土壤酸度和碱度的总称，通常用以衡量土壤酸碱反应的强弱。土壤酸碱性强弱对作物生长，氮、磷和其他养分转化，以及微生物活性有重要的影响。图 3-16 显示：研究区 0～20cm 表土层土壤 pH 值介于 5.5～6.5 之间，呈酸性；20cm 以下土层 pH 值介于 6.5～7.5，呈中性。通常情况下，适合不同农作物生长的高产土壤，一般要求呈中性、微酸性或微碱性反应，pH 值多在 6～8 之间。

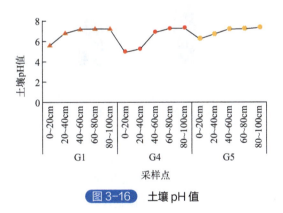

图 3-16　土壤 pH 值

土壤 pH 值的变化会受耕作、施肥和灌溉等多种因素影响。研究区表土层 pH 呈酸性，而其他土层呈中性，主要是由于受施肥的影响。研究区施用的氮、磷、钾等化学肥料，包括硝酸钙、磷酸二氢铵和硫酸钾等，在施用氮、磷、钾等养分的同时也向土壤中施入了硝酸根、磷酸二氢根和硫酸根等阴离子，这些阴离子能够置换出土壤中的氢离子，导致土壤向酸性转化，酸化的土壤会对土壤养分和环境造成重要影响。

土壤微生物一般最适宜的 pH 值是 6.5～7.5 之间的中性范围。过酸或过碱都会严重抑制土壤微生物的活动，从而影响氮素及其他养分的转化和供应。酸性土壤的淋溶作用强烈，钾、钙、镁容易流失，导致这些元素缺乏。所以应该采取有效措施改良土壤酸碱性，提升表土层 pH 值。

3.3.3.3 渗漏水中氮、磷含量分析

在开展水肥一体化精准施肥的同时，在梨园常规施肥和水肥一体化施肥的对照小区埋设不同深度的渗漏计（包括 20cm 和 40cm）与地下水监测管，定期采样监测氮、磷养分渗漏流失情况，计算渗漏流失负荷。

（1）不同深度渗漏水中氮素含量

如图 3-17 所示，传统施肥方式下研究区农田渗漏水中的硝态氮（NO_3^--N）含量在汛期明显高于非汛期，0～20cm 和 20～40cm 渗漏水中的 NO_3^--N 含量分别为 47.32mg/L 和 22.76mg/L。20cm 渗漏水中的 NO_3^--N 含量在 8 月高达 86.33mg/L，随后逐渐降低到次年 5 月的 37.36mg/L。水肥一体化施肥方式下农田渗漏水中的硝态氮含量在汛期和非汛期差别不大，0～20cm 和 20～40cm 渗漏水中的 NO_3^--N 含量分别为 61.48mg/L 和 28.39mg/L，均显著高于传统施肥方式下的 NO_3^--N 含量。由于研究区降雨频繁，雨量充沛，尤以 5～9 月汛期降水量最多。这一时期气温高，作物生长快，农田氮肥施用量大，极易造成降雨与施肥期的耦合，引发大量的农田氮素渗漏流失。

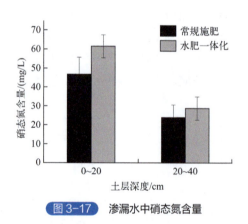

图 3-17　渗漏水中硝态氮含量

比较不同施肥方式渗漏水中氮素含量发现，水肥一体化施肥比传统施肥 0～20cm 渗漏水中的 NO_3^--N 含量高 29.92%，20～40cm 渗漏水中高 24.74%，两者差异均显著，这一差异与土壤中的 NO_3^--N 含量差异和农户施肥量差异具有一致性。从不同深度渗漏水的比较来看，不同施肥方式 0～20cm 渗漏水中的 NO_3^--N 含量均高于其他深度土壤水中，高低次序为 0～20cm 渗漏水、20～40cm 渗漏水、田面积水、150cm 深度地下水。渗漏水中的水溶性总氮（TDN）和总氮（TN）的含量规律与 NO_3^--N 含量规律基本相同。

对农田土壤中无机氮含量与渗漏水中氮素含量进行分析发现：农田面积水中的 NO_3^--N 含量与 0～5cm 土层中的 NO_3^--N 含量极显著正相关，表明农田表层土壤中累积的 NO_3^--N

通过侧渗和直接溶解的方式进入农田面积水中。0～20cm 渗漏水中的 NO_3^--N 含量与 0～20cm 土层中 NO_3^--N 含量,20～40cm 渗漏水中的 NO_3^--N 含量与 20～40cm 土层中的 NO_3^--N 含量分别达到极显著的正相关关系,表明土壤剖面中 NO_3^--N 含量高的农田,渗漏水中的 NO_3^--N 含量也较高。旱作农田 150cm 地下水中的 NO_3^--N 含量与 0～20cm 土层中的 NO_3^--N 含量达到显著的正相关关系,表明土壤中的氮素累积已经对 150cm 深度地下水中 NO_3^--N 含量产生影响,但当前各种植类型农田 150cm 地下水中 NO_3^--N 含量仍低于 10mg/kg,水质尚好。

(2) 不同深度渗漏水中磷素含量

传统施肥方式和水肥一体化施肥方式 0～20cm 渗漏水中 TP 的平均含量分别为 3.12mg/L 和 3.65mg/L,水溶性正磷酸盐含量分别为 2.44mg/L 和 2.78mg/L;两种农田 20～40cm 渗漏水中 TP 的平均含量分别为 1.78mg/L 和 2.05mg/L,水溶性正磷酸盐含量分别为 1.33mg/L 和 1.72mg/L。如图 3-18 所示,相同类型的磷在 0～20cm 渗漏水中的平均含量高于 20～40cm 渗漏水中的含量。对不同施肥方式的比较表明,水肥一体化施肥方式的水溶性正磷酸盐含量要显著高于传统施肥方式,水溶性总磷(TDP)和 TP 也呈现出相同的规律。

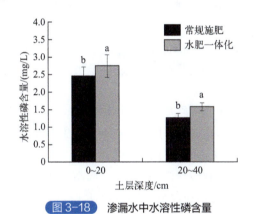

图 3-18 渗漏水中水溶性磷含量
(不同字母间表示差异显著)

两种施肥方式 0～20cm 渗漏水中 TDP 占 TP 的比例为 72.64%～85.70%,颗粒附着态(简称"颗粒态")磷含量占 TP 含量的比例为 12.44%～34.21%,颗粒态磷在 TP 中所占的比例要远低于可溶性磷所占的比例。传统施肥渗漏水中可溶性正磷酸盐的含量占 TP 的比例为 52.56%～67.84%,高于可溶态有机磷和颗粒态磷的含量,为渗漏水中 TP 含量的主要成分。研究中还发现 0～20cm 渗漏水中 TDP 和可溶性正磷酸盐占 TP 的比例均高于 20～40cm 渗漏水中同类型磷素占 TP 的比例,说明农田土壤中累积的磷越多,浅层渗漏水中的 TDP 和可溶性正磷酸盐在 TP 中所占的比例越高,可溶态的反应性磷更容易溶解在土壤水中。

监测结果表明两种施肥方式下渗漏水中的水溶性正磷酸盐含量均在汛期(5～9月)高于非汛期(10～4月)。在汛期,0～20cm 和 20～40cm 深度渗漏水中水溶性正磷酸盐的平均含量分别高于非汛期的同类水溶性正磷酸盐含量。两种施肥方式下 0～20cm 和 20～40cm 深度渗漏水中的水溶性正磷酸盐渗漏流失高峰期发生在 6 月和

8月，主要是由于降水与施肥发生耦合，磷素大量渗漏流失。

0～20cm土层中土壤速效磷（Olsen-P）累积量同0～20cm渗漏水中的水溶性正磷酸盐含量之间具有极显著的指数相关关系；0～40cm土层中Olsen-P累积量同20～40cm渗漏水中的水溶性正磷酸盐含量之间具有极显著的指数相关关系。表明农田土壤中Olsen-P含量达到一定水平时，渗漏水中的溶解性正磷酸盐含量会伴随土壤磷素累积量的增加而大大提高。研究还发现，与传统施肥方式下渗漏水中的水溶性正磷酸盐含量和其上层土壤中的Olsen-P含量的相关性相比，水肥一体化施肥方式下渗漏水中的水溶性正磷酸盐含量与上层土壤中的Olsen-P含量的相关性更加显著，表明水肥一体化施肥方式增加了氮、磷养分在土壤剖面中的纵向迁移。

鉴于以上结果，岛屿A地处中国人口最为密集、经济最为发达的太湖流域，该区域农业集约化程度高，经济作物复种指数高，果园等农田单次施肥量大，施肥频次高，肥料利用率低，单位面积化肥用量与大田作物相比悬殊，导致大量养分高度集中于少数农田土壤中。养分因在表土层过分积累很容易随径流流失进入河流和湖泊水体中，污染地表水体。采用水肥一体化施肥技术可促进氮、磷养分随水向土壤剖面的迁移与转化，促进作物对养分的吸收，降低氮、磷随地表径流流失的风险和通量。

3.4 特色农业生态种植模式

针对岛屿A主导果树种植模式单一、管理形式粗放、土壤肥力不均衡、病虫害防治手段不多等问题，结合区域气候和水文地质条件、主栽品种病虫害发生规律和经济发展方向等，研究果园景观型生态种植模式，调制专用配方肥和功能型微生物肥等绿色高效新型肥料，增强果树施肥的针对性和有效性，提高土壤供养能力，降低化肥用量。果园景观型生态种植模式主要包括化肥减量与替代技术、病虫害绿色防控技术等。

3.4.1 枇杷园化肥减量与替代技术

岛屿A区域内白沙枇杷栽培历史悠久，枇杷品种达30多种。枇杷施用肥料类型主要为三元复合肥和菜籽饼，施用方式为撒施和沟施，施肥时间分别在6月和10月，各施肥时期用肥量占比为采果期占30%，花前期占70%，保果肥占比为0%，总施肥量氮、磷、钾比例为9.2∶5.5∶5.3，有机肥与无机肥占比分别为55%和45%。由于施肥结构欠佳，比例不平衡，用量不协调，故枇杷园产量不高，质量不高，肥料利用率低，流失量偏大。

成年枇杷树的主要施肥分为保果肥（2～3月）、采果肥（5～6月）和花前肥（10月），可以适当添施壮果肥（4月），各施肥期占比以30%、40%和30%为宜，而且以少氮多钾为好，同时为提高果品质量，有机肥类施用量需占到70%左右。

为了避免过多未被利用的氮、磷等养分流失到水体中污染环境，研究了枇杷园化肥减量替代与土壤培肥技术，根据平衡施肥及测土配方技术原理，设置化肥减量、缓释长效与替代的化肥源头减量化实验,不仅能满足枇杷的施肥需求,还能改善果实品质,提升枇杷产量,还可以实现果园氮、磷减排,维护水体健康。

3.4.1.1 枇杷园渗漏水原位采集装置设计

(1)设计原理

根据连通器原理,结合枇杷园试验地地下水埋藏较浅(100cm 左右)的现状,将 PVC 管埋入地下,底端封口,侧壁打上透水孔,并包裹纱布,使得土壤渗漏水由孔进入管内,而泥土不进入,在 PVC 管内部插入一根细的导管,一端连通到 PVC 管底部,另一端伸出顶部,在距离顶部 5cm 处侧壁开一透气孔,利于 PVC 管中渗漏水抽取,利用注射器等抽取 PVC 管内收集的土壤渗漏水。渗漏水原位采集装置如图 3-19 所示。

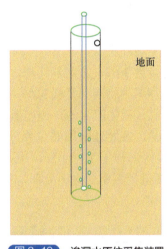

图 3-19 渗漏水原位采集装置

(2)参数设定

根据枇杷园地下水埋深比较浅(100cm 左右)的实际情况,设置渗漏水原位采集装置具体参数为:

① PVC 管长度为 100cm,直径为 5cm,下端透水孔孔径为 0.2cm,透水孔排布长度为 20cm。

② 中间抽水管内径为 0.5cm,长度为 120cm。

③ 底端侧壁透气孔直径为 0.3cm。

(3)田间安装

在枇杷园树下用铜锹挖开直径 20cm、深度 90cm 左右的深坑,将取水装置带有透水孔的一端埋入地下,顶端的透气孔漏出地表。

3.4.1.2 试验设计

试验地点位于岛屿 A 某苗木基地,枇杷树龄为 10 年成树,株行距为 5m×5m,亩种植 25 棵,实验的施肥处理主要采用施缓释肥、化肥减量、肥料深施和化肥替代等技术方案及方法。每个月定期采集一次枇杷园渗漏水样品用于测定水中氮、磷含量,利用采集工具由事先埋好的渗漏管中抽取土壤渗漏水。

试验用肥料包括常规复合肥、缓释肥、菜籽饼和生物炭，具体成分见表 3-22。

表 3-22 肥料成分

肥料类型	成分含量/%		
	N	P$_2$O$_5$	K$_2$O
复合肥	15	15	15
缓释肥	16	8	18
菜籽饼	4.98	2.06	1.90
生物炭	0.22	0.14	1.88

具体施肥处理设置为 5 个试验处理，分别为：

① T1：不施肥（CK）。

② T2：常规施肥（复合肥＋菜籽饼）。

③ T3：菜籽饼＋复合肥（减量 30%，施肥器深施 20cm）。

④ T4：菜籽饼＋复合肥＋芦苇生物炭（替代 30% 化肥）。

⑤ T5：菜籽饼＋掺混缓释肥（减化肥 30%，施肥器深施 20cm）。

每个处理设置 3 个重复小区。各处理采用等总养分设计。其中菜籽饼通过开环沟（环沟位于枇杷树根系处，大致距离树干 1~1.5m，环沟深度为 20cm）撒施，复合肥和缓释肥等均利用深施施肥器在枇杷根系处深施处理。各处理肥料施用时间及使用量见表 3-23。

表 3-23 各处理肥料施用时间及使用量详表

施肥处理	肥料类型	各时期每亩用肥量/kg		
		保果肥 2~3 月	采果肥 6 月中旬	花前肥 10 月下旬
T1（不施肥）	无	0	0	0
T2（常规施肥）	复合肥（15-15-15）	0	12.5	7.5
	菜籽饼（4.98-2.06-1.90）	0	0	125
T3（菜籽饼+复合肥）	复合肥（15-15-15）	4	6	4
	菜籽饼（4.98-2.06-1.90）	40	65	50
T4（菜籽饼+复合肥+芦苇生物炭）	复合肥（15-15-15）	4	6	4
	芦苇生物炭（0.22-0.14-1.88）	35	45	40
	菜籽饼（4.98-2.06-1.90）	40	50	35
T5（菜籽饼+掺混缓释肥）	掺混缓释肥（16-8-18）	5.5	7.5	5.5
	菜籽饼（4.98-2.06-1.90）	40	55	42

3.4.1.3 技术效果分析

（1）枇杷园土壤渗漏水中总氮含量

有机肥配施化肥、化肥替代及化肥减量是一种既能减少化肥施用量、缓解面源污染，又能合理利用有机肥资源的田间施肥方式。如图 3-20 所示，通过枇杷园施肥方式的调整和改变，果园地下渗漏水中氮含量降低。与常规施肥的 T2 处理相比，采用 T3（菜籽饼＋复合肥，减量 30%，施肥器深施 20cm）、T4（菜籽饼＋复合肥＋芦苇生物炭，替代 30% 化肥）和 T5（菜籽饼＋掺混缓释肥）等优化施肥方式，土壤渗漏水中总氮含量均有所下降，分别降低 9.79%、25.85% 和 16.05%，其中 T4 处理的菜籽饼＋复合肥＋芦苇生物炭替代施肥方式与常规施肥方式间存在显著性差异，T3 和 T5 处理也低于常规施肥方式，但差异不显著。另外，不施肥处理的土壤渗漏水中 TN 含量为 7.05mg/L，而不是零或接近于零，可能是因为之前的土壤氮本底值。

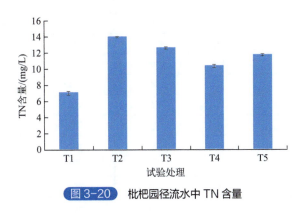

图 3-20　枇杷园径流水中 TN 含量

（2）枇杷园土壤渗漏水中 TP 含量

土壤中磷元素虽然不像氮元素那样活跃，更多的磷元素会以各种磷酸盐的形式被土壤胶粒固定，但是磷在土壤中的积累也有临界阈值，当土壤中磷元素的累积量达到并超过临界值时，淋失风险急剧增加。通过枇杷园施肥方式的调整和改变，果园地下渗漏水中磷含量降低，如图 3-21 所示。与常规施肥的 T2 处理相比，采用 T3（菜籽饼＋复合肥，减量 30%，施肥器深施 20cm）、T4（菜籽饼＋复合肥＋芦苇生物炭，替代 30% 化肥）和 T5（菜籽饼＋掺混缓释肥）等优化施肥方式，土壤渗漏水中 TP 含量均有所下降，土壤固定、菜籽饼和生物炭等对土壤 pH 值的提升调节，会增加土壤对磷酸盐的固定，因此相对于纯化肥的 T2 处理，分别降低 41.21%、61.63% 和 53.24%。同样是 T4 处理的菜籽饼＋复合肥＋芦苇生物炭替代施肥方式与常规施肥间存在显著性差异，对于降低水体污染的目标来说，是最佳的一种枇杷园施肥方式。

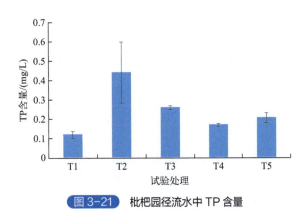

图 3-21　枇杷园径流水中 TP 含量

（3）优化施肥对枇杷产量和品质的影响

优化施肥方式对土壤渗漏水中氮、磷的降低有很好的作用，尤其是 T4 处理的菜籽饼＋复合肥＋芦苇生物炭替代施肥方式。但考虑到农民经营果园的主要目标是获得农产品产量、品质，并最终获得经济效益，因此本研究的优化施肥方式同时也考虑到了这一点，并对不同施肥处理后枇杷的产量和品质指标进行了测定，见表 3-24。

表 3-24　不同施肥处理对枇杷产量和品质的影响

枇杷性质（青种）	施肥处理方式				
	T1	T2	T3	T4	T5
形状	圆球形	圆球形	圆球形	圆球形	圆球形
色泽	淡橙黄	淡橙黄	淡橙黄	淡橙黄	淡橙黄
单果平均重量/g	18.2	34.3	27.4	31.2	25.3
单果最大重量/g	23.6	36.9	30.8	34.6	30.6
肉色	淡黄	淡黄	淡黄	淡黄	淡黄
水分/%	80	89	87	90	85
总糖量/%	11.5	10.9	11.3	12.4	11.7
酸量/%	0.58	0.85	0.58	0.34	0.43
维生素 C/(mg/100g)	1.51	1.92	1.84	2.41	2.02
储藏性	较差	差	一般	较强	一般

由表 3-24 可以看出，对于枇杷的形状、色泽和肉色等性质指标，不同施肥处理间没有产生明显的差异和不同；对于产量，不同施肥处理间表现出差异，其中单果平均重量 T2＞T4＞T3＞T5＞T1；对于果实糖分含量及维生素 C 含量，T3、T4 和 T5 的减量及替代施肥处理的含量比常规的化肥处理高（除 T3 的总糖量略低于常规处理外），即食用品质好于常规施肥，这一点从果实的储藏性也可以看出来，储藏性 T4 较强，T3 和 T5 一般，T2 的纯化肥处理差。

综上，在岛屿 A 区域内枇杷园设置有机肥配施化肥、化肥替代及化肥减量是一种既能减少化肥施用量，缓解面源污染，又能合理利用有机肥资源的田间施肥方式。其中 T4 处理的菜籽饼＋复合肥＋芦苇生物炭替代施肥方式，可以使土壤渗漏水中 TN 和 TP 的含量均有所下降，而且效果最理想，分别降低 25.85% 和 61.63%。同时可以维持枇杷果实产量不降低，更有利于果实品质的提升。因此，对于岛屿 A 区域内枇杷园的施肥可以考虑资源内循环模式，既在河湖中种植芦苇进行水质净化，待芦苇成熟后收割制作生物炭基肥，配施菜籽饼和少量复合肥，既可以实现资源循环使用，提高利用率，又有利于水环境的保护。

3.4.2　病虫害绿色防控技术

病虫害绿色防控技术主要是在果园病虫害准确鉴定识别的基础上，对靶标梨小食心虫、梨瘿蚊、枇杷黄毛虫采取性信息素迷向法物理防控技术，引诱异性昆虫达到迷向的作用，影响正常害虫的交尾，从而减少其后代种群的数量，达到控制的效果；采用保护和利用天敌的生物防控技术,选择环境友好型的药剂,避免使用对天敌高毒性的药剂;以及使用生物源药剂替代化学药剂的生物防控技术。绿色防控技术减少了化学农药的使用量,降低了果品农药残留量,提高了果品质量和竞争力,实现了病虫害的可持续控制,保障了果园生产安全和农业生态环境安全。

3.4.2.1 梨小食心虫绿色防控

近年来,梨小食心虫已成为我国许多果区的常发性害虫,严重危害桃、梨等果树,并有逐年加重之势。但对梨小食心虫的防治仍以化学防治为主,长期大量使用化学农药既杀伤天敌又使得害虫产生抗药性,而且农药残留严重限制了果品的出口创汇,因此了解梨小食心虫发生动态、探索无害化防治方法势在必行。利用性信息素迷向法对梨小食心虫进行监测与防治,有助于制定适时有效的防治措施,减少化学农药的使用量,提高防治效果。

(1) 梨小食心虫发生动态研究

以岛屿 A 某梨园为研究对象,该梨园面积 5.4hm²,该园株行距 30cm×30cm,品种为 3 年生黄冠,不喷施任何农药。

梨小食心虫性迷向素毛细管 240mg/根,采用船型诱捕器和含有梨小食心虫性外激素 0.5mg/个的梨小食心虫性诱芯。2018 年 4 月 20 日每公顷悬挂 495 根梨小食心虫性迷向素毛细管,悬挂持续整个生长季节。2018 年 5 月 26 日开始将含梨小食心虫性诱芯船型诱捕器悬挂于梨园梨树树冠外围,诱捕器间距为 30m,悬挂高度为 2m,从悬挂后第 7 天开始每 7d 记录梨小食心虫成虫数量,诱芯每月更换一次。

利用性信息素监测梨小食心虫成虫的发生动态,由图 3-22 可知,2018 年梨小食心虫成虫的发生高峰期有 3 个,分别在 6 月中旬、8 月中下旬和 9 月上旬。其中 8 月中下旬的发生量最大,平均单个诱捕器 7d 诱虫量可达 50 头左右;其次为 6 月中旬,平均单个诱捕器 7d 诱虫量可达 40 头左右。10 月份开始害虫发生量逐渐减少。

图 3-22　2018 年梨小食心虫发生动态

(2) 性信息素迷向法防治梨园梨小食心虫试验效果

性信息素迷向丝对梨小食心虫的防控效果研究于 2019 年开展。试验区内树龄为 4 年,株行距为 3m×5m,小树 600 棵,结果树 2400 棵,树高 1~1.5m,露地栽培。采用 240mg/ 根的梨小食心虫性迷向丝。

试验设为迷向区和对照区，迷向区面积和对照区面积均为5.4hm²。2019年3月11日，在每公顷迷向区设置 495 根悬挂性迷向丝，边缘区每个树悬挂 1 根，内部区域隔一棵树挂一根，挂在树冠距离顶端 1m 内的树枝上。在距离迷向丝 2km 以外的区域，选择种植条件、管理水平等一致，未悬挂迷向丝的梨园设为对照区。在迷向区和对照区均设置 5 个梨小食心虫监测诱捕器，诱捕器采用"Z"字形放置，间距为 30m，悬挂高度为 1.5m，内置白色黏虫板，并放置一个梨小食心虫诱芯。每个月更换一次诱芯。

1）调查方法

① 迷向率：每 7d 调查 1 次，共调查 24 次，分别记录迷向区和对照区各个诱捕器内诱蛾数量，根据情况及时更换诱捕盒。根据迷向区、对照区平均每个诱捕器中的诱蛾量计算各个日期的迷向率，即迷向率 =（对照区平均诱蛾量 – 迷向区平均诱蛾量）/ 对照区平均诱蛾量 ×100%。

② 防治效果：7 月下旬梨果实成熟期，每 7d 调查 1 次，共调查 3 次。每次调查按照 5 点取样法分别在迷向区和对照区设置 5 个调查点，每点随机选择 4 株梨树，每株选择东、西、南、北、中 5 个方位，每个方位随机选取 5 个果实，共调查 500 个果实。记录梨小食心虫危害的蛀果数量，分别统计迷向区和对照区的蛀果率。蛀果防效 =（对照区蛀果率 – 迷向区蛀果率）/ 对照区蛀果率 ×100%。

2）迷向率结果分析　由图 3-23 可知，迷向区在各个调查日期平均诱蛾量很少，两次平均诱蛾量为 0.4 头，22 次为 0 头。对照区在 5 月 6 日平均诱蛾量最少，为 0.8 头；5 月 27 日平均诱蛾量达高峰，为 166.4 头。经统计，迷向区累计平均诱蛾 0.8 头，对照区累计平均诱蛾 1559 头，诱蛾量明显高于迷向区。

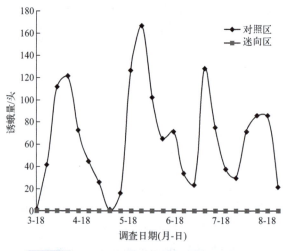

图 3-23　迷向区和对照区诱捕器诱蛾量变化曲线

由图 3-24 可知，在整个调查期间，迷向区性迷向素对梨小食心虫的迷向率最低为 99.1%，最高为 100%，平均迷向率为 99.95%，迷向率曲线变化不明显，说明该种类的性迷向素对梨小食心虫的迷向率非常高且迷向效果稳定。

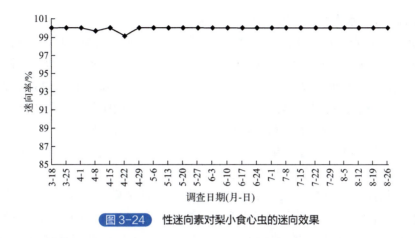

图 3-24　性迷向素对梨小食心虫的迷向效果

3）蛀果防效　于 2019 年 7 月 12 日、7 月 29 日的果实膨大期和果实成熟期，分别调查迷向区和对照期的蛀果数。由图 3-25 可知，果实膨大期对照区梨小食心虫蛀果率为 3.4%，迷向区蛀果率为 1.2%，蛀果防效达到 64.71%。果实成熟期对照区梨小食心虫蛀果率为 7.2%，迷向区蛀果率为 1.8%，蛀果防效达到 75%。2 次调查结果表明，迷向区蛀果率远低于对照区，蛀果防效明显。

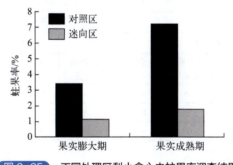

图 3-25　不同处理区梨小食心虫蛀果率调查结果

（3）苏云金杆菌防治梨树梨小食心虫田间药效试验

蛀果害虫对水果的危害很大。在不同地区，梨小食心虫等蛀虫害虫对果树的栽培都有威胁，不仅仁果类中的梨、苹果容易受到梨小食心虫的危害，而且核果类中的桃、杏、李等也会受到梨小食心虫危害。为了提高水果绿色防控水平，确保水果的质量安全，掌握 32000 IU/mg 苏云金杆菌可湿性粉剂对梨小食心虫的防治效果，于 2018 年 5～7 月在梨园种植区开展梨小食心虫的田间药效试验。

1）材料　供试药剂为 32000IU/mg 苏云金杆菌可湿性粉剂，对照药剂为 2.5% 高效氟氯氰菊酯。供试作物为梨树，品种为翠冠梨，梨树树龄为 8 年。

2）实验条件及设计

① 施药当天气温为 27℃，施药当天及试验期间无雨。

② 采用喷雾法喷施苏云金杆菌可湿性粉剂（32000IU/mg）。苏云金杆菌可湿性粉剂施药剂量为 3750g/hm²、7500g/hm²、15000g/hm²。以 2.5% 高效氟氯氰菊酯 2000g/hm²

为对照药剂，以清水为空白对照，共设 4 个处理，重复 3 次。

3）蛀梢率调查　每个小区调查 2～4 棵树。试验前每株梨树按东、西、南、北、中 5 个方位调查标记未被蛀食的新梢 20 个，施药后调查标记梢中新增被害梢数量，记录梨小食心虫为害的新梢数目。药前调查 1 次，药后 5d、10d、15d、25d 各调查 1 次，共调查 5 次。并观察各施药区梨树药害情况。蛀梢率和保梢防效计算公式为：

$$蛀梢率(\%) = 蛀梢数 / 调查总梢数 \times 100\%$$

$$保梢防效(\%) = (空白对照蛀梢率 - 处理蛀梢率) / 空白对照蛀梢率 \times 100\%$$

4）结果与分析　苏云金杆菌可湿性粉剂防治梨树梨小食心虫的田间药效试验结果见表3-25。可以看出，32000IU/mg 苏云金杆菌可湿性粉剂对梨小食心虫的田间防治效果随着施药剂量的增加与药后时间的延长而升高。施药量为 3750～15000g/hm^2，药剂稀释倍数 800～200 倍，药后 5d 的防效较低，苏云金杆菌可湿性粉剂 3750g/hm^2、7500g/hm^2、15000g/hm^2 的田间平均防效分别为 48.05%、51.54%、78.60%，7500g/hm^2 与 15000g/hm^2 间防效差异显著，但均显著低于对照药剂的防效。药后 10d，15000g/hm^2 防效为 83.99%，与对照药剂比差异不显著，但显著高于低浓度处理。药后 15d，15000g/hm^2 处理显著高于其他处理。因此，32000IU/mg 苏云金杆菌可湿性粉剂防治梨小食心虫推荐使用剂量为 15000g/hm^2。

表3-25　苏云金杆菌可湿性粉剂防治梨树梨小食心虫田间药效试验结果

试验处理及药剂用量	防治效果							
	药后5d		药后10d		药后15d		药后25d	
	防效/%	差异显著性	防效/%	差异显著性	防效/%	差异显著性	防效/%	差异显著性
15000g/hm^2	78.60	b	83.99	a	88.89	a	67.43	a
7500g/hm^2	51.54	c	66.32	b	78.10	b	34.79	b
3750g/hm^2	48.05	c	55.68	b	59.77	c	10.07	c
高效氟氯氰菊酯微乳剂 2000g/hm^2	91.35	a	90.54	a	67.58	c	39.20	b

注：同列数据后不同字母表示差异显著（$P < 0.05$）。

由于苏云金杆菌可湿性粉剂的药效比化学农药慢，但随着施药时间的延长，其防效达到或者超过化学农药的药效。试验中，药后 10d 苏云金杆菌可湿性粉剂高浓度防治区的药效已与化学防治区药效没有差异。苏云金杆菌可湿性粉剂的药效比化学农药慢，建议生产实践中宜早打才能充分发挥其优势。苏云金杆菌可湿性粉剂高含量制剂 32000IU/mg 是一种防治梨小食心虫较理想的生物药剂。

3.4.2.2　梨瘿蚊绿色防控

（1）梨瘿蚊发生动态

梨瘿蚊，别称梨蚜、梨卷叶瘿蚊，属双翅目、瘿蚊科，寄主为梨树。在主要梨树栽培区均有发生。主要以幼虫为害梨芽和嫩叶，芽和叶被害后出现黄色斑点，不久，叶面出现凹凸不平的疙瘩，受害严重的叶片纵卷、变褐、干枯，提早脱落；受害梨树光合作用受到影响，严重影响新梢生长及来年产量。近年来，在江苏地区部分梨园也发现梨瘿蚊为害。为摸清岛屿 A 区域内梨园的梨瘿蚊为害规律，有效控制其发生，对不同时期梨瘿蚊为害情况进行了田间观察。

1）试验基地　试验果园是岛屿 A 某梨园，面积 5.4hm²，该园株行距 30cm×30cm，供试品种为 3 年生皇冠梨，果园杂草较多，管理较粗放，施肥喷药按常规管理。

2）试验设计　2018 年，于花蕾期不同时段在观测区选取 5 个样点，每个样点调查 1 株梨树，每株按东、南、西、北 4 个方向选取 4 根枝条逐个检查花序小花蕾 50～500 个，记载危害花蕾数，并剥查危害花蕾 5～20 个，记载花蕾蛆（幼虫）数、100 朵花幼虫数。梨叶瘿蚊采用五点取样，随机调查梨树 5 株，抽取东、南、西、北不同方位 100 片叶，统计其上幼虫及蛹期虫量。每 6d 调查一次，根据调查的梨瘿蚊虫量，分析梨瘿蚊在梨园的发生动态。

3）结果与分析　梨瘿蚊为全变态昆虫，可以通过某个虫态的发生规律来判断其一年的发生代数。由于梨瘿蚊的成虫期较短，不易诱捕调查，故选其幼虫的动态规律来判断其发生代数，梨瘿蚊完成一个世代（越冬代除外）需要 25～31d。据此，将幼虫数量的消长作为推断梨瘿蚊发生规律的一个重要指标。从图 3-26 中可以看出梨花瘿蚊幼虫的发生动态，分析发现：梨花瘿蚊幼虫主要集中于 2 月底至 3 月底发生，发生危害期为 25d 左右，种群动态呈明显的单峰型，即由最初的少量孵化慢慢增加至高峰，随后又逐渐减少直至全部入土化蛹；花蕾百朵幼虫数最多达 337 头。梨叶瘿蚊幼虫主要集中于 4～5 月发生，发生危害期为 30d 左右，种群动态呈明显的单峰型，幼虫数最多达 44 头/百叶。

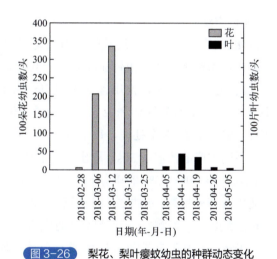

图 3-26　梨花、梨叶瘿蚊幼虫的种群动态变化

（2）七种杀虫剂对梨瘿蚊的毒性及其对异色瓢虫的安全性评价

在梨瘿蚊的各种防治技术中，化学防治是速度最快、防治效果较好的一种防治方法。梨瘿蚊的化学防治常用药剂包括 77.5% 敌敌畏 EC（乳油）、40% 毒死蜱 EC、5% 高效氯氟氰菊酯 EC、3% 啶虫脒 WP（可湿性粉剂）、5% 阿维菌素 EC、10% 吡虫啉 WP 等。传统农药施药量大、毒性高，易对环境中的水土造成污染，应该选用高效低毒、对环境友好的措施进行梨瘿蚊的防治。

生物防治，是局部地高效利用天敌生物，将害虫数量控制在经济阈值以下，是害虫综合治理中的重要手段。异色瓢虫（鞘翅目，瓢甲科）是梨树上的重要捕食性天敌之一，也是梨园中梨瘿蚊的主要捕食者。关于异色瓢虫捕食梨瘿蚊已有研究，但化学药剂对异色瓢虫的安全性评价研究较少。

研究中选择果园中害虫防治常用的几种杀虫药剂，包括150g/L 茚虫威 EC、5% 氯虫苯甲酰胺 SC（悬浮剂）、60g/L 乙基多杀菌素 SC、10% 虫螨腈 SC、45% 毒死蜱 EC、2.2% 甲氨基阿维菌素苯甲酸盐 ME（微乳剂）、2.5% 高效氯氟氰菊酯 EW（水乳剂）。通过测定 7 种杀虫剂对梨瘿蚊和异色瓢虫的毒力，评价药剂对害虫的毒力水平和对瓢虫的安全性，筛选出对害虫高效、对天敌安全的药剂，从而有效控制害虫，减少化学品投入及其对水土环境的影响。

1）供试虫源

① 于 2019 年 5 月 18 日，随机采集某梨园梨树（翠冠梨）上的梨瘿蚊幼虫虫瘿，选择大小一致的幼虫作为供试虫源。

② 购买异色瓢虫卵后，首先进行室内扩繁。饲养过程为：种植大量蚕豆苗，将豆蚜接入蚕豆苗中进行扩大繁殖。然后将带有豆蚜的蚕豆苗放入一面是尼龙网（120 目）的塑料盒（13.5cm×23cm×18cm）中，同时将异色瓢虫卵块放入盒中。卵块孵化后直至成虫均在塑料盒中饲养。将养虫盒放入温度为 26℃ ±1℃、相对湿度为 60%±5%、光周期为 L/D（光照时间/黑暗时间）=16h/8h 的养虫房，选择异色瓢虫 1 日龄幼虫和成虫进行生物测定。

2）毒力测定与安全评价方法

① 七种杀虫剂对梨瘿蚊的毒力测定。梨瘿蚊的毒力测定采用浸渍法。将采集到的带有梨瘿蚊的新鲜叶片放在显微镜下，用昆虫针剔除叶片上其他害虫，保留虫体大小一致、龄期相近的梨瘿蚊低龄幼虫。将 7 种药剂用含 0.1% Triton X-100（以促进杀虫剂活性成分均匀分布在叶片上）的蒸馏水分别稀释成 6 个系列质量浓度，用含 0.1% Triton X-100 的蒸馏水作为对照。试验设置 43 个处理，每 10 片叶作为一个处理，每个处理重复 4 次。将带虫叶片浸入不同浓度的药液中 30s，取出晾干后放入有湿滤纸的培养皿中，置于温度 25℃ ±1℃、相对湿度 60%±5% 的培养箱中培养，处理 48h，在显微镜下检查幼虫存活情况，统计活虫数和死虫数。用昆虫针轻轻触碰虫体，不动为死亡。

② 七种杀虫剂对异色瓢虫的毒力测定。异色瓢虫幼虫毒力测定采用滤纸接触法。将七种杀虫剂用含 0.1% Triton X-100 的蒸馏水稀释成 6 个系列质量浓度，用含 0.1% Triton X-100 的蒸馏水作为对照。试验设置 43 个处理，每个处理重复 4 次。取直径为 9cm 的滤纸放入塑料培养皿中，将 1mL 药液均匀滴在培养皿内的滤纸上（按每亩施药量 100L 计算而得）。滤纸自然晾干后，取 10 头 1 日龄的异色瓢虫幼虫放入含有药液的滤纸上，盖上培养皿盖子，放入温度为 26℃ ±1℃、相对湿度 60%±5%、光周期为 L/D = 14h/10h 的人工气候培养箱中。24h 后检查异色瓢虫幼虫的存活情况，虫体不能正常爬行视为死亡。

七种杀虫剂对异色瓢虫成虫的毒力测定的方法与幼虫测定相同。

③ 七种杀虫剂对异色瓢虫的安全性评价。以杀虫剂的田间推荐使用浓度与异色瓢虫半致死浓度（LC_{50}）相比，求得安全系数，评估药剂对异色瓢虫的安全程度。以杀虫剂对异色瓢虫的半致死浓度（LC_{50}）与对梨瘿蚊的半致死浓度（LC_{50}）相比，求得益害毒性比。

④ 数据统计与分析。毒力测定中，死亡率、校正死亡率计算公式为：

$$死亡率 = 试验死虫数 / 处理总虫数 \times 100\%$$

$$校正死亡率 = (处理死亡率 - 对照死亡率) / (1 - 对照死亡率) \times 100\%$$

根据试验所得数据，利用 Poloplus 软件计算出半致死浓度（LC_{50}）及其 95% 置信区间和斜率，95% 置信区间不重叠时表明参数之间差异显著。

3）试验结果分析

① 七种杀虫剂对梨瘿蚊幼虫的毒力。由表 3-26 可知，七种药剂对梨瘿蚊幼虫的 LC_{50}（梨瘿蚊幼虫对七种杀虫剂的敏感性）由高到低的顺序为：2.5% 高效氯氟氰菊酯 EW > 5% 氯虫苯甲酰胺 SC > 60g/L 乙基多杀菌素 SC > 2.2% 甲氨基阿维菌素苯甲酸盐 ME > 45% 毒死蜱 EC > 150g/L 茚虫威 EC > 10% 虫螨腈 SC。梨瘿蚊幼虫对 2.5% 高效氯氟氰菊酯 EW 敏感性最强，LC_{50} 为 5.54mg/L；5% 氯虫苯甲酰胺 SC 次之，LC_{50} 为 10.015mg/L；对 10% 虫螨腈 SC 的敏感性最低，LC_{50} 为 404.147mg/L。

从毒力指数可以看出，2.5% 高效氯氟氰菊酯 EW 相对毒力指数最高，为 4185.49；其次是 5% 氯虫苯甲酰胺 SC，相对毒力指数为 2315.29；60g/L 乙基多杀菌素 SC 的相对毒力指数为 697.92；2.2% 甲氨基阿维菌素苯甲酸盐 ME 的相对毒力指数为 108.03；其他两个药剂的相对毒力指数均低于对照药剂 45% 毒死蜱 EC。

表 3-26　七种杀虫剂对梨瘿蚊幼虫的毒力

杀虫剂	LC_{50}(95% 置信区间)/(mg/L)	斜率 ± 标准误	卡方值	相对毒力指数
45% 毒死蜱 EC	231.876(95.509～425.680)[a]	2.014±0.165	12.151	100
5% 氯虫苯甲酰胺 SC	10.015(6.460～15.380)[c]	1.510±0.128	13.313	2315.29
2.2% 甲氨基阿维菌素苯甲酸盐 ME	214.644(107.326～675.133)[a]	1.251±0.113	31.023	108.03
60g/L 乙基多杀菌素 SC	33.224(21.976～49.759)[b]	1.772±0.249	3.238	697.92
150g/L 茚虫威 EC	401.490(171.802～1004.469)[a]	1.210±0.122	22.991	57.75
2.5% 高效氯氟氰菊酯 EW	5.540(4.251～7.181)[c]	1.111±0.100	2.562	4185.49
10% 虫螨腈 SC	404.147(317.633～520.422)[a]	2.823±0.236	9.028	57.37

注：同列数据后不同字母表示差异显著（$P < 0.05$）。

② 七种杀虫剂对异色瓢虫幼虫的毒力。七种杀虫剂中 2.2% 甲氨基阿维菌素苯甲酸盐 ME 对异色瓢虫幼虫的毒力最高，LC_{50} 为 0.043mg/L；其次是 2.5% 高效氯氟氰菊酯 EW；60g/L 乙基多杀菌素 SC 对其毒力最低，LC_{50} 为 296.745mg/L。相对毒力指数顺序为 2.2% 甲氨基阿维菌素苯甲酸盐 ME > 2.5% 高效氯氟氰菊酯 EW > 10% 虫螨腈 SC > 150g/L 茚虫威 EC > 5% 氯虫苯甲酰胺 SC > 60g/L 乙基多杀菌素 SC。具体见表 3-27。

表3-27 七种杀虫剂对异色瓢虫1日龄幼虫的毒力

杀虫剂	LC_{50}(95%置信区间)/(mg/L)	斜率±标准误	卡方值	相对毒力指数
45%毒死蜱EC	0.618(0.403～0.996)^c	1.949±0.253	5.086	100.00
5%氯虫苯甲酰胺SC	229.968(105.178～536.540)^a	1.516±0.192	11.756	0.27
2.2%甲氨基阿维菌素苯甲酸盐ME	0.043(0.034～0.053)^d	2.592±0.331	2.968	1437.21
60g/L乙基多杀菌素SC	296.745(168.235～758.131)^a	1.146±0.176	6.132	0.21
150g/L茚虫威EC	7.057(4.565～10.917)^b	1.097±0.202	2.259	8.76
2.5%高效氯氟氰菊酯EW	0.237(0.144～0.415)^c	1.220±0.148	8.133	260.76
10%虫螨腈SC	4.127(2.609～6.701)^b	0.868±0.132	2.353	14.97

注：同列数据后不同字母表示差异显著（$P<0.05$）。

由表3-28可知，七种杀虫剂对异色瓢虫成虫的毒力大小顺序为：45%毒死蜱EC＞2.2%甲氨基阿维菌素苯甲酸盐ME＞2.5%高效氯氟氰菊酯EW＞10%虫螨腈SC＞5%氯虫苯甲酰胺SC＞150g/L茚虫威EC＞60g/L乙基多杀菌素SC。45%毒死蜱EC对异色瓢虫成虫的毒力最高，LC_{50}为8.207mg/L；60g/L乙基多杀菌素SC毒力最低，LC_{50}为8065.928mg/L。

表3-28 七种杀虫剂对异色瓢虫成虫的毒力

杀虫剂	LC_{50}(95%置信区间)/(mg/L)	斜率±标准误	卡方值	相对毒力指数
45%毒死蜱EC	8.207(3.928～13.906)^f	1.695±0.207	8.584	100
5%氯虫苯甲酰胺SC	1037.612(849.619～1291.870)^c	2.336±0.263	3.148	0.79
2.2%甲氨基阿维菌素苯甲酸盐ME	34.644(28.059～43.057)^e	2.119±0.231	3.663	23.69
60g/L乙基多杀菌素SC	8065.928(5452.989～12400.699)^a	2.752±0.327	4.553	0.10
150g/L茚虫威EC	3257.682(2671.110～4019.139)^b	2.290±0.240	2.338	0.25
2.5%高效氯氟氰菊酯EW	55.455(41.693～75.355)^e	2.471±0.272	4.277	14.80
10%虫螨腈SC	237.767(145.065～377.753)^d	2.304±0.250	9.254	3.45

注：同列数据后不同字母表示差异显著（$P<0.05$）。

③ 七种杀虫剂对异色瓢虫的安全性评价。从七种药剂对异色瓢虫幼虫的安全系数（表3-29）看，60g/L乙基多杀菌素SC的安全系数最高，对异色瓢虫较为安全，而其他6种药剂对异色瓢虫的安全系数均较低，顺序为5%氯虫苯甲酰胺SC＞150g/L茚虫威EC＞10%虫螨腈SC＞2.5%高效氯氟氰菊酯EW＞2.2%甲氨基阿维菌素苯甲酸盐ME＞45%毒死蜱EC。安全系数和益害毒性比的结果表明，60g/L乙基多杀菌素SC对异色瓢虫较为安全。

表3-29 七种杀虫剂对异色瓢虫1日龄幼虫的安全性评价

杀虫剂	田间推荐剂量/(mg/L)	安全系数	益害毒性比
45%毒死蜱EC	168.7～211	0.003～0.004	0.003
5%氯虫苯甲酰胺SC	15～27.5	8.362～15.331	22.962
2.2%甲氨基阿维菌素苯甲酸盐ME	1.6～2	0.022～0.027	0.000

续表

杀虫剂	田间推荐剂量/(mg/L)	安全系数	益害毒性比
60g/L 乙基多杀菌素 SC	12~24	12.364~24.729	8.932
150g/L 茚虫威 EC	15~27	0.261~0.470	0.018
2.5% 高效氯氟氰菊酯 EW	8.3~12.5	0.019~0.029	0.043
10% 虫螨腈 SC	30	0.138	0.010

从七种药剂对异色瓢虫成虫的安全系数（表3-30）看，60g/L 乙基多杀菌素 SC 的安全系数最高，对异色瓢虫成虫较为安全，45% 毒死蜱 EC 对异色瓢虫成虫的安全系数最低，其他杀虫剂的安全系数顺序为 150g/L 茚虫威 EC＞5% 氯虫苯甲酰胺 SC＞2.2% 甲氨基阿维菌素苯甲酸盐 ME＞10% 虫螨腈 SC＞2.5% 高效氯氟氰菊酯 EW。七种杀虫剂的益害毒性比的顺序为 60g/L 乙基多杀菌素 SC＞5% 氯虫苯甲酰胺 SC＞2.5% 高效氯氟氰菊酯 EW＞150g/L 茚虫威 EC＞10% 虫螨腈 SC＞2.2% 甲氨基阿维菌素苯甲酸盐 ME＞45% 毒死蜱 EC。

表3-30 七种杀虫剂对异色瓢虫成虫的安全性评价

杀虫剂	田间推荐剂量/(mg/L)	安全系数	益害毒性比
45% 毒死蜱 EC	168.7~211	0.039 0.049	0.035
5% 氯虫苯甲酰胺 SC	15~27.5	37.731~69.174	103.606
2.2% 甲氨基阿维菌素苯甲酸盐 ME	1.6~2	17.322~21.653	0.161
60g/L 乙基多杀菌素 SC	12~24	336.080~672.161	242.774
150g/L 茚虫威 EC	15~27	120.655~217.179	8.114
2.5% 高效氯氟氰菊酯 EW	8.3~12.5	4.436~6.681	10.010
10% 虫螨腈 SC	30	7.926	0.588

3.4.2.3 枇杷黄毛虫药剂防治

枇杷黄毛虫属鳞翅目灯蛾科，又名枇杷瘤蛾，为枇杷主要害虫之一，各产区都不同程度地受害。此虫主要以幼虫为害枇杷嫩叶、嫩芽，发生多时也会食害老叶、嫩茎表皮和花果。本研究以苏州一枇杷园为调查点，调查了枇杷的发生情况，为下一步防治提供基础数据。研究发现，7月初枇杷为害特别严重，据观察，幼虫在一般情况下主要对枇杷新梢叶片造成为害，叶片可能会被吃光，一棵枇杷树平均有50多头黄毛幼虫。当枇杷黄毛虫大量发生时，受害枇杷当年新叶被全部吃光，老叶仅存叶脉，导致树势衰弱，产量锐减。

为筛选出防治枇杷黄毛虫的环保型药剂、减少农药使用量及使用次数，选用不同药剂开展了枇杷黄毛虫的防效试验，比较其防效以及持效性、速效性。结果表明，5% 甲氨基阿维菌素苯甲酸盐水分散粒剂防治枇杷黄毛虫速效性好、持效性也长；32000IU/mg 苏云金杆菌 WP200 倍的速效性一般，但是持效性较长。

（1）供试材料

① 试验药剂：5% 甲氨基阿维菌素苯甲酸盐水分散粒剂、32000IU/mg 苏云金杆菌 WP。

② 试验对象：枇杷黄毛虫（Melanographia flexilineata Hampson）。

（2）试验地点

试验地点为金庭镇枇杷基地，枇杷树龄 12 年，品种为白玉，株高 2.5～3m，株行距 3m×4m，受黄毛虫为害程度较重。

（3）试验设计

设 6 个药剂处理和 1 个清水对照，每个处理重复 3 次，每重复 5 株枇杷树，随机排列。试验区四周设置保护行。2019 年 5 月 8 日进行喷药，采用 16L 新加坡利农 HD400 喷雾器对枇杷全株叶片的正反面进行均匀喷雾。

（4）调查及统计方法

1）调查方法　每小区每株枇杷树在喷药前按东、西、南、北、中 5 个方位随机选取 1 个枝条标记定枝，每枝选取 10 张叶片挂牌标记定位，统计叶片上枇杷黄毛虫幼虫数量。在施药后 3d、7d、14d 各调查标记叶片上残留活虫量。以施药前和施药后各时期的 100 片叶活虫数计算校正防治效果。

2）药效计算方法

虫口减退率(%)=(药前虫口基数－药后活虫数)/药前虫口基数×100

校正虫口减退率(%)=(药剂处理区虫口减退率－对照区虫口减退率)/(1－对照区虫口减退率)×100

（5）试验结果分析

1）药剂安全性评价　在施药后 3d、7d、14d 分别观察着药叶片和果实。调查发现，在不同药剂处理的各个小区每株枇杷树的叶片及果实上均未发生药害。试验期间，药剂处理未对果树生长发育和果实品质产生影响，说明各试验药剂均对枇杷树生长安全。

2）不同药剂对枇杷黄毛虫的防治效果（见表 3-31）

① 药后 3d，5% 甲氨基阿维菌素苯甲酸盐水分散粒剂（简称甲维盐）1500 倍对枇杷黄毛虫幼虫的防效最佳，达到 93.51%；5% 甲氨基阿维菌素苯甲酸盐水分散粒剂 2000 倍、3000 倍防效分别达到 90.43% 和 89.14%；32000IU/mg 苏云金杆菌 200 倍的防效为 76.72%，600 倍的防效最低，为 63.99%。

表 3-31　不同药剂处理对枇杷黄毛虫幼虫的防治效果

处理		药前基数/头	药后 3d		药后 7d		药后 14d	
			减退率/%	防效/%	减退率/%	防效/%	减退率/%	防效/%
甲维盐	1500 倍	186	92.64	93.51^a	96.05	95.06^a	92.31	88.55^a
	2000 倍	176	89.20	90.43^b	93.57	91.94^b	89.21	83.87^b
	3000 倍	166	87.75	89.14^b	92.54	90.68^b	85.95	79.05^c
苏云金杆菌	200 倍	148	73.66	76.72^c	87.86	84.83^c	87.45	81.09^{bc}
	400 倍	160	68.37	72.03^d	82.65	78.29^d	82.24	73.51^d
	600 倍	158	59.22	63.99^e	79.06	73.79^e	79.30	69.19^e

注：同列数据后不同字母表示差异显著（$P<0.05$）。

② 药后 7d，各处理药剂对枇杷黄毛虫幼虫的防效均有提升。其中 5% 甲氨基阿维

菌素苯甲酸盐水分散粒剂 1500 倍防效最佳，达 95.06%，5% 甲氨基阿维菌素苯甲酸盐水分散粒剂 2000 倍和 3000 倍防效较好，分别达到 91.94% 和 90.68%；32000IU/mg 苏云金杆菌也都有较好的防效，分别为 84.83%、78.29%、73.79%。

③ 药后 14d，各处理药剂对枇杷黄毛虫幼虫的防效均有下降，但也有较好的防效。其中 5% 甲氨基阿维菌素苯甲酸盐水分散粒剂 1500 倍防效最佳，达 88.55%，5% 甲氨基阿维菌素苯甲酸盐水分散粒剂 2000 倍和 3000 倍防效较好，分别达到 83.87% 和 79.05%；32000IU/mg 苏云金杆菌也都有较好的防效，分别为 81.09%、73.51%、69.19%。

试验结果表明，在枇杷黄毛虫发生量较大的情况下，5% 甲氨基阿维菌素苯甲酸盐水分散粒剂 3 种剂量均有较好的防效和持效性。32000IU/mg 苏云金杆菌 200 倍有较好的防效和持效性。这两种药剂可用于枇杷黄毛虫幼虫防治，药剂轮换使用。

3.4.2.4 防控前后农药使用情况分析

以岛屿 A 梨主产地为调查对象，梨园总面积为 5.4hm^2，分别在 2017 年、2018 年、2019 年对农药的使用次数、用药量、用药种类、喷药器械等进行了详细的调查。

① 药剂使用量：市场购买的药剂，根据果农提供的用水量和稀释倍数进行计算。整个地区的农药使用量按照被调查果园面积计算加权平均值，计算方法为：平均用药量 = [（地块平均用药量 × 地块面积）]/ 该地区总面积。

② 农药价格：使用果农提供的数据；若果农未提供数据，则使用中国农药信息网所列的药剂销售价格。

（1）梨树害虫防控前后梨园产量和收入调查

防控前梨园平均产量为 484kg/ 亩，按照单价 10 元 /kg 计算，平均收入为 4840 元 / 亩。防控后调查的梨园平均产量为 6610kg/ 亩，按照单价 10 元 /kg 计算，平均收入为 6610 元 / 亩。与 2018 年相比，2019 年梨的产量增加 74kg/ 亩，收入增加 740 元 / 亩，单果大小相差不多。

（2）防控前主要病虫害及防治用药种类

① 果园中发生的主要病害包括黑星病、梨锈病、轮纹病、黑斑病、腐烂病等。其中，梨锈病、轮纹病、腐烂病发生较严重，是生产中的主要防治对象。主要应用的杀菌剂有甲基硫菌灵、多菌灵、代森锰锌、石硫合剂、碱式硫酸铜、多抗霉素、嘧啶核苷类抗菌素、过氧乙酸、三唑酮、戊唑醇等。

② 果园中害虫主要有介壳虫、梨小食心虫、梨瘿蚊、山楂红蜘蛛、梨网蝽、梨木虱、椿象、叶蝉、蚜虫、梨茎蜂等。常用的杀虫剂包括高效氯氰菊酯、吡虫啉、噻嗪酮·杀扑磷、灭幼脲、毒死蜱、甲维盐等；杀螨剂包括哒螨灵、噻螨酮、炔螨特、三唑锡、季酮螨酯等。此外，使用了植物源杀虫剂苦参碱。

（3）防控前后用药次数、用药量及投入产出（见表 3-32）

1）防控前用药次数　调查发现，2018 年梨园年平均用药次数为 7.5 次。第 1 次在梨树芽叶初展时，在 1 星期内喷完药。第 2 次在梨树谢花后，第 3 次在 4 月上旬，第 4 次在 4 月下旬，第 5 次在 5 月上旬，第 6 次于 5 月下旬前，第 7 次在 6 月下旬，7 月中旬至 8 月上旬视虫情再喷 1～2 次。一般每次用药均同时包括杀虫剂、杀菌剂和杀螨剂，同一药剂连续使用 2 次后更换成其他药剂。

2）防控后用药次数　2019 年梨园年平均用药次数为 5 次。第 1 次在梨树芽叶初展时，在 1 星期内喷完药。第 2 次在 5 月上旬，第 3 次在 5 月下旬，第 4 次在 6 月上旬，第 5 次在 7 月上旬。一般每次用药均同时包括杀虫剂、杀菌剂或杀螨剂，同一药剂连续使用 2 次后更换成其他药剂。与 2018 年相比较，用药次数减少 2.5 次。

3）防控前用药量和投入产出　梨园在实施病虫害绿色防控前（2018 年），化学农药使用量为 1.42kg/ 亩，平均投入 233 元 / 亩，产量 600kg/ 亩，收入 6088 元 / 亩。果园生产 1t 梨投入的农药量为 2.37kg。

4）防控后用药量和投入产出　梨园在实施病虫害绿色防控后（2019 年），化学农药使用量为 1.01kg/ 亩，同比 2018 年减少 28.87%，平均投入 165.73 元 / 亩，产量 615kg/ 亩，收入 6150 元 / 亩。果园生产 1t 梨投入的农药量为 1.63kg。与 2018 年相比较，农药生产 1t 梨投入的农药量减少 0.74kg。

表3-32　2018、2019年梨园用药量和投入产出

时间	平均用药量/（kg/亩）	平均投入/（元/亩）	产量/（kg/亩）	收入/（元/亩）	收入产出比/（元/kg）
2018年	1.42	233	600	6088	10
2019年	1.01	165.73	615	6150	10

农药残留和农业面源污染是普遍关注的指标，农药的减量使用也是梨生产中降低农药残留、减少污染的一项重要措施。

3.5　特色农业面源污染截留技术

针对岛屿 A 区域内特色农业生态种植系统中农药化肥源头减施、减控后依然存在各种肥药成分流失率占比高，可能对种植区周边造成复合型面源污染等特点，以及其他各种零星排水可能导致面源径流及受纳水体动态变化突出等问题，考虑到岛屿 A 可用于实施生态净化的土地资源极其紧缺等约束条件，以种植业面源径流污染物拦截、高效吸附净化、吸附氮磷的资源化循环利用和长效管理为目标，开展果园林下景观氮、磷生态拦截带技术，生态箱 + 生态沟渠面源径流拦截净化技术研究，承接前端的水肥一体化精准施肥，形成集约型强化净化和资源循环利用的特色农业面源污染截留技术体系，如图 3-27 所示。

3.5.1　果园林下径流水收集装置

果园林下径流水收集装置实验主要是对比设置果园林下景观型氮、磷截留带后氮、磷流失的削减程度及效果，果园林下径流水收集装置只起到中间拦截采样的作用，不能用来计算全部流失量。

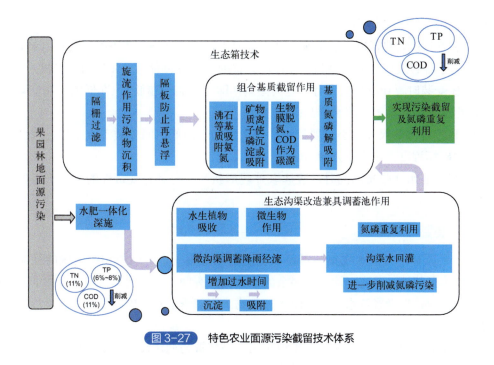

图 3-27　特色农业面源污染截留技术体系

3.5.1.1　设计原理

果园林下径流水收集方式为：雨水落到果树下地面后，部分下渗到树下土壤中，部分会由畦面的高处向低处方向形成地表径流，最后汇流到排水沟，经排水沟排出园区。

果园林下径流水收集装置适合放置在畦面和排水沟交接处的沟边缘位置，在径流水经过畦面即将进入排水沟时将其收集起来，此时收集的水样可以反映雨水对果园土壤冲刷后可能带到排水沟并最终汇入河流甚至湖泊水源地的面源污染物质的浓度，如氮、磷、农药残留等。在得到径流水的氮、磷等污染物浓度后，结合全年降雨形成的径流量，可计算出总的流失量。

果园纵向侧视剖面图如图 3-28 所示。

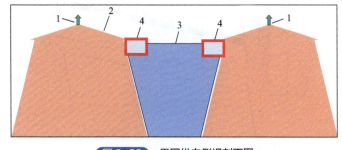

图 3-28　果园纵向侧视剖面图

1—果树；2—有一定很小坡度的畦面；3—果树行间排水沟；4—集水收集装置

果园林下径流水收集装置在田间应用时需注意：

① 装置的安装设计为朝向畦面一侧设有水平口，水平口高出沟边缘 1～2cm，保

证果园树下地表径流水顺势流入装置内；

② 装置只能收集沿畦面流下来的地表径流水，不允许雨水落下时直接进入装置内；

③ 为了保证装置的密闭性和整体性，装置的正上方设置为一体化的遮盖状；

④ 在安装时要让收集装置有一定的倾斜（即一端高一端低），在低的一端安装取水阀门，更便于采集地表径流水样品；

⑤ 装置整体的尺寸大小需要控制，便于装卸，降低田间安装工程难度，降低对园内土壤的破坏程度，也为了方便运输；

⑥ 在保证水样收集的同时，应选取外观形状和颜色具有观赏性的物美价廉的轻便型的材料。

3.5.1.2 装置特点

采用果园林下径流水收集装置可以实现定期采集一定时间内相关区域的径流水样品，采集方便快速，采完一次后将多余的水放掉，有助于了解雨季集中时段和非雨季的径流发生情况，以及径流水中氮、磷等污染物浓度随季节和不同施肥方式与阶段的变化情况。

与传统的水泥砖混的径流水收集池相比，该装置初期建设的人工、材料和工期成本均很低；该装置的安装、施工不受天气和地势地形等因素影响，无需考虑大型机械无法到达施工场地的问题，而且可根据实验方案变化及时有效调整，方便快捷；在使用过程中如果出现设备老化或受损情况，可以及时进行设备维护和更换，维护便捷；由于成本低，安装方便，采集迅速，该装置可以实现同步多点位布点，为实验获取真实、及时有效的数据奠定基础。

3.5.1.3 参数设定

果园林下径流水收集装置采用方形白色PVC管改装而成，并配有安装配件，具体如图3-29所示。

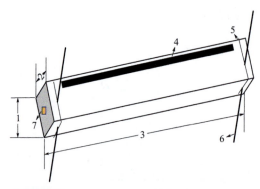

图3-29 果园林下径流水收集装置及配件示意图

1—高；2—宽；3—长；4—侧面开口；5—22号缠绕铁丝；6—10号固定铁丝；7—水样采集阀门

装置设计参数主要包括：

① PVC方形管：长度为100cm，宽度为10cm，高度为10cm，PVC管管壁厚度为

2mm。

② 侧面进水口：在 PVC 管的一侧开出一条窄口，其长度为 90cm，宽度为 3cm，两端各留出 5cm，用于支撑和配置安装配件。

③ 安装配件：在 PVC 管两端预留的 5cm 未开口处，用 22 号细镀锌捆绑专用铁丝线缠绕一圈，并安装一根 25cm 和一根 40cm 长的 10 号铁丝，分别用于田间安装支撑和牵引固定。

④ 水样采集阀门：选择一端安装一个水样采集阀门，阀门规格为 L202 型（黄铜壳体，口直径 2cm）。

3.5.1.4 田间安装

岛屿 A 常年雨水丰沛，尤其以春夏梅雨季节雨势集中且雨量大。选择的果园农田地势较为平坦，果树行间开有深度＞60cm、宽度＞100cm 的排水沟，果树种植处的畦面呈中间高、往两边排水沟的方向逐渐降低的小坡度。根据实验场地的布置，在一条排水沟边根据拦截带密度设置 3 个径流水收集装置，如图 3-30 所示。

图 3-30　径流水收集装置安装位置示意图

将收集装置开口一面靠近排水沟边缘，开口的下边线与地面齐平，将一根 10 号铁丝在与开口边相对的一侧插入排水沟壁的孔中，起到支撑作用；将另一根 10 号铁丝在开口一侧向地面拉伸并插入土壤中，起到牵引的作用。调整好装置水平高度，使得有收集阀门的一端低于另一端。利用硅胶将装置的开口处与排水沟边缘的水泥壁胶合在一起，既起到固定的作用，又利于径流水顺利进入收集装置内。

3.5.2　果园林下景观氮、磷生态拦截带技术

岛屿 A 以低矮丘陵为主，地势中间高周边低，夏季作物（果树等）生长季节多雨，径流量大，加上农民传统的表层或浅层施肥方式，导致水土和养分随水进入沟渠，最终汇入太湖。为防止或者减少养分过多流失浪费，降低水体污染风险，在果树种植过程中进行了田间结构改造，即：在果树行间深挖排水沟，缓解径流水直接汇入河湖的情况；在排水沟边缘栽种低矮四季常绿植物（不与果树争夺光照、养分和水资源），形成果园林下景观氮、磷生态拦截带（简称"景观拦截带"），用于拦截吸收径流水中的氮、磷养分，同时美化果园四季景观。

3.5.2.1 技术原理与构成

果园林下景观氮、磷生态拦截带技术，是利用现有地形和农田沟、渠、塘及湿地等条件，通过坡种草、岸种柳、沟塘种植水生植物和设置多级拦截坝等措施来固定坡、岸泥沙，降低水体中氮、磷含量，达到"三清除"（清除垃圾、淤泥、杂草）和"三拦截"（拦截污水、泥沙、漂浮物）的作用。该技术主要由工程部分和生物部分两部分组成。

（1）工程部分

主要是生态拦截渠。建设时应等高开沟，保证沟渠内有一定的水深，保证水流平缓，延长滞留时间，提高拦截效果。为使生态拦截渠内水生植物具备基本的植生土，沟渠底施工采用素土夯实，并在其夯实层上方敷设 150～200mm 厚植生土。兼有灌溉作用的沟渠两侧壁采用生态砖堆砌护壁，其他采用阶梯式侧壁，以满足作物区的植物生长用水。

（2）生物部分

主要是植物景观，目的是增加生物多样性，提高脱氮除磷的效果，适应本地环境，延长使用寿命。需筛选根系发达、净化效果好、耐寒、生长适应能力强、有经济价值与景观效果、无休眠或短休眠期的植物。常见的景观效果好的水生植物有马蹄莲、美人蕉、香蒲、灯芯草、纸莎草和芦等。目前存在的问题是冬季枯萎后植物可能会在水中腐烂，导致氮、磷回流，因此要进行收割，但收割成本高，需要投入一定的人力、物力和财力，增加了推广使用的难度。因此，技术研究过程中，在常规的生物拦截的基础上改进植物的选择和栽种位置，选择低矮的、四季常青的、不用收割的绿化类植物，由栽种在水边改为栽种在作物田间或者田边的沟渠旁，可以更直接有效地拦截农田径流中的氮、磷，还可以增加田间的景观度，从景观上做到三季有花、四季有绿，勃勃生机。

景观拦截带主要用于收集面源污染径流，并对收集的径流进行预处理，具有简便易行、投资少、效率高、适合乡村居住习惯等优点，被广泛用于农业面源污染防治工作中，但各工程点的实际情况、处理工艺和设计单位都不尽相同，技术的实现形式也应因地制宜。

3.5.2.2 技术方案设计

景观拦截带的方案设计主要包括行间排水沟设计、林下景观带设计两部分，其中，林下景观带设计又包括景观植物选择、果林伴生栽培、田间养护管理等。

（1）行间排水沟设计

排水沟位于果树行间，其上口宽为 2.0～3.0m，坡面呈 60°～70°角，排水沟侧面采用水泥板或植草格护坡，防止坡面坍塌造成水土流失。畦面宽为 5.0～6.0m，略呈龟背形，中间比边上高出 10～20cm，防止水淹果树根部，导致病害发生。

（2）林下景观带设计

1）景观植物选择

① 葱兰：多年生草本，直径约 2.5cm，叶狭线形，肥厚，亮绿色，长 20～30cm，宽 2～4mm。喜阳光充足，耐半阴与低湿，宜生长在带有黏性且排水好的土壤上。较耐寒，在长江流域可保持常绿，0℃以下亦可存活较长时间。在 −10℃ 左右的条件下

短时不会受冻。葱兰极易自然分球,分株繁殖容易,养护简便。

② 麦冬:多年生常绿草本植物,茎很短,叶基生成丛,禾叶状,长10～50cm,生于海拔2000m以下的山坡阴湿处、林下或溪旁。它有常绿、耐阴、耐寒、耐旱、抗病虫害等多种优良性状,5～30℃能正常生长,最适生长气温为15～25℃,低于0℃或高于35℃生长停止。银边麦冬、金边阔叶麦冬、黑麦冬等均具有很高的绿化观赏价值。

2)果林伴生栽培　绿化植物虽然具有耐阴的特性,但是也需要一定量的光照。为有效地拦截果林径流水中的氮、磷养分,栽培时在排水沟边缘沿沟边成行,与径流水方向垂直。栽培株行距为8cm,整体宽度为50～60cm。生态拦截带俯视图和侧视图如图3-31和图3-32所示。

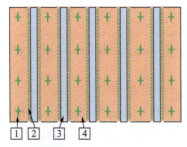

图3-31　景观拦截带俯视图

1—果树(枇杷、梨);2—低矮常绿植物(麦冬、葱兰);3—排水沟;4—畦面

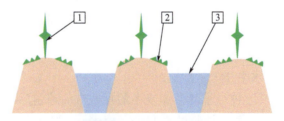

图3-32　景观拦截带侧视图

1—果树(枇杷、梨);2—低矮常绿植物(麦冬、葱兰);3—排水沟

葱兰和麦冬的种植密度一样,均设置3个密度,如图3-33所示,共计7个处理,21个重复小区。

具体处理如下。

T1:高密度麦冬(MG),株行距均为8cm,种植7行。

T2:中等密度麦冬(MZ),株行距均为10cm,种植5行。

T3:低密度麦冬(ML),株行距均为15cm,种植3行。

T4:高密度葱兰(CG),株行距均为8cm,种植7行。

T5:中等密度葱兰(CZ),株行距均为10cm,种植5行。

T6:低密度葱兰(CL),株行距均为15cm,种植3行。

T7:不栽种林下景观植物的空白对照(CK)。

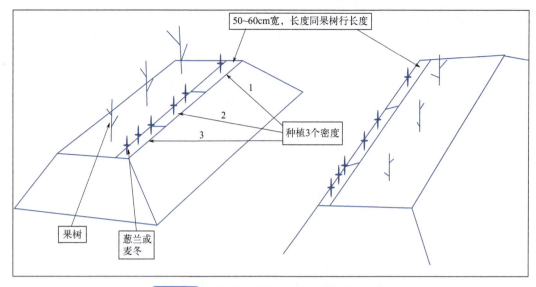

图 3-33　果园林下景观 N、P 生态拦截带示意图

3) 田间养护管理　由于景观拦截带设置在排水沟边,不会发生渍水现象,如遇干旱季节,可直接用排水沟内的存水进行适当的浇灌。平时不需要施用肥料。如有杂草生长,可适当人工除草,禁用除草剂等对水体和果园有污染性的农药。

(3) 径流水采集方法

在每个处理小区相对应的排水沟边,分别安装一台果园林下径流水收集装置,用于采集梨树林下径流水。每月采集一次,采集完成后将收集装置中多余的水样全部放掉,以免与下一阶段水样混合。用于林下地表径流水中 N、P 等指标的测试。

3.5.2.3　技术效果分析

(1) 梨园地表径流水中 TN 含量

由图 3-34 可知,经过种植了葱兰和麦冬的拦截带的截留后,径流水中的 TN 含量均有所下降。与不种植拦截带植物的对照处理相比,麦冬处理径流水中 TN 含量下降 0.5%～4.5%,葱兰处理径流水中 TN 含量下降 1%～3.5%。与葱兰相比,麦冬的拦截效果更好。麦冬的 3 个种植密度对径流水中 TN 的拦截效果顺序为高密度＞中等密度＞低密度,而且呈现出显著性差异。葱兰的 3 个种植密度对径流水中 TN 的拦截效果顺序也是高密度＞中等密度＞低密度,同样呈现出显著性差异。从初期效果来看,种植拦截植物有助于减缓果园径流水中 TN 的流失,降低它对环境水体的污染风险。由于监测时植物种植时间短,拦截效果还没有更好地显现,随着植物的生长,拦截效果会逐步提高。

(2) 梨园地表径流水中 TP 含量

由图 3-35 可知,经过葱兰和麦冬拦截带的截留后,径流水中的 TP 含量也有所下降。与不种植拦截带植物的对照处理相比,麦冬处理径流水中 TP 含量下降 51%～60%,葱兰处理径流水中 TP 含量下降 10%～60%,麦冬的拦截效果明显好于葱兰。麦冬三个种植密度对径流水中 TP 的拦截效果顺序为高密度≥中等密度＞低密度,高密度和中等密度差异显著,中等密度与低密度差异不显著。葱兰的三个种植密度对径流水中 TP 的

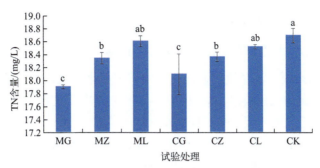

图 3-34　不同处理下果园地表径流水中 TN 含量（图中不同字母表示存在显著性差异）

拦截效果顺序为高密度＞中等密度＞低密度，呈现出显著性差异。从初期效果来看，拦截植物的种植有助于减缓梨园径流水中 TP 的流失，降低环境水体的污染。景观拦截带对 TP 的拦截效果要好于 TN，可能原因是氮易溶于水，而磷易固定于土壤中，拦截带在拦截径流水的同时也拦截了一定量随水而下的土壤，磷也随之留在了拦截带中，从而提高了拦截效果。

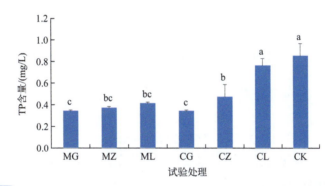

图 3-35　不同处理下果园地表径流水中 TP 含量（图中不同字母表示存在显著性差异）

从上述分析中可以看出，果园（梨园）在使用了景观拦截带技术后，径流水中氮、磷等养分元素的流失均有所减少，土壤流失率降低，土壤对果树的有效养分供应也得到提高。因此，两年来果园的水果产量均有所增加，提高了果农的收入。

另外，虽然应用拦截带技术过程中会增加部分果园作业工作量，但均在可控范围内，没有消耗过多的生产劳动力和成本。相对于秋、冬季需要收割的净水植物，此投入可以忽略不计。因此，改河湖岸边拦截为农田景观生态拦截，不仅能有效降低氮、磷流失，降低水体污染负荷，而且可以提升氮、磷养分的有效利用率。

3.5.3　生态箱+生态沟渠面源径流拦截净化技术

生态箱＋生态沟渠面源径流拦截净化技术，是将生态箱面源污染截留净化技术（简称"生态箱"）和生态沟渠水回灌技术（简称"生态沟渠"）相结合，利用生态箱对氮、磷等面源污染物进行截留净化，通过生态沟渠技术实现径流流失氮、磷的资源化再利用,最终实现面源污染负荷削减。

3.5.3.1 特色农业区域气象概况及氮、磷污染负荷

生态箱＋生态沟渠面源径流拦截净化技术研究的区域为岛屿 A 的某梨园,在研究开始前,首先对梨园的气象数据、梨园沟渠内污染物季节浓度特征进行了监测分析。

(1) 果园及附近区域主要气象数据的实时在线监测

实时在线监测得到:2019 年风速最大值为 1.61m/s,最小值为 1.04m/s,平均风速为 1.33m/s。2020 年风速在 0.79～1.60m/s 内波动,平均风速为 1.28m/s。梨园整体上风速于 3～7 月呈减弱趋势,8～12 月风速上下波动较大。

风速情况如图 3-36 所示。

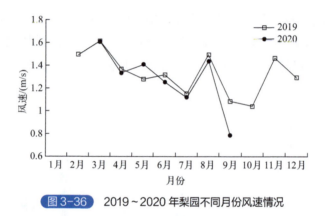

图 3-36　2019～2020 年梨园不同月份风速情况

从图 3-37 中可以看出,大气温度变化基本符合长江中下游平原温度变化规律。总体来看,2020 年 4 月温度较低,8 月温度较高。季节趋势上,梨园大气温度 1～8 月逐渐升高,9～12 月逐渐降低。

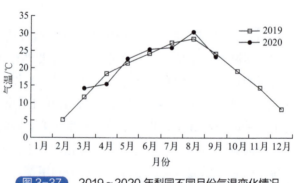

图 3-37　2019～2020 年梨园不同月份气温变化情况

降雨量是影响梨园氮、磷流失的重要因素。从图 3-38 中 2014～2019 年降雨量变化规律来看,降雨量主要集中在夏季和初秋,如 2018 年 6～9 月,2019 年 6 月、8 月、9 月,是降雨量较高的月份,也是施肥的关键时期,在降雨量较高的月份采用生态箱＋生态沟渠模式,面源污染削减效果会更好。

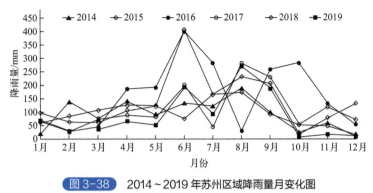

图 3-38　2014~2019 年苏州区域降雨量月变化图

(2) 果园地表径流沟渠水中氮、磷等主要污染负荷特征

结合科学制定的滴灌施肥的施用频率、施用深度、施肥浓度等参数和气象、土壤、地表径流等特征，2019~2020 年对梨园中的沟渠水进行了 5 次采样调查与分析。从表 3-33 中可以看出，TP 和 COD 均呈现明显的上升趋势，TN 和 NH_4^+-N 浓度均持续降低，而且降雨较多的月份的浊度也相对较高。

表 3-33　梨园不同季节水体中污染物的浓度

月份	TN/(mg/L)	NH_4^+-N/(mg/L)	TP/(mg/L)	COD/(mg/L)	浊度/NTU
2019 年 6 月	5.582	0.223	0.193	20.7	6.35
2019 年 10 月	1.668	0.168	0.149	40.6	2.88
2019 年 12 月	1.237	0.188	0.173	15.5	2.45
2020 年 3 月	1.184	0.017	0.274	29.1	5.91
2020 年 6 月	0.471	0.003	0.251	39	11.2

3.5.3.2　生态箱面源污染截留净化技术

生态箱技术可理解为一种可以拼装的模块化人工湿地，可以根据场地的地貌特征做柔性摆放，根据农田的排水特征调整填料的配比，由于单个模块的体积小、质量轻，填料更换也相对比较容易。

(1) 生态箱设计

生态箱技术是在第一代植物栅格装置的基础上做进一步的工艺完善，特别注重了氮、磷的吸附以及吸附材料的更换，主要包括抽屉式微生物处理区，高效 N、P 吸附区与植物生长区三大部分。在植物栅格框架底部铺设高吸附性填料载体构建微生物处理区，吸附性填料外设有网状体，以沸石、蛭石和生物炭为主要成分，底部铺设 8~30cm 厚、粒径为 0.5~1cm 的生物炭，其上部铺设 3~10cm 厚、粒径为 1~3cm 的沸石，在生物炭层、沸石层和蛭石层外分别设有 5~10cm 厚的滤网，在使用时将生物炭与沸石放置在用滤网构建的抽屉内。微生物处理区的功能是提供比表面积大的微生物生长空间，提升对有机物的分解能力。

生态箱包括箱本体和至少 4 个滤网支架，箱本体设置有腔体，箱本体的两端开设有出口及入口,出口与入口相对设置,出口及入口分别与腔体连通,各滤网支架可拆卸设置于所述腔体内,各滤网支架的边缘与所述生态箱的侧壁连接,各滤网支架间隔设置,相邻的所述滤网支架之间形成填料单元。

(2) 填料优选

室内初步试验研究发现:新一代生态箱技术的往复式吸附与分解净化系统对原水中COD 的去除率可以达到30%～40%;TN 的去除率达到50%～60%;TP 的去除率达到50%～60%。

结合已有研究成果和文献查阅,选取沸石、生物炭、蛭石的吸附材料组合,开展生态箱填料优选的实验室小试,分析填料对高浓度水体中氮、磷的吸附能力,发现:高氮、磷浓度水体中沸石对NH_4^+-N的饱和吸附量为2388.92mg/kg,对磷的饱和吸附量为717.15mg/kg;生物炭对氮素的饱和吸附量为98.7mg/g;蛭石对氮素的饱和吸附量为130mg/kg,对磷的饱和吸附量为2760mg/kg。因此得出,沸石有优秀的氮素削减性能,蛭石有优秀的磷素削减性能,生物炭在这两方面表现良好,同时能够提供碳源,促进生物膜的生长,提高微生物的活性,促进水体 COD 的削减。

在实验室小试的基础上,进行了低浓度下各填料对 N、P 和 COD 削减的现场中试实验,掌握生态箱饱和吸附量、饱和吸附时间、解吸附效率等数据,结合调研得到的梨园年氮、磷排放量及排水量,为后续生态箱放置与更换设计提供技术参数。

用于开展现场中试试验的梨园场地共 80 亩,调查发现其年总排水量为1599～3198m^3。研究中,根据梨园地形和可以利用的空间共设置 2 条生态箱投放断面,分别位于两块果园污水初始汇聚处、果园污水进入泵站蓄水池前。每个断面 3 个生态箱,采用尼龙绳与铁锥进行固定,方便更换。根据梨园水质特点以及填料特性,组合填料相应组分含量设计见表3-34。

表3-34 现场试验生态箱组合填料相应组分含量

填料粒径		实验组别					
		1	2	3	4	5	6
小号/kg	沸石	1.994	2.096	2.044	2.0713	2.005	2.044
	蛭石	0.592	0.408	0.471	0.4287	0.572	0.476
	生物炭	0.978	1.032	1	1.008	0.924	0.976
大号/kg	沸石	2.003	2.077	2.033	2.011	2.053	2.038
	蛭石	0.521	0.451	0.498	0.517	0.522	0.479
	生物炭	0.973	0.987	0.969	1.008	0.948	0.994

从生态箱投放开始计时,分别于 1h、2h、3h、4h、5h、6h、7h、8h、9h、10h、11h、12h、24h、48h、72h、96h、120h、144h 对两个断面间 3 个采样点进行连续采样,水样低温保存,带回实验室进行氮、磷和 COD 指标检测。如图3-39所示,采样点1位于梨园一侧生态箱断面附近,采样点2位于临湖一侧生态箱断面附近,采样点3(对照点位)位于距采样点2约10m未设生态箱处,分析不同点位 TN、TP 和 COD 指标的变化情况。

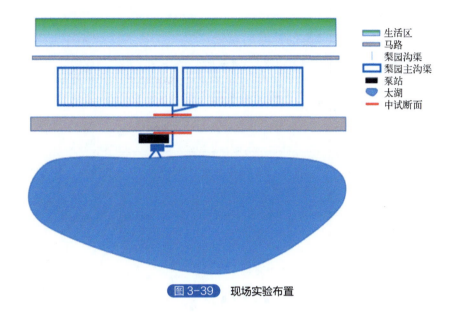

图 3-39　现场实验布置

图 3-40 的浓度变化图中 X 轴时间 1~12 为生态箱放置后 1~12h，13~18 分别为生态箱放置后 24h、48h、72h、96h、120h、144h 后。可以看出，无论是设有生态箱断面附近的采样点还是未设生态箱断面附近的采样点，TN 在试验周期内均有一定程度的下降，采样点 3 相较于采样点 1、采样点 2 的 TN 浓度出现了明显的反复现象。直至试验结束，采样点 3 处的总氮也只是从 1.82mg/L 降到了 1.62mg/L。考虑到反复现象，未设生态箱的采样点 3 没有出现有效的削减。放置了生态箱的采样点 1 和采样点 2 对于 TN 的削减表现出了良好的效果，采样点 1TN 从最初的 1.23mg/L 下降到 0.94mg/L，削减率达到了 24%；采样点 2 总氮从最初的 1.57mg/L 下降到 1.01mg/L，削减率达到了 36%。

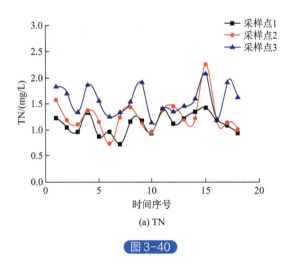

(a) TN

图 3-40

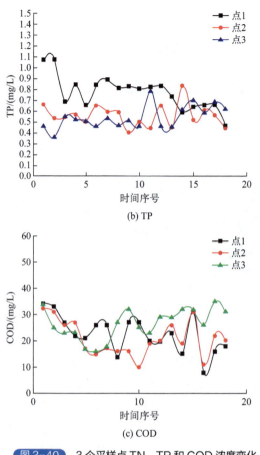

图 3-40　3 个采样点 TN、TP 和 COD 浓度变化

对 TP 指标，未设生态箱的采样点 3 处 TP 并没有出现下降趋势，甚至在后期出现了上升，TP 含量从试验前的 0.462mg/L 升到试验后的 0.622mg/L。放置有生态箱的采样点 1 和采样点 2 处的 TP 有明显的下降趋势。其中，采样点 1 的 TP 含量从 1.07mg/L 降低到 0.468mg/L，削减率达到了 56%；采样点 2 的总磷含量从 0.661mg/L 下降到 0.441mg/L，削减率达到 33%。

如图 3-40（c）所示，三处采样点的 COD 含量呈现了与 TP 相似的情况，未设生态箱的采样点 3 处的 COD 在试验前后并未出现明显下降，采样点 1 与采样点 2 处的 COD 含量有明显下降。其中，采样点 1 的 COD 含量从 34mg/L 下降到 18mg/L，削减率达到 47%；采样点 2 的 COD 含量从 32mg/L 下降到 20mg/L，削减率达到 37%。图中 X 坐标轴为 15 的点（即生态箱放置后 72h）处，无论是 TN、TP 还是 COD 浓度都出现了明显的上升，分析原因，是受当天降雨影响，梨园中径流水冲刷进入试验区域，造成污染物浓度增高。

尽管试验结果基本满足中试前期的设定，但仍存在一定的局限：中试试验期间区域内基本为静水状态，无法得知泵站运行时流水中生态箱的滞留效果；水样采集时基本是采集生态箱附近污水，而且因考虑采样工作量问题，未采集平行样，因此生态箱可以真实影响到的水体范围无法确定；中试规模较小，未呈现出生态箱整体外观效果以及模块化的特点。因此，中试试验结束后对生态箱结构进行了优化。

（3）生态箱箱体改进及验证

在前述生态箱的基础上，生态箱箱体改为迂回式箱体，如图 3-41 所示。每一迂回通道内与原箱体结构相似，采取笼屉式结构，同时减小填料单元规格，增加填料单元数量，便于更换及放置。在水体进入填料单元之前加入旋流装置，水体经过旋流装置进入箱体时，大颗粒物会受到旋流作用顺着漏斗状桶壁沉入底端。漏斗状的旋流装置可以防止底部沉积物再次悬浮，有效地减少进入填料单元的颗粒物，发生填料单元堵塞的概率降低。底部沉积物可以通过底部阀门定期进行清理。

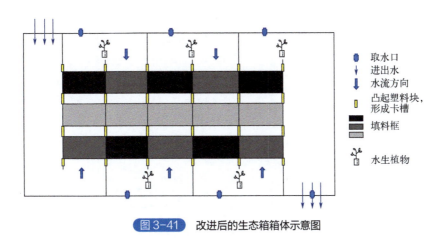

图 3-41　改进后的生态箱箱体示意图

改进后的生态箱现场验证试验在梨园入口向左靠近太湖一岸的 3 条沟渠附近进行。现场试验用水为梨园沟渠水，通过水泵将沟渠水引入生态箱箱体，水流经过旋流装置及填料单元最终于出水口排出。

在现场试验开始前，改进后的生态箱先经过为期 1 个月的驯化，驯化用水为梨园沟渠水。驯化的目的为：a. 检查各构筑物的渗漏和耐压情况；b. 使填料和填料单元表面附着硝化及反硝化菌落；c. 逐步提高进水负荷，使污染物去除率达到稳定状态。

现场验证试验设计入水流速为 5L/min，通过控制填料目数控制水体在生态箱中的停留时间，主要分为 35 目、50 目、80 目和 100 目 4 个组别。生态箱运行稳定后，每隔 1h 在入水口和 6 个取水口分别进行 6 次采样。如图 3-42 所示，改进后的生态箱，无论是 TN、TP 还是 COD 的浓度均有较大的下降趋势。随着填料粒径减小，填料单元内填料间空隙变小，生态箱过水时间变长，当粒径由 35 目减小到 100 目时，TN 的削减率从 13% 增长至 29%，TP 的削减率从 11% 增长至 26%，COD 的削减率从 14% 增长至 31%。

3.5.3.3　生态沟渠回灌技术

生态沟渠回灌技术是将梨园已有沟渠改良后作为调蓄池，如图 3-43 所示。收集施肥后因径流产生的排水，在两排梨树中间埋设可以喷淋的管线，利用水泵将调蓄池中富含氮、磷等营养物质的水体喷淋到梨树的根际附近，既可以促进土壤及根际微生物对 COD 组分的降解，又能实现削减排水中氮、磷负荷的目的。之后将经回灌再利用后的沟渠水引入组合生态箱内，通过旋流装置去除大型杂物，再通过填料吸附及微生物降解有效削减径流排水中 N、P 及 COD 负荷。

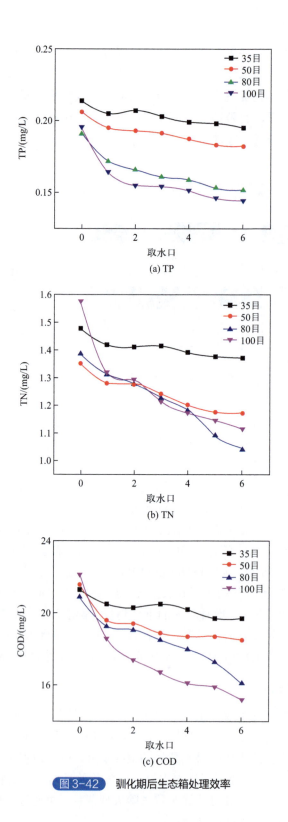

图 3-42　驯化期后生态箱处理效率

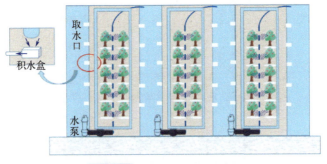

图 3-43　生态沟渠回灌示意图

经 3 次回灌后，对采样口积水盒收集的水体样品进行分析的结果表明：回流到沟渠的水体中营养盐趋于稳定，再吸收效率趋于饱和，TN、TP 和 COD 平均再利用吸收效率分别为 10.1%、5.5% 和 11.1%。通过填料缓施和回灌再利用，氮、磷的再利用率分别达到 39.1% 和 31.5%，即综合截留氮、磷的再循环利用率分别达到 31.5% 以上。图 3-44 为 4 个组别（1～4 号点）及平均值（5 号点）回灌前和 3 次回灌后水体中 TN、TP 及 COD 的变化情况。

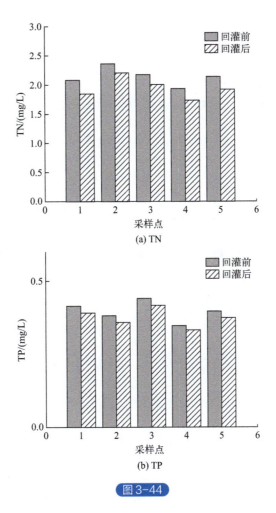

图 3-44

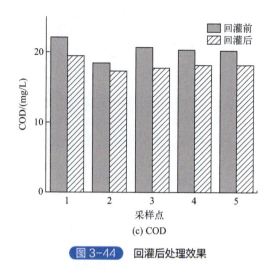

图 3-44　回灌后处理效果

研究发现，综合生态箱+生态沟渠面源径流拦截净化技术、水肥一体化精准施肥技术等，可实现梨园入湖污染物 TN、TP 和 COD 的削减率分别达到 63.42%、52.53% 和 62.65%。

参考文献

[1] 陈一兵，林超文，朱钟麟，等.经济植物篱种植模式及其生态经济效益研究[J].水土保持学报，2002，16(2)：80-83.

[2] 陈治谏，廖晓勇，刘邵权.坡地植物篱农业技术生态经济效益评价[J].水土保持学报，2003，17(4)：125-127，160.

[3] 邓兰生，颜自能，龚林，等.滴灌与喷水带灌溉对香蕉生长及水肥利用的影响[J].节水灌溉，2010(8)：45-48.

[4] 洪燕婷，仇蕾.太湖流域农业面源污染防控措施研究分析[J].环境科技，2015，28(3)：17-21，26.

[5] 冀宏杰，张认连，武淑霞，等.太湖流域农田肥料投入与养分平衡状况分析[J].中国土壤与肥料，2008(5)：70-75.

[6] 李若楠，武雪萍，张彦才，等.滴灌氮肥用量对设施菜地硝态氮含量及环境质量的影响[J].植物营养与肥料学报，2015，21(6)：1642-1651.

[7] 卜崇峰，蔡强国，袁再健.三峡库区等高植物篱的控蚀效益及其机制[J].中国水土保持科学，2006，4(4)：14-18.

[8] 王远，许纪元，潘云枫，等.长江下游地区水肥一体化对设施番茄氮肥利用率及氨挥发的影响[J].土壤学报，2022，59(3)：776-785.

[9] 王月，房云清，纪婧，等.不同降雨强度下旱地农田氮磷流失规律[J].农业资源与环境学报，2019，36(6)：814-821.

[10] 邢英英，张富仓，张燕，等.滴灌施肥水肥耦合对温室番茄产量、品质和水氮利用的影响[J].中国农业科学，2015，48(4)：713-726.

[11] 杨林章，王德建，夏立忠.太湖地区农业面源污染特征及控制途径[J].中国水利，2004(20)：5，29-30.

[12] 张晶，党建友，张定一，等.节水灌溉方式与磷钾肥减施对小麦产量、品质及水肥利用效率的影响[J].水土保持学报，2020，34(6)：166-171.

[13] 张维理，武淑霞，冀宏杰，等.中国农业面源污染形势估计及控制对策Ⅰ.21世纪初期中国农业面源污染的形

势估计[J]. 中国农业科学, 2004, 37(7): 1008-1017.

[14] 张维理, 徐爱国, 冀宏杰, 等. 中国农业面源污染形势估计及控制对策Ⅲ. 中国农业面源污染控制中存在问题分析[J]. 中国农业科学, 2004, 37(7): 1026-1033.

[15] 毕海燕, 朱晓锋, 阿布都克尤木·卡德尔, 等. 不同药剂对枣瘿蚊的防治效果评价[J]. 新疆农业科学, 2014, 51(5): 915-919.

[16] 蔡平. 梨瘿蚊研究初报[J]. 安徽农学院学报, 1984(1): 60-65.

[17] 张国辉, 黄敏, 仵均祥, 等. 迷向处理对梨小食心虫的防治效果[J]. 山西农业大学学报(自然科学版), 2010, 30(3): 232-234.

[18] 杜浩, 高旭辉, 刘坤, 等. 异色瓢虫对梨瘿蚊幼虫的捕食功能反应及捕食偏好[J]. 中国生物防治学报, 2017, 33(6): 811-816.

[19] 费关键, 张默, 刘万峰. 梨树新虫害梨瘿蚊防治技术[J]. 陕西农业科学, 2013, 59(1): 278-279.

[20] 范文忠. 不同药剂对梨卷叶瘿蚊的毒力测定和田间药效试验[J]. 北方园艺, 2010(1): 180-181.

[21] 侯启昌. 中原地区梨瘿蚊的发生特点及防治[J]. 北方果树, 2009(5): 12-13.

[22] 侯启昌, 崔改泵. 中原地区梨瘿蚊的生物学特性及防治研究[J]. 植物保护, 2010, 36(5): 154-156.

[23] 何子顺, 赵广, 李养义, 等. 梨瘿蚊在中国的蔓延与分析[J]. 北方果树, 2019(3): 1-4.

[24] 江奇卿, 张晓阳, 金健, 等. 江西梨瘿蚊发生与综合防治技术[J]. 生物灾害科学, 2015, 38(1): 27-30.

[25] 李青青, 李地艳, 段焰青, 等. DNA条形码在鳞翅目昆虫中的应用[J]. 生命科学, 2010, 22(4): 307-312.

[26] 李晓龙, 贾永华, 窦云萍, 等. 性信息素迷向丝对不同果树梨小食心虫的防控效果[J]. 植物保护, 2019, 45(1): 212-215.

[27] 凌学林, 吉海龙, 王舒悦. 昆山地区梨瘿蚊的发生及绿色防控技术[J]. 农业灾害研究, 2018, 8(1): 17-18.

[28] 蒙华贞, 杨翠芳. 梨瘿蚊的发生及防治试验初报[J]. 中国南方果树, 2004, 33(2): 57-58.

[29] 宋会鸣, 徐永, 黄雅俊, 等. 甲氨基阿维菌素0.5%微乳剂防治枇杷黄毛虫田间药效试验研究[J]. 农药科学与管理, 2016, 37(8): 48-50.

[30] 王康, 李玉婷, 郑燕, 等. 基于线粒体COI和$COII$基因的沙果小食心虫与梨小食心虫的分子鉴定[J]. 西北农林科技大学学报(自然科学版), 2016, 44(2): 156-164.

[31] 王小艺, 沈佐锐. 四种杀虫剂对桃蚜和异色瓢虫的选择毒性及害虫生物防治与化学防治的协调性评价[J]. 农药学学报, 2002, 4(1): 34-38.

[32] 吴传伟, 胡琼, 张海松, 等. 梨花瘿蚊防治适期及药剂筛选试验[J]. 中国植保导刊, 2013, 33(2): 33-34.

[33] 肖达, 郭晓军, 王甦, 等. 三种杀虫剂对几种昆虫天敌的毒力测定[J]. 环境昆虫学报, 2014, 36(6): 951-958.

[34] 张斌, 耿坤, 李德友, 等. 贵阳地区枇杷果园常见害虫种类调查[J]. 贵州农业科学, 2012, 40(10): 105-107.

[35] 张怀江, 仇贵生, 闫文涛, 等. 氯虫苯甲酰胺对苹果树主要害虫的控制作用及天敌的影响[J]. 环境昆虫学报, 2011, 33(4): 493-501.

[36] 周慧, 李培征, 陈施明, 等. 6种杀虫剂对康瘿蚊幼虫室内毒力测定及田间药效试验[J]. 南方农业学报, 2015, 46(2): 260-264.

[37] 朱小琼, 东保柱, 国立耘, 等. 京津地区苹果园农药使用情况调查[J]. 中国植保导刊, 2017, 37(12): 72-74.

[38] 陆沈钧, 姚俊, 曹翔. 浅析太湖流域农业面源污染现状、成因及对策[J]. 水利发展研究, 2020, 20(2): 40-44, 53.

[39] 全为民, 严力蛟. 农业面源污染对水体富营养化的影响及其防治措施[J]. 生态学报, 2002(3): 291-299.

[40] 王思如, 杨大文, 孙金华, 等. 我国农业面源污染现状与特征分析[J]. 水资源保护, 2021, 37(4): 140-147, 172.

[41] 贺缠生, 傅伯杰, 陈利顶. 非点源污染的管理及控制[J]. 环境科学, 1998, 19(5): 88-92, 97.

[42] 李秀芬, 朱金兆, 顾晓君, 等. 农业面源污染现状与防治进展[J]. 中国人口·资源与环境, 2010, 20(4): 81-84.

[43] 袁涛, 马超, 金剑锋, 等. 农业非点源污染模型研究与应用进展[J]. 上海农业学报, 2010, 26(2): 105-109.

[44] 郝芳华, 杨胜天, 程红光, 等. 大尺度区域非点源污染负荷计算方法[J]. 环境科学学报, 2006, 26(3): 375-

383.

[45] 吴俊范. 近现代太湖流域的自然肥料生态失衡与化肥使用[J]. 鄱阳湖学刊, 2020(1): 53-64, 126.

[46] 李怀恩, 沈晋, 刘玉生. 流域非点源污染模型的建立与应用实例[J]. 环境科学学报, 1997, 17(2): 12-18.

[47] 吴汉卿, 万炜, 单艳军, 等. 基于磷指数模型的海河流域农田磷流失环境风险评价[J]. 农业工程学报, 2020, 36(14): 17-27, 327.

[48] 张广纳, 邵景安, 王金亮. 基于农业面源污染的三峡库区重庆段水质时空格局演变特征[J]. 自然资源学报, 2015, 30(11): 1872-1884.

[49] 胡晴, 郭怀成, 王雨琪, 等. 基于改进输出系数模型的农业源污染物负荷核算[J]. 北京大学学报(自然科学版), 2021, 57(4): 739-748.

[50] 葛小君, 黄斌, 袁再健, 等. 近20年来广东省农业面源污染负荷时空变化与来源分析[J]. 环境科学, 2022, 43(6): 3118-3127.

[51] 陆尤尤, 胡清宇, 段华平, 等. 基于"压力-响应"机制的江苏省农业面源污染源解析及其空间特征[J]. 农业现代化研究, 2012, 33(6): 731-735.

[52] 农业面源污染治理与监督指导实施方案(试行)[J]. 资源节约与环保, 2021(4): 8-9.

[53] 武淑霞, 刘宏斌, 刘申, 等. 农业面源污染现状及防控技术[J]. 中国工程科学, 2018, 20(5): 23-30.

[54] 第二次全国污染源普查公报[J]. 环境保护, 2020, 48(18): 8-10.

[55] 吴碧珠. 我国畜禽养殖废弃物资源化利用现状及建议[J]. 福建农业科技, 2020(12): 25-29.

[56] 吴义根, 冯开文, 李谷成. 我国农业面源污染的时空分异与动态演进[J]. 中国农业大学学报, 2017, 22(7): 186-199.

[57] 韦新东, 杨昊霖, 薛洪海, 等. 长江流域农业面源磷污染排放特征与防治技术研究[J]. 吉林建筑大学学报, 2021, 38(2): 48-52.

[58] 贾永锋, 赵萌, 尚长健, 等. 黄河流域地下水环境现状、问题与建议[J]. 环境保护, 2021, 49(13): 20-23.

[59] 农业面源污染治理与监督指导实施方案(试行)[J]. 资源节约与环保, 2021(4): 8-9.

[60] 李继影, 牛志春, 陈桥, 等. 江苏省太湖流域水生态健康评估的初步实践及展望[J]. 环境监测管理与技术, 2018, 30(5): 1-3, 7.

[61] 崔键, 马友华, 赵艳萍, 等. 农业面源污染的特性及防治对策[J]. 中国农学通报, 2006(1): 335-340.

[62] 葛继红, 周曙东. 农业面源污染的经济影响因素分析——基于1978～2009年的江苏省数据[J]. 中国农村经济, 2011(5): 72-81.

[63] 葛继红, 周曙东. 要素市场扭曲是否激发了农业面源污染——以化肥为例[J]. 农业经济问题, 2012(3): 92-98, 112.

[64] 郭利京, 黄振英. 淮河生态经济带农业面源污染空间分布及治理研究[J]. 长江流域资源与环境, 2021, 30(7): 1746-1756.

[65] 胡雪涛, 陈吉宁, 张天柱. 非点源污染模型研究[J]. 环境科学, 2002, 23(3): 124-128.

[66] 胡钰, 林煜, 金书秦. 农业面源污染形势和"十四五"政策取向——基于两次全国污染源普查公报的比较分析[J]. 环境保护, 2021, 49(1): 31-36.

[67] 赖斯芸, 杜鹏飞, 陈吉宁. 基于单元分析的非点源污染调查评估方法[J]. 清华大学学报(自然科学版), 2004, 44(9): 1184-1187.

[68] 李海鹏, 张俊飚. 中国农业面源污染的区域分异研究[J]. 中国农业资源与区划, 2009, 30(2): 8-12.

[69] 李怀恩. 估算非点源污染负荷的平均浓度法及其应用[J]. 环境科学学报, 2000, 20(4): 397-400.

[70] 李秀芬, 朱金兆, 顾晓君, 等. 农业面源污染现状与防治进展[J]. 中国人口·资源与环境, 2010, 20(4): 81-84.

[71] 梁流涛, 冯淑怡, 曲福田. 农业面源污染形成机制: 理论与实证[J]. 中国人口·资源与环境, 2010, 20(4): 74-80.

[72] 刘坤, 任天志, 吴文良, 等. 英国农业面源污染防控对我国的启示[J]. 农业环境科学学报, 2016, 35(5): 817-823.

[73] 马国栋. 农村面源污染的社会机制及治理研究[J]. 学习与探索, 2018(7): 34-38.

[74] 闵继胜, 孔祥智. 我国农业面源污染问题的研究进展[J]. 华中农业大学学报(社会科学版), 2016(2): 59-66, 136.

[75] 彭滔, 邵景安, 王金亮, 等. 三峡库区(重庆段)农村面源污染驱动因素分析[J]. 西南大学学报(自然科学版), 2016, 38(3): 126-135.

[76] 秦天, 彭珏, 邓宗兵, 等. 环境分权、环境规制对农业面源污染的影响[J]. 中国人口·资源与环境, 2021, 31(2): 61-70.

[77] 全为民, 严力蛟. 农业面源污染对水体富营养化的影响及其防治措施[J]. 生态学报, 2002(3): 291-299.

[78] 饶静, 许翔宇, 纪晓婷. 我国农业面源污染现状、发生机制和对策研究[J]. 农业经济问题, 2011, 32(8): 81-87.

[79] 史常亮, 李赟, 朱俊峰. 劳动力转移、化肥过度使用与面源污染[J]. 中国农业大学学报, 2016, 21(5): 169-180.

[80] 王一格, 王海燕, 郑永林, 等. 农业面源污染研究方法与控制技术研究进展[J]. 中国农业资源与区划, 2021, 42(1): 25-33.

[81] 吴义根, 冯开文, 李谷成. 我国农业面源污染的时空分异与动态演进[J]. 中国农业大学学报, 2017, 22(7): 186-199.

[82] 夏秋, 李丹, 周宏. 农户兼业对农业面源污染的影响研究[J]. 中国人口·资源与环境, 2018, 28(12): 131-138.

[83] 闫丽珍, 石敏俊, 王磊. 太湖流域农业面源污染及控制研究进展[J]. 中国人口·资源与环境, 2010, 20(1): 99-107.

[84] 张淑荣, 陈利顶, 傅伯杰. 农业区非点源污染敏感性评价的一种方法[J]. 水土保持学报, 2001(2): 56-59.

[85] 闫丽珍, 石敏俊, 王磊. 太湖流域农业面源污染及控制研究进展[J]. 中国人口·资源与环境, 2010, 20(1): 99-107.

[86] 杨滨键, 尚杰, 于法稳. 农业面源污染防治的难点、问题及对策[J]. 中国生态农业学报(中英文), 2019, 27(2): 236-245.

[87] 李传哲. 设施菜地养分状况调查及水肥一体化技术应用效果研究[D]. 南京: 南京农业大学, 2018.

[88] 张继宗. 太湖水网地区不同类型农田氮磷流失特征[D]. 北京: 中国农业科学院, 2006.

[89] 那娃兹(MUHAMMAD NAWAZ). 氯虫苯甲酰胺和氟啶虫胺腈对捕食性天敌异色瓢虫的潜在影响研究[D]. 武汉: 华中农业大学, 2019.

[90] 江军. 黄土高原地区农业面源污染时空特征及与经济发展关系研究[D]. 西安: 陕西师范大学, 2018.

[91] 马静. 淮河流域面源污染特征分析与控制策略研究[D]. 北京: 清华大学, 2016.

[92] 赖斯芸. 非点源污染调查评估方法及其应用研究[D]. 北京: 清华大学, 2003.

[93] 武淑霞. 我国农村畜禽养殖业氮磷排放变化特征及其对农业面源污染的影响[D]. 北京: 中国农业科学院, 2005.

[94] 王梦竹. 太湖富营养化变化过程及环境驱动因子识别[D]. 天津: 天津大学, 2022.

[95] 吴丹. 太湖流域畜禽养殖非点源污染控制政策的实证分析[D]. 杭州: 浙江大学, 2011.

[96] 罗娜. 苕溪流域农业面源污染调查及控制策略研究[D]. 合肥: 安徽农业大学, 2021.

[97] 王翠翠. 具有水质净化功能的生态护岸构建技术及景观提升研究[D]. 西安: 西安建筑科技大学, 2019.

[98] 曾文才(Tang Van Tai). 多孔轻质材料在直立式硬质护岸生态化改造中的应用[D]. 南京: 东南大学, 2019.

[99] 李志宏, 张云贵, 任天志. 太湖流域农业氮磷面源污染现状及防治对策[C]. 全国农业面源污染综合防治高层论坛文集, 2008: 6.

[100] 张会清, 张凌洁. 为太湖流域的畜禽粪便找条出路[N]. 新华日报, 2001-09-04(A02).

[101] 鲁如坤. 土壤农业化学分析方法[M]. 北京: 中国农业科学出版社, 2000.

[102] 陈汉杰. 新编林果病虫害防治手册[M]. 郑州: 中原农民出版社, 2006.

[103] 陈万权. 病虫害绿色防控与农产品质量安全[M]. 北京: 中国农业科学技术出版社, 2015.

[104] 吕佩珂, 庞震, 刘文珍, 等. 中国果树病虫原色图谱[M]. 北京: 华夏出版社, 1993.

[105] Bi M, Liang B, Dong J, et al. Effects of cover crop(Vulpia myuros) on the accumulation and runoff loss of nitrogen in orchard[J]. Journal of Soil and Water Conservation, 2017, 31(3): 102–105.

[106] Cao X, Yang P, Li P. Effects of drip fertigation beneath mulched film on cherry yield, quality and soil fertility in cherry orchard[J]. Journal of China Agricultural University, 2018, 23(11): 133–141.

[107] Chen L, Liu F, Wang Y, et al. Nitrogen removal in an ecological ditch receiving agricultural drainage in subtropical Central China[J]. Ecological Engineering, 2015, 82: 487–492.

[108] Chen R, Wang J, Xue X, et al. Effects of different water and fertilizer combinations on tree structure, leaf and photosynthesis of apple saplings[J]. Journal of Anhui Agricultural Sciences, 2014, 42(21): 6926–6928, 6947.

[109] Dawit M, Dinka M O, Leta O T. Implications of adopting drip irrigation system on crop yield and gender-sensitive issues: The case of haramaya district, Ethiopia[J]. Journal of Open Innovation: Technology, Market, and Complexity, 2020, 6(4): 1–17.

[110] Deng L, Yan Z, Gong L, et al. Effect of drip and sprinkling tape irrigation on banana growth and water & nutrient utilization efficiency[J]. Water Saving Irrigation, 2010, 8: 45–48.

[111] Dorioz J M, Wang D, Poulenard J, et al. The effect of grass buffer strips on phosphorus dynamics—A critical review and synthesis as a basis for application in agricultural landscapes in France[J]. Agriculture, Ecosystems and Environment, 2006, 117(1): 4–21.

[112] Duchemin M, Hogue R. Reduction in agricultural non-point source pollution in the first year following establishment of an integrated grass/tree filter strip system in southern Quebec(Canada)[J]. Agriculture, Ecosystems & Environment, 2009, 131: 85–97.

[113] Fan J, Lu X, Gu S, et al. Improving nutrient and water use efficiencies using water-drip irrigation and fertilization technology in Northeast China[J]. Agricultural Water Management, 2020, 241: 106352.

[114] Holden J, Grayson R, Berdeni D, et al. The role of hedgerows in soil functioning within agricultural landscapes[J]. Agriculture, Ecosystems & Environment, 2019, 273: 1–12.

[115] Ilyas H, Masih I. The performance of the intensified constructed wetlands for organic matter and nitrogen removal: A review[J]. Journal of Environmental Management, 2017, 198: 372–383.

[116] Keesstra S, Pereira P, Novara A, et al. Effects of soil management techniques on soil water erosion in apricot orchards[J]. Science of the Total Environment, 2016, 551: 357–366.

[117] Kervroëdan L, Armand R, Saunier M, et al. Effects of plant traits and their divergence on runoff and sediment retention in herbaceous vegetation[J]. Plant and Soil, 2019, 441: 511–524.

[118] Khalili N R, Duecker S, Ashton W, et al. From cleaner production to sustainable development: The role of academia[J]. Journal of Cleaner Production, 2015, 96: 30–43.

[119] Kumwimba M N, Meng F, Iseyemi O, et al. Removal of non-point source pollutants from domestic sewage and agricultural runoff by vegetated drainage ditches(VDDs): Design, mechanism, management strategies, and future directions[J]. Science of the Total Environment, 2018, 639: 742–759.

[120] Li H, Mei X, Wang J, et al. Drip fertigation significantly increased crop yield, water productivity and nitrogen use efficiency with respect to traditional irrigation and fertilization practices: A meta-analysis in China[J]. Agricultural Water Management, 2020, 244: 106534.

[121] Li J, Li Y, Zhang H. Tomato yield and quality and emitter clogging as affected by chlorination schemes of drip irrigation systems applying sewage effluent[J]. Journal of Integrative Agriculture, 2012, 11(10): 1744–1754.

[122] Li J, Zhang H, Chen Q, et al. An analysis of soil fractal dimension in a sloping hedgrow

agroforestry system in the Three Gorges Reservoir Area, China[J]. Agroforestry Systems, 2015, 89: 983-990.

[123] Li R, Wu X, Zhang Y, et al. Nitrate nitrogen contents and quality of greenhouse soil applied with different N rates under drip irrigation[J]. Journal of Plant Nutrition and Fertilizer, 2015, 21(6): 1642-1651.

[124] Li R, Zhang Y, Huang S, et al. Effects of combined application of organic manure and chemical fertilizers on soil nitrogen availability and movement under water and fertilizer saving management in cucumber-tomato double cropping system[J]. Journal of Plant Nutrition and Fertilizer, 2013, 19(3): 677-688.

[125] Li Y, Guo W, Xue X, et al. Effects of different fertigation modes on tomato yield, fruit quality, and water and fertilizer utilization in greenhouse[J]. Scientia Agricultura Sinica, 2017, 50(19): 3757-3765.

[126] Liao X, Luo C, Chen Z, et al. Functions of soil and water conservation by grass hedgerow intercroppong of slope orchard in three gorges reservoir area[J]. Resources and Environment in the Yangtze Basin, 2008, 17(1): 152-156.

[127] Liu J, Zuo Q, Zhai L, et al. Phosphorus loss via surface runoff in rice-wheat cropping systems as impacted by rainfall regimes and fertilizer applications[J]. Journal of Integrative Agriculture, 2016, 15(3): 667-677.

[128] Liu M, Huang G, Liao R, et al. Fuzzy two-stage non-point source pollution management model for agricultural systems—A case study for the Lake Tai Basin, China[J]. Agricultural Water Management, 2013, 121: 27-41.

[129] Liu Q, Lan Y, Tan F, et al. Drip irrigation elevated olive productivity in Southwest China[J]. Hort Technology, 2019, 29(2): 122-127.

[130] Lu W, Zhang H, Cheng J, et al. Effect of a hedgerows agroforestry system on the soil properties of sloping cultivated lands in the Three-Gorges area in China[J]. Journal of Food Agriculture & Environment, 2012, 10: 1368-1375.

[131] Lv H, Lin S, Wang Y, et al. Drip fertigation significantly reduces nitrogen leaching in solar greenhouse vegetable production system[J]. Environmental Pollution, 2019, 245: 694-701.

[132] Ma X, Sanguinet K A, Jacoby P W. Direct root-zone irrigation outperforms surface drip irrigation for grape yield and crop water use efficiency while restricting root growth[J]. Agricultural Water Management, 2020, 231: 105993.

[133] Mihara M. The effect of natural weed buffers on soil and nitrogen losses in Japan[J]. Catena, 2006, 65(3): 265-271.

[134] Mutegi J K, Mugendi D N, Verchot L V, et al. Combining napier grass with leguminous shrubs in contour hedgerows controls soil erosion without competing with crops[J]. Agroforestry Systems, 2008, 74(1): 37-49.

[135] Roberts T L, Ross W J, Norman R J, et al. Predicting nitrogen fertilizer needs for rice in arkansas using alkaline hydrolyzable-nitrogen[J]. Soil Science Society of America Journal, 2011, 75(3): 1161-1171.

[136] Saeed T, Sun G. A review on nitrogen and organics removal mechanisms in subsurface flow constructed wetlands: Dependency on environmental parameters, operating conditions and supporting media[J]. Journal of Environmental Management, 2012, 112: 429-448.

[137] Senthilkumar M, Ganesh S, Srinivas K, et al. Fertigation for effective nutrition and higher productivity in Banana—A review[J]. International Journal of Current Microbiology and Applied Sciences, 2017, 6: 2104-2122.

[138] Tang Y, Xie J, Chen K, et al. Contour hedgerows intercropping technology and its application in the sustainable management of sloping agricultural lands in the mountains[J]. Research of Soil and Water Conservation, 2001, 8(1): 104-109.

[139] Vannoppen W, De Baets S, Keeble J, et al. How do root and soil characteristics affect the erosion-reducing potential of plant species？[J]. Ecological Engineering, 2017, 109: 186-195.

[140] Vymazal J, Březinová T D. Removal of nutrients, organics and suspended solids in vegetated agricultural drainage ditch[J]. Ecological Engineering, 2018, 118: 97-103.

[141] Wang J, Chen G, Zou G, et al. Comparative on plant stoichiometry response to agricultural non-point source pollution in different types of ecological ditches[J]. Environmental Science and Pollution Research, 2019, 26(1): 647-658.

[142] Wang L, Zhao X, Gao J, et al. Effects of fertilizer types on nitrogen and phosphorous loss from rice-wheat rotation system in the Taihu Lake region of China[J]. Agriculture, Ecosystems & Environment, 2019, 285: 106605.

[143] Wang T, Zhou H, Li B, et al. Effects on the photosynthetic characteristics and the quality of the Raspberry fruit under the water-fertilizer coupling[J]. Journal of Soil and Water Conservation, 2012, 26(6): 286-290, 296.

[144] Xia L, Hoermann G, Ma L, et al. Reducing nitrogen and phosphorus losses from arable slope land with contour hedgerows and perennial alfalfa mulching in Three Gorges Area, China[J]. Catena, 2013, 110: 86-94.

[145] Xia L, Yang L, Li Y. Perennial alfalfa and contour hedgerow on reducing soil, nitrogen and phosphorus losses from uplands of purple soil[J]. Journal of Soil and Water Conservation, 2007, 21(2): 28-31.

[146] Xiao X, Ni J. Analysis on farmer's adoption of agricultural cleaner production technology and its influencing factors-based on surveyed data in Fuling[J]. Journal of South China Normal University(Social Science Edition), 2016, 41(7): 151-158.

[147] Xue L, Hou P, Zhang Z, et al. Application of systematic strategy for agricultural non-point source pollution control in Yangtze River basin, China[J]. Agriculture, Ecosystems & Environment, 2020, 304: 107148.

[148] Yang S, Gao Z, Li Y, et al. Erosion control of hedgerows under soils affected by disturbed soil accumulation in the slopes of loess plateau, China[J]. Catena, 2019, 181: 104079.

[149] Zhang J, Li J, Zhao B, et al. Simulation of water and nitrogen dynamics as affected by drip fertigation strategies[J]. Journal of Integrative Agriculture, 2015, 14(12): 2434-2445.

[150] Zhang T, Yang Y, Ni J, et al. Adoption behavior of cleaner production techniques to control agricultural non-point source pollution: A case study in the Three Gorges Reservoir Area[J]. Journal of Cleaner Production, 2019, 223: 897-906.

[151] Barnes H F. Studies of fluctuations in insect populations, Ⅴ. The leaf-curling pear midge, Dasyneura pyri(Cecidomyidae)[J]. Journal of Animal Ecology, 1935, 4(2): 244-253.

[152] Che W, Huang J, Guan F, et al. Cross-resistance and Inheritance of Resistance to Emamectin Benzoate in Spodoptera exigua(Lepidoptera: Noctuidae)[J]. Journal of Economic Entomology, 2015, 108(4): 2015-2020.

[153] Di Vitantonio C, Depalo L, Marchetti E, et al. Response of the European Ladybird Adalia bipunctata and the invasive Harmonia axyridis to a neonicotinoid and a reduced-risk insecticide[J]. Journal of Economic Entomology, 2018, 111(5): 2076-2080.

[154] Mundinger F G. A newly observed insect pest in Hudson Valley pear orchards[J]. Journal of Economic Entomology, 1932, 25: 728-729.

[155] Oltean I, Ghizdavu I, Porca M, et al. Regarding the chemical killing of Dasyneura pyri species [J]. Bulletin of the University of Agricultural Sciences and Veterinary Medicine, 2002, 57: 163-165.

[156] Plapp F W, Bull D L. Toxicity and selectivity of some insecticides to Chrysopa carnea, a predator of the tobacco bud-worm[J]. Environmental Entomology, 1978, 7: 431-434.

[157] Symondson W O C, Sunderland K D, Greenstone M H. Can generalist predators be effective biocontrol agents？[J]. Annual Review of Entomology, 2002, 47: 561-594.

[158] Miner G. Standard methods for the examination of water and wastewater, 21st Edition[J]. Journal American Water Works Association, 2006, 13(1): 6-8.

[159] Kim D K, Kaluskar S, Mugalingam S, et al. A Bayesian approach for estimating phosphorus export and delivery rates with the SPAtially Referenced Regression On Watershed attributes (SPARROW) model[J]. Ecological Informatics, 2017, 37(1): 77-91.

[160] Zou L, Liu Y, Wang Y, et al. Assessment and analysis of agricultural non-point source pollution loads in China: 1978-2017[J]. Journal of Environmental Management, 2020, 263: 110400.

[161] Rao J, Ji X, Ouyang W, et al. Dilemma analysis of China agricultural non-point source pollution based on Peasant's Household Surveys[J]. Procedia Environmental Sciences, 2012, 13: 2169-2178.

[162] Collins A L, Stutter M, Kronvang B. Mitigating diffuse pollution from agriculture: International approaches and experience[J]. Science of the Total Environment, 2014, 468(11): 1173-1177.

[163] Andrea La Nauze, Claudio Mezzetti. Dynamic incentive regulation of diffuse pollution[J]. Journal of Environmental Economics and Management, 2018, 93: 101-124.

[164] Baral B R, Pande K R, Gaihr Y K, et al. Farmers fertilizer application gap in rice-based cropping system: A case study of Nepal[J]. SAARC Journal of Agriculture, 2020, 17(2): 267-277.

[165] Cai W. Technology, policy distortions, and the rise of large farms[J]. International Economic Review, 2018, 60(1): 387-411.

[166] Lamb R L. Fertilizer use, risk, and off-farm labor markets in the semi-arid tropics of India[J]. American Journal of Agricultural Economics, 2003, 85(2): 59-371.

[167] Ma L, Feng S, Reidsma P, et al. Identifying entry points to improve fertilizer use efficiency in Taihu Basin, China[J]. Land Use Policy, 2014, 37: 52-59.

[168] Zhang Y, Long H, Li Y, et al. Non-point source pollution in response to rural transformation development: A comprehensive analysis of China's traditional farming area[J]. Journal of Rural Studies, 2021, 83: 165-176.

[169] Li X, Zhang W, Wu J, et al. Loss of nitrogen and phosphorus from farmland runoff and the interception effect of an ecological drainage ditch in the North China Plain—A field study in a modern agricultural park[J]. Ecological Engineering, 2021, 169: 106310.

[170] Pierangeli G M F, Ragio R A, Benassi R F, et al. Pollutant removal, electricity generation and microbial community in an electrochemical membrane bioreactor during co-treatment of sewage and landfill leachate[J]. Journal of Environmental Chemical Engineering, 2021, 9(5): 106205.

[171] Yuan F, Wei Y D, Gao J, et al. Water crisis, environmental regulations and location dynamics of pollution-intensive industries in China: A study of the Taihu Lake watershed[J]. Journal of Cleaner Production, 2019, 216: 311-322.

[172] Brinson M M, Ai Malvárez. Temperate freshwater wetlands: Types, status, and threats[J]. Environmental Conservation, 2002, 29(2): 115-133.

[173] Malmqvist B, Rundle S. Threats to the running water ecosystems of the world[J]. Environmental Conservation, 2002, 29(2): 134-153.

[174] Anthony B. Ecological engineering and ecosystem restoration[J]. Ecological Engineering, 2004, 22(4): 312-313.

[175] Clausen J C, Guillard K, Sigmund C M, et al. Ecosystem restoration-Water quality changes from riparian buffer restoration in connecticut[J]. Journal of Environmental Quality, 2000, 29(6): 1751-1761.

[176] Barry S, David H, Andrew M. Modelling catchment-scale nutrient transport to watercourses in the UK[J]. Hydrobiologia, 1999, 395: 227-237.

[177] Simenstad C A, Tanner C D, L Crandell C, et al. Challenges of habitat restoration in a heavily urbanized estuary: Evaluating the investment[J]. Journal of Coastal Research, 2005, 21(3): 6-23.

[178] Ken Y. Building watershed narratives: An approach for broadening the scope of success in urban stream restoration[J]. Landscape Research, 2014, 39(6): 698-714.

[179] Musacchio L R. Urban ecology: Science of cities[J]. Landscape Journal, 2015, 34(2): 193-194.

[180] Li E, Li W, Wang X, et al. Experiment of emergent macrophytes growing in contaminated sludge: Implication for sediment purification and lake restoration[J]. Ecological Engineering, 2010, 36(4): 427-434.

[181] Angradi T R, Schweiger E W, Bolgrien D W, et al. Bank stabilization, riparian land use and the distribution of large woody debris in a regulated reach of the upper Missouri River, North Dakota, USA[J]. River Research & Applications, 2004, 20(7): 829-846.

[182] Mohamed T A, Alias N A, Ghazali A H, et al. Evaluation of environmental and hydraulic performance of bio-composite revetment blocks[J]. American Journal of Environmental Sciences, 2006, 2(4): 129-134.

[183] Bariteau L, Bouchard D, Gagnon G, et al. A riverbank erosion control method with environmental value[J]. Ecological Engineering, 2013, 58(336): 384-392.

[184] NBSPRC(National Bureau of Statistics of the People's Republic of China). China Statistical Yearbook[D]. China Statistics Press, Beijing, 2019.

[185] Olsen S R, Sommers L E. Phosphorus. In: Page A L, Miller R H, eds, Methods of Soil Analysis[D]. Advertising Standards Authority and Soil Science Society of America, Madison, USA, 1982: 403-430.

[186] Hussain C M, Paulraj M S, Nuzhat S. Chapter 1 -Source reduction and waste minimization—concept, context, and its benefits[M]. Source Reduction and Waste Minimization: Elsevier, 2022: 1-22.

第 4 章
入湖河道水质改善与长效维持

"十一五"、"十二五"期间，针对农村生活污水处理相继开发了系列技术并取得了较好的效果，但对岛屿 A 而言，由于其处于太湖一级保护区，需要相对系统的村镇生活污水处理体系，以达到更严格的排放标准。为了强化对入湖点源的收集、处理，以消除入湖污染负荷，保证收集的污水经处理后能够稳定达标，因此针对湖湾水源地最主要的点污染源——某污水处理厂的尾水深度处理及分散型农村生活污水处理技术和装备进行了研究与示范应用，实现入湖河道水质改善与长效维持。

4.1 入湖河道水质改善与长效维持技术思路

瞄准湖湾水源地水质保障重大任务需求，以典型邻太湖村镇污水深度处理与长效管理为核心内容，立足岛屿 A 的主要人为源污染削减与乡镇河道水环境品质提升，重点开展典型邻太湖村镇污水处理厂运行优化与尾水生态化深度处理、分散型农村生活污水处理技术与长效管理机制研究、入湖河道水质改善与水生态健康提升等工作，基于工程设施优化与生态景观构建相结合的村镇污水深度处理技术集成，将旅游景观构建、环保教育功能融入相关技术研究中，为当地社会经济可持续发展与水生态健康提升的"双赢"提供综合解决方案。技术路线如图 4-1 所示。

入湖河道水质改善与长效维持技术体系的主要内容包括以下几个方面。

（1）临湖村镇污水处理厂运行优化与尾水生态化深度处理

以保障湖湾水源地水生态健康和降低环境风险为目标，针对岛屿 A 上最主要的可控点源——某生活污水厂 B（简称污水厂 B）的高标准排放要求，进行污水厂运行优化研究，探索进水水量和水质、运行负荷、污泥龄、回流比、曝气强度等参数对处理效果的影响，获得优化运行参数；测定污水厂动态模型的关键动力学参数，建立污水厂水质水量动态响应模型和控制系统。

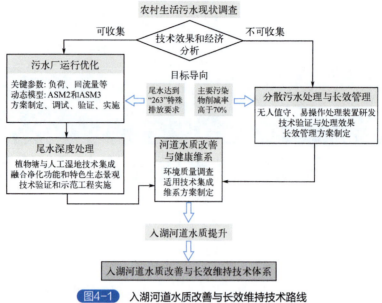

图4-1 入湖河道水质改善与长效维持技术路线

在污水厂优化运行的基础上,研发融特色生态旅游景观建设和尾水深度处理于一体的集成工艺技术,探讨不同塘床组合方式、构造形式、动植物配置、种养密度、配水和曝气方式、负荷等关键因素对尾水中氮、磷进一步去除的影响,保障深度处理水质达标。

(2) 分散型农村生活污水处理技术与长效管理机制研究

针对岛屿 A 区域分散型农村生活污水存在的问题,研发集"气升回流"和"射流循环"于一体的无人值守、低能耗的处理装置,探讨曝气量与硝化液回流比、污泥回流量之间的关系,考察污水停留时间、运行负荷等参数对污水处理效率的影响,提出优化的运行方式和调控策略,使装置对有机物(COD)、N、P 的去除率达到 70% 以上;建立分散型农村生活污水处理设施长效管理机制,实现设施长期运行率达到 90% 以上。

(3) 入湖河道水质改善与水生态健康提升

针对入湖河道生态系统比较脆弱,其水质情况会直接影响到湖湾水源地的水质的情况,通过圆木桩生态护岸、降雨径流生态净化、景观生态浮岛等生态修复措施,重构健康的河道生态系统,提升入湖河道水质,并实现长效维持。

4.2 农村污水治理现状调查

根据 2018 年的调查结果,岛屿 A 上建有处理规模 10000 m^3/d 的污水处理厂 1 座(即污水厂 B)和分散型污水独立处理设施 43 套,生活污水治理率达到 100%。但受到旅游潮汐现象的影响,当地生活污水水质、水量波动都很大,有机物浓度最高值与最低值之间相差约 23 倍,夏季最大时变化系数甚至可达 7.3,容易对生活污水处理设施的运行造成冲击,影响设施出水水质,导致设施运行效率偏低。

4.2.1 污水处理厂基本情况

污水厂 B 的设计处理规模为 10000m³/d，服务范围主要是岛屿 A 主要镇区及周边可接管的农村地区。周边可接管的农村包括 6 个行政村，27 个自然村。整个岛屿 A 产生的污水基本上全是生活污水。果品加工、食品加工工业产生的废水很少。

污水厂 B 的主体工艺是"曝气沉砂池 + 多点进水倒置 AAO（缺氧 - 厌氧 - 好氧）工艺 + 辐流式二沉池"，经"混凝沉淀 + 滤布滤池"深度处理后，采用二氧化氯接触消毒，设计出水水质执行《城镇污水处理厂污染物排放标准》（GB 18918—2002）中的一级 A 排放标准。其中，30% 的尾水进行再生水回用，其余尾水排放到入湖河道中。污泥处理采用"重力浓缩池 + 离心脱水机"处理工艺，脱水后的污泥外运处置。

污水厂原水经曝气沉砂后进入多点进水倒置 AAO 系统。两组 AAO 工艺一起运行，单组 AAO 工艺分两个廊道，第一个廊道的尺寸为 29.1m（长）×8.2m（宽）×6.5m（有效水深），第二个廊道的尺寸为 29.1m（长）×14.0m（宽）×6.5m（有效水深）。每个廊道设有 3 个挡墙，将廊道平均分成 4 个完全混合反应池。其中，第一个廊道为非曝气池，第二个廊道底部安装了曝气头。系统设有 3 个进水点，分别位于预缺氧池（An-1）、缺氧池（An-2）、厌氧池（Ana）。设有 1 个混合液回流点、1 个外回流点，均位于 An-1。二沉池采用辐流式沉淀池，共设两组，每组直径为 22.0m，有效水深为 3.0m，表面负荷为 0.84m³/(m²·h)。污水厂 B 设计进出水水质见表 4-1。

表 4-1 污水厂 B 设计进出水水质

项目	COD_{Cr}	BOD_5	SS	TP	TN	NH_4^+-N
进水水质/(mg/L)	380	180	200	4	45	35
出水水质/(mg/L)	≤50	≤10	≤10	≤0.5	≤15	≤5（8）

注：括号外数值为水温>12℃时的控制指标，括号内数值为水温≤12℃时的控制指标。

多点进水倒置 AAO 系统避免了传统 AAO 工艺回流污泥中硝酸盐对厌氧池释磷的影响，将缺氧池置于厌氧池前端，来自二沉池的回流污泥（污泥回流比为 100%）、50% 的进水和 200% 的混合液回流均进入预缺氧池（An-1），在缺氧段内进行反硝化，去除硝态氮后，再与 50% 的进水混合进入厌氧池（Ana）进行厌氧释磷，最后再流入好氧池进行碳化、硝化反应和好氧吸磷。污水厂生化段一般应根据污水厂进出水 COD、NH_4^+-N 浓度来控制系统的曝气，即将倒置 AAO 工艺好氧池末端在线 DO 浓度控制在 2.0～2.5mg/L。设计污泥负荷为 0.097kg BOD_5/(kg MLSS·d)，生化池内混合液悬浮固体浓度（MLSS）控制在 3000mg/L 左右。

2018 年，污水厂 B 全年日进水流量为 2500～6500m³/d，平均为 4589m³/d，仅为设计流量的 46%。全年进水 COD、NH_4^+-N、TN、TP、TSS 浓度分别为 150～500mg/L、0.7～34.7mg/L、5.5～58.7mg/L、0.2～9.3mg/L、12～240mg/L。其中，COD、NH_4^+-N、TN、TP、TSS（总悬浮固体）累积概率分布较高的浓度范围分别为 150～200mg/L、5～15mg/L、5～30mg/L、0.2～4.0mg/L、50～100mg/L，累积概率分别达 63%、65%、94%、91%、91%。该厂实际的进水水量、水质远低于设计值。污水厂进水 BOD_5/TN

值、BOD_5/TP 值分别平均为 6.0、71，与国内典型城市污水相比，该厂进水碳源基本能够满足生物脱氮除磷需求。该厂 2018 年日出水 COD、NH_4^+-N、TN、TP、TSS 浓度分别为 9～39mg/L、0.1～4.7mg/L、0.2～10.1mg/L、0.1～0.3mg/L、1～8mg/L，稳定达到一级 A 标准。

4.2.2 分散型污水处理基本情况

4.2.2.1 进水水质、水量分析

岛屿 A 分散型农村生活污水中主要污染物浓度分布情况如图 4-2 所示。进水中 COD_{Cr} 浓度范围 12.65～292.57mg/L，NH_4^+-N 浓度范围为 2.3～42.44mg/L，TN 浓度范围为 5.76～51.01mg/L，TP 浓度范围为 0.3～6.89mg/L。其中，COD_{Cr}、NH_4^+-N 和 TN 浓度的波动幅度大，其最大值可分别达到最小值的 23 倍、18.4 倍和 8.8 倍；TP 浓度分布相对集中，波动幅度较小。这与岛上乡村旅游业所导致的人口流动密切相关，同时当地地下水位较高，雨季管道入渗现象明显。总体上看，岛上农村生活污水的平均 C/N 值仅为 3.1，明显低于浙江和江苏等地的 3.9～6.1，反硝化碳源短缺，限制了生物脱氮效率。

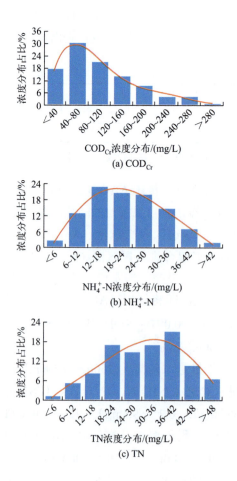

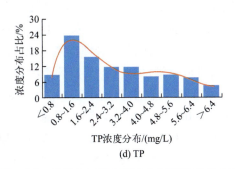

(d) TP

图4-2 岛屿A分散型农村生活污水中主要污染物浓度分布情况

根据污水来源的不同，岛上的分散型污水可以分为农家乐聚集区排放的餐饮类废水、农户居住区排放的生活污水两大类。餐饮类废水中富含动植物油和表面活性剂（LAS），COD_{Cr} 浓度可达 158.5～316.8mg/L，明显高于农户生活污水的 12.7～268.7mg/L。岛上餐饮类废水中动植物油浓度在 32～137.4mg/L，均值为 56.5mg/L，超过《饮食业环境保护技术规范》（HJ 554—2010）规定的"饮食业含油污水中动植物油的均值浓度 100～200mg/L"。为降低后续污水生化处理的难度，应进一步加强对农家乐聚集区外排水的除油预处理。

从营养盐指标上看，农户生活污水中 NH_4^+-N、TN 和 TP 均值浓度分别比餐饮类废水高出 59.5%、89.9% 和 52.9%，如图 4-3 所示。这就要求岛上分散型污水处理设施应当具备较强的脱氮除磷效能。由于区域内夏、秋季气温高且多雨，大流量低污染的淋浴排水或降雨会对污水造成一定稀释，这使得夏、秋季分散污水中的 COD_{Cr}、NH_4^+-N、TN 和 TP 均值浓度较低，而春、冬季分散型污水中 COD_{Cr}、NH_4^+-N、TN 和 TP 均值浓度达到了夏、秋季的 2.8 倍、3.7 倍、2.5 倍和 2.4 倍。

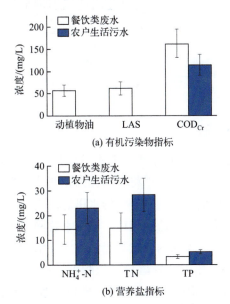

图4-3 普通农户生活污水和农家乐餐饮类废水水质参数比较

根据全年污水排放量调研结果,分析夏、冬季典型农户和农家乐污水排放量24h变化,如图4-4所示,发现:夏季和冬季,普通农户生活污水排放量的变化系数分别是2.5~6.1和2.1~4.5,农家乐餐饮类废水排放量的变化系数分别是2.7~7.3和2.9~4.7,故农村生活污水排放量波动较大。夏、秋季污水排放量显著大于冬、春季污水排放量,一天中的排水量变化也主要集中在6:00~8:00、11:00~13:00和17:00~20:00等时段内,1:00~4:00出现断流现象,主要是受村民及游客活动规律所影响。污水排放量时变化系数更高,主要是因为岛屿A以旅游业为主,人流潮汐效果明显同时受区域生活习惯、人口数量及经济发展水平影响。

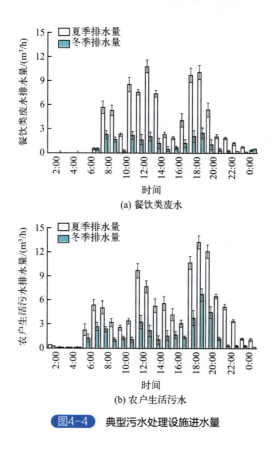

图4-4　典型污水处理设施进水量

4.2.2.2　污水收集管网情况

岛屿A不同区域分散型污水收集管网的服务面积和布置形式差异很大。依据排污主干管和地形等高线的相对位置,可以将管网分为正交式、平行式和分散式。当主干管与等高线垂直时,管网为正交式,其主干管排水迅速;当主干管与等高线平行或呈一定角度时,管网为平行式,其主干管流速较缓;当排水管网中间高、两边低时,则为分散式,管内流速变化较大。针对含油的餐饮类废水,应当增加管道养护频次,以防止管道堵塞、溢流的发生。此外,出于古村落自然原貌保护的考虑以及地理位置的限制,岛屿A的部分自然村未大规模新铺设污水管道,导致分散型污水独立处理设施的收集率不高。

4.2.2.3 分散型污水处理设施运行情况

岛屿 A 的分散型污水处理设施中处理规模在 50m³/d 以下（不包括 50m³/d）、50～100m³/d（包括 100m³/d）和 100m³/d 以上的处理设施分别占 30.4%、58.7% 和 10.9%。依据工艺类型不同，单独采用 A/O（厌氧/好氧分区）生物接触氧化法、人工湿地（垂直流＋表面流）和 A/O 活性污泥法的比例分别为 87.0%、6.5% 和 6.5%。其中，生物接触氧化法和人工湿地是岛屿 A 上最常见的农村生活污水处理系统。由图 4-5 可知，岛上生物接触氧化法对 COD_{Cr}、NH_4^+-N、TN 和 TP 的去除率普遍低于人工湿地。相对而言，人工湿地系统的设计余量较大，水生植物吸收和填料过滤吸附均对氮、磷营养盐有去除作用，更适合用作直排水体的保障措施。

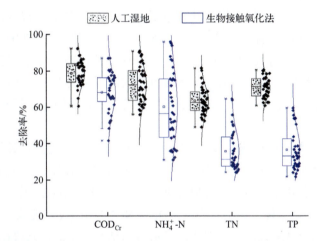

图 4-5　人工湿地和生物接触氧化法处理设施对主要污染物的去除率情况

4.2.2.4 典型村落分散型污水处理案例

（1）邻近太湖村落——以自然村 C 为例

自然村 C 距离太湖 9～160m，坡度为 0.113%，属缓坡，丘陵地形，主要种植茶树、果树。管网覆盖面积 4.17m²，建设有 700m 主干管，主干管接收 12 家农家乐污水以及两条干管生活污水；两条干管沿东西顺坡向分布，所有支管的生活污水直接排入干管，后汇入主干管进入污水处理设施，全村污水管网中污水靠重力自流。

自然村 C 的生活污水处理设施距太湖 35m，在太湖安全防护距离内（区生态红线二级管控范围内），设计规模为 30t/d，实际污水量为 45t/d，农户 75 户，设施采用生物接触氧化 A/O 工艺，整体运行稳定。自然村 C 处理后的生活污水直接排入太湖，出水执行《城镇污水处理厂污染物排放标准》（GB 18918—2002）中一级 B 标准。监测结果表明，处理设施出水中的 COD、NH_4^+-N 和 TN 浓度均达标，但 TP 浓度高于限值（0.3mg/L）。建议后续对现有工艺进行提标改造，如增设 MBR（膜生物反应器）处理单元，提高 TP 去除能力。

（2）远离太湖村落——以自然村 D 为例

自然村 D 距离太湖 271～791m，坡度为 0.029%，属平坡，主要种植茶树、果树、蔬菜。管网覆盖面积 $1.03×10^5m^2$，建有一条南北向主干管，两条东西向干管与主干管相通，其他支管与干管相连。整体地势比较平缓，干管依靠管路开挖以满足最小水力坡度要求。

自然村 D 的生活污水处理设施距离太湖 1100m，远离太湖一级保护区范围，设计规模为 50t/d，实际污水量为 30t/d，农户 50 户，采用 A/O 工艺，处理出水经 980m 河道排入太湖水域，出水执行《城镇污水处理厂污染物排放标准》（GB 18918—2002）中一级 B 标准。监测结果表明，除 TP 外，处理设施出水中的 COD、NH_4^+-N 和 TN 浓度均达标。结合当地情况，并参考《农田灌溉水质标准》（GB 5084—2021），建议将设施处理水用于农田蔬菜地灌溉，降低 TP 对太湖水质的影响。

（3）污水管网较长村落——以自然村 E 为例

自然村 E 长达 2.5km，是岛屿 A 上最长的山坞。自然村 E 距离太湖 246～1983m，坡度为 0.016%，属平坡。管网覆盖面积为 $2.81×10^5m^2$，建设有 1700m 主干管，在农户密集区另有一条 700m 干管和主干管相连通，其他支管直接接入主干管和干管。由于自然村 E 近太湖区域地势平缓，远太湖区域坡度较大，下雨后上坡雨水快速大量下泄，部分进入生活污水管路，造成漫溢，同时由于主干管较长，平时生活污水量较少，易造成管路的堵塞。

自然村 E 的污水处理设施距太湖 250m，通过河道直接连通，设计规模为 200t/d，农户 550 户，采用 A/O 工艺，建于 2008 年，处理后的生活污水经 250m 河道排入太湖，出水执行《城镇污水处理厂污染物排放标准》（GB 18918—2002）中一级 B 标准。监测结果表明，除 TP 外，处理设施出水中的 COD、NH_4^+-N 和 TN 浓度均可达标。

自然村 E 的地形纵深大，高低起伏，管道容易堵塞，因此，建议在坡度大、距太湖较远的地区单独分区，设立一级污水处理设施，处理出水直接农用灌溉。对坡度较小、距太湖较近的地区的生活污水经收集后，采用 MBR 工艺进行深度处理，满足排入太湖邻近河道要求。

（4）农家乐聚集区域——以自然村 F 为例

自然村 F 距离太湖 0～140m，坡度为 0.036%，属平坡。本地居民较少，都是以农家乐、民宿为主，只有在旅游旺季才有大量餐饮废水，平时污水量极少。同一天内波动也很明显，中午以餐饮污水为主，晚上混入其他生活污水。管网覆盖面积为 $3.9×10^4m^2$，建有 1562m 主干管，主干管接收 65 家农家乐污水。其中，部分农家乐污水经水泵提升后进入处理设施，其他为重力流。

自然村 F 的污水处理设施总设计规模为 400t/d，农户 370 户，农家乐数量近 70 家，采用 AAO 和 CASS 两套工艺，规模均为 200t/d。其中，AAO 处理系统距太湖 28m，在太湖安全防护距离以内（区生态红线二级管控范围内），实际污水量约为 185t/d，出水执行《城镇污水处理厂污染物排放标准》（GB 18918—2002）一级 B 标准，处理水直接排入太湖水域。监测结果表明，除 TP 外，设施出水中的 COD、NH_4^+-N 和 TN 浓度都可达标。另一套 CASS 系统主要处理生活污水，出水水质类似。后续建议针对农家乐餐饮废水推行隔油预处理，并对现有污水处理设施增设 MBR 系统，提升对 TP 的去除能力。

4.3 村镇污水厂运行优化与尾水深度处理

对于邻湖村镇生活污水,一部分经排水管网进入集中式污水处理厂。以保障水源地水生态健康和降低环境风险为目标,针对岛屿 A 上最主要的可控点源——污水厂 B 的高标准排放要求,研究村镇污水厂运行优化与尾水深度处理技术。经优化调控后,污水厂生化系统运行稳定性提升,出水经新建的反硝化脱氮滤池和复合人工湿地深度净化后排入纳污河道。

4.3.1 村镇污水厂数字建模与运行优化

建立污水厂水质、水量动态响应模型和控制系统,探索进水水量和水质、运行负荷、污泥龄、回流比、曝气等参数对处理效果的影响,获得优化运行参数;校准污水厂动态模型的关键动力学参数。

4.3.1.1 污水厂模型的构建

模型构建采用 BioWIN 软件完成。多点进水倒置 AAO 系统(简称"AAO 系统")水力模型采用多级反应器串联模式,通过分离器实现进水调控。依据 AAO 系统内发生的生物反应,选择 ASDM [活性污泥模型(ASM)+厌氧消化模型(ADM)]综合模型作为生化反应模型,该模型可以在不同进水条件下模拟碳氧化、硝化、反硝化以及包括反硝化除磷在内的生物除磷过程。由于 AAO 系统不存在厌氧消化过程,运行条件的设置不会激发 ASDM 模型中厌氧消化反应的发生。二沉池模型选择二沉池沉降模型(Takacs 模型)。

利用多点进水倒置 AAO 工艺,选择 2018 年 1~6 月的历史数据,模拟分析在动态进水水量、水质条件下,同一运行控制模式下,校正模型应用的可靠性。动态模拟的初始值为前一运行阶段的长期稳态模拟值。污泥浓度、COD 模拟结果的准确程度采用平均相对误差进行评估;NH_4^+-N、TN、TP 模拟结果的准确程度采用平均绝对误差进行评估。

如图 4-6 所示,校正后的模型可以较好地反映 AAO 系统内 MLSS(混合液悬浮固体浓度)和 MLVSS(混合液挥发性悬浮固体浓度)的变化趋势,MLSS 和 MLVSS 模拟值与实测值的平均相对误差分别为 4.4%、5.2%。受进水水质波动的影响,2018 年 4 月活性污泥浓度波动较大。

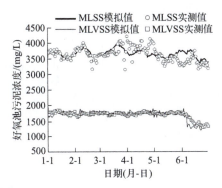

图4-6　AAO系统好氧池污泥浓度的实测值与模拟值对比

如图 4-7 所示，模型模拟 COD 的平均相对误差为 19.4%。2～3 月，受进水 COD 负荷波动的影响，出水 COD 浓度在 10～40mg/L 之间波动，模拟曲线基本能够反映出水 COD 浓度的实际变化趋势。出水 NH_4^+-N、TN 浓度模拟值与实测值的变化趋势基本

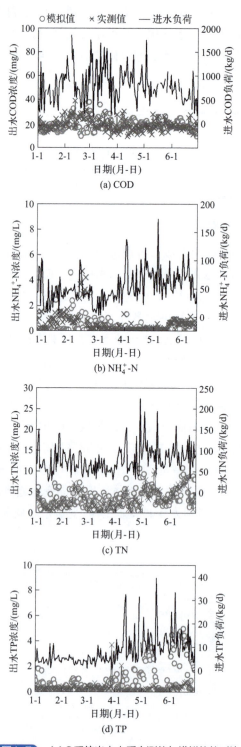

图 4-7　AAO 系统出水水质实测值与模拟值的对比

吻合，动态模拟的平均绝对误差分别为 0.4mg/L 和 1.1mg/L，出水 TN 浓度的变化趋势与进水 TN 负荷有显著的联系。TP 动态模拟的平均绝对误差为 0.5mg/L，进水 TP 负荷波动较大的 4～6 月误差较大。6 月，随着 AAO 系统平均水温逐渐上升到 20℃，聚磷菌（PAO）属于嗜冷细菌，因此生物除磷效果显著下降，出水 TP 浓度升高。

4.3.1.2 污水厂运行问题诊断

（1）夏季运行诊断

在污水厂夏季典型进水条件和运行控制模式下，沿水流方向，将好氧段分成 8 个完全混合反应池（Br-1～Br-8），其中，Br-1～Br-4 为好氧段前端，Br-5～Br-8 为好氧段末端。因此，为了模拟推流式好氧段的运行，采用 8 个完全混合反应池串联的方式来进行模拟分析。

倒置 AAO 工艺沿程 NH_4^+-N、NO_3^--N 的变化情况如图 4-8（a）所示。在夏季条件下，系统内的反硝化反应主要发生在预缺氧池（An-1）、缺氧池（An-2）、缺氧池（An-3）中，厌氧池（Ana）中基本没有反硝化反应的发生。由于进水碳源相对充足，因此，An-2 中的反硝化速率明显升高。硝化反应主要发生在 Br-1～Br-3，而且从 Br-1 到 Br-3，NO_3^--N 产生率不断提高，对应反应池内的 NO_3^--N 浓度不断增加；从 Br-4 到 Br-8，NO_3^--N 产生率逐步降低至恒定水平，对应此沿程的 NO_3^--N 浓度始终维持在较高水平，NH_4^+-N 在 Br-4 中基本已耗尽。因此，Br-1～Br-4 中 NH_4^+-N 已硝化完全，系统内的反硝化主要发生在 An-1～An-3，其中 An-2 反硝化速率最大。整个系统的硝化和反硝化都较为彻底。

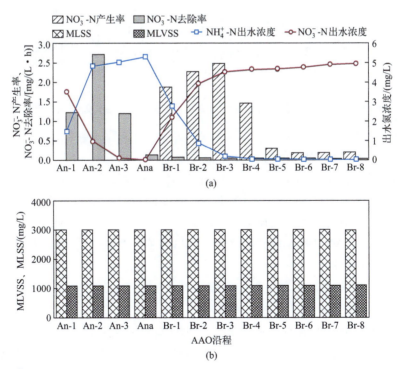

图4-8　夏季倒置AAO沿程硝化和反硝化速率、氮浓度变化（a）及污泥浓度变化（b）

在该系统内，若维持系统内污泥浓度在3000mg/L左右，MLVSS（混合液挥发性悬浮固体浓度）/MLSS（混合液悬浮固体浓度）的比例在0.37左右，说明系统内的无机物含量高，如图4-8（b）所示。与春秋季、冬季MLVSS/MLSS沿程变化情况比较，夏季系统内无机固体含量更高，其原因可能是：夏季降雨量大，污水厂前端管网不完善，降雨冲刷导致大量的无机悬浮固体（ISS）进入污水厂。因此，夏季污水厂AAO沿程无机固体比例较高。

（2）春秋季运行诊断

在污水厂春秋季典型进水和运行控制模式下，倒置AAO工艺沿程NH_4^+-N、NO_3^--N、MLSS及MLVSS的变化情况如图4-9所示。

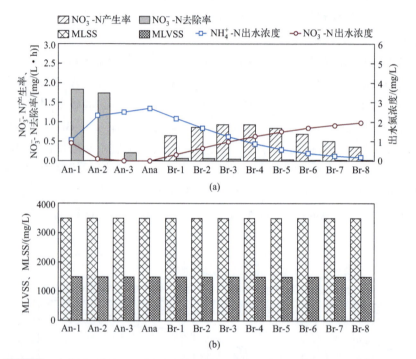

图4-9 春秋季反应池沿程硝化和反硝化速率、氮浓度变化（a）及污泥浓度变化（b）

在春秋季，系统内的反硝化反应主要发生在预缺氧池（An-1）、缺氧池（An-2）。硝化反应发生在好氧段沿程，在好氧段沿程NH_4^+-N浓度逐渐降低，NO_3^--N浓度不断升高。从Br-1到Br-4，NO_3^--N产生率不断提高；从Br-5到Br-8，NO_3^--N产生率逐渐降低。但与夏季相比，在各好氧池内硝化速率变化不大。在该系统内，若维持系统内污泥浓度在3500mg/L左右，MLVSS/MLSS的比例在0.43左右，系统内的无机物含量较高。

（3）冬季运行诊断

在污水厂冬季典型进水和运行控制模式下，倒置AAO工艺沿程NH_4^+-N、NO_3^--N、MLSS及MLVSS的变化情况如图4-10所示。

在冬季，系统内的反硝化反应主要发生在预缺氧池（An-1）、缺氧池（An-2），缺氧池（An-3）和厌氧池（Ana）中基本没有反硝化反应的发生。在好氧段沿程，主要发生了硝化反应，好氧段沿程从Br-1到Br-7，硝化速率逐步提高。

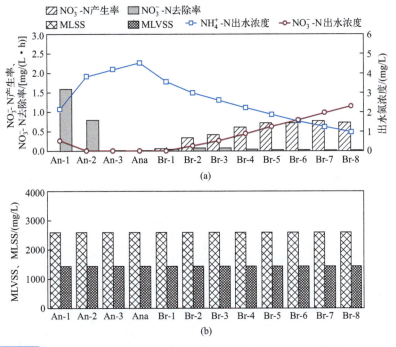

图4-10 冬季反应池沿程硝化和反硝化速率、氮浓度变化（a）及污泥浓度变化（b）

在该系统内，若维持系统内污泥浓度在3500mg/L左右，MLVSS/MLSS值在0.54左右，系统内无机固体含量依然相对较高，但与夏季、春秋季相比，MLVSS/MLSS值有了明显提高。

4.3.1.3 生化段优化参数分析

（1）曝气对出水水质的影响分析

研究中将AAO系统好氧段反应池在模型中细化分成前段、中段、后段三段；前段为Br-1～Br-2；中段为Br-4～Br-5；后段为Br-7～Br-8。针对污水厂的实际运行情况，由于前段反应池中有机物含量比较高，在风机开最大功率的情况下，前段一般DO仅能控制在1～1.5mg/L，模拟中采用1.0mg/L。研究中重点考察中段和后段的DO对出水N、P浓度的影响。

从表4-2中可以看出，在夏季和春、秋季，随着AAO系统末端DO浓度的升高，出水中TN、TP浓度也升高。这表明，AAO工艺末端DO控制对缺氧段脱氮除磷有一定的影响，若末端DO浓度过高，则会导致DO随混合液和污泥回流到缺氧段和厌氧段，影响缺氧段的反硝化和厌氧段的释磷。在冬季条件下，由于温度相对较低，影响微生物的活性，在相同供氧条件下硝化不彻底。因此，随着AAO末端DO控制值的升高，系统的硝化能力也不断地提高，出水NH_4^+-N浓度呈现下降趋势。在有机物充足的情况下，系统反硝化受回流的NO_3^--N浓度的影响较大。因此，冬季提高AAO系统末端DO会导致出水TN浓度降低。

因此，在保证系统硝化充分的前提下，好氧末端DO浓度的降低，一方面可以节约曝气能源，另一方面也有利于整个系统的脱氮除磷效果。

表4-2 平均进水条件下DO水平对出水水质的影响

季节	DO水平/(mg/L)			出水水质/(mg/L)			
	前段	中段	后段	COD	NH_4^+-N	TN	TP
夏季	1.0	2	0.5	20.3	0.03	6.01	1.67
	1.0	2	1	20.3	0.03	6.28	1.75
	1.0	2	2	20.3	0.02	6.54	1.89
	1.0	2	3	20.3	0.02	6.75	1.96
	1.0	3	3	20.2	0.02	7.10	2.0
春、秋季	1.0	2	0.5	17.3	0.21	3.65	0.26
	1.0	2	1	17.2	0.19	3.95	0.27
	1.0	2	2	17.1	0.17	4.10	0.27
	1.0	2	3	17.1	0.17	4.22	0.28
	1.0	3	3	17.1	0.16	4.43	0.28
冬季	1.0	2	0.5	21.3	0.98	5.10	0.24
	1.0	2	1	21.3	0.82	5.05	0.25
	1.0	2	2	21.3	0.73	5.03	0.25
	1.0	2	3	21.3	0.70	5.02	0.27
	1.0	3	3	21.3	0.67	5.01	0.27

（2）污泥回流量对出水水质的影响分析

污泥回流的作用是向AAO系统提供活性污泥微生物，以适应系统对负荷的要求。如图4-11所示，是在同一排泥量下，污泥回流比对多点进水倒置AAO工艺生物脱氮除磷的影响。在同一排泥量下，随着污泥回流比的增大，生化池内污泥浓度不断升高，对应的SRT（污泥龄）不断增大，过长的泥龄导致生物除磷效率降低，因此，出水TP浓

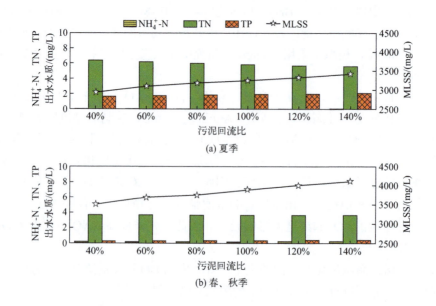

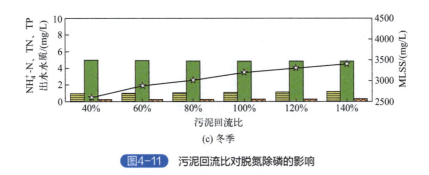

(c) 冬季

图4-11 污泥回流比对脱氮除磷的影响

度呈现升高趋势。随着污泥回流比的增大，出水 TN 浓度呈下降趋势。因此，在运行过程中，在保证反应池 MLSS 浓度和出水 TN 浓度的前提下，应尽可能降低污泥回流比来提高生物除磷能力。

（3）泥龄对出水水质的影响分析

如图 4-12 所示，受系统泥龄影响最显著的是反应池内的污泥浓度。随着泥龄的增长，反应池内 MLSS 显著升高。在夏季进水条件下，随着 SRT 的增加，出水 NH_4^+-N 浓度保持在较低水平，出水 TN 浓度呈现下降趋势，TP 浓度逐渐降低。夏季由于温度较高，平均水温达 25℃，生物活性相对较高，因此，夏季条件下控制较短的 SRT 并不会很大限度地影响生物脱氮除磷能力。

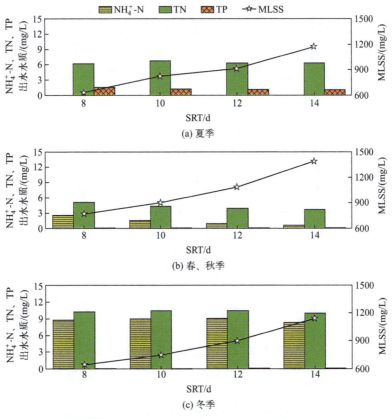

图4-12 泥龄对脱氮除磷性能及生化池内污泥浓度的影响

春、秋季，当系统 SRT 从 8d 增加到 14d 时，出水 NH_4^+-N 浓度不断降低，出水 TN 浓度也呈现了下降趋势，出水 TP 浓度始终维持在较低水平。因此，春、秋季，为了保证系统硝化较彻底，提高系统泥龄是有益的。

冬季，受温度影响，整个系统的脱氮能力较差，当泥龄从 8d 增加到 14d 时，并不会明显影响系统脱氮能力。可以考虑继续提高系统泥龄。

（4）内回流量对出水水质的影响分析

如图 4-13 所示，在 AAO 工艺现有内回流点设置模式下，出水 TP 浓度随着内回流比的增大而升高（夏季最为明显），这是由于回流的 NO_3^--N 进入厌氧区，反硝化菌和聚磷菌产生竞争，因聚磷菌为较弱菌群，所以反硝化速度大于磷的释放速度，反硝化菌优先快速生物降解 COD 进行反硝化。当反硝化脱氮完成后，反应区内没有 NO_3^--N 存在，聚磷菌才开始进行磷的释放。因此，这种内回流模式有利于脱氮，不利于生物除磷。出水 NH_4^+-N 浓度受内回流比影响不显著。随着内回流比的升高，缺氧段末端 NO_3^--N 浓度略有升高，但基本消耗完全，说明缺氧段反硝化完成彻底。内回流比对出水 TN 的影响主要是受 NO_3^--N 浓度影响。当内回流比从 100% 逐渐增大到 400% 时，出水 TN 浓度逐渐下降，说明随着内回流比的升高，反硝化去除的氮量逐渐增加。根据以上模拟结果和分析，运行时通过 AAO 工艺缺氧段末端 NO_3^--N 浓度来调整内回流比。从节省能耗和提高

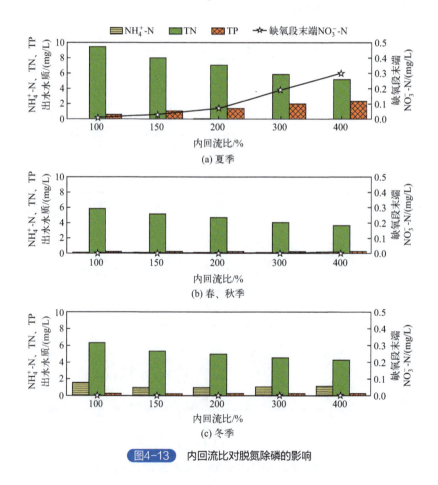

图 4-13　内回流比对脱氮除磷的影响

反硝化脱氮效率的角度，建议缺氧段末端NO_3^--N浓度控制在0.5mg/L左右，随着内回流比的增大，缺氧段末端NO_3^--N浓度呈升高趋势。

（5）进水量分配对出水水质的影响分析

模拟时，污水厂B的进水水流可以分成三个部分：一部分进入预缺氧池An-1；第二部分进入缺氧池An-2；第三部分进入厌氧池Ana。

通过碳源的分配，可以实现提高生物脱氮除磷效率的目的。由于该厂全年反硝化相对彻底，调整进水分配更有利于夏季生物除磷。在内回流量充分的前提下，可依据工艺缺氧段沿程的NO_3^--N浓度变化来判断碳源是否充分。缺氧段末端NO_3^--N浓度维持在较低浓度水平，系统反硝化相对充分，出水TN浓度对应较低。在污水厂AAO工艺内回流点的设置模式下，缺氧段沿程反硝化完全进行，当反应池内没有NO_3^--N存在时才能进行厌氧释磷。

4.3.1.4 生化段优化运行方案

（1）优化控制策略的提出

根据之前的分析，针对污水厂全年典型进水条件，运行控制策略调控方案如表4-3所列，在此运行模式下污水厂全年出水水质稳定达到一级A排放标准，同时实现节能降耗的目标。

表4-3 典型进水条件下，污水厂全年运行控制策略

时间	进水比例 An-1/An-2/Ana	Br-8位置DO控制方案	内回流比/%	污泥回流比/%	SRT控制方案
1~2月	100%/0/0	0.5~1.1mg/L	200	60	稳定在13d
3月初	100%/0/0	0.6~0.8mg/L	200	60	稳定在13d
3月中	100%/0/0	0.5mg/L左右	200	60	逐渐降到11d
3月下旬~5月	100%/0/0	0.6~0.8mg/L	150	60	逐渐降到8d
6~7月	100%/0/0	0.25~0.3mg/L	200	60	逐渐降到6d
8~9月	100%/0/0	0.25~0.3mg/L	200	60	稳定在6d
10月	100%/0/0	0.3~0.4mg/L	150	60	逐渐提高到8d
11月	100%/0/0	0.3~0.6mg/L	150	60	逐渐提高到11d
12月	100%/0/0	0.3~0.6mg/L	300	60	逐渐提高到13d

（2）优化控制策略评估

1）出水水质分析　2020年采用上述的优化控制策略调控污水厂运行，与2019年采取传统的经验控制模式相比，污水厂出水水质如图4-14所示，优化控制策略前后出水稳定性分析见表4-4。在年进水水质、水量相近的条件下，污水厂2019年、2020年日出水COD、NH_4^+-N、TN、TP模拟值和实测值拟合效果理想。

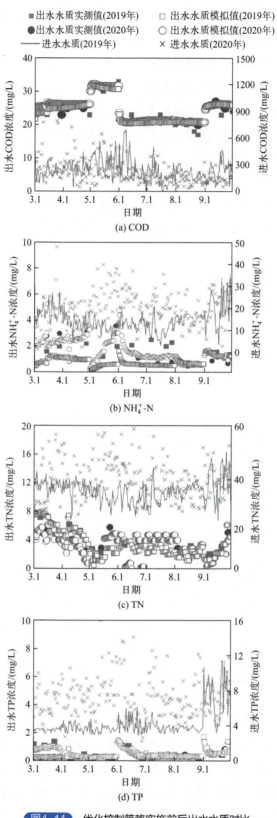

图4-14 优化控制策略实施前后出水水质对比

表4-4 优化控制策略实施前后出水稳定性统计分析

指标	年份	COD/(mg/L)	NH_4^+-N/(mg/L)	TN/(mg/L)	TP/(mg/L)
平均值/(mg/L)	2019年	24.10	0.84	3.41	0.57
	2020年	25.20	1.67	3.16	0.42
标准偏差/(mg/L)	2019年	4.62	1.50	5.20	1.52
	2020年	3.95	3.20	3.45	0.40

与2019年相比，2020年优化控制策略实施后，出水COD浓度变化并不明显。2020年污水厂出水COD浓度略有升高，年平均出水COD浓度上升了1.1mg/L，同时出水COD浓度的稳定性略有提高，出水COD的标准偏差从4.62mg/L（2019年）降低到3.95mg/L（2020年）。优化控制策略实施后，出水NH_4^+-N浓度升高较为显著，年平均值升高了0.83mg/L。优化控制策略实施后的出水NH_4^+-N浓度稳定性降低，出水NH_4^+-N的标准偏差从1.5mg/L（2019年，未采取优化控制策略）升高到了3.2mg/L（2020年，优化控制策略实施后）。优化控制策略实施后，出水TN年均值下降了0.25mg/L，而且出水稳定性有了很大的提高，出水TN的标准偏差从5.2mg/L（2019年，未采取优化控制策略）降低到了3.45mg/L（2020年，优化控制策略实施后）。优化控制策略实施后，出水TP年均值下降了0.15mg/L，而且出水稳定性显著提高。

综上分析可知，在优化控制策略下，通过优化曝气，大大降低了曝气能耗，在此基础上仍可以实现出水COD、NH_4^+-N、TN、TP稳定达到一级A标准。

2）能耗分析 2019年污水厂未进行节能优化控制，采取传统的经验控制模式对污水厂运行进行控制；2020年采用了上述的优化控制策略，对污水厂运行情况进行了调控。污水厂优化控制策略实施前后，对污水厂能耗情况进行了分析对比，结果如图4-15和图4-16所示。

可以看出，2019年进水量接近于2020年，而且进水量的波动趋势也极为接近。2019年，优化控制策略实施前，吨水能耗较高。当进水量在2163～9342m³/d之间变化时，吨水能耗的变化范围为0.21～0.64kW·h/m³，平均吨水能耗达0.42kW·h/m³。2020年，对污水厂AAO工艺进行泥龄、曝气等优化控制后，当进水量在1570～8771m³/d之间变化时，吨水能耗的变化范围为0.11～0.51kW·h/m³，平均值达0.25kW·h/m³，吨水能耗低于2019年同期能耗水平。

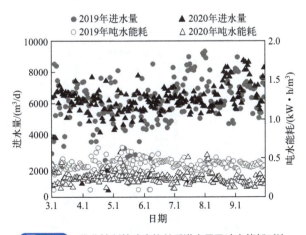

图4-15 优化控制策略实施前后进水量及吨水能耗对比

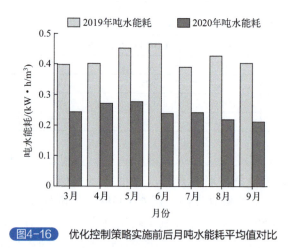

图4-16 优化控制策略实施前后月吨水能耗平均值对比

2019年优化控制策略实施前,3月和4月吨水能耗基本相同;5月份开始,吨水能耗逐渐上升;7月吨水能耗达全年最低水平;之后,随着进水量的逐渐降低,吨水能耗出现了上升趋势。2020年优化控制策略实施后,各月吨水能耗都有不同程度的降低,其中,以夏季6月降低的幅度最大,污水厂吨水能耗比2019年同期降低了近40%,节能效果显著。

4.3.2 村镇污水厂尾水深度处理技术

针对污水厂B的运行现状和二级处理尾水的深度净化目标,开发了以新型生物脱氮滤池和复合人工湿地系统为主的村镇污水厂尾水深度处理技术,处理流程与技术特点如图4-17所示。污水厂二级处理尾水经泵提升至生物反硝化滤池进行TN和SS去除的

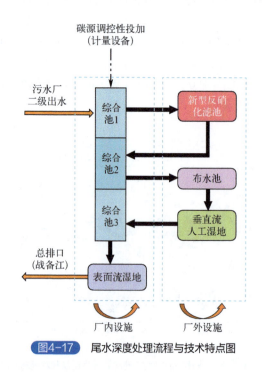

图4-17 尾水深度处理流程与技术特点图

强化后,进入湿地前端布水池,通过布水装置后依次自流进入不同植物类别的垂直潜流生态湿地与表面流湿地,出水排进入湖河道。

4.3.2.1 新型生物脱氮滤池

(1) 技术原理

考虑到太湖流域排放标准的收紧以及污水处理厂具有一定的前瞻性,污水厂工艺优化提升中采用新型生物脱氮滤池。相较于传统反硝化滤池深度较大、布水均匀性和强度有待提高的局限,新型生物脱氮滤池采用的反硝化工艺是集脱氮及过滤于一体的先进水处理工艺,以确保和控制出水的TN限值。滤池滤料能较好地生长附着反硝化微生物膜,通过对反洗模式及反洗布水方式等关键技术的改进,提升反硝化滤池脱氮的运行效能。同时,通过在滤池运行过程中灵活设置外碳源投加,对出水TN限值有良好的保障。新型生物脱氮滤池结构如图4-18所示。

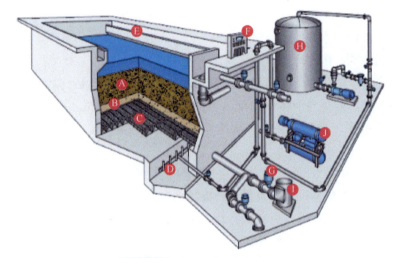

图4-18 新型生物脱氮滤池结构

A—石英砂介质或陶粒滤料;B—砾层;C—滤砖;D—进气管;E—堰板;F—控制系统;G—阀门;H—碳源存储和供给系统;I—反冲洗泵;J—反冲洗罗茨风机

(2) 技术要点

1)双重平行侧向滤砖布水 与传统反硝化滤池相比,新型生物脱氮滤池采用气水分布滤砖技术,具有更合理的水力分配特征、彻底的反洗效果及良好的经济性价比。双层配水系统设计为"T"形,空气与水混合后,从相邻砖的间隙中强力喷出,将水和空气均匀分布在整个滤池区域,可确保水和气体在滤砖长度上的每一个扩散孔处均匀分布。反冲水由一级分配腔进入滤砖,因为在距反冲洗进口最远的地方有更多的水和气从开孔处流出,导致一次配水腔配气配水不均匀。一次配水腔流出的不平衡水流在二次配水腔产生逆向水流,从而形成补偿,使得沿滤砖长度方向上最终的整体压力均匀。该布水方式运行维护方便,可为滤床反冲洗提供均匀平稳无盲区的反冲洗水,提高反冲洗效率,延长滤池运行周期,保障出水水质。

2)搓擦式反冲洗模式 相较于传统滤池,新型生物脱氮滤池采用拟人的搓手反冲模式，大量强有力的空气使滤料相互搓擦，将截留的 SS 全部清洗出池，清洗率高于传统反硝化滤池，冲洗用水仅为总用水量的 2%～4%。经调试运行，确定具体的反冲洗过程为：

① 关闭进水阀与出水阀；
② 打开反冲洗进水阀、反冲洗出水阀；
③ 启动反冲洗风机；
④ 逐渐关闭反冲洗空气泄压阀；
⑤ 鼓风机继续运行，气体冲洗 5min 后启动反冲洗水泵；
⑥ 气／水同时反冲洗大约 15min；
⑦ 关闭反冲洗鼓风机，关闭反冲洗气体控制阀；
⑧ 打开空气泄压阀；
⑨ 继续单水冲洗约 5min，去除滤池残留空气，并将残留物漂洗出池外；
⑩ 关闭反冲洗水泵；
⑪ 关闭反冲洗进水阀、反冲洗出水阀；
⑫ 打开进水阀、出水阀，滤池恢复正常使用。

在反硝化过程中，由于硝态氮不断被还原为氮气，可以增强微生物与水流的接触并提高过滤效率。但是当池体内积聚过多的氮气气泡时会造成水头损失，这时需通过设置的氮气驱散系统恢复水头，每次持续 1～2min，根据实际情况调整每天的驱散次数。

2）外碳源投加　由于反硝化滤池进水 C/N 值极低，从确保出水 TN 限值的角度出发，在碳源种类比选的基础上，设置了外碳源调控性投加的综合池和加药设施，可良好地实现外碳源投加的灵活性与适宜性。新型生物脱氮滤池可按两种模式运行：一是仅作滤池使用；二是用作反硝化滤池使用。碳源的投加通过设置滤池配水综合池与计量设施实现，投加量一般控制在 5～6mg COD/mg NO_3^--N 以内。

（3）技术效果分析

新型生物脱氮滤池为一座 4 组，规模为 10000m^3/d。污水经均质石英砂滤料层过滤，滤除进水中的悬浮物，并通过附着生长在滤料表面的微生物的反硝化作用，降低出水中的总氮浓度。研究中进行了新型生物脱氮滤池反硝化碳源的比选和滤池反冲洗周期优化研究，以期获取污水厂 B 最优的碳源与反冲洗运行工况。

1）碳源的选择　目前，城镇污水厂提标改造过程中碳源选择的基本原则为：

① 反硝化速率较快且投加成本较低；
② 污泥产量较小，后续处理处置成本低；
③ 生产安全性高，卫生无污染；
④ 投加设备简易，操作维护简便；
⑤ 有条件时交替使用碳源，降低无效菌的富集。

因此，污水厂常用的外加碳源试剂为甲醇、葡萄糖、乙酸钠，其物理性质比较如表 4-5 所列。

表4-5 常用外加碳源的物理性质比较

碳源种类	COD或BOD₅当量	理化特性	储藏	防护	运输	管理成本
甲醇	1.5g COD/g、0.77g BOD₅/g	液体、易挥发、易燃烧、易爆、有毒	通风、防火防爆措施和泄漏应急处理设备	防静电、防护眼镜、防毒面具、橡胶手套	需要配备消防与泄漏处理设备,防暴晒、雨淋、高温	较高
乙酸/乙酸钠	1.07g COD/g、0.77g BOD₅/g 或0.78g COD/g、0.60g BOD₅/g	无味、透明晶体、无毒	干燥、密封	无特殊要求	无特殊要求	较低
葡萄糖	1.06g COD/g、0.5g BOD₅/g	白色无臭颗粒或粉末	干燥、密封	无特殊要求	无特殊要求	较低
淅水	1000~2000mg COD/L	有臭味的液体	密封	卫生装备	密封罐车	较低
粪液	100~400mg BOD₅/L	有臭味的含固液体	通风、除臭	卫生装备	吸粪车	较低

在新型生物脱氮滤池中投加葡萄糖和乙酸钠两种碳源的条件下,对其挂膜及硝态氮的去除性能进行比较研究,发现:以相同COD当量进行碳源投加,经过一个多月驯化培养后,不同碳源投加系统的硝态氮脱除效果如图4-19所示。可以看出,以乙酸钠为投加碳源时,10d后反硝化细菌逐渐适应了乙酸钠;以葡萄糖为碳源时,15d后脱氮效率逐渐趋于稳定。稳定运行期间,乙酸钠组的去除率高于葡萄糖组的去除率。因此,确定以乙酸钠作为新型生物脱氮滤池的碳源,由碳源储罐通过加药管泵入综合水池中的滤池进水单元格,投加量根据滤池进水TN浓度确定,投加量为10~15mg/L,既可提高脱氮效率又不会造成出水COD超标风险。

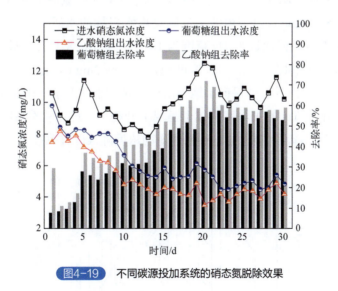

图4-19 不同碳源投加系统的硝态氮脱除效果

2)反冲洗周期 控制气水比不变,设定反冲洗周期分别为1d、2d、3d,研究反冲洗后各项指标恢复到正常去除范围的时间。如图4-20所示,当反冲洗周期为2d时反硝化滤池可以在较短的时间内恢复正常运行与去除率,而且与1d的反冲洗周期相比,更具经济性与操作的可行性。

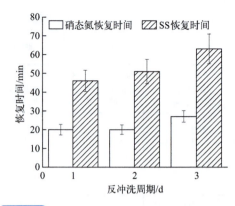

图4-20 不同反冲洗周期后反硝化滤池的恢复时间

3）反硝化滤池运行参数确定　通过运行调试研究，确定新型生物脱氮滤池的运行参数，见表4-6。根据进水水量、进水硝酸盐氮浓度，确定乙酸钠外碳源的投加量。

表4-6　新型生物脱氮滤池运行参数

主要指标	运行参数	主要指标	运行参数
水力负荷	5.18m³/(m²·h)	水反冲洗参数	4min，Q=15m³/(m²·h)
反冲洗周期	约2d一次	气反冲洗参数	15min，Q=92m³/(m²·h)
反冲洗模式	气水联合反冲洗	碳源投加量	10～15mg/(L·d)

4）新型生物脱氮滤池对污染物的去除　新型生物脱氮滤池对SS去除率较为稳定，出水SS在5～8mg/L范围内波动，满足出水提标的水质要求。运行期间，由于污水厂进水负荷较低，滤池进水TN范围为1.1～6mg/L，不投加外碳源的条件下，滤池的去除率为15%～60%，出水TN浓度稳定在1～3mg/L，低于苏州市特别限值中TN<10mg/L的要求，而且总体保证了地表水环境Ⅳ类水质要求。如图4-21所示，随着气温的升高，滤池对TN的去除率整体也呈现上升趋势，进入秋季后随着温度的降低，反硝化去除率略有下降，可能与进水中硝态氮的浓度降低也有关系。

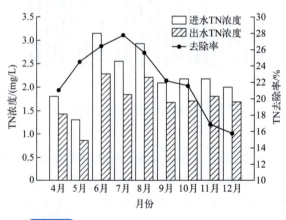

图4-21　滤池月平均进出水TN浓度与TN去除率

4.3.2.2 复合人工湿地系统

复合人工湿地系统是采用"垂直流人工湿地+生态塘"组合的形式,利用人工湿地中填料、植物与微生物三者的协同作用来处理污水,实现对污染物的截留过滤、吸附沉淀。再利用生态塘中微生物(藻类、细菌、真菌、原生动物)的代谢活动及伴随的物理、化学等过程来降解污水中的有机污染物、营养盐类和其他污染物。

(1) 人工湿地小试研究

垂直流人工湿地床体通常由多种基质填料组成,因基质理化性质的差异,不同基质对氮、磷的去除效果也有所不同。结合污水厂 B 二级出水的性质并考虑经济性要求,进行了人工湿地主体层填料配比优化的小试研究,如图 4-22 所示,优选填料包括砾石、天然矿物沸石和工业废弃物钢渣。其中,沸石的比表面积和孔隙率大,截留效果好,污染负荷高,对氨氮的吸附去除效果较好;钢渣对磷的吸附容量大,TP 去除率最高可达 90%,但钢渣比例过高会导致处理出水呈碱性,抑制植物和微生物生长;砾石用作湿地基质填料,一方面对 COD 有较好的去除效果,另一方面砾石可以平衡其他基质填料对处理水体 pH 值的影响。

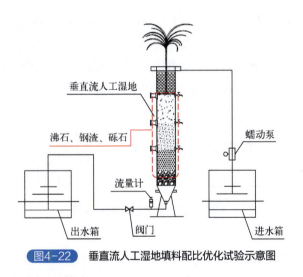

图 4-22 垂直流人工湿地填料配比优化试验示意图

通过基质填料组分的配比优化,可较好地实现不同基质之间的协同作用,克服单一基质的缺点,形成互补,以充分发挥人工湿地基质填料的作用,提高其污染物质去除效率和抗冲击负荷能力,同时也可有效地避免堵塞以提高运行周期。柱模拟小试试验按照排放标准一级 A-B 配置模拟进水水质,控制水力停留时间为 1d,基质填料设置不同的比例构成,配比编号及比例见表 4-7。

表 4-7 垂直流人工湿地基质填料配比试验结果

配比编号	基质填料组成	填料比例	对二沉池出水中污染物的去除率/%			
			COD	NH_4^+-N	TN	TP
CW-1	沸石:钢渣:砾石	1:1:1	30.62	79.65	32.76	75.52
CW-2	沸石:钢渣:砾石	2:1:1	27.25	88.5	35.68	65.52

续表

配比编号	基质填料组成	填料比例	对二沉池出水中污染物的去除率/%			
			COD	NH_4^+-N	TN	TP
CW-3	沸石：钢渣：砾石	1：2：1	23.28	73.13	24.15	80.26
CW-4	沸石：钢渣：砾石	1：1：2	37.51	70.35	51.26	62.33
CW-5	沸石：钢渣：砾石	1：1：4	46.26	62.12	42.15	55.47
CW-6	沸石：钢渣：砾石	1：1：8	48.67	56.58	39.84	52.61

从表 4-7 中不同基质填料配比下污染物去除效果可以看出，湿地主体层基质填料沸石：钢渣：砾石的最优配比宜为（1：1：4）～（1：1：8）。沸石、钢渣和砾石填料基质组合可以充分发挥各填料的特性，实现填料之间的优势互补与协同作用。在满足对污染物削减效果的基础上考虑湿地建设的经济性，选择来源广、易获取的砾石填料作为湿地主要基质，优先推荐主体层基质填料沸石：钢渣：砾石（配比）为 1：1：8。

（2）复合系统中试验证

1）中试构建　垂直流人工湿地 + 生态塘组合处理系统中试流程如图 4-23 所示，处理能力约为 200m³/d。分析植物配置技术、塘 - 床组合方式、运行条件等对污染物去除效能的影响，探明不同处理单元对去除尾水中悬浮颗粒物、溶解性有机物和氮磷等营养盐的贡献率，分析组合工艺对尾水污染物的去除效果。

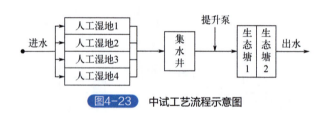

图4-23　中试工艺流程示意图

采用下行式垂直潜流人工湿地，水力停留时间（HRT）为 1d。湿地占地面积为 400m²，湿地长为 23m，宽为 18m，基底深为 1.5m，池底坡度为 0.8%，池体边坡坡度为 0.83，单元湿地间堤坝为土堤，两面壁均用素混凝土砌块砌筑护坡。填料层厚度约为 1.25m，沸石：钢渣：砾石（基质填料配比）为 1：1：8，主体层填料粒径为 8～10mm，过渡层填料粒径为 10～20mm，集水层填料粒径为 20～30mm。湿地采用下行式垂直流，布水主干管采用 HDPE（高密度聚乙烯）DE225 穿孔管，布水支管采用 HDPE DE63 规格，穿孔管间距为 2.0m。底层采用穿孔管集水，支管采用 DN110 规格，集水汇至湿地中间的主干管 DN225 排出。在湿地基质内部设有通气管，材质为 PVC DE160，通气管间距为 2m。湿地通过 PLC（可编程逻辑控制器）自动布水或手动控制。

垂直潜流湿地周边设砖砌隔墙，水泥砂浆粉面，池底黏土夯实处理，并设 HDPE 防渗膜。HDPE 防渗膜厚度宜为 0.5～1.0mm，两边衬垫土工布，以降低植物根系和紫外线对薄膜的影响。敷设要求应满足《聚乙烯（PE）土工膜防渗工程技术规范》（SL/T 231—1998）等专业规范要求。

2）人工湿地系统的效果研究

① 湿地植物配置。经实地考察，本着能增加系统的生物多样性、植物根系发达、生物量大、去污能力强、景观效果佳等选取原则，经技术验证，选用菖蒲、香蒲、水葱和芦苇作为中试研究的湿地植物。

中试人工湿地单元按照种植植物类型划分为 4 个处理单元，如图 4-24 所示。垂直流湿地 1 为菖蒲人工湿地，垂直流湿地 2 为香蒲人工湿地，垂直流湿地 3 为水葱人工湿地，垂直流湿地 4 为芦苇人工湿地。各处理单元植物配置如表 4-8 所列。各人工湿地单元独立布水、并联连接，保证进水水质相同；各人工湿地单元设置独立取水口，其中 $2^{\#} \sim 5^{\#}$ 为各独立人工湿地单元取水口，$6^{\#}$ 为人工湿地总出水口。对各人工湿地处理单元进行长期监测，分析不同湿地植物对污染物的去除效果。

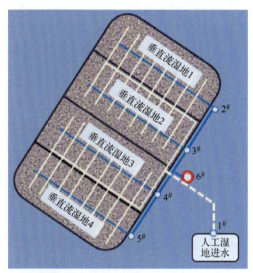

图 4-24　人工湿地各处理单元布置示意图

表 4-8　中试湿地植物配置表

处理单元	种植面积/m²	种植密度
菖蒲人工湿地	100	15～20 株/m²
香蒲人工湿地	100	20～25 株/m²
水葱人工湿地	100	5～10 丛/m²
芦苇人工湿地	100	15～20 株/m²

② 不同植物配置的人工湿地单元去除污染物的效果。如图 4-25 所示，在监测周期内，水葱人工湿地对 COD 的去除效果最好，月均去除率为 37.5%，对 NH_4^+-N、TN 和 TP 的平均去除率分别为 51.6%、21.3%、34.5%；对 NH_4^+-N 去除效果最好的是香蒲人工湿地，月均去除率为 60.1%，对 COD、TN 和 TP 的平均去除率分别为

36.7%、25.4%和36.5%；菖蒲人工湿地整体上对TN的去除效果最好，月均去除率为25.95%，对COD、NH_4^+-N和TP的平均去除率分别为36.5%、60.4%和36.2%；芦苇人工湿地整体上对TP的去除效果最好，最低去除率发生在3月份为38.5%，最高去除率发生在8月份为48.6%，对COD、NH_4^+-N和TN的平均去除率分别为34.7%、46.5%和21.5%。

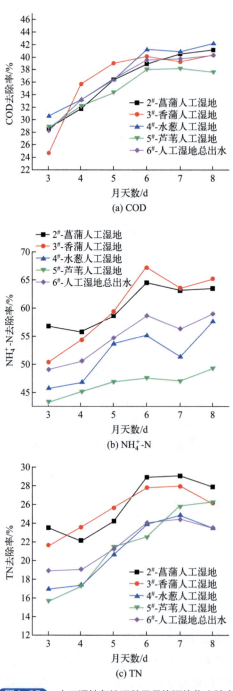

图4-25 人工湿地各处理单元月均污染物去除率

不同植物配置的人工湿地单元中，COD、NH_4^+-N、TN 的去除率整体上随季节呈规律性变化。整体上看，菖蒲人工湿地和香蒲人工湿地对污染物都具有较稳定的去除率，对环境的适应性较强。其中，菖蒲人工湿地对各污染物均保持较高的削减作用，香蒲人工湿地在夏、秋季对污染物的去除率最高。经现场观测，菖蒲人工湿地的抗寒能力较好，在低温季节依然可以发挥作用，这与监测结果相符合。水葱人工湿地在夏、秋季对污染物中的 COD 达到最大去除效率，这可能与水葱根系较为发达，为微生物创造了良好的生存环境有关。水葱可耐低温，在相当长的一段时间内可以持续削减污染物，顶部结有花穗，具有一定景观观赏性。芦苇人工湿地在初期阶段对污染物的去除效果较差，这可能是由于芦苇根系尚处于生长发育阶段且植株较小，在夏、秋季时对 TP 的去除率达到最高，对 TN 也具有较好的去除效果。芦苇生长成熟后植株高于其他湿地植物，与水葱、香蒲和菖蒲植株形成高低错落的配置形式，合理对植物种植密度进行配置，可充分发挥湿地有限空间的能量利用。

虽然植物对污水中氮、磷的直接吸收作用不是人工湿地处理污水的最主要的机理，但植物通过过滤、截留及强化有机物降解转化作用，对水体中污染物的去除具有协同促进作用。由于湿地植物生长的季节性，处理系统的去污能力随之出现季节性差异，通过合理搭配设计也可扩大植物的季节选择性。

③ 垂直流人工湿地系统对污染物的去除效果。湿地进水为污水厂 B 的二沉池出水，水力停留时间为 1d，取样点为人工湿地总出水口 6#。待湿地运行稳定后对其进行长期监测，分析不同湿地植物对污染物的去除效果。

垂直潜流湿地出水 COD 一般在 10～20mg/L 范围内，平均去除率约为 40%，去除率随着温度的上升略有增加。多次取样后发现出水的 COD 值去除率较低，分析原因可能为夏季湿地中滋生藻类、蚊虫，或部分湿地植物死亡后未能及时收割，从而导致有机质释放到水体中，属于湿地运行中可能遇见的正常现象。

垂直潜流湿地系统主要通过底泥和上覆水之间的离子交换、基质吸附作用、根际的微生物硝化作用和反硝化作用、水生植物吸收等形式进行脱氮。垂直潜流湿地对 TP 的去除效果一般，平均去除率仅为 20% 左右，而且波动较大，去除效果不稳定。出水 TP 基本在 5～10mg/L，因此不能仅依靠人工湿地来完成对二沉池尾水中 TN 的去除。湿地系统出水 NH_4^+-N 浓度基本都低于 2mg/L，去除率在 50% 左右，去除率较稳定。

垂直潜流湿地系统对磷的去除是由植物吸收、基质吸附和微生物转化三种作用共同完成的。垂直潜流湿地系统中，出水 TP 浓度在 0.2～0.3mg/L 范围内，去除率基本在 40% 左右。

3）生态塘系统的效果研究

① 设计参数。生态塘面积约为 300m²，长约 25m，宽约 20m，中心水深约 1.5m。生态塘底层铺设防渗层，池体整体覆土，铺设厚度约为 200mm，池底坡度约为 5%。设计水力负荷（HLR）为 125mm/d，水力停留时间（HRT）为 2～3d。生态塘剖面如图 4-26 所示。

生态塘平面布置如图 4-27 和图 4-28 所示。沿水流方向分为生态塘 1、生态塘 2，面积分别为 160m²、140m²，中心水位均为 1.5m。池体核心区域水深为 1.5m，围堰至中心区域形成浅滩。在湿地集水井处设置提升泵，将湿地出水提升到生态塘 1 进水口，用跌水的方式进入生态塘进行复氧。

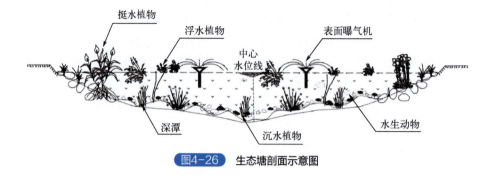

图4-26　生态塘剖面示意图

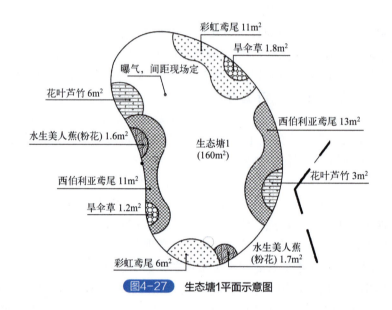

图4-27　生态塘1平面示意图

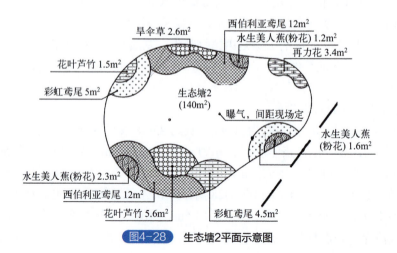

图4-28　生态塘2平面示意图

生态塘 1 与生态塘 2 串联，生态塘 1 和生态塘 2 之间用钢筋混凝土管连接，水流方向为生态塘 1 流入生态塘 2。生态塘 1 和生态塘 2 各设 1 台表面曝气机，生态塘进出水和曝气均由 PLC 自动控制或手动控制。

生态塘栽种的植物类型有挺水植物、浮水植物和沉水植物三大类；动物有鱼类、贝类等。其中，挺水植物包括旱伞草、鸢尾、花叶芦竹、美人蕉、再力花等；浮水植物主要是睡莲；沉水植物包括苦草、狐尾藻、黑藻，辅种金鱼藻等。鸢尾栽种密度为 25 株 /m²，美人蕉、花叶芦竹和再力花栽种密度均为 16 株 /m²，旱伞草栽种密度为 9 株 /m²。生态塘周围水浅处种植苦草，种植密度为 20 株 /m²。生态塘植物配置具体见表 4-9。

表 4-9　生态塘植物配置表

名称	生态塘1种植面积/m²	生态塘2种植面积/m²	总计/m²
西伯利亚鸢尾	24	24	48
彩虹鸢尾	17	9.5	26.5
水生美人蕉	3.3	3.9	7.2
花叶芦竹	8	15.1	23.1
旱伞草	3	9.6	12.6
再力花	0	3.4	3.4

② 动植物配比对生态塘去除污染物效果的影响。生态塘栽种植物类型有挺水植物、浮水植物和沉水植物，动物有鱼类、贝类。挺水植物包括旱伞草、鸢尾、花叶芦竹、美人蕉、再力花等。生态塘 1 与生态塘 2 中的植物栽种密度比为 1：1.5，投放动物（鱼类、贝类等）的密度比与之相同。

生态塘 1 和生态塘 2 对 COD、NH_4^+-N、TN、TP 的去除效果都较好。与生态塘 1 相比，生态塘 2 对各污染物的去除率分别高出 5%～10%、10%～26%、30%～45%、5%～15%，这可能是因为生态塘 2 比生态塘 1 的植物种植密度大，污水在池内的停留时间较长，对污水的截留效果也较好。较高的植物密度给微生物提供了良好的生存环境，并且水生植物和藻类的光合作用不断向水体中输送氧气，也促进了氮、磷的去除。

③ 生态塘系统对污染物的去除效果。生态塘系统出水的 COD 平均浓度约为 10mg/L，平均去除率约为 25%，而且随着温度的逐步升高，生态塘对 COD 的去除能力也逐渐提高，出水达到《地表水环境质量标准》（GB 3838—2002）的Ⅳ类水标准。

生态塘净化系统的脱氮途径主要包括：植物和其他生物的吸收作用，微生物的氨化、硝化和反硝化作用，以及沉积物的积累。其中，微生物的硝化和反硝化作用是生态塘最主要而且长期的脱氮方式。运行期间生态塘系统对氨氮的去除效果较为稳定，出水 NH_4^+-N 基本都在 1.0mg/L 以下，去除率稳定在 50%，出水满足《地表水环境质量标准》（GB 3838—2002）中Ⅳ类水质标准。

生态塘运行初期，对 TN 的去除效果不稳定，上下波动较大。运行中后期，生态塘去除率稳定在 80%～90%。

生态塘中磷的去除主要是依靠藻类的同化作用、固体悬浮物的吸附作用及随其一同沉淀和聚磷菌好养聚磷等作用来完成的。运行期间，生态塘对 TP 的去除效果较不稳定，去除率在 15%～35% 之间波动，可能与进水 TP 浓度波动比较大有关。

4）人工湿地+生态塘组合工艺效果分析　在确定人工湿地+生态塘组合工艺（简称塘床组合工艺）植物配置的基础上，待湿地运行稳定后，研究了不同水力条件和温度对污染物去除效果的影响。

① 水力负荷（HLR）对系统污染物去除效果的影响。通过控制进水流量，调节垂直流人工湿地（VCWs）和生态塘的水力停留时间（HRT）和水力负荷（HLR），选取 100m³/d、200m³/d、400m³/d、600m³/d、800m³/d 5 个流量。不同流量情况下对应的水力停留时间、水力负荷见表 4-10。

表4-10　不同进水流量对应的水力条件情景设置

进水流量/(m³/d)	HLR(VCWs)/(m/d)	HRT(VCWs)/d	HLR(生态塘)/(m/d)	HRT(生态塘)/d
100	0.2	2.00	0.25	6
200	0.4	1.00	0.50	3
400	0.8	0.50	1.00	1.5
600	1.2	0.33	1.50	1
800	1.6	0.25	2.00	0.75

如图 4-29 所示，随着 HLR 的增加，在运行周期内垂直流人工湿地对 COD_{Cr} 的去除率逐渐降低，主要是因为污水处理厂尾水中有机物浓度偏低且难于生物降解。对 NH_4^+-N 的去除率随着 HLR 的增加也在逐渐下降，主要是因为湿地水力负荷越大，持续饱和期越长，导致系统内氧浓度较低，限制了硝化作用。随着 HLR 的增加，TN 的去除率先增加

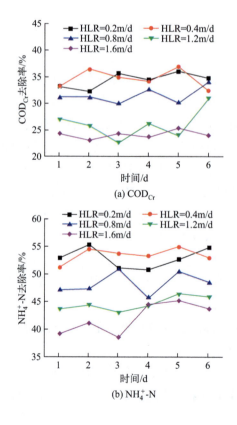

(a) COD_{Cr}

(b) NH_4^+-N

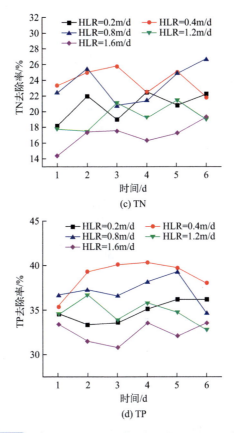

(c) TN

(d) TP

图4-29 不同HLR下垂直流人工湿地对污染物的去除效果

后逐渐下降,可能是因为前期水力负荷较小,导致湿地床体系统内氧浓度较高,反硝化作用受到限制;而后期床体充满度较高。反硝化作用也较强;对TP的去除率随HLR的增加呈现先升高后降低的趋势。HLR过大时,导致污水流速过快,对基质冲击力大,易将已被填料表面和植物吸附的磷冲刷出系统;HRT变短,也容易造成出水TP浓度升高。

如图4-30所示,在运行周期内,随着HLR的增大,生态塘对各污染物的去除规律基本一致,对COD_{Cr}、NH_4^+-N、TN、TP的去除率均随HLR的增大而降低。分析认为,HLR的增大,减少了污水与生态塘内微生物的接触时间,使微生物不能彻底分解污水中的污染物,导致污染物去除率降低。

如图4-31所示,当系统的进水水质优于《城镇污水处理厂污染物排放标准》(GB 18918—2002)的一级A标准,HLR为0.2m/d、0.4m/d、0.6m/d、0.8m/d、1.2m/d时,系统出水均能达到苏州特别排放限值;当水力负荷较小时水质可以达到《地表水环境质量标准》(GB 3838—2002)Ⅳ类水质标准。就处理规模而言,设计处理量200m³/d对应的组合工艺HLR为0.2m/d和0.4m/d时去除效果较好;就去除率而言,低HLR利于湿地和生态塘,COD、NH_4^+-N、TN去除率较高,而湿地磷去除率随HLR的提高而呈现先增后减的趋势。

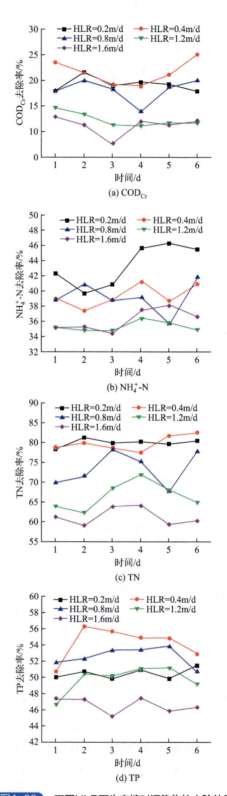

图4-30 不同HLR下生态塘对污染物的去除效果

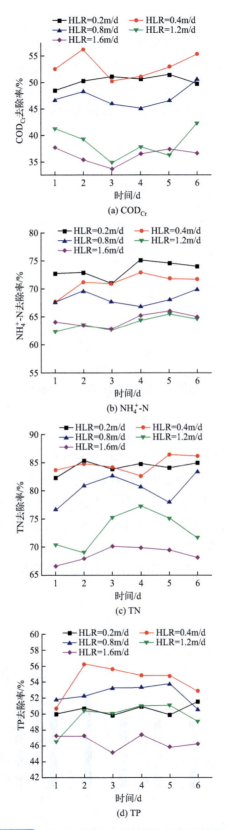

图4-31 不同HLR下组合工艺对污染物的去除效果

② 温度对系统污染物去除效果的影响。生态处理系统对 COD_{Cr} 的去除主要依靠的是微生物的好氧代谢。温度适宜的环境可以为微生物提供良好的生长繁殖条件。微生物代谢旺盛，对有机物的降解也较迅速，从而达到水质净化的目的；而在温度偏低的时候，微生物代谢缓慢，对有机物的降解速率降低。苏州市 2018 年 3～8 月日均气温如图 4-32 所示。温度影响的实验工况为：垂直流人工湿地 HLR 为 0.4m/d，生态塘 HLR 为 0.2m/d。

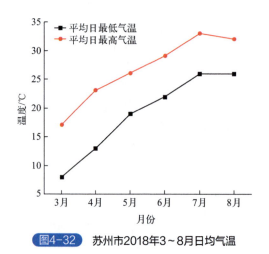

图4-32　苏州市2018年3～8月日均气温

如图 4-33 所示，垂直流人工湿地、生态塘与塘床组合工艺对 COD 的去除规律基本一致，去除率均为先增大后减小。人工湿地、生态塘和组合工艺在 6 月对 COD 的去除率达到最高，分别为 44.42%、29.67% 和 60.46%；人工湿地和组合工艺在 3 月对 COD 的去除率最低，分别为 31.83% 和 50.08%，生态塘在 4 月对 COD 的去除率最低，为 23.83%。总的来说，系统对污染物的去除率与温度呈正相关关系。由于进水有机物浓度偏低且难被降解，人工湿地、生态塘和组合工艺对 COD 的去除率都不高。在 3～4 月温度较低时，塘床组合工艺对 COD 仍能保持较高的去除率，说明组合工艺对环境的耐受性较好。

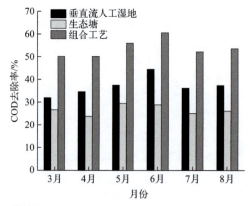

图4-33　各处理单元和组合工艺对COD_{Cr}的去除效果

如图 4-34 和图 4-35 所示，人工湿地、生态塘和组合工艺对氮素的去除规律整体一致。人工湿地对 NH_4^+-N 的去除率高于生态塘，整体趋势为先升高后降低。人工湿地、生态塘和组合工艺对 NH_4^+-N 去除率的最高值发生在夏季。人工湿地对 TN 的去除率低于生态塘。人工湿地、生态塘和组合工艺对 TN 的去除规律与对 NH_4^+-N 的去除规律一致。人工湿地、生态塘和组合工艺大约在 7 月、8 月对 NH_4^+-N、TN 的去除率达到最高，在 3 月去除率最低。单一处理单元及组合工艺对 TN 的去除率与温度成正相关。

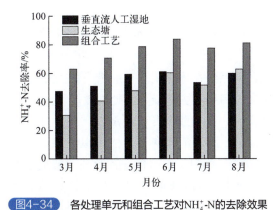

图 4-34　各处理单元和组合工艺对 NH_4^+-N 的去除效果

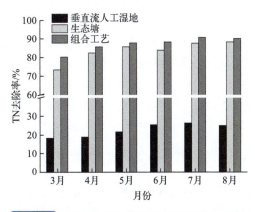

图 4-35　各处理单元和组合工艺对 TN 的去除效果

如图 4-36 所示，生态塘和组合工艺对 TP 的去除规律基本一致，在 6 月对 TP 的去除率最高，在 3 月对 TP 的去除率最低。

通过人工湿地、生态塘和组合工艺的对比发现，除磷主要依靠的是基质的生物除磷、物理吸附和化学沉降。温度较低时会影响微生物的活性，湿地填料的物理吸附和化学沉降发挥主要作用；当温度升高时微生物活性提高，对 TP 的去除率先升高后下降。垂直流人工湿地和组合工艺对 TP 的去除作用受温度影响较小，这是因为湿地填料对磷具有的吸附作用占据主导地位，系统除 P 更多地依赖难溶性磷酸盐的沉积。

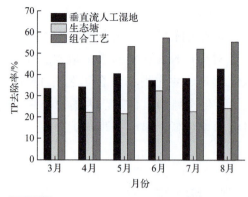

图4-36　各处理单元和组合工艺对TP的去除效果

对组合工艺中湿地、塘系统在优化工况下的污染物去除贡献进行分析，发现组合系统在优化工况下具有优良的污染物去除能力且处理效能稳定。

综上，考虑到污水厂B尾水的性质和经济性，湿地主体层填料（基质填料）选择砾石、天然矿物沸石和工业废弃物钢渣，柱模拟小试试验的垂直流人工湿地研究结果表明：沸石和钢渣分别对NH_4^+-N、TP具有较强的吸附去除效果，而比例过高的沸石和钢渣会影响被处理水体的pH值，破坏微生物和植物的生存环境，不利于植物和微生物利用被截留、吸附的氮、磷。当基质填料沸石：钢渣：砾石（配比）为（1∶1∶4）～（1∶1∶8）时，湿地对水体中各污染物的去除效果良好。

在垂直流人工湿地对基质填料配比优选的基础上，根据植物群落在不同季节生长状况和去污功能进行植物类型种植密度配置，可以提高湿地对污染物的去除能力，也可以增强低温情况下湿地的生态稳定性，发挥湿地有限空间的能量利用。稳定运行条件下，生态塘对进水中污染物去除效果较好，与垂直流人工湿地联用，具有污染物去除的强化效应。

塘床组合工艺在较高负荷工况下有很强的污染物去除能力，对COD、NH_4^+-N、TN、TP的平均去除率分别为52.3%、78.5%、89.6%、52.6%，具有明显的环境效益。在不同水力负荷和污染负荷条件下，中试工艺系统均表现出较强的抗负荷能力，去除效果良好，能保证稳定出水。从单个工艺对污染物去除的贡献来看垂直流人工湿地对COD、NH_4^+-N、TP 去除的贡献最大。

季节变化对中试系统典型水质指标产生影响，在温度较高的月份系统对各污染物的去除效果要优于温度较低的月份。季节变化对垂直流人工湿地去除污染物的影响相对较小，在冬季依然可以保持稳定的污染物去除效率。

尽管人工湿地与生态塘的组合工艺能够在一定程度上提升出水水质，但是考虑目前厂区用地限制以及来水营养盐浓度较低，建议尾水提升技术方案的"生态"单元以人工湿地作为主体开展。

4.4　分散型生活污水处理装备及长效管理

太湖东部某湖湾型水源地区域内分布有包含岛屿A在内的4个镇域，其农村生活污水经河道进入太湖,而分散型农村生活污水处理也存在处理效率低、运行维护管理不规范等问题,对水源地存在潜在的安全风险。为此,研发了气升回流一体化污水处理技术,提高分散污水治理率,并提出分散型生活污水处理设施长效管理模式,保证设施长期有效地运行。

4.4.1 气升回流一体化污水处理技术

4.4.1.1 技术原理

气升回流一体化污水处理技术,是在单一的主体装置内通过分区构建满足硝化反硝化脱氮、生物除磷及好氧异养菌等多功能微生物适宜生长的好氧和厌氧环境,同时利用曝气尾气作为动力,形成好氧出水到前置厌氧区的自回流,促使泥水逆向流动,实现废水中有机物、氮和磷的同步去除。针对污水中碳源不足的问题,前置厌氧污泥消化系统不仅能实现有机物的补充,而且能降低污水处理工艺的污泥产量,加长排泥周。后置的新式滤池可以保证出水磷及 SS 的达标排放。

气升回流一体化污水处理技术原理与工艺流程如图 4-37 所示。

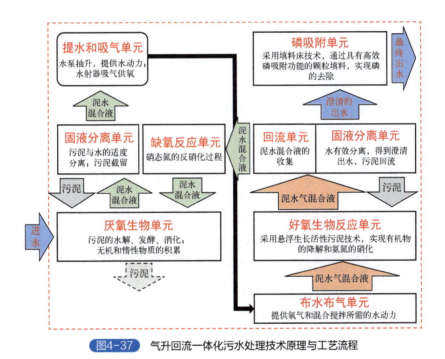

图4-37 气升回流一体化污水处理技术原理与工艺流程

气升回流一体化污水处理技术主要包括厌氧区、好氧区、沉淀区、石英砂滤池等部分,其工艺流程为:待处理的生活污水通过进水泵从厌氧区进入一体化装置,在厌氧区主要发生的反应有大颗粒有机物的水解酸化反应、有机氮的氨化反应、回流硝化液的反硝化反应、聚磷微生物厌氧释放磷及污泥的贮存和消化反应等;处理后的废水进入好氧区进行残留有机物的去除、氨氮的硝化去除和聚磷微生物的吸磷反应。好氧区部分出水进入沉淀池进行活性污泥与水的分离,与此同时利用好氧区曝气的残余气体作为气升回流的动力,将好氧区硝化液回流至厌氧区。最后,一体化出水进入石英砂滤池,水中残留的悬浮物和磷在滤池中得到进一步去除,进而保证出水COD、NH_4^+-N、TN、TP的达标排放。

1) 厌氧区

进行硝化液的反硝化作用,污泥的贮存和创造有利于污泥消化的环境。通过长时间的稳定运行,厌氧区会形成一层由有机颗粒和无机颗粒沉积形成的污泥层,污泥层中的有机物在常温下会缓慢发生硝化反应,释放出挥发性脂肪酸、醇类等有机碳源。厌氧区位于工艺流程的前端,在这里,系统的进水与从好氧区返回的硝化液混合,进水的碳源及污泥消化释放的碳源为反硝化反应提供碳源。这样的设计可以使反硝化有充足的碳源,提升了处理水平。同时,聚磷微生物在厌氧区利用进水中有机物贮存能源,释放磷酸盐。

2) 好氧区

可实现COD和NH_4^+-N的氧化去除、聚磷微生物吸磷以及剩余曝气的收集利用。在好氧区的底部设置有曝气装置,顶部则设置有集气罩。曝气装置将厌氧区的出水充分混合,提供溶解氧以发生有机物的降解反应、聚磷菌的吸磷反应以及硝化反应。集气罩是气升回流的重要组成部分,它将曝气的剩余空气收集起来产生气升作用。好氧区顶部设置有回流管道,通过气升回流作用将硝化液混合物及污泥回流至厌氧区进行反应和贮存。

3) 沉淀区

根据泥水的密度不同,实现活性污泥和出水的分离。沉淀区的挡板会改变好氧区出水的水流流向,使得出水更容易在沉淀区发生泥水分离。在重力作用下,沉淀区底部的一些污泥会滑回好氧区。过高的进水量会破坏沉淀区底部形成的可以拦截吸附悬浮物颗粒的污泥层的稳定性,最终导致出水的浊度升高,清澈水平下降。

4) 石英砂滤池

由承托层和过滤层组成。承托层由不同厚度、不同粒径的鹅卵石按照底层大、上层小的排列方式排列而成;滤层填装小粒径的石英砂,滤层反冲洗方式为气体和水混合冲洗,反冲洗气体由曝气风机提供,反冲洗的用水为一体化装置的沉淀池出水,气水混合液从滤池底部依次冲刷承托层和滤料层,将滤料层拦截、吸附的悬浮物从下往上冲洗,从滤池的溢流口流出,冲洗后的水将回到调节池,重新进入系统进行处理。

气升回流一体化污水处理技术工艺结构简单,动力设备少,可大幅降低基建费用和运行成本,同时可以降低运行人员专业度,实现系统无人值守;气升回流系统替代硝化回流系统和污泥回流系统,增强系统的抗冲击负荷能力,保证系统长期稳定运行和出水水质达标;新式滤池不需要使用反洗泵对滤池进行反冲洗,仅通过曝气冲刷作用实现滤料层的清洁,简化了工艺流程,提升了系统稳定性。

4.4.1.2 处理系统设计

气升回流一体化处理系统主要用于处理农村地区或受条件限制不宜集中收集处理的独户、相对集中的住宅片区、商业区产生的生活污水,以及与生活污水水质相似的工业废水。

该系统包含气升回流一体化装置和石英砂滤池。气升回流一体化装置的有效容积约为 14m³，由 20mm 厚 PP 板制成，直径 2.7m，高 2.8m，内含好氧区、缺氧厌氧区、污泥沉淀区及气升回流系统。污泥贮存区位于池体底部；好氧区位于隔板的一侧且与污泥贮存区连通；沉淀区（在上）和缺氧厌氧区（在下）共同位于隔板的另一侧，沉淀区与好氧区连通；在污泥贮存区和好氧区之间安装曝气扩散器。该设备能使活性污泥混合液形成竖向循环流动，并反复经历好氧、缺氧和厌氧的不同环境，产生去除有机物和脱氮除磷作用，并实现污泥的分离沉降，可在长时间不外排剩余污泥的前提下保证污水处理效果，方便运行维护并显著降低处理能耗。滤池直径 0.8m，高 1.5m。系统日处理规模 20m³/d。一体化装置结构及外观如图 4-38 所示。

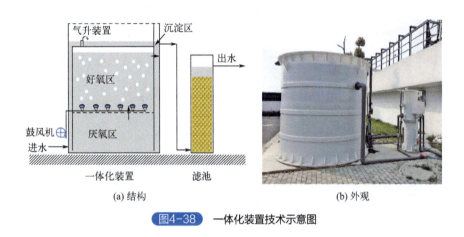

图4-38　一体化装置技术示意图

4.4.1.3　系统运行效果

（1）低浓度下系统的启动

竖流式气升回流一体化污水处理系统的进水是典型的农村生活污水。农村生活污水的来源通常为厨房污水、洗涤废水及化粪池出水等，简单的污水来源使得农村生活污水的 COD_{Cr} 与城镇污水相比较低，低进水 COD_{Cr} 浓度下反应器的启动比较困难，因为进水中有机物较少，污泥不能进行稳定生长繁殖。常规的操作流程是采用向进水中投加营养物质、间歇性进水等措施，但是考虑到添加营养物质将提高系统的调试及维护成本，另外农村地区碳源的获取与运输较为不便，所以研究中采用了不额外添加碳源且持续进水的启动方法。

在反应器启动过程中，当进水 COD 浓度较低时关闭系统回流，避免污泥从好氧区流失；在保证沉淀区污泥沉降性能的前提下，尽量提高系统进水量，使得系统可以获得足够高的进水有机负荷，为好氧区微生物的生长提供尽可能多的有机碳源；同时，应控制适宜的溶解氧，避免过高的曝气量抑制新生污泥絮凝成团，导致污泥被打散而随出水流出系统。

在低进水 COD 浓度的情况下进行了两次启动 [图 4-39 中（a）、(b)]，容积负荷、曝气量与污泥浓度（MLSS）之间的关系如图4-39所示。系统启动初期，进水中COD浓度在40～60mg/L之间波动，将进水量升高至1200～1300L/h，使得容积负荷达到0.4kg COD/(d·m³)，污泥浓度实现了增长；但启动初期15m³/h的曝气率抑制了污泥的快速生长，污泥浓度在4d内一直在0.5～0.6g/L波动，未实现污泥有效增长。启动第7d将曝气量降至5m³/h，气水比降至4，污泥浓度迅速升高，经过14d的培养，污泥浓度从小于1000mg/L增加到超过4000mg/L。

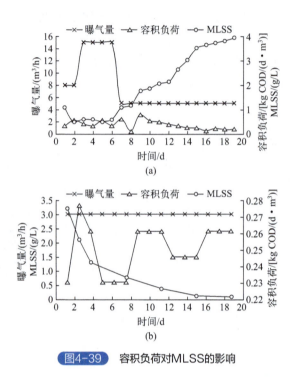

图4-39 容积负荷对MLSS的影响

从低进水COD浓度污泥培养的过程中可以发现，在无外加碳源情况下低进水COD浓度（40～70mg/L）污泥培养是可以实现的，需要控制的条件包括进水负荷及曝气量，污泥培养阶段系统容积负荷需要≥0.4kg COD/(d·m³)，同时曝气量需要控制在较低水平，气水比不宜超过4。

（2）恒定流量下运行效能分析

根据气升回流一体化装置的设计流量，设置16.5h、17.5h和20h三种水力停留时间，分别探讨不同水力负荷下，气水比、溶解氧及回流比变化对反应器除污效能的影响。

1）水力停留时间为20h时的效果分析 当水力停留时间为20h、系统进水流量为700L/h、日总流量为16.8m³/d时，根据溶解氧水平及系统出水指标去除率对控制参数进行了3次调整。

过程Ⅰ中平均进水容积负荷为0.53kg COD/(d·m³)，气水比为21.4，回流比为0.1，出水COD和NH_4^+-N指标均可达到《城镇污水处理厂污染物排放标准》（GB 18918—2002）一级A出水标准，出水TN指标中的86.6%可达到一级A标准，100%达到一级B出水标准。出水COD和NH_4^+-N指标均可以达到一级A标准，是因为系统的进水容积负荷处于系统可接受的负荷范围内，而且好氧区溶解氧水平较充足。而出水 TN 指标未 100% 达到一级 A 标准的原因是好氧区的溶解氧水平高、回流比小，导致好氧区硝化作用产生的硝化液回流至厌氧区的量较少，而且系统整体溶解氧水平较高，会因缺少硝化液和缺氧环境发生反硝化反应，从而导致 TN 一级 A 标准的达标率只有 86.6%。

过程Ⅱ中平均进水容积负荷为 0.69kg COD/(d·m³)，气水比为 17.4，回流比为 0.25，出水 COD 和 NH_4^+-N 指标均可达到一级 A 出水标准，出水 TN 指标的一级 A 标准的达标率为 88.9%，一级 B 标准的达标率为 100%，不利于反硝化反应的进行。

过程Ⅲ中平均进水容积负荷为 0.61kg COD/(d·m³)，气水比为 14.3，回流比为 1.5，出水 COD、NH_4^+-N 及 TN 指标均可达到一级 A 出水标准。

过程Ⅳ中平均进水容积负荷为 0.4kg COD/(d·m³)，气水比为 11.4，回流比为 0.65，出水 COD、NH_4^+-N 及 TN 指标均可达到一级 A 出水标准。

过程Ⅲ、Ⅳ的溶解氧水平和回流比较过程Ⅰ、Ⅱ分别有下降和提升，在保证好氧区适宜溶解氧的情况下，较低的溶解氧水平和较大的回流比有利于系统厌氧区反硝化反应的进行。

由过程Ⅰ、Ⅱ可得，当容积负荷在 0.11～2.93kg COD/(d·m³) 范围内，HRT=20h，气水比为 21.4、回流比为 0.1 或气水比为 17.4、回流比为 0.25 时，系统出水可以稳定达到一级 B 标准；由过程Ⅲ、Ⅳ可得，当容积负荷在 0.14～1.2kg COD/(d·m³) 范围内，HRT=20h，气水比为 14.3、回流比为 1.5 或气水比为 11.4、回流比为 0.65 时，系统出水可以稳定达到一级 A 标准。

当容积负荷在 0.11～2.93kg COD/(d·m³) 范围内波动，停留时间为 20h 时，控制气水比在 11.4～21.4、回流比在 0.1～1.5，系统出水 COD、NH_4^+-N 及 TN 指标达标率≥86.6%，系统整体处理效果较好，但是试验探讨的是在保证出水指标达标率及污泥性状都较好的前提下系统的最高处理性能水平，所以缩短系统停留时间后再次进行试验，将系统停留时间控制在 17.5h。

2）水力停留时间为 17.5h 时的效果分析　当水力停留时间为 17.5h、系统进水流量为 800L/h、日总流量为 19.2m³/d 时，根据溶解氧水平及系统出水指标去除率对控制参数进行了两次调整。

过程Ⅰ中平均进水容积负荷为 2.0kg COD/(d·m³)，气水比为 15，出水 COD、NH_4^+-N 和 TN 指标的一级 A 标准的达标率分别为 60%、80% 和 100%，一级 B 标准的达标率分别为 80%、100% 和 100%。部分 COD 和 NH_4^+-N 指标不能达到一级 A 标准，是因为此时好氧区的溶解氧浓度为 0.71mg/L，不足以氧化分解有机物和完成氨氮的硝化作用。出水 TN 指标能够达到一级 A 标准的原因是系统整体溶解氧水平较低。在无回流的情况下，可在溶解氧低的好氧区进行反硝化反应，TN 达标率为 100%。

过程Ⅱ中平均进水容积负荷为 1.79kg COD/(d·m³)，气水比为 17.5，出水 COD、NH_4^+-N 和 TN 指标的一级 A 标准的达标率分别为 75%、83.3% 和 91.7%，一级 B 标准的达标率分别为 91.7%、91.7% 和 100%。部分 COD 指标未达到一级 A 标准的原因是：进水的 COD 浓度≥482mg/L，容积负荷≥2.26kg COD/(d·m³) 时，过高的容积负荷导致出水 COD 浓度未达到一级 A 标准。部分 NH_4^+-N 指标未达到一级 B 标准的原因是：容积负荷≥1.74kg COD/(d·m³)时，过高的容积负荷使硝化反应无法得到充足的溶解氧，硝化效率受到影响。

过程Ⅲ中，平均进水容积负荷为0.99kg COD/(d·m³)，气水比为18.8，出水中的COD、NH_4^+-N和TN指标的一级A标准的达标率分别为85.7%、100%和100%，一级B标准的达标率分别为100%、100%和100%。部分COD指标未达到一级A标准的原因是：进水COD指标为319mg/L，容积负荷为1.49kg COD/(d·m³)时，较高的容积负荷使有机物的氧化分解效率降低，出水COD未达到一级A标准。由过程Ⅲ可得：当容积负荷在0.53~1.91kg COD/(d·m³)范围内，HRT=17.5h，气水比为18.8时，系统出水可以稳定达到一级B标准，出水效果较好。

3）水力停留时间为16.5h时的效果分析　当水力停留时间为16.5h、系统进水流量为850L/h、日总流量为20.4m³/d时，气水比和回流比恒定为9.4和0.66。系统进水容积负荷波动范围为0.19~2.39mg/L，气水比和回流比保持恒定，分别为9.4和0.66。出水中的COD、NH_4^+-N和TN指标的一级A标准的达标率分别为87.2%、95.7%和100%，一级B标准的达标率分别为96.6%、98.3%和100%。COD指标受容积负荷影响较大，在恒定停留时间下，容积负荷与进水COD浓度成正比，当容积负荷≥1.5kg COD/(d·m³)时，出水COD指标有较大概率不能达到一级A标准。

当进水COD浓度≤300mg/L，即容积负荷≤1.5kg COD/(d·m³)，系统适宜的停留时间为16.5h、气水比为9.4、回流比为0.66时，系统出水稳定达到一级B标准。

（3）进水流量波动对系统效果的影响

实际生活中，农村生活污水排放的水量不是恒定的，而是会随时间变化的。污水排放量随时间的变化规律决定了污水处理设施的设计规模和污染物负荷。因此，掌握农村生活污水水量的变化规律对农村生活污水的处理具有重要意义。

农村生活规律基本为夜间没有生产、生活，因此农村生活污水呈现出白天多水、晚上少水的变化规律。一般而言，农村生活污水的排放量在一天之中有三个高峰，分别与一天中三餐的时间大致重合，尤其是17时至21时的生活污水排放量最高，而午夜到凌晨的这段时间的生活污水排放量很少甚至没有。为了更好地研究系统的特性，需要模拟实际农村生活污水的水量变化情况，制定适宜气升一体化污水处理系统的流量变化方案。

设计流量变化方案，不仅需要模拟实际农村生活污水排放的水量变化规律，而且需要根据系统的结构、污泥浓度及污泥性状来设计进水方案。限制流量的主要因素包括系统出水指标和沉淀区上升流速。沉淀区污泥界面上升速度可以直观地反映出沉淀区上升流速，当进水流量过高时，沉淀区上升流速过大，导致沉淀区污泥界面快速上升，容易造成污泥溢出，影响出水效果。当好氧区污泥浓度在11~13g/L之间波动时，对不同瞬时进水流量下沉淀区污泥层面上升速度进行试验，发现：当瞬时进水流量为1200L/h、沉淀区高约1m时污泥界面上升速度为0.5m/h，即污泥界面从沉淀区底部到达出水堰需要2h。所以，在以2h为单位时间段时，瞬时流量不能超过1200L/h。在试验过程中还发现，由于系统为持续进水，所以污泥界面并非保持在最低水平，所以在以2h为单位时间段时，瞬时流量不能超过1000L/h。

根据实际农村生活污水排放水量变化规律及系统特性，制定流量变化方案。前期在恒定进水流量试验过程中，当进水COD≤300mg/L，即容积负荷≤1.5kg COD/(d·m³)，系统停留时间为16.5h（即进水流量为850L/h），气水比为9.4，回流比为0.66时，系统出水可以稳定达到一级B标准；方案一的平均进水流量参考850L/h，设置为833L/h，日进水量为20m³/d，最高瞬时流量/最低瞬时流量为1.6，具体变化趋势如图4-40所示。

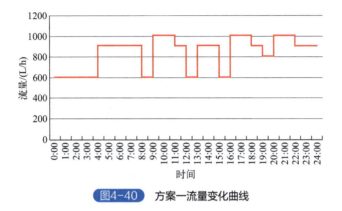

图4-40　方案一流量变化曲线

方案一的平均进水流量为833L/h，最高瞬时进水流量为1000L/h，最低瞬时进水流量为600L/h，曲线变化趋势较小。当系统以方案一运行时，由于平均进水流量过高，系统沉淀区泥水分离性能下降，大量污泥从出水堰溢出，影响系统运行，故方案一不适用于竖流式一体化污水处理系统。

结合农村实际生活污水排放规律及方案一的研究，制定了方案二进行试验。方案二的日进水量为14.2m³/d，平均进水流量为591.6L/h，气水比（曝气量/平均进水量）为5，最大瞬时流量/最小瞬时流量为3，流量变化曲线如图4-41所示，出水指标情况如图4-42所示。

方案二的流量变化系数较方案一更高，容积负荷在0.17～0.62kg COD/(d·m³)，曝气量为3m³/h，气水比（曝气量/平均进水量）为5，系统出水指标可以达到一级A标准，证明方案二适用于竖流式一体化污水处理系统。方案二试验过程中，由于平均进水流量为591.6L/h，在同样进水COD浓度范围内，容积负荷更低，所以系统好氧区污泥浓度由12～13g/L降至8.7～10.3g/L。

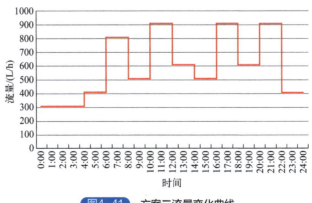

图4-41　方案二流量变化曲线

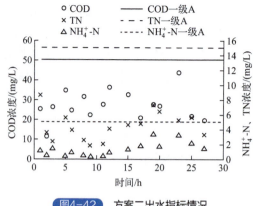

图4-42 方案二出水指标情况

由于实际农村生活污水的排放水量变化系数较大,所以对方案二做出改变,在方案二的基础变化方案上,进一步提出方案三,不改变平均流量,增大流量变化系数。如图4-43和图4-44所示,方案三的流量变化系数较方案二更高,最高流量/最低流量为5,平均流量为591.6L/h,日进水量为14.2m³/d,容积负荷在0.19~0.59kg COD/(d·m³),曝气量为3m³/h,气水比(曝气量/平均进水量)为5,系统出水指标可以达到一级A

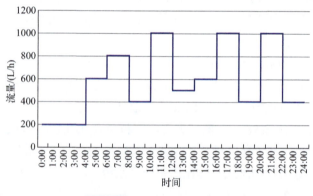

图4-43 方案三流量变化曲线

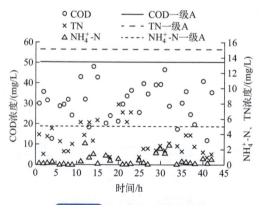

图4-44 方案三出水指标情况

标准,证明方案三适用于竖流式一体化污水处理系统。方案三试验过程中,当系统运行至17:00~18:00时,会有污泥从沉淀区溢出,为使系统达到动态平衡,故未改变系统运行方案,好氧区污泥浓度降至7.3~8.7g/L。

(4) 系统排泥与除磷途径分析

该系统具有污泥消化功能,因此可以延长污泥的排放周期。一般而言,适当延长泥龄对COD及NH_4^+-N、TN的去除率影响不大,但是对除磷效率可能会产生一定影响。为此对该装置污泥系统的排泥周期进行分析,如图4-45所示,分为增长段和稳定段等5个阶段。

污泥快速增长阶段包括A~B段、E~F段和I~J段:A~B段,系统平均容积负荷为1.69kg COD/(d·m³),污泥浓度由4.05g/L快速增长至9.93g/L,平均每天增长226.5mg/(L·d);E~F段,系统平均容积负荷为1.02kg COD/(d·m³),污泥浓度由8.17g/L快速增长至14.11g/L,平均每天增长237.6mg/(L·d);I~J段,系统平均容积负荷为0.82kg COD/(d·m³),污泥浓度由6.68g/L快速增长至10.44g/L,平均每天增长160.4mg/(L·d),由此可知,当进水负荷≥1kg COD/(d·m³)时,污泥浓度平均每天增长≥5800mg/(L·d),具体数据见表4-11。G~H段污泥稳定增长,污泥浓度在12.71~15.32g/L之间波动,前段因为容积负荷≤1.5kg COD/(d·m³),系统可以稳定运行,后段因为容积负荷≥1.5kg COD/(d·m³),系统稳定性受到冲击:出水指标达标率下降,沉淀区污泥分离特性变差,容易从出水堰溢出。

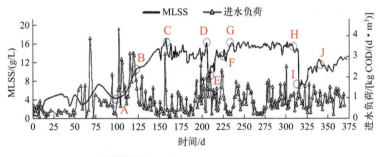

图4-45 进水负荷对污泥浓度的影响

表4-11 污泥浓度增长与稳定阶段

阶段	时间段	容积负荷波动范围/[kg COD/(d·m³)]	平均容积负荷/[kg COD/(d·m³)]	污泥浓度波动范围(g/L)	及差值(mg/L)	污泥浓度增长速度/[mg/(L·d)]
增长段	A~B	0.24~4.05	1.69±0.95	4.05~9.93	5888	226.5
	E~F	0.23~2.13	1.02±0.56	8.17~14.11	5940	237.6
	I~J	0.28~1.55	0.82±0.38	6.68~10.44	4010	160.4
稳定段	C~D	0.11~2.93	0.68±0.52	11.38~15.82	均值为12.98g/L	
	G~H	0.19~2.36	0.82±0.46	12.71~15.32	均值为14.56g/L	

为保证系统稳定运行,当污泥浓度≥14.56g/L时,对系统进行排泥,所采用的方式为:从好氧区底部用潜污泵进行排泥,排完泥应保证污泥浓度>8g/L,才能保证系统出水指标达到标准。系统从启动到试验结束只进行过一次排泥,排泥之前系统以恒定

进水流量 850L/h 运行，周期≥93d，容积负荷最高可以达到 1.5kg COD/(d·m³)，系统可以稳定运行，而且出水指标可以达到一级 B 标准。

为满足分散式处理装置处理农村生活污水需要较长维护周期的要求，系统的设计排泥周期较常规活性污泥法长，短期内无法通过排放富磷剩余污泥而达到除磷目的，然而在气升回流装置的试验过程中发现系统对进水中的 TP 仍具有一定的去除率，出水 TP 均值为 0.275mg/L，平均去除率可达到 78.5%，如图 4-46 所示。

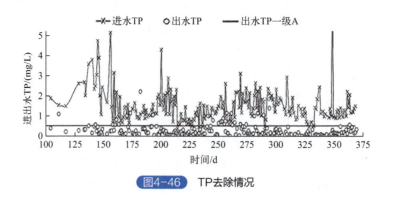

图 4-46　TP 去除情况

研究周期内，每日进入系统的 TP 指标平均浓度为 1.47mg/L，出水中 TP 指标平均浓度仅为 0.275mg/L，平均有 1.195mg/L 的 TP 被去除。因为系统中的活性污泥是微生物相互集聚形成的菌胶团，是众多有机体的集合。生物的生长离不开各种元素，磷元素则在生命活动中扮演着重要的角色。而系统中污泥浓度由不足 1g/L 升高至 15g/L，有大量 TP 通过同化作用以污泥形式被储存在厌氧区及好氧区。对系统好氧区和厌氧区分别取样检测，发现厌氧区混合液 TP 浓度高于好氧区混合液，系统出水 TP 浓度远低于进水 TP 浓度。而且发现系统除磷过程中，溶解氧对除磷影响较大，如图 4-47 所示。Ⅰ～Ⅳ四个过程的溶解氧及出水 TP 值如表 4-12 所列。当溶解氧水平＜0.72mg/L 时，出水中 TP 浓度升高；当溶解氧水平≥0.72mg/L 时，出水中 TP 浓度降低。而且溶解氧浓度越高，出水 TP 浓度越低。另外，回流比对系统去除 TP 也有一定影响，当 DO 都维持在较高水平时，回流比越高，出水 TP 浓度越低。由此可以发现，DO 和回流比较高时，更多超量吸磷的聚磷菌将回流至厌氧区，以便在厌氧状态下释磷，以达到除磷目的，从而出水中的 TP 浓度可以达到出水水质标准。

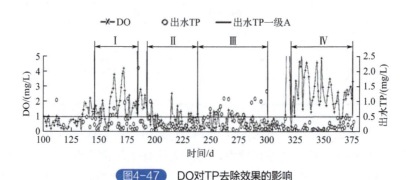

图 4-47　DO 对 TP 去除效果的影响

表4-12 各个过程中溶解氧水平与出水TP浓度

不同工况	I	II	III	IV
溶解氧均值/(mg/L)	1.87	0.72	0.63	2.74
出水TP均值/(mg/L)	0.37	0.2	0.35	0.17
回流比	0.1	0.4	0.4	0.2

（5）滤池运行模式

在系统生物反应装置后段加设石英砂滤池，目的是：通过滤池的过滤作用，对生物段出水及系统运行起到改善和保障作用，并对滤池的运行模式进行研究。

滤池的运行模式主要包括滤池的滤速及冲洗方式。滤池的滤速需要根据产水率及污染周期进行设置。冲洗方式包括清洗周期、清洗时长及冲洗强度。普通快滤池的反冲洗方式为使用滤池出水对滤池的承托层及滤料层从下至上进行冲洗，使得被滤料层拦截、吸附的悬浮物被冲洗至系统前端。区别于典型的滤池，研究中采用的石英砂滤池不需设置反冲洗水路，是在不需要滤池停止进水的情况下，利用风机曝气从滤池底部由下至上对滤池进行曝气冲刷，石英砂滤料会在气流冲刷下互相摩擦，使被滤料层拦截、吸附的悬浮物随着滤池进水从溢流口流出，回到系统前端，重新进入系统进行处理。当滤池经过长时间过滤，或生物段出水水质不好时，滤料缝隙会被堵塞，滤料层达到饱和，滤料层上方水压增大，液面上升，进水将从溢流口回到系统前端，重新进入系统进行处理。

在滤池试验过程中，分别以 $2m^3/(m^2 \cdot h)$、$2.5m^3/(m^2 \cdot h)$、$3m^3/(m^2 \cdot h)$、$3.5m^3/(m^2 \cdot h)$、$4m^3/(m^2 \cdot h)$ 的滤速进行试验，滤池有效过滤面积为 $0.2m^2$。根据滤池运行时长，判断滤池适宜的过滤速度。当分别以滤速 $2m^3/(m^2 \cdot h)$、$2.5m^3/(m^2 \cdot h)$、$3m^3/(m^2 \cdot h)$、$3.5m^3/(m^2 \cdot h)$、$4m^3/(m^2 \cdot h)$ 过滤时，滤池分别可以平均持续运行30h、27h、23h、14h及9h，产水率分别为60%、67.5%、69%、49%及36%。根据产水率得出，当以 $3m^3/(m^2 \cdot h)$ 的滤速过滤时，滤池平均可持续运行23h，保持69%的产水率。

石英砂滤池中滤料被污染后，需要进行反冲洗才能恢复滤速。反冲洗过程中，需要控制反冲洗频率、冲洗时长及冲洗气量。在反冲洗试验中发现，当冲洗气量超过 $55m^3/(m^2 \cdot h)$ 时，滤层的石英砂颗粒会被冲散，甚至出现石英砂颗粒从溢流口流出的情况，不利于滤池持续稳定运行；当冲洗气量低于 $50m^3/(m^2 \cdot h)$ 时，需要超过2h的冲洗时长才能保证滤池被冲洗干净。所以冲洗气量需保持在 $50m^3/(m^2 \cdot h)$ 以上。而且试验过程中发现，以反冲洗频率为1次/d、冲洗气量为 $50m^3/(m^2 \cdot h)$ 冲洗2h后，滤层可被冲洗干净，恢复通量并可持续运行超过22h。所以，滤池适宜的滤速为 $3m^3/(m^2 \cdot h)$，反冲洗频率为1次/d，气量为 $50m^3/(m^2 \cdot h)$，冲洗时长为2h。

4.4.2 分散型生活污水处理设施长效管理新模式

国内常见的分散型生活污水处理设施管理模式包括：

① 属地化运行管理，由处理设施产权拥有者自行负责设施的运行管理。该模式适用于规模较小、工艺简单、操作简单、维护技术要求不高的分散污水处理设施，资金投入较少。但由于往往缺少专业人员，当处理设施出现故障或是出水不达标时，问题无法

有效解决，处理设施容易失效。

② 由当地政府主管部门成立专门机构运行管理。该模式由于人员专业技术水平较高，能保障处理设施正常运营，并能及时处理各种状况，但是人力成本较高，财政支出较高，很难适应农村污水处理设施的环境经济条件。

③ 委托第三方运营。该模式从机制上保证了污水处理设施的稳定运行和废水达标排放，专业公司具备人才、技术和经验优势，可同时运营管理多个分散型污水处理设施，提供专业化服务。但对第三方服务水平缺少定量化评价和考核标准，各自为政现象突出，无法提供标准化的作业流程，形成标准的维护档案，为长期运行管理提供经验。因此，可以实现长效有效运行的分散型生活污水处理设施管理新模式也亟待开发。

4.4.2.1 岛屿地区运维方案

以往，国内农村生活污水排放标准多数执行《城镇污水处理厂污染物排放标准》（GB 18918—2002）一级 B 标准，但由于在运行管理方面存在诸多不足，出水往往难以稳定达标。同期，美国等发达国家对分散型农村生活污水处理设施的氮、磷指标要求更低。

考虑到不同区域农村生活污水水质和水量波动大、处理工艺种类繁多、排放去向各不相同等因素，采取统一的管理标准很难实现治理设施的长效运行。目前，分区分级管理已成为国内推进农村生活污水治理的重要指导思想。依据生态环境部《农村生活污水处理设施水污染物排放控制规范编制工作指南（试行）》（环办土壤函〔2019〕403 号）等政策要求，江苏省于 2018 年发布了《村庄生活污水治理水污染物排放标准》（DB32/T 3462—2018），首次对处理设施的分类管理方法进行了明确规定。2020 年，江苏省新制定了《农村生活污水处理设施水污染物排放标准》（DB32/3462—2020），将设施处理规模与污水排放去向相结合，并将需采取特殊保护措施的地区单列，对分散型污水处理设施的分类标准进行了细化，于当年 11 月开始执行，以替代 DB32/T 3462—2018。

依据《江苏省生态空间管控区域规划》（苏政发〔2020〕号），岛屿 A 周边太湖水体属于国际级生态保护红线区，陆地部分整体处于生态空间管控区域。为有效保护敏感水体，推进污水回用以及提高维管效率，依据上述标准，对东太湖岛屿上分散型污水处理设施提出了"两类两级或三级"的管理方案，如表 4-13 所列。"两类"是依据污水来源分为餐饮废水污水和农户生活污水，其中，前者应强化隔油预处理。"两级"是主要依据排水去向，确定高、低两个排污等级；"三级"是主要依据排水去向和规模，确定高、中、低三个排污等级。

表 4-13 分散型农村生活污水处理设施分级分类管理方案

项目	餐饮废水污水	农户生活污水		
地理位置	临湖平原	临湖平原	临河山区/平原	临田山区
排水去向	太湖湖体	太湖湖体	入湖河流	农业灌溉
DB32/T 3462—2018	一级 A	一级 A	一级 B	一级 B
DB32/3462—2020	特殊排放	特殊排放	一级 A1	一级 B
设施个数/座	9	13	11	13
建议处理工艺	隔油池+A/O生物接触氧化法+人工湿地	A/O生物接触氧化法+人工湿地		A/O生物接触氧化法

注：处理设施规模均为 50 m³/d。

4.4.2.2 设施长效运维新模式

由于农村生活污水治理存在进水波动大、设施分布广、工艺类型多等特点，照搬城镇污水厂的管理模式，难以确保分散型污水设施的长效运行。目前，该类设施的管理通常涉及投资建设方、使用方、维护方和监管方等多个部门，在缺乏有效沟通手段的前提下，容易造成信息采集、分析和传递的不畅，严重影响了设施长期运行率和监管力度。使用"互联网+"建立分散型污水处理设施的"智慧水务管理"平台，为上述问题的解决提供了新的思路。通过建立涵盖传感器、控制设备和后台大数据的网络系统，可以实现上百个处理设施的"分散控制"和"集中管理"，根据在线采集的水量、COD、NH_4^+-N、TN 和 TP 等数据，动态调控曝气机和水泵等设备工况。在保证设施长效运行的前提下，该系统能够使维护人员减少 90%，设备能耗降低约 30%，使用寿命也明显延长。

作为"智慧水务管理"的信息源，COD、NH_4^+-N、TN 和 TP 等污染物的在线监测设备也存在造价昂贵、维护要求高等缺点，目前仍很难实现大范围推广应用。研究发现，氧化还原电位（ORP）与污水中 DO、COD、NH_4^+-N 和硝态氮等指标浓度存在良好的相关性，而且前者的监测方法简单，设备采购和维护都相对廉价。据此，提出将 ORP 作为水质在线监测指标，通过耦合水质（ORP）、水量（Q）与风机功率（W）等参数，获得同时间段内多个生物接触氧化法设施的平均单位功率（w_0），用于单个设施的运行评估和动态调控，并为线下设备维护提供基础信息。分散型农村生活污水处理设施长效维管新模式如图 4-48 所示。

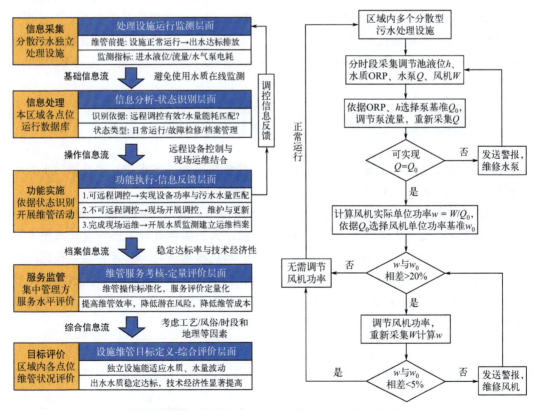

图4-48　分散型农村生活污水处理设施长效维管新模式

该模式由信息采集、信息处理、功能实施、服务监管和目标评价 5 个模块组成。各模块依次通过基础信息流、操作信息流、档案信息流和综合信息流连接，用于同一区域内多个分散型污水处理设施的维护管理。

信息采集模块分时段采集分散型污水处理设施中调节池的液位 h、提升泵流量 Q 和风机功率 W 信息，并将液位信息、流量信息和耗电量信息传递至信息处理模块。信息处理模块依据采集的液位 h 所属的挡位（一般 3～5 挡），选取提升泵流量基准值 Q_0，调节提升泵实现 $Q=Q_0$。

信息处理模块依据采集的 Q 和 W，计算风机实际单位功率 $w=W/Q$。该模块选取一定区域内多个处理工艺相同、进水水质相近的分散型污水处理设施，计算其在不同 Q_0 条件下，出水水质稳定达标时风机单位功率的平均值，并作为基准值 w_0。

信息处理模块将该时段的 w 与 w_0 进行比较。当 w 与 w_0 相差超过 20% 时，模块控制 W，使 w 与 w_0 的差异降至 5% 以内；当无法使 w 与 w_0 的差异降至 5% 以内时，模块发送报警信息提示维修。

现场维修需建立维修档案，包含现场维修时间、维修内容、维修结果、维修次数和维修后水质达标情况等信息。依据维修档案，进一步制定维修标准化操作流程，并作为服务绩效评价和设施综合评价的重要依据。设施综合评价报告评价设施是否符合当地气候环境、居民风俗习惯和生产生活规律等，为后续项目建设与运行提供参考。

基于该模式，对岛屿 A 上 13 座处理规模 20～50t/d 的分散型污水处理设施进行统一管理。单个 A/O（厌氧 / 好氧分区）生物接触氧化法设施需增设在线 ORP 检测仪、网络电表、变频调节器和可编程逻辑控制器（PLC）等，硬件投资低于 1 万元，远低于购置传统水质在线检测仪的费用。在为期 1 年的测试中，通过采用风机动态控制，13 座分散型污水处理设施单位能耗可下降 25.5%～43.4%，全年运行率保持在 95% 以上。

4.5 临湖村镇污水厂优化运行与尾水净化工程案例

污水厂 B 是岛屿 A 上最主要的集中式水污染物排放源，出水执行《城镇污水处理厂污染物排放标准》（GB 18918—2002）一级 A 标准。

根据苏州市污水处理厂人工湿地工程建设的整体要求，一期工程 10000m³/d 尾水经人工湿地深度处理后排放到入湖河道中。因此，人工湿地处理工程的设计水量定为 10000m³/d。进水为污水厂 B 二级处理单元出水，即进水水质为一级 A 标准。根据污水厂 B 现状出水水质及当地环保部门的要求，污水厂 B 排放的 10000m³/d 尾水经过深度处理后应达到地表水准Ⅳ类标准才允许排入周边水域。设计出水水质达到"苏州市特殊排放限值"（准Ⅳ类），出水水质标准限值见表 4-14。

表 4-14　按地表水Ⅳ类水质设计出水水质

项目	COD/(mg/L)	NH_4^+-N/(mg/L)	TN/(mg/L)	TP/(mg/L)
工程出水限值	≤30	≤1.5	10	≤0.3

按地表水Ⅳ类水质设计，COD 的去除率应在 40% 以上，NH_4^+-N的去除率应在 70% 以上，TP 的去除率应在 40% 以上，去除要求高。

本着技术先进、效果可靠、经济合理的原则，在综合考虑污水厂尾水水质、用地面积、景观效果、工程造价和远期规划等因素后，确定将垂直流人工湿地与表面流人工湿地耦合工艺作为新型生物脱氮滤池的尾水深度处理工艺，建设临湖村镇污水厂优化运行与尾水净化工程（简称"尾水深度净化工程"）。厂外建设人工湿地系统，将表面流湿地与污水处理厂内景观结合，既补充了表面流湿地面积，提高了出水 DO 含量，又能美化污水处理厂环境。

尾水深度净化工程技术流程如图 4-49 所示。

图4-49　尾水深度净化工程技术流程示意图

4.5.1　工程方案

针对污水厂 B 的运行现状和二级处理尾水的深度净化目标，基于苏州市"一厂一湿地"的原则，采用"人工强化脱氮＋景观生态湿地"组合工艺实施尾水深度净化，具体示范单元包括新型生物脱氮滤池（也称"强化脱氮滤池"）及复合人工湿地系统。污水厂二级处理尾水经泵提升至生物反硝化滤池进行 TN 和 SS 的强化去除后，进入湿地前端布水池，通过布水装置后依次自流进入不同植物类别的垂直流人工湿地与表面流人工湿地，出水排放至入湖河道。

（1）新型生物脱氮滤池方案

工程中采用的新型生物脱氮滤池克服了传统反硝化滤池深度较大、布水均匀性和强度有待提高的局限，是集脱氮与过滤功能于一体的先进污水深度处理工艺。滤池滤料上能较好地生长附着反硝化微生物膜，通过对反洗模式及反洗布水方式等关键技术的改进，提升反硝化滤池脱氮的运行效能。同时，通过在滤池运行过程中灵活设置外碳源投加，对出水 TN 限值具有良好的保障。

新型生物脱氮滤池的技术参数见表 4-15。根据进水水量以及进水硝酸盐氮浓度，确定乙酸钠外碳源的投加量。

表 4-15　新型生物脱氮滤池技术参数

项目		参数
主要设计参数	结构形式	半地下
	数量	一座四组
	设计流量	10000m³/d，K_z=1.61
	最大流量	1.61×10⁴m³/d，Q_{max}=672.3m³/h
	尺寸规格	24.8m×12.6m×7.75m
	滤料	石英砂，粒径 2～3mm，H 为 2.44m
	垫层	鹅卵石，粒径 3～38mm，H 为 0.46m
	碳源类型	20% 乙酸钠
主要运行参数	水力负荷	2.56m³/(m²·h)
	反冲洗周期	约 2d 一次
	反冲洗模式	气水联合反冲洗
	水反冲洗参数	4min，Q=15m³/(m²·h)
	气反冲洗参数	15min，Q=92m³/(m²·h)
	碳源及投加量	液体乙酸钠，10～15mg/(L·d)

（2）复合人工湿地方案

复合人工湿地建设用地总面积约为 12028m²（18.04 亩），其中垂直流人工湿地有效面积为 8100m²。将混凝沉淀池二级出水先经泵房提升进入新型生物脱氮滤池后，自流进入湿地前端布水池，在布水池中通过布水装置后自流进入垂直流人工湿地。布水池位于湿地中心，有 14 个配水系统，连接 14 个湿地单元的配水主管，向垂直流人工湿地辐射状配水。以布水池为圆心设置 4 个圆弧状垂直流人工湿地。同时，考虑到人工湿地出水将被作为河道生态补水使用，将污水厂内 360m² 的景观水池改造为表面流人工湿地。垂直流人工湿地出水回流至污水处理厂现状水池改造的表面流人工湿地，使湿地出水在被回用之前通过在自由水面流动充分与空气接触，有利于氧在水中的溶解，提高出水 DO 浓度。表面流人工湿地出水回流至纤维转盘滤池，经过滤、消毒后经污水处理厂现状排水口流至入湖河道。

1）填料与植物配比　复合人工湿地的填料包括砾石、天然矿物沸石和工业废弃物钢渣。垂直流人工湿地采用沸石和钢渣的组合滤料，填料从上至下分为主体层、过渡层和排水层，主体层填料粒径为 8～10mm，过渡层填料粒径为 10～20mm，排水层填料粒径为 20～30mm。表面流人工湿地主体层滤料采用 10～20mm 的碎石，排水层滤料采用 20～40mm 的砾石。

此外，根据前期对不同植物配置的各人工湿地单元对 COD、NH_4^+-N、TN 的去除效果的研究结果，选择芦苇、水葱、香蒲和菖蒲植株高低错落配置，合理对植物种植密度进行配置，充分发挥湿地有限空间的能量利用。

2）技术参数　复合人工湿地设计流量为10000m³/d，水力负荷为1.23m³/(m²·d)。共4组，第一组4个单元，第二组4个单元，第三组5个单元，第四组1个单元，由人行步道分开。具体参数见表4-16。

表4-16　复合人工湿地设计参数

项目	参数
水力负荷	1.23m³/(m²·h)
湿地规格	共4组，第一组、第二组各4个单元，第三组5个单元，第四组1个单元，由人行步道分割
几何尺寸	总有效面积8100m²，池深1.28~1.43m。表面流人工湿地总有效面积360m²，有效水深0.3m
垂直流人工湿地填料	沸石和钢渣的组合滤料：主体层填料粒径为8~10mm，过渡层填料粒径为10~20mm，排水层填料粒径为20~30mm
表面流人工湿地填料	表面流人工湿地主体层滤料采用10~20mm的碎石，排水层滤料采用20~40mm的砾石
垂直流人工湿地植物设计	芦苇(25株/m²)、菖蒲(20株/m²)、香蒲(20~25株/m²)、水葱(10丛/m²，5~8杆/丛)交叉栽种
表面流人工湿地植物设计	采用睡莲、菖蒲、常绿矮型苦草交叉栽种，构建出不同层次的景观效果

（3）尾水深度净化工程平面、高程布置

1）平面布置　尾水深度净化工程占地面积约为12490m²（18.70亩），根据平面布置原则及建设地点地形、地貌、道路等自然条件，考虑进出水方向、风向等因素，对人工湿地各组成部分进行合理布置，同时实现污水处理、景观效应和科学研究等多种功能。

2）高程布置　湿地高程设计直接关系到湿地的建设成本及今后的运行成本。工程高程设计中污水进入湿地前先经污水处理厂新建综合水池提升，由新型生物脱氮滤池预处理后，由管道重力输送至湿地最高点布水池，然后利用地形自流经垂直流湿地、表面流湿地1（湿地用地范围）、表面流湿地2（污水处理厂周边绿化带改造），出水通过污水处理厂现状排水口排至入湖河道。工艺设计单元及主要功能见表4-17。

表4-17　工艺设计单元及主要功能

序号	名称	面积/m²	主要功能	位置
厂内，合计2770m²				
1	综合水池（1座3格）	110	提升污水处理厂尾水至新型生物脱氮滤池，存储滤池反冲洗水及缓冲池反冲洗废水	污水处理预留用地内
2	反硝化滤池（1座4组）	160	通过反硝化和截留作用去除污水厂尾水中TN与部分有机物、悬浮物，降低污水的污染物含量，为人工湿地处理提供基础	污水处理预留用地内
3	表面流人工湿地	360	进一步净化水质至出水水质要求，构建生态系统，提升生态及景观效应	厂内景观池改造
厂外，合计9900m²				
1	布水充氧池	110	通过布水系统均匀将尾水投配到人工湿地内，同时利用地形高差，梯级跌水充氧	湿地项目用地
2	垂直流人工湿地	8000	污水通过重力，流经生态滤床进行物理和生化处理	湿地项目用地
3	道路及景观绿化	1790	美化生态湿地景观，成为湿地公园	湿地项目用地

4.5.2 工程建设运行

工程于 2019 年 12 月建成，投入运行时正值冬季，温度较低，植物生长缓慢，但随着温度的升高以及植物对人工湿地进水水质和其周围环境的适应，植物逐渐开始生长；春季时，受益于充足的光照、进水中充足的营养盐以及当地适宜的气候条件，水生植物长势良好；夏季时植物生长旺盛，已经具有一定的高度，植物根际部也覆盖了一定厚度的生物膜，形成了湿地植物-微生物"生物膜"系统，极大地提高了人工湿地的净化效能。

湿地成熟稳定后，人工湿地各区块主次分明，湿地植物高低错落，协调搭配，达到了预期的景观构图效果。表面流人工湿地中的挺水植物、沉水植物、水生动物相映成辉，在满足人工湿地处理中心功能性的同时增加了人工湿地处理中心的观赏性、文化性、艺术性，把苏州市深厚的文化底蕴融合体现在湿地景观园林之中，发挥了休憩、活动、教育的功能，提升了周边景观的整体层次。人工湿地现场如图4-50 所示。

图4-50　人工湿地现场图

工程建成后运行状况如图 4-51 所示。依据监测方案，针对污水厂生化段出水、反硝化脱氮滤池出水、景观生态湿地出水、总排水出水等出水开展连续监测，频次为每月监测 1 次。

(a) 新型生物脱氮滤池前期启动与运行　　(b) 冬季（垂直流人工湿地试运行）

(c) 春季（垂直流人工湿地）

(d) 夏季（垂直流人工湿地）

(e) 秋季（垂直流人工湿地）

(f) 冬季（表面流人工湿地试运行）

(g) 春季（表面流人工湿地初期）

(h) 夏季（表面流人工湿地）

(i) 秋季（表面流人工湿地）

图4-51　工程建成后运行状况

4.5.3　工程实施效果

图 4-52 中 2020 年 1～11 月的监测结果表明，尾水深度净化工程出水 COD、NH_4^+-N、TN 和 TP 浓度范围分别为 7.1～16.1mg/L、0.1～0.4mg/L、1.2～2.9mg/L 和 0.01～0.08mg/L，整体优于"苏州市特殊排放限值"（准Ⅳ类）要求（即 COD≤30mg/L、NH_4^+-N≤1.5mg/L、TN≤10mg/L、TP≤0.3mg/L），按照 2020 年 4～11 月工程实际处理水量和处理效率计算，尾水深度净化工程出水 COD、NH_4^+-N、TN 和 TP 的累积削减量分别为 10.2t、495.3kg、1185.7kg 和 132.3kg，为入湖河道水质改善创造了有利条件。

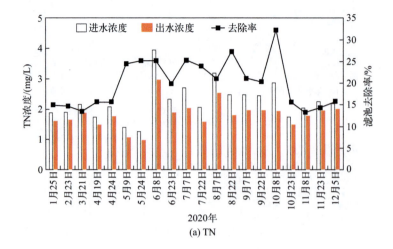

(a) TN

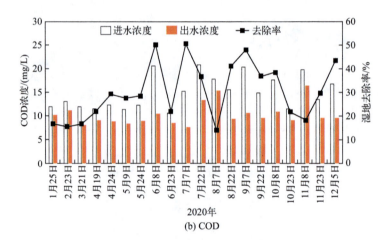

(b) COD

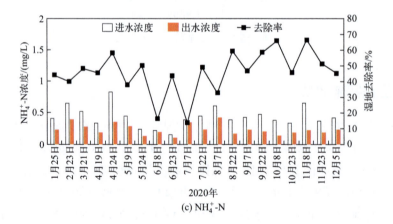

(c) NH_4^+-N

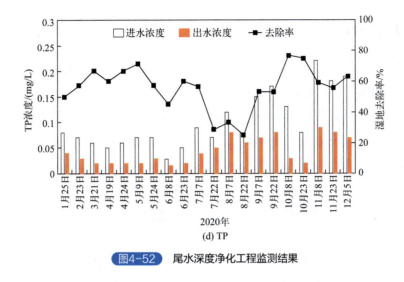

图4-52 尾水深度净化工程监测结果

4.6 临湖分散污水处理及长效运行工程案例

太湖东部某湖湾水源地周边地区农业经济与旅游业发达,以岛屿 A 为例,其常住人口仅 4 万余人,农户环湖而居,村落规模小且分散,但年旅游人数可超过 266 万人次,产生的生活污水水质和水量波动性很大。除镇中心区域污水由污水厂 B 处理以外,其他地区污水都由分散型污水处理设施负责处理,总设计规模达 3600 m^3/d,设施出水经纳污河道排入太湖湖体。

4.6.1 工程概况

针对当地部分分散型污水处理设施仍存在"耐冲击性偏弱、运行稳定性偏差、运维效率偏低"等突出问题,通过自主研发与系统集成,提出了临湖村镇分散型农村生活污水处理及长效运行方案,建设了 7 个处理能力 ≥ 20 m^3/d 的分散型污水处理工程示范点,工程信息见表 4-18。

表4-18 分散型污水处理工程示范点信息表

编号	示范点位置坐标	处理规模/(m^3/d)
1	31°5′33.09″N,120°14′48.11″E	20
2	31°7′7.02″N,120°12′1.01″E	50
3	31°6′30.82″N,120°14′2.08″E	20
4	31°7′16.55″N,120°26′40.43″E	30
5	31°10′3.54″N,120°28′15.33″E	30
6	31°6′47.37″N,120°26′44.95″E	50
7	31°6′23.08″N,120°26′52.90″E	50

4.6.2 工程方案

工程中的气升回流一体化处理设备，设计处理能力20m³/d，装置呈圆柱筒状，筒体尺寸高3.0m、直径3.0m，装备总重约为30t。用于安装设备的基础的尺寸为4.5m×4.5m。外接管路进水管DN80（筒体顶部）、出水管DN80（筒体侧方）、进气管DN50（筒体顶部）。进水泵流量不低于1m³/h，扬程为5m。进气量不低于20m³/h，风压为49kPa。设备外形如图4-53所示。

图4-53　竖流式气升回流一体化污水处理设备外形

设备进水条件要求COD浓度为100~500mg/L，TN浓度≤50mg/L，TP浓度≤10mg/L。由研究结果可知，该设备对进水COD、NH_4^+-N去除率可稳定达到80%以上，有机物负荷可达1.5kg COD/(d·m³)，出水浊度低于0.5mg/L，水质达到《城镇污水处理厂污染物排放标准》（GB 18918—2002）一级B的要求，系统排泥周期＞6个月，运行费用＜0.7元/t。

4.6.3　工程建设运行

2019年12月底，完成所有工程示范点建设，并通水调试。自2020年1月至今，工程稳定运行（图4-54）。

4.6.4　工程实施效果

日常运行监测与第三方监测结果表明，2020年1~12月，各工程示范点出水水质稳定达到《城镇污水处理厂污染物排放标准》（GB 18918—2002）一级B要求，对有机物、氮、磷的去除效率均高于70%，以图4-55中的示范点1为例，可以看出各分散污水工程示范点对COD、NH_4^+-N、TN、TP均有良好的去除效果。

图4-54　分散型农村生活污水处理工程示范点施工与运行现场

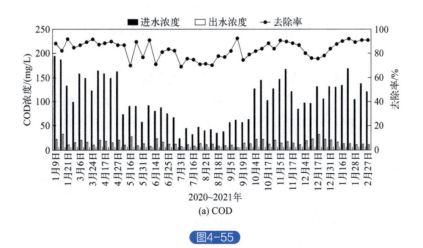

(a) COD

图4-55

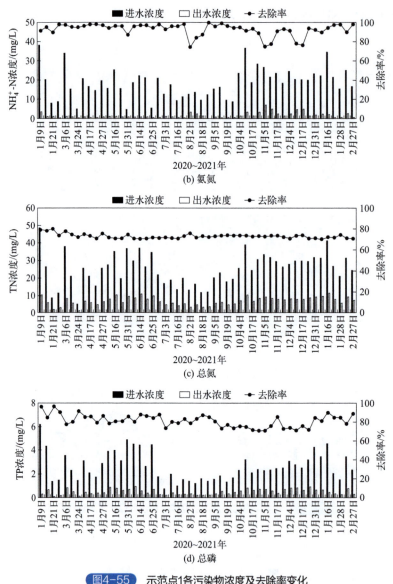

图4-55 示范点1各污染物浓度及去除率变化

工程建设方与运维方出具的相关证明表明：处理能力 20～50m³/d 装置的建设成本为 5650～6350 元/m³，运行费为 0.60～0.67 元/m³，装置年运行维护次数为 2 次，长期运行率提高至 91.8%～92.3%。工程示范点技术经济核算见表 4-19。

表4-19 工程示范点技术经济核算

成本类别	建设成本		运行成本	
	装置投资	仪表投资	耗电量	药剂费
单项计算	6600～7000 元/m³	8000 元/套	0.7～0.9kW·h/m³	0.05～0.08 元/m³
合　计	7000～7400 元/m³		0.41～0.60 元/m³	

4.7 入湖河道生态修复工程案例

考虑到岛屿 A 的入湖河道的生态系统较为脆弱,而且承担着污水处理厂出水的载体与连接太湖的纽带的作用,若对其进行大规模改造,可能会造成其水体净化功能短时丧失。因此,方案中利用污水厂优化运行与尾水净化、分散型生活污水深度处理及长效运行来实现入河源头水质控制,加强河道沿线监管;同时针对水生态系统缺失的问题,采取生态修复的方法,通过圆木桩生态护岸、降雨径流无动力生态净化装置、生态浮床等措施,重构健康的河道生态系统。

4.7.1 入湖河道生态修复工程方案

4.7.1.1 设计原则

(1)生态性原则

通过修护河道天然驳岸、在岸边布置生态浮床,构建人工水生生态系统,确保各种群之间相互依存、相互制约,处于生态平衡状态,逐步使水体进入良性生态循环。

(2)系统开放性原则

水体的生态修复设计要将相关边界因素相互结合起来,构成一个开放性的系统,使其形成一个有机、有序、有趣的线型空间系统,构建生态健康的城市河道。

(3)因地制宜原则

充分利用河道现有地形及构筑物,因地制宜、因物制宜、因时制宜,植物以本地物种为主,创造具有特色的城市河道生态景观空间。

(4)多样性原则

考虑河道的相应特点,水生植物系统的构建以可以净化水质的挺水植物为主,既可实现景观效果又能保证水体持续自净。

4.7.1.2 生态修复方案

岛屿 A 入湖河道的景观生态工程包括圆木桩生态护岸、降雨径流无动力生态净化装置、生态浮床。生态修复工程平面布置如图 4-56 所示。

(1)圆木桩生态护岸

考虑到入湖河道现有护坡植被覆盖率较高,水生植物的生境较为优越,综合工程施工条件,选定圆木桩生态护岸,利用木桩对河道坡面进行防护,集防洪效应、生态效应、景观效应和自净效应于一体,如图 4-57 所示。

1)防洪效应 河流本身就是水的通道,但随着社会和经济的迅速发展,河流、湖泊大量萎缩,水面积不断缩小,防洪问题显得更加突出。圆木桩生态护岸作为一种更加高级的护岸形式,具备抵御洪水的能力。圆木桩生态护岸的植被可以调节地表和地下水文状况,使水循环途径发生一定的变化。当洪水来临时,洪水通过坡面植被在堤中渗透贮存,削弱洪峰,可起到延滞径流的作用。

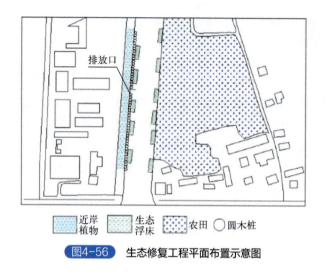

图4-56　生态修复工程平面布置示意图

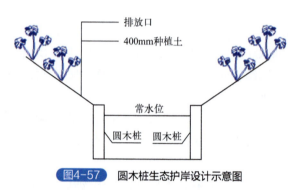

图4-57　圆木桩生态护岸设计示意图

2）生态效应　大自然本身就是一个和谐的生态系统，当采用传统的方法进行堤岸防护时，河道被大量地衬砌化、硬质化，这虽然对防洪起到了一定的积极作用，但同时对整个生态系统的破坏也是显而易见的。混凝土护坡将水、土体及其他生物隔离开来，阻止了河道与河畔植被的水气循环。相反，圆木桩生态护岸可以把水、河道与堤防、河畔植被连成一体，构成一个完整的河流生态系统。圆木桩生态护岸的坡面植被可以带来流速的变化，为鱼类等水生动物和两栖类动物提供觅食、栖息及避难的场所，对保持生物多样性也具有一定的积极意义。

3）景观效应　圆木桩生态护岸技术在国内外被大量采用，改变了过去的那种"整齐划一的河道断面、笔直的河道走向"的静态美，现在的生态大堤上建起了木桩长廊，昔日的碧水漪漪、青草涟涟的动态美得以重现，圆木桩生态护岸顺应了现代人回归自然的心理。

4）自净效应　圆木桩生态护岸上种植于水中的水生植物，能从水中吸收无机盐类营养物，其庞大的根系也是大量微生物吸附的良好介质，有利于水质净化。圆木桩生态护岸营造出的浅滩、放置的石头有利于氧从空气中传入水中，增加水体的含氧量，有利于好氧微生物、鱼类等水生生物的生长，促进水体净化，使河水变得清澈，水质得到改善。

（2）降雨径流无动力生态净化装置

遵循"扁平化、模块化、生态化"的设计理念，开发了一种降雨径流无动力生态净化装置，其在有限空间内集成了雨水收集、污染净化和设施维护等功能，在不使用任何外部动力的条件下，实现对径流水量的分类处理，充分发挥污染减排和生态景观的双重效应，为城乡水环境综合治理和水生态健康维系提供重要支撑。

1）技术内容　降雨径流无动力生态净化装置由1个径流截留沟模块、1个旋流分离器、1个出水渠模块和至少1个生物膜净化模块组成。水体驳岸位于径流截留沟模块内侧，出水渠模块和生物膜净化模块并排设置并位于截留沟模块外侧，以尽可能地减小装置的占地面积。依据水体驳岸长度，多个径流净化装置可以组合使用，前一个旋流分离器与相邻的径流截留沟起始端共壁合建，但互不连通。装置各部分结构组成介绍如下。

① 径流截留沟模块中的截留沟内侧壁紧贴水体驳岸，顶端与驳岸表面平齐，外侧壁高出驳岸顶端0.1～0.3m，形成一道溢流堰。截留沟底板坡度0.1%～0.5%，铺设有土层和防冲刷蜂窝孔板，孔板间隙中种植湿生草型植物，如再力花、千屈菜、灯芯草和花叶芦竹等。截留沟末端沿切线与旋流分离模块相连接。

② 旋流分离器顶端与水体驳岸平齐，从上到下依次为空心圆柱体、倒置圆台状的过渡区和集砂斗，中心处设置有排砂泵，管道直径不小于200mm。其中，空心圆柱体的高径比为（0.3∶1）～（0.6∶1），顶部高于水体的高水位。过渡区的高度为空心圆柱体高度的0.2～0.3倍，侧壁与上底面的夹角为30°～35°。集砂斗的高度为空心圆柱体高度的0.8～1倍，侧壁与上底面的夹角为60°～70°。

③ 出水渠模块由与旋流分离模块和生物膜净化模块相连通的出水渠和常开闸门组成。出水渠的宽度为截留沟宽度的2～4倍，其中轴线与空心圆柱体轴心线相交，高度为后者的0.5～0.7倍，并设置有跌水。

④ 生物膜净化模块依据处理要求可多个串联使用，具体包括降流井、底部连通的升流井、生物填料球、种植在填料上部的挺水植物、设置在降流井和升流井之间且顶部与水体高水位平齐的排水堰和出水堰。其中，降流井和升流井的宽度不小于出水渠的宽度。降流井内生物填料球的填充率为60%～100%，填充厚度不小于1.2m，填料的顶部与水体常水位平齐。升流井内生物填料球的填充率为60%～100%，填充厚度不小于1m，填料的顶部高于水体低水位。生物填料球包括球状空心框架、块状填料和生物膜。其中，块状填料表面生物膜厚度一般在0.5～10mm，微生物群落以具有有机物降解和脱氮功能的假单胞杆菌（*Proteobacteria*）为主。挺水植物可选择芦苇、香蒲、美人蕉、再力花和慈菇等当地物种。出水堰的堰顶低于水体低水位。

2）工作原理与关键参数　降雨径流无动力生态净化装置的处理对象主要是初期雨水形成的地表径流、农业灌溉产生的外排水等典型面源污染。装置工作原理如图4-58所示。

降雨径流以近乎垂直的方向汇入截留沟内，水流方向转为与驳岸平行。沟内种植的高密度草型植物形成生物格栅，可拦截塑料袋、树叶和废纸等轻质垃圾。当降雨强度较小（初期雨水）时，水流沿截留沟末端汇入旋流分离器中。当降雨强度增大（持续降雨）时，截留沟内水面一旦高出外侧壁顶端，就通过溢流排入水体，以防止内涝的发生。

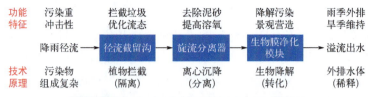

图4-58 降雨径流无动力生态净化装置工作原理

水流沿切线方向进入旋流分离器后，泥砂等悬浮颗粒物迅速沉至集砂斗内，并通过排砂泵排出。上清液经出水渠中跌水，进入生物膜净化模块。出水渠中闸门处于常开状态，在洪水期（高水位）时关闭，以防河水倒灌。在生物膜净化模块内，水流先后经降流井和升流井实现上下折流，使水中溶解性污染物与生物填料球内生物膜和挺水植物根系充分接触从而得到有效净化。种植挺水植物不仅能利用其根系向填料层深处供给氧气，促进根际微生物生长，吸收、截留氮磷等营养盐，而且能营造生态景观，提升水体驳岸的绿地覆盖率。

最终，净化出水由升流井末端出水堰排入水体。依据水体历年水文资料，对出水堰高度进行优化设计，使得在非降雨期，生物膜净化模块中部分填料仍能浸没在水中，带入的养分用于维持生物膜活性和挺水植物生长，从而简化了装置的日常维护。

3）径流净化效果　与现有技术相比，装置采用扁平化、模块化设计，在局促空间内实现了对降雨径流的分散处理，可显著降低市政污水厂雨季负荷和运行能耗，避免实施雨水管道铺设等市政改造工程。此外，装置净化过程完全依靠水动力驱动，不消耗外部能源，对径流水量具有自适应能力。装置采用"工程+生态"组合技术，将物理沉降、生物降解、植物吸收和填料吸附等多个过程有机耦合，对悬浮固体（SS）、COD和NH_4^+-N等主要污染物的去除效能优于现有技术的平均水平，可大幅削减初期雨水对受纳水体的冲击，并兼具防洪防涝和生态景观功能。装置对降雨径流污染的净化效果见表4-20。

表4-20　装置对降雨径流污染的净化效果

项目	COD	NH_4^+-N	SS	TN	TP
进水浓度/(mg/L)	60～180	3～6	300～600	4～8	0.1～0.5
出水浓度/(mg/L)	22～55	0.9～2.1	30～50	1.8～3.4	0.03～0.1
去除率范围/%	63～70	53～71	90～92	29～58	71～90
去除率均值/%	66	63	91	42	83

（3）生态浮床

生态浮床依靠植物、微生物和水生动物的共同作用实现对水体的净化，具有不占用土地、不消耗能源、成本低、管理简单等优点。入湖河道水生态维系工程中，生态浮床面积为600m²，配置的水生植物为美人蕉、黄花鸢尾、梭鱼草等。生态浮床由框架、浮体、基垫、固定装置、植物等组成。

① 框架：一般由木材、竹材、塑料管或废旧轮胎等加工而成。竹排（筏）浮床适

用于风高浪大的地表水体治理与修复工程中,具有良好的消浪功能,便于水生生态系统的重建和恢复。

② 浮体:泡沫塑料板是良好的浮体材料,另外制作浮床框架的木材、竹材、塑料管或废旧轮胎也是良好的浮体材料。

③ 基垫:主要有椰丝纤维、泡沫塑料板和海绵等,这些材料具有密度小、耐腐蚀、易于加工等特点,能为浮床植物的生长繁殖提供固定、保水、透气等必要条件。

④ 固定装置:主要有重物型、船锚型和桩基型三种。重物、船锚、桩基与浮床之间的连接绳应有一定的伸缩长度,以便浮床随水位变化而上下浮动。在风急浪大的水体中,桩基与浮床之间一般用钢丝绳连接以提高固定强度。

⑤ 植物:是浮床生物群落及其净化水质的主体,"湿生"是浮床植物选择的基本原则。

4.7.2 入湖河道生态修复效果

2020年5月,入湖河道生态修复工程实施后,监测结果表明,河道水质总体优于《地表水环境质量标准》(GB 3838—2002)Ⅳ类,持续进行日常监测,主要水质指标监测结果见表4-21。入湖河道生态修复效果如图4-59所示。

表4-21 主要水质指标日常监测结果

日期	水质指标/(mg/L)			
	COD	NH_4^+-N	TP	TN
2020-6-22	11.2	0.35	0.04	1.51
2020-6-28	16.1	0.35	0.04	1.69
2020-7-7	9.2	0.32	0.04	1.34
2020-7-16	13.8	0.28	0.08	1.18
2020-7-28	12.1	0.15	0.08	1.15
2020-8-07	10.5	0.22	0.07	1.41
2020-8-18	11.5	0.14	0.06	1.38
2020-8-28	9.7	0.12	0.06	1.06
2020-9-7	9.4	0.13	0.05	1.15
2020-9-16	9.2	0.11	0.05	0.85
2020-9-28	12.4	0.12	0.04	0.83
2020-10-8	9.5	0.11	0.03	1.26
2020-10-17	9.2	0.15	0.03	1.18
2020-10-26	7.9	0.12	0.02	1.06
2020-11-2	10.3	0.11	0.03	1.09
地表水Ⅲ类水限值	20	1.0	0.05	1.0
地表水Ⅳ类水限值	30	1.5	0.10	1.5

图4-59 入湖河道生态修复效果图

参考文献

[1] 罗元，谢坤，冯弋洋，等. 镧改性核桃壳生物炭制备及吸附水体磷酸盐性能[J]. 化工进展，2021, 40(2): 1121-1129.

[2] 杨娅男，李彦澄，李江，等. 基于甲烷氧化菌的城镇污水厂尾水极限脱氮系统构建及机制[J]. 环境科学，2020, 41(4): 1787-1793.

[3] 顾佳华，赵金辉，王洋洋，等. 人工湿地用于城市污水厂尾水深度处理及其脱氮效能强化研究[J]. 现代化工，2020, 40(3): 64-66, 71.

[4] 汤显强. 长江流域水体富营养化演化驱动机制及防控对策[J]. 人民长江，2020, 51(1): 80-87.

[5] 朱广伟，邹伟，国超旋，等. 太湖水体磷浓度与赋存量长期变化(2005—2018年)及其对未来磷控制目标管理的启示[J]. 湖泊科学，2020, 32(1): 21-35.

[6] 游凯，封磊，范立维，等. 磁铁锆改性牡蛎壳对水体磷的控释行为研究[J]. 环境科学学报，2020, 40(7): 2486-2495.

[7] 刘傲展，王若凡，汪文飞，等. 生物炭折流湿地对生活污水的净化效果[J]. 农业环境科学学报，2020, 39(9): 2001-2007.

[8] 刘凌言，陈双荣，宋雪燕，等. 生物炭吸附水中磷酸盐的研究进展[J]. 环境工程，2020, 38(11): 91-97.

[9] 崔婉莹，艾恒雨，张世豪，等. 改性吸附剂去除废水中磷的应用研究进展[J]. 化工进展，2020, 39(10): 4210-4226.

[10] 朱艳，肖清波，奚永兰，等. 改性生物炭制备条件对磷吸附性能的影响[J]. 生态环境学报，2020, 29(9): 1897-1903.

[11] 周秀秀，王艺霖，刘丽红，等. 以聚乙烯醇为骨架材料的固相碳源反硝化脱氮试验研究[J]. 环境污染与防治，2019, 41(10): 1198-1201, 1238.

[12] 徐晨璐，尹志轩，李春雨，等. 垃圾渗滤液补充反硝化碳源强化脱氮效果[J]. 环境工程学报，2019, 13(5): 1106-1112.

[13] 丁绍兰，樊琼，王娟娟. 曝气生物滤池多孔释碳填料的研制及其对氨氮废水的处理研究[J]. 环境污染与防治，2019, 41(2): 139-143, 148.

[14] 熊家晴，卢学斌，郑于聪，等. 不同香蒲预处理方式对水平潜流人工湿地脱氮的强化效果[J]. 环境科学，2019, 40(10): 4562-4568.

[15] 王勃迪，宋新山，王俊锋，等. 基于4种固相碳源的人工湿地高效脱氮机制[J]. 东华大学学报(自然科学版)，2019, 45(3): 444-450, 463.

[16] 王子杰，王郑，林子增，等. 反硝化生物滤池在污水处理中的应用研究进展[J]. 应用化工，2018, 47(8): 1727-1731.

[17] 罗国芝，侯志伟，高锦芳，等. 不同水力停留时间条件下PCL为碳源去除水产养殖水体硝酸盐的效率及微生物群落分析[J]. 环境工程学报，2018, 12(2): 572-580.

[18] 王春喜，余关龙，张登祥，等. 固定化反硝化菌联合固体碳源小球处理低碳氮比污水的性能研究[J]. 环境污染

与防治, 2018, 40(8): 870-874.

[19] 张雯, 尹琳, 周念清. 地下水氮污染原位修复缓释碳源材料的研发与物化-生境协同特性[J]. 环境科学, 2018, 39(9): 4150-4160.

[20] 范鹏宇, 于鲁冀, 柏义生, 等. 缓释碳源生态基质对低碳氮比河水脱氮效果研究[J]. 环境科学学报, 2018, 38(1): 251-258.

[21] 熊家晴, 孙建民, 郑于聪, 等. 植物固体碳源添加对人工湿地脱氮效果的影响[J]. 工业水处理, 2018, 38(9): 41-44.

[22] 任健, 林晓虎, 刘伟, 等. 硫自养反硝化强化人工湿地深度处理冷轧废水[J]. 环境工程, 2018, 36(4): 6-10, 71.

[23] 周新程, 彭明国, 陈晶, 等. 低温低碳源下表面流人工湿地净化污水厂尾水[J]. 中国给水排水, 2017, 33(17): 113-116.

[24] 钟丽燕, 郝瑞霞, 万京京, 等. 新型缓释碳源耦合海绵铁同步脱氮除磷的研究[J]. 中国给水排水, 2017, 33(9): 69-72, 76.

[25] 吉芳英, 白婷婷, 张千, 等. 固体碳源反硝化滤池脱氮效果及沿程生化特性[J]. 环境工程学报, 2017, 11(3): 1347-1354.

[26] 张雯, 张亚平, 尹琳, 等. 以10种农业废弃物为基料的地下水反硝化碳源属性的实验研究[J]. 环境科学学报, 2017, 37(5): 1787-1797.

[27] 方远航, 刘昱迪. 基于农业废弃物的反硝化脱氮固体碳源比选[J]. 供水技术, 2017, 11(3): 7-13.

[28] 陶正凯, 左思敏, 许玲, 等. 玉米秸秆生物质碳源预处理条件选择研究[J]. 化工技术与开发, 2017, 46(8): 1-4, 12.

[29] 丁绍兰, 谢林花, 马蕊婷. 壳类生物质释碳性能研究[J]. 环境污染与防治, 2016, 38(10): 1-5, 11.

[30] 王万宾, 胡飞, 孔令瑜, 等. 人工湿地脱氮除磷基质的吸附能力及其影响因子[J]. 湿地科学, 2016, 14(1): 122-128.

[31] 肖蕾, 贺锋, 梁雪, 等. 不同碳源添加量对垂直流人工湿地污水处理效果的影响[J]. 环境工程学报, 2013, 7(6): 2074-2080.

[32] 梁雪, 贺锋, 徐栋, 等. 人工湿地植物的功能与选择[J]. 水生态学杂志, 2012, 33(1): 131-138.

[33] 张燕, 庞南柱, 蹇兴超, 等. 3种人工湿地基质吸附污水中氨氮的性能与基质筛选研究[J]. 湿地科学, 2012, 10(1): 87-91.

[34] 肖蕾, 贺锋, 黄丹萍, 等. 人工湿地反硝化外加碳源研究进展[J]. 水生态学杂志, 2012, 33(1): 139-143.

[35] 周元清, 李秀珍, 李淑英, 等. 不同类型人工湿地微生物群落的研究进展[J]. 生态学杂志, 2011, 30(6): 1251-1257.

[36] 邵留, 徐祖信, 王晟, 等. 新型反硝化固体碳源释碳性能研究[J]. 环境科学, 2011, 32(8): 2323-2327.

[37] 邵留, 徐祖信, 金伟, 等. 农业废物反硝化固体碳源的优选[J]. 中国环境科学, 2011, 31(5): 748-754.

[38] 王灿, 席劲瑛, 胡洪营. 紫外-生物过滤联合工艺和单一生物过滤工艺中微生物代谢特性的比较[J]. 环境科学学报, 2010, 30(8): 1587-1592.

[39] 徐德福, 徐建民, 王华胜, 等. 湿地植物对富营养化水体中氮、磷吸收能力研究[J]. 植物营养与肥料学报, 2005(5): 597-601.

[40] 于少鹏, 孙广友, 窦素珍. 人工湿地污水处理技术及其在东平湖水质净化中的运用[J]. 湿地科学, 2004(3): 228-233.

[41] 李慧贤. 生物炭/干芦苇秆调理的湿地基质净化水质效能与机制研究[D]. 北京: 北京林业大学, 2020.

[42] 王润众. 新型缓释碳源滤料的制备及其应用研究[D]. 北京: 北京工业大学, 2016.

[43] 国家统计局能源司, 环境保护部. 中国环境统计年鉴(2019)[M]. 北京: 中国统计出版社, 2019.

[44] 胡家骏, 周群英. 环境工程微生物学[M]. 北京: 高等教育出版社, 2008: 121-122.

[45] Sanchez M P, Sulbaran-Rangel B C, Tejeda A, et al. Evaluation of three lignocellulosic wastes as a source of biodegradable carbon for denitrification in treatment wetlands[J]. International Journal of

Environmental Science and Technology, 2020, 17(12): 4679-4692.

[46] Yu C, Li Z, Xu Z, et al. Lake recovery from eutrophication: Quantitative response of trophic states to anthropogenic influences[J]. Ecological engineering, 2020, 143: 105697.

[47] Zhou Y, Wang L, Zhou Y, et al. Eutrophication control strategies for highly anthropogenic influenced coastal waters[J]. The Science of the total environment, 2020, 705(25): 135760.

[48] Wang F, Yan Z, Liu Y, et al. Nitrogen removal and abundances of associated functional genes in rhizosphere and non-rhizosphere of a vertical flow constructed wetland in response to salinity[J]. Ecological Engineering, 2020, 158: 106015.

[49] Maucieri C, Salvato M, Borin M. Vegetation contribution on phosphorus removal in constructed wetlands[J]. Ecological engineering, 2020, 152: 105853.

[50] Wang Y T, Cai Z Q, Sheng S B, et al. Comprehensive evaluation of substrate materials for contaminants removal in constructed wetlands[J]. Science of the Total Environment, 2020, 701: 134736.

[51] Gao J, Zhao J, Zhang J, et al. Preparation of a new low-cost substrate prepared from drinking water treatment sludge (DWTS)/bentonite/zeolite/fly ash for rapid phosphorus removal in constructed wetlands[J]. Journal of Cleaner Production, 2020, 261: 121110.

[52] Ji B H, Chen J Q, Mei J, et al. Roles of biochar media and oxygen supply strategies in treatment performance, greenhouse gas emissions, and bacterial community features of subsurface-flow constructed wetlands[J]. Bioresource Technology, 2020, 302: 122890.

[53] Xiong R, Yu X, Yu L, et al. Biological denitrification using polycaprolactone-peanut shell as slow-release carbon source treating drainage of municipal WWTP[J]. Chemosphere, 2019, 235(11): 434-439.

[54] Yu G, Peng H, Fu Y, et al. Enhanced nitrogen removal of low C/N wastewater in constructed wetlands with co-immobilizing solid carbon source and denitrifying bacteria[J]. Bioresource Technology, 2019, 280: 337-344.

[55] Yu L, Chen T, Xu Y. Effect of corn cobs as external carbon sources on nitrogen removal in constructed wetlands treating micro-polluted river water[J]. Water Science & Technology, 2019, 79(9): 1639-1647.

[56] Li H, Liu F, Luo P, et al. Stimulation of optimized influent C: N ratios on nitrogen removal in surface flow constructed wetlands: Performance and microbial mechanisms[J]. Science of The Total Environment, 2019, 694: 133575.

[57] Margalef-Marti R, Carrey R, Merchan D, et al. Feasibility of using rural waste products to increase the denitrification efficiency in a surface flow constructed wetland[J]. Journal of Hydrology, 2019, 578: 124035.

[58] Mburu C, Kipkemboi J, Kimwaga R. Impact of substrate type, depth and retention time on organic matter removal in vertical subsurface flow constructed wetland mesocosms for treating slaughterhouse wastewater[J]. Physics and Chemistry of the Earth, Parts, 2019, 114: 102792.

[59] Qin B Q, Hans W, Justin B D, et al .Why Lake Taihu continues to be plagued with cyanobacterial blooms through 10 years(2007～2017) efforts[J]. Science Bulletin, 2019, 64(6): 354-356.

[60] Jóźwiakowski K, Marzec M, Kowalczyk-Juśko A, et al. 25 years of research and experiences about the application of constructed wetlands in southeastern Poland[J]. Ecological engineering, 2019, 127: 440-453.

[61] Zhong F, Huang S, Wu J, et al. The use of microalgal biomass as a carbon source for nitrate removal in horizontal subsurface flow constructed wetlands[J]. Ecological Engineering, 2018, 127: 263-267.

[62] Yang Z C, Yang L H, Wei C J, et al. Enhanced nitrogen removal using solid carbon source in constructed wetland with limited aeration[J]. Bioresource Technology, 2018, 248: 98-103.

[63] Tong Y D, Li J Q, Qi M, et al. Impacts of water residence time on nitrogen budget of lakes and reservoirs[J]. Science of The Total Environment, 2018, 646: 75-83.

[64] Schindler D W, Carpenter S R, Chapra S C, et al. Reducing phosphorus to curb lake eutrophication is a success[J]. Environmental science & technology, 2016, 50(17): 8923-8929.

[65] Maucieri C, Mietto A, Barbera A C, et al. Treatment performance and greenhouse gas emission of a pilot hybrid constructed wetland system treating digestate liquid fraction[J]. Ecological engineering, 2016, 94: 406-417.

[66] Shen Z Q, Zhou Y X, Liu J, et al. Enhanced removal of nitrate using starch/PCL blends as solid carbon source in a constructed wetland[J]. Bioresource Technology, 2015, 175: 239-244.

[67] Liu M H, Wu S B, Chen L, et al. How substrate influences nitrogen transformations in tidal flow constructed wetlands treating high ammonium wastewater?[J]. Ecological Engineering, 2014, 73: 478-486.

[68] Chu L, Wang J. Denitrification performance and biofilm characteristics using biodegradable polymers PCL as carriers and carbon source[J]. Chemosphere, 2013, 91(9): 1310-1316.

[69] Borin M, Politeo M, De Stefani G. Performance of a hybrid constructed wetland treating piggery wastewater[J]. Ecological Engineering, 2013, 51: 229-236.

[70] Saeed T, Sun G Z. A review on nitrogen and organics removal mechanisms in subsurface flow constructed wetlands: Dependency on environmental parameters, operating conditions and supporting media[J]. Journal of Environmental Management, 2012, 112: 429-448.

[71] Stone R. China aims to turn tide against toxic lake pollution[J]. Science, 2011, 333(6047): 1210-1211.

[72] Xu J, Yin K, Joseph H W L, et al. Long-term and seasonal changes in nutrients, phytoplankton biomass, and dissolved oxygen in Deep Bay, Hong Kong[J]. Estuaries and coasts, 2010, 33(2): 399-416.

[73] Scott W Nixon. Eutrophication and the macroscope[J]. Hydrobiologia, 2009, 629(1): 5-19.

[74] Schelske C L. Eutrophication: Focus on phosphorus[J]. Science, 2009, 324(5928): 722.

[75] Borin M, Tocchetto D. Five year water and nitrogen balance for a constructed surface flow wetland treating agricultural drainage waters[J]. Science of The Total Environment, 2007, 380(1-3): 38-47.

[76] Bulc T G. Long term performance of a constructed wetland for landfill leachate treatment[J]. Ecological engineering, 2006, 26(4): 365-374.

[77] Chen X, Zhu H, Yan B X, et al. Greenhouse gas emissions and wastewater treatment performance by three plant species in subsurface flow constructed wetland mesocosms - Science direct[J]. Chemosphere, 2019, 239: 124795.

[78] 刘惠敏, 郭雪松, 刘宏远, 等. 气升回流式一体化接触氧化反应器脱氮效果研究[J]. 水处理技术, 2014, 40(9): 96-100.

[79] 徐军, 潘杨, 黄勇, 等. 气升回流一体化中试反应器的污泥减量化[J]. 环境工程学报, 2017, 11(2): 715-720.

[80] 曹秀芹, 陈爱宁, 甘一萍, 等. 污泥厌氧消化技术的研究与进展[J]. 环境工程, 2008, 26(S1): 215-219, 223.

[81] 周丹丹, 马放, 董双石, 等. 溶解氧和有机碳源对同步硝化反硝化的影响[J]. 环境工程学报, 2007(4): 25-28.

[82] 冯源. 不同石英砂滤池系统过滤性能的研究[J]. 湖南有色金属, 2023, 39(4): 85-88.

[83] 张曼雪, 邓玉, 倪福全. 农村生活污水处理技术研究进展[J]. 水处理技术, 2017, 43(6): 5-10.

[84] 王芳, 杨凤林, 张兴文, 等. 不同有机负荷下好氧颗粒污泥的特性[J]. 中国给水排水, 2004, 11: 46-48.

[85] 袁鹰, 曹健, 刘明源. UASB处理垃圾渗滤液影响因素分析[J]. 安徽化工, 2023, 49(4): 125-127, 131.

[86] 彭彬, 胡思源, 王铸, 等. 农村生活污水分散式处理现状与问题探讨[J]. 农业现代化研究, 2021, 42(2): 242-

253.

[87] 吴志龙. 农村生活污水处理现状及模式选择[J]. 山西化工，2023，43(2)：214-216.

[88] 李暸，郝瑞霞，刘峰，等. A/A/O工艺脱氮除磷运行效果分析[J]. 环境工程学报，2011，5(8)：1729-1734.

[89] 赵英武，李文斌，龚敏. A/O接触氧化工艺处理生猪屠宰加工废水[J]. 给水排水，2007(11)：68-70.

[90] 高景峰，彭永臻，王淑莹，等. 以DO、ORP、pH控制SBR法的脱氮过程[J]. 中国给水排水，2001(4)：6-11.

[91] 刘文娟. 石英砂滤层过滤与反冲洗特性的实验研究及数值模拟[D]. 北京：中国农业科学院，2014.

[92] 王亚宜. 反硝化除磷脱氮机理及工艺研究[D]. 哈尔滨：哈尔滨工业大学，2007.

[93] 朱炫. 气升回流一体化反应器的出水吸附除磷研究[D]. 苏州：苏州科技大学，2014.

[94] Zhao W, Hu T, Ma H, et al. Deciphering the role of polystyrene microplastics in waste activated sludge anaerobic digestion: Changes of organics transformation, microbial community and metabolic pathway[J]. Science of The Total Environment, 2023, 901: 166551.

[95] Chen L, Chen H, Hu Z, et al. Carbon uptake bioenergetics of PAOs and GAOs in full-scale enhanced biological phosphorus removal systems[J]. Water Research, 2022, 216: 118258.

[96] Izadi P, Izadi P, Eldyasti A. Evaluation of PAO adaptability to oxygen concentration change: Development of stable EBPR under stepwise low-aeration adaptation[J]. Chemosphere, 2022, 286(2): 131778.

[97] Xia Z, Jiang Z, Zhang T, et al. Effects of sludge retention time (SRT) on nitrogen and phosphorus removal and the microbial community in an ultrashort-SRT activated sludge system[J]. Environmental Research, 2024, 240(Pt1): 117510.

[98] Li X, Huang Y, Yuan Y, et al. Startup and operating characteristics of an external air-lift reflux partial nitritation-ANAMMOX integrative reactor[J]. Bioresource Technology, 2017, 238: 657-665.

[99] Zheng T, Xiong R, Li W, et al. An enhanced rural anoxic/oxic biological contact oxidation process with air-lift reflux technique to strengthen total nitrogen removal and reduce sludge generation[J]. Journal of Cleaner Production, 2022, 348: 131371.

[100] Kim D M, Im D G, Lee J H. Flow and baffle configurations of settling pond and low-flow reactor for water treatment[J]. Journal of Water Process Engineering, 2022, 49: 103173.

[101] Zhang Y, Lu G, Zhang H, et al. Enhancement of nitrogen and phosphorus removal, sludge reduction and microbial community structure in an anaerobic/anoxic/oxic process coupled with composite ferrate solution disintegration[J]. Environmental Research, 2020, 190: 110006.

[102] Cheng S, Liu J, Liu H, et al. Performance and bacterial community analysis of multi-stage A/O biofilm system for nitrogen removal of rural domestic sewage[J]. Journal of Water Process Engineering, 2023, 56: 104485.

[103] Wang C, Lin Q, Yao Y, et al. Achieving simultaneous nitrification, denitrification, and phosphorus removal in pilot-scale flow-through biofilm reactor with low dissolved oxygen concentrations: Performance and mechanisms[J]. Bioresource Technology, 2022, 358: 127373.

[104] Li Y, Liu S, Lu L, et al. Non-uniform dissolved oxygen distribution and high sludge concentration enhance simultaneous nitrification and denitrification in a novel air-lifting reactor for municipal wastewater treatment: A pilot-scale study[J]. Bioresource Technology, 2023, 384: 129306.

[105] Yang E, Chen J, Liu K, et al. Intensifying single-stage denitrogen by a dissolved oxygen-differentiated airlift internal circulation reactor under organic matter stress: Nitrogen removal pathways and microbial interactions[J]. Water Research, 2023, 241: 120120.

[106] Wang P, Shi J, Xiong P, et al. Optimization of rural domestic sewage treatment mode based on life cycle assessment method: A case study of Wuzhong District, Suzhou City, China[J]. Journal of Water Process Engineering, 2023, 56: 104480.

[107] Das T, Usher S, Batstone D, et al. Shear and solid-liquid separation behaviour of anaerobic

digested sludge across a broad range of solids concentrations[J]. Water Research, 2022, 222: 118903.

[108] Guang C, Wei W, Jun X, et al. An anaerobic dynamic membrane bioreactor for enhancing sludge digestion: Impact of solids retention time on digestion efficacy [J]. Bioresource Technology, 2021, 329: 124864-124864.

[109] Li Y F, Huang Y Y, Sun M, et al. Effect of sludge retention time (SRT) on micro-ecological niche competition kinetics between ammonia-oxidizing organisms (AOO) and nitrite-oxidizing organisms (NOO) in a single system [J]. Journal of Water Process Engineering, 2023, 53.

[110] Wei H D, Liu C Y, Wang Y Y, et al. Transformation trend of nitrogen and phosphorus in the sediment of the sewage pipeline and their distribution along the pipeline [J]. Science of The Total Environment, 2022, 857(P3): 159413-159413.

[111] Antonio L P, Juliana C, Souza D A W J, et al. Total phosphorus contents currently found in the raw wastewater—Problems and technical solutions for its removal in full-scale wastewater treatment plants [J]. Resources, Conservation and Recycling, 2023, 196.

[112] Liu X, Dong C. Simultaneous COD and nitrogen removal in a micro-aerobic granular sludge reactor for domestic wastewater treatment [J]. Systems Engineering Procedia, 2011, 1: 99-105.

[113] Ma J M, Ji Y N, Fu Z D, et al. Performance of anaerobic/oxic/anoxic simultaneous nitrification, denitrification and phosphorus removal system overwhelmingly dominated by candidatus_competibacter: Effect of aeration time [J]. Bioresource Technology, 2023, 384: 129312.

第 5 章

湖湾水源地水质维护与植被优化调控

针对太湖东部某典型湖湾型水源地（简称湖湾水源地）水生态健康和高品质供水需求，基于太湖生态结构动态模型的水动力-水质-水生态耦合数值模拟技术，摸清湾内外源污染物、藻类生物量输入、流泥内源污染和生态系统变化特征与主要控制过程，提出湖湾型水源地外源污染导流阻隔方案，通过流泥污染控制和水生植被结构优化控制水源地内源污染。同时，以收割芦苇为原材料，制备生物炭，形成水生植物收割物生物炭制备技术，实现水生植被收割残体资源化处置，为提升湖湾水源地水质和改善生态系统健康提供技术支撑与示范。

5.1 湖湾水源地水质维护与植被优化调控技术思路

针对湖湾型水源地外围开阔湖体水生植被缺失与近岸湖滨带植被密度过高的问题，从"水生植物限制因子识别-生境改善-水生植物结构恢复与调控优化-植物残体资源化处理"角度，开展水源地外源污染导流阻隔方案、水源地流泥污染消除技术、水源地水生植被优化调控技术和水生植物收割残体资源化处置技术的集成，形成水源地水质维护与植被优化调控技术体系，为水源地水生植被优化管理提供解决方案，填补湖湾水源地水生植物管理技术的空白。

湖湾水源地水质维护与植被优化调控技术路线见图 5-1。

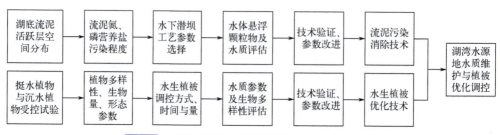

图 5-1　湖湾水源地水质维护与植被优化调控技术路线

主要内容包括以下几个方面。

（1）水源地外源污染导流阻隔方案

基于野外实测和湖湾水源地高精度三维水环境数值模拟系统，模拟分析不同水情条件下湖湾水源地水动力、污染物分布特征，构建湾口、滨岸水闸、船闸、泵站及胥江等一体化引排，水体有序流动，阻截大太湖污染物以及东部环湖河道倒灌入湾污染物的水力配置方案，削减外源污染负荷，确保水源地供水安全。

（2）水源地流泥污染消除技术

开展湖湾水源地内水动力、污染流泥调查，摸清湾内水动力结构、污染流泥输移路径及其易沉降的区域；进行水下潜坝方案设计与优化，研发污染流泥水下潜坝沉降落淤技术，分析潜坝向岸侧流泥的沉积速率及回淤清理时长等关键技术参数；基于中试试验优化潜坝设计技术参数，结合水源地污染流泥去除量，消除水源地污染流泥，进一步削减内源污染。

（3）水源地水生植被优化调控技术

针对湖湾水源地植被时空分布不均以及存在植被残体二次污染威胁问题，通过开展沉水植被与挺水植被群落调控原位试验，研究密度制约对群落结构及物种扩张的影响，提出单位面积水柱体生物量年内最优化的沉水植物搭配模式，以及年内总生物量最大化的挺水植物搭配模式；开展挺水植被响应收割模式受控试验，提出优化的收割模式；基于湖湾水源地植被现状调查资料分析，研究水生植被优化调控技术。

（4）水生植物收割残体资源化处置技术

分析水生植物收割残体制备生物炭技术及关键工艺参数，通过小试，优化水生植物收割残体预处理、炭化、改性技术的关键工艺参数，分析生物炭表面特征，评价生物炭制备效果，形成水生植物收割残体制备生物炭技术；分析湿法厌氧发酵技术的工艺流程与工艺参数，筛选缩短植物收割残体消化过程的菌种，分析水生植物收割残体与餐厨垃圾、市政污泥、畜禽粪便的混合发酵效果，通过监测产气量和组分、沼液生化指标，调控优化厌氧发酵参数，形成水生植物湿法厌氧发酵技术。

5.2 水源地外源污染导流阻隔方案

采用湖湾水源地高精度三维水环境数值模拟系统，对太湖蓝藻预警预报原模型计算模块开展结构完善工作，实现计算网格的加密和模块并行计算，完成太湖水质、水生植物、地形数据、出入湖流量数据的收集、整理与分析，进行水生植被分布区、底泥营养盐等初始条件的更新，外部函数更新，以及湖底地形更新等工作，建立湖湾水源地高精度生态模型，针对入湖河口、水源保护区和湖心重点区域风浪强度大，不利于水生植被生长与修复的问题，选择设计不同水源地围隔方案，为湖湾水源地水质提升提供理论依据。

5.2.1 生态模型的构建

（1）计算单元划分

原太湖网格为1000m×1000m，湖湾水源地生态模型将按100m×100m划分加密，共分成 194 行、188 列,其中湖区覆盖 21936 个计算单元,即采用嵌套网格,湖湾水源地左侧和下部入流水量、水质边界由太湖大网模型提供。

(2) 外部函数条件

采用 2018 年实测的太湖地区水温、水位、太阳辐射、风速、风向、降雨量和蒸发量的资料数据,其中降雨量和蒸发量是通过水量平衡修正后的值。水温资料为每天一个值,最大值出现在 8 月;太阳辐射数据为每小时一个值,最大的太阳辐射值出现在 8 月正午 12:00;降雨量是根据 8 个水文监测站点的实测资料求平均所得,为每天一个值;太湖湖面的风场资料是根据 4 个监测站的实测资料求平均所得。

(3) 计算初始条件

2018 年湖湾水源地的计算初始条件由 2018 年 1 月实际观测值插值获得,包括了水深、TN、TP、DO、叶绿素 a、COD,以及底泥总氮、总磷、有效磷等。各计算网格点初始流场值由初始水位诊断分析获得;水面位移初始值均取 0;状态变量 TP、TN、叶绿素 a、NH_4^+-N、正磷酸磷(PO_4^{3-}-P)等根据监测值线性内插确定;底泥可交换磷及底泥可交换氮的初值由表层底泥氮、磷含量调查与室内分析值线性内插获得。

(4) 太湖大网修正

现模型依据 2013~2015 年全太湖水生植物调查测点的植被分布监测资料,进行了水生植被分布的更新。同时根据重新修正的太湖站监测数据,对原模型进行了底泥营养盐的更新。

(5) 波浪模块耦合及验证

利用 Swan 波浪模型,开展湖泊波浪模拟,得到有效波高,输入三维生态模型(Eco Taihu)中,判断不同位置处表层混合情况(图 5-2),以此提升浅水湖泊生态系统动态过程模拟能力。

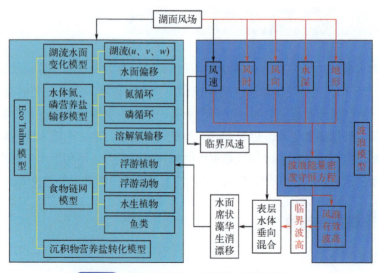

图5-2　湖湾水源地生态模型与波浪模型的耦合

波浪模块与 Eco Taihu 的耦合使目前模型采用临界波高机制，比先前用的临界风速更客观，因为湖湾型水源地中即使是同样风速，但风作用地点不同、时间不同或水深不一样时水体混合强度不一样，例如存在风速相同，上风区无浪、下风区白浪滔天的情况。

利用形成的波浪模块可以计算得到有效波高。模型对分别采用风速控制藻类漂移机制与风浪波高控制藻类漂移机制的模型模拟误差进行了对比，发现采用风浪波高控制藻类漂移，使藻类生物量和总磷误差明显减小，溶解氧误差减小，氨氮、硝酸盐氮、总氮模拟误差略升高，说明相比原模型的临界风速，采用波浪模块模拟表层水体垂向混合更为精确。同时，对比分析了风浪波高控制藻类漂移情况下，漂移速度加倍和减倍的模拟误差，可以发现漂移速度加倍时模拟情况相对更好。

（6）太湖大网边界条件更新

1）河道概化　为与水文监测对应，将环太湖河道重新概化为望虞河（贡湖）、浒光运河（光福湾）、胥江（胥湖）等23条出入湖河道，不同于原模型的19条出入湖河道。其中，因浯溪桥段（以浯溪桥为基点站，控制分水桥至师渎桥9座桥断面总流量）包含的沙塘港（竺山湖）、殷村港（竺山湖）、太滆运河漕桥河（竺山湖）这3条河道较宽，流量较大，分开概化不仅与实际情况更为接近，也为后面模型计算、从这些河道引水提供了便利，所以现模型将浯溪桥段拆为三段，用3条河表示。此外，部分河道的实际流量为0（如直湖港、武进港等），但概化边界中仍将其纳入其中，主要是考虑这样处理可方便新沟河开通后，对武进港、直湖港引水或排水控制的效果分析以及控制方案的制定。此外，本次研究还从水量平衡角度，将从太湖取水的电厂取水口以及水源地取水口概化为边界条件予以考虑，将其概化为出湖河道，参与模拟计算。主要包括小湾里水源地（梅梁湖）、南泉水源地（贡湖）、锡东水源地（贡湖）、金墅湾水源地（贡湖）、镇湖水源地（贡湖）、渔洋山水源地、浦前水源地、庙港水源地等9个水源地取水口，以及1个望亭电厂取水口。

2）流量边界优化处理　河道的流量边界主要依据2018年环湖出入湖河流水量监测资料所得。由于现在的模型通过概化河道太滆运河漕桥河、殷村港和沙塘港三河总流量来表征水文监测浯溪桥段总流量，将浯溪桥段总流量拆分成了太滆运河漕桥河、殷村港和沙塘港三条河道的流量。流量的拆分主要依据分水桥、浯溪桥以及沙塘港巡测流量和浯溪段巡测总流量的关系确定。其他概化河道，取其对应河道或段的流量。与水源地取水口以及电厂取水口相关的河道流量取各取水口2018年的实际取水量计算所得平均流量，按照权重分配到每个月。概化边界流量的来源及具体计算方法见表5-1。

表5-1　概化边界流量来源及计算方法

编号	概化出入湖河道	对应实测河道断面或单站	流量数据来源及计算方法
1	直湖港	湖山桥	实测
2	武进港	龚巷桥	实测
3	雅浦港	雅浦桥	实测
4	太滆运河漕桥河	浯溪桥北段	太滆运河的流量与浯溪桥段总流量的关系为$Q_太=(Q_总+25.603)/3.4217$

续表

编号	概化出入湖河道	对应实测河道断面或单站	流量数据来源及计算方法
5	殷村港	浯溪桥中段	基点站浯溪桥站的实测流量，同时计算浯溪桥段总流量为 $Q_{总}=2.66Q_{浯}+9.62$
6	沙塘港	浯溪桥南段	沙塘港流量与浯溪桥段总流量以及太滆运河流量的关系为 $Q_{沙}=Q_{总}-Q_{浯}-Q_{太}$
7	大浦	城东港桥段	$Q_{总}=2.05Q_{城}+9.66$
8	大港河	大港桥	实测
9	长兴港	长兴（二）段	$Q_{总}=-0.0044Q_{长}^2+2.50Q_{长}-2.49$
10	杨家埠	杨家埠	实测
11	杭长桥	杭长桥	实测
12	三里桥	城北水闸	实测
13	幻溇段	幻溇段	基点站流量采用插补零时流量，用面积包围法计算逐日平均流量，总流量根据基点站流量计算而得，公式如下：$Q_{总}=0.035Q_{幻}^2+4.86Q_{幻}-6.25$
14	联湖桥南段	团结桥段	$Q_{总}=5.48Q_{团}+0.391$（使用日期：1月1日～3月3日，4月30日～6月28日，8月6日～12月31日）；$Q_{总}=3.09Q_{团}+5.22$（使用日期：3月4日～4月29日，6月29日～8月5日）
15	太浦河	太浦闸	实测
16	联湖桥北段	联湖桥段	$Q_{总}=2.02Q_{联}-3.93$
17	瓜泾口	瓜泾口段	$Q_{总}=1.24Q_{瓜}-0.138$
18	胥江	胥江大桥段	$Q_{总}=1.34Q_{胥}+3.29$
19	浒光运河	铜坑闸段、沿湖闸段	$Q_{总}=1.10Q_{浒}+0.893$（1月1日～7月8日）；$Q_{总}=1.46Q_{梗}+1.24$（7月9日～12月31日）
20	望虞河	望亭（立交）	实测
21	小溪港	沿湖小闸段	小溪港抽水站流量根据开泵历时、台数及设计流量推求
22	梁溪河	梅梁湖泵站	实测
23	大渲河泵站	大渲河泵站	实测
24	小湾里水源地	小湾里水源地	暂停使用，流量为0
25	南泉水源地	南泉水源地	日平均流量根据总取水量计算所得，$Q_1=0.85Q_{平均}$（1月1日～5月31日、11月1日～12月31日）；$Q_2=1.21Q_{平均}$（6月1日～10月31日）
26	锡东水源地	锡东水源地	
27	金墅湾水源地	金墅湾水源地	
28	镇湖水源地	镇湖水源地	
29	渔洋山水源地	渔洋山水源地	
30	浦前水源地	浦前水源地	
31	庙港水源地	庙港水源地	
32	嘉兴水源地	嘉兴水源地	未启用，流量为0
33	望亭电厂	望亭电厂	水取自望虞河，其中1/3流回望虞河，2/3流进大运河，日平均流量按照总取水量的2/3计算

3）水质边界优化处理　收集到的2018年环太湖出入湖河流的水质资料是各监测点的瞬时资料，频次为1次/月。为了将水质资料与巡测段的水量资料相匹配，首先必须要找出水量巡测段内的所有水质监测点，并求出同一巡测段的污染物浓度平均值。求平均值的方法有两种：一种方法是将概化边界中同一巡测段内的所有河道水质监测站点的

瞬时浓度加和求平均值；另一种方法是根据实际河道的大小对概化边界中同一巡测段内的所有河道水质监测站点的瞬时浓度值进行加权求值。研究中对概化边界中同一巡测段内河道大小相差不大的采用前一种方法求浓度平均值，而相差较大的采用后一种方法求浓度平均值。然后再将每月瞬时水质数据处理成一年中逐日的水质数据。之前的处理方法是将各月瞬时的水质数据作为该月每日的水质数据，现模型优化的方法是将各月瞬时水质数据根据时间变化采用线性插值的方法计算出逐日水质指标浓度值，保证了各入湖河道水质变化的连续性。新模型概化河道与相关巡测段（站）水质代表断面的对应关系见表 5-2。系统目前所需要的边界水质指标主要有总氮、氨氮、硝态氮、亚硝态氮、总磷、可溶性磷、叶绿素 a、溶解氧、高锰酸盐指数以及悬浮物浓度，但实际观测指标中缺少叶绿素 a 浓度和可溶性磷浓度两项指标。

表5-2　概化河道与相关巡测段（站）水质代表断面的对应关系

序号	概化边界	对应测站名称
1	三里桥	三里桥、城北大桥
2	幻溇段	大钱口
3	杭长桥	杭长桥
4	杨家埠	励山大桥
5	长兴	东门大桥、合溪8号桥、夹浦桥
6	大港桥	泷东大桥、红阳桥
7	大浦	东氿大桥、大浦港桥、埂上大桥、官渎港、社渎港
8	沙塘港桥	棉堤桥
9	殷村港	人民桥
10	太滆运河漕桥河	漕桥、黄埝桥
11	雅浦港	雅浦港桥
12	直湖港	湖山大桥
13	武进港	塘桥
14	华庄	新北桥
15	梁溪河、大渲河泵站	蠡桥
16	浒光运河	虎山桥
17	胥江	东欣桥
18	联湖桥北段、瓜泾口	瓜泾桥
19	太浦河	太浦闸下、平望大桥、练塘大桥
20	望虞河	望亭立交闸下、大桥角新桥、张桥、江边闸内
21	联湖桥南段	鼓楼桥

5.2.2　生态模型的校验与率定

2018 年 1～12 月湖湾水源地模型参数率定与验证所使用的数据资料主要包括：a. 水源地逐月水质与生态系统监测资料；b. 水源地底泥深度、氮和磷含量调查资料；c. 水源地水位、水深、湖流与湖底地形资料；d. 环湖河道流量和污染物监测资料；e. 降水、风场、蒸发、气温、太阳辐射等气象资料。

(1) 模型参数率定

由于湖湾水源地三维模型由 Eco Taihu 模型移植而来，原模型计算涉及 113 个参数，大部分参数根据其物理意义，由文献调研确定，部分通过实验确定。但水源地生态系统结构与 Eco Taihu 模型存在一定的差异，因此部分模型参数需根据数值模拟情况进行调整，最终调整了 6 个模型参数取值，具体情况见表 5-3。模型校验点覆盖整个湖湾水源地，经纬度位置见表 5-4。

表5-3　湖湾水源地三维模型参数率定取值

参数	调整值	参数	调整值
水生植物内禀生长率	1.8	20℃氨氮氧化速率	0.2
藻类生长率	1.1	底泥磷释放速率	0.0025
有机碎屑沉降速率	0.001	20℃亚硝酸盐氧化速率	0.6

表5-4　湖湾水源地三维模型校验点位

点位	ID	经纬度坐标
水源地-1#	1	31°12′83.24″N, 120°26′04.93″E
水源地-2#	2	31°12′15.33″N, 120°22′10.33″E
水源地-3#	3	31°11′34.52″N, 120°27′60.61″E
水源地-4#	4	31°13′45.63″N, 120°28′25.06″E
水源地-5#	5	31°10′28.95″N, 120°20′19.79″E
水源地-6#	6	31°09′12.35″N, 120°18′27″E
水源地-7#	7	31°07′68.17″N, 120°21′30.18″E
水源地-8#	8	31°06′96.29″N, 120°21′43.93″E
水源地-9#	9	31°07′03.12″N, 120°24′67.75″E
水源地-10#	10	31°04′7.2″N, 120°17′33.31″E
水源地-11#	11	31°07′31.49″N, 120°18′59.30″E
水源地-12#	12	31°07′43.77″N, 120°19′11.18″E
水源地-13#	13	31°07′35.03″N, 120°20′29.09″E
水源地-14#	14	31°07′35.5″N, 120°20′28.43″E
水源地-15#	15	31°11′35.27″N, 120°28′39.98″E
水源地-16#	16	31°13′17.21″N, 120°27′42.38″E
水源地-17#	17	31°13′1.37″N, 120°21′30.41″E
水源地-18#	18	31°10′18.87″N, 120°23′95.76″E

(2) 模型校验

2018 年 1 月、4 月、7 月、10 月模型对采样点 TN、TP、叶绿素 a、DO 的计算值及观测值进行模拟校验，并对风浪模块进行了验证。

TN 校验结果表明：模型可以较好地刻画湖湾水源地水体 TN 变化情况，其中 1 月、4 月、7 月的模拟平均相对误差在 25% 以内，10 月总体相对误差较大，超过 30%。模型 TN 模拟平均相对误差为 24.86%。

TP 校验结果表明：模型对 7 月及 10 月 TP 的模拟较好，其他月份误差较大。产生这一结果一方面是因为水体 TP 含量比 DO、TN 等低得多，而且时空变化速度很快，很小的计算偏差就会产生很大的相对误差。另一方面，TP 监测数据也存在很大的不确定性，存在许多奇异值，部分监测点的监测值非常低，同样有一部分监测点的监测值非常高，如 1 月、10 月，这些奇异值的存在导致模型的相对误差急剧升高。

叶绿素 a 校验结果表明：模型能够较好地刻画湖湾水源地叶绿素 a 的时空变化情况。除个别点外，相对误差都在 35% 以内，模型对湖湾水源地各月叶绿素 a 模拟的平均相对误差为 36.9%，平均均方根误差为 1.47。

DO 校验结果表明：模型可以非常好地反映出湖湾水源地水体 DO 的变化情况。其中 1 月、10 月计算的相对误差都在 15% 以内，7 月 DO 计算的相对误差达到 34.66%。DO 计算的平均相对误差为 16.48%，平均均方根误差为 1.92。

2018 年 7 月，基于动谱平衡方程，建立了湖泊波浪模块，将湖湾水源地实测站位的模拟计算结果与实测数据进行对比，如图 5-3 所示。结果表明：在模拟初期，实测值与模拟值误差较大，这主要是由于计算刚开始，波浪还未稳定，随着计算时间增长，风浪逐渐形成并稳定发展，模拟值与实测值吻合得越来越好，能准确地反映出波高与周期随时间的变化情况。由此可见，模型中风浪模块可以有效地模拟湖泊风浪成长情况，可为湖湾水源地风浪模拟提供支撑。

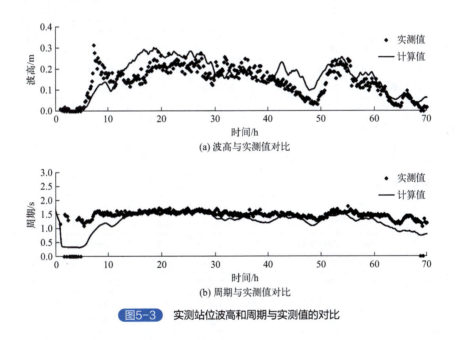

图5-3　实测站位波高和周期与实测值的对比

5.2.3　水环境模型方案设计和结果

（1）湖湾水源地环境要素方案设定

湖湾水源地的短期环境要素的影响因素包括：a. 大太湖入流，主要受风向影响；b. 入流河道的影响，同时受流量和水质影响。研究共制定了 80 个方案，见表 5-5，以研究风向、入流河道不同条件影响下湖湾水源地水质时空变化规律。

表5-5 湖湾水源地计算方案

方案	风向	风速	时间	入流流量/(m³/s)	方案	风向	风速	时间	入流流量/(m³/s)
方案1	东风	微风(2m/s)	2018年3月	−30	方案41	南风	微风(2m/s)	2018年8月	−30
方案2	东风	小风(3.5m/s)	2018年3月	−20	方案42	南风	小风(3.5m/s)	2018年8月	−20
方案3	东风	中风(5m/s)	2018年3月	−10	方案43	南风	中风(5m/s)	2018年8月	−10
方案4	东风	大风(6.5m/s)	2018年3月	−10	方案44	南风	大风(6.5m/s)	2018年8月	−10
方案5	东风	飓风(8m/s)	2018年3月	0	方案45	南风	飓风(8m/s)	2018年8月	0
方案6	东风	微风(2m/s)	2018年3月	10	方案46	南风	微风(2m/s)	2018年8月	10
方案7	东风	小风(3.5m/s)	2018年3月	20	方案47	南风	小风(3.5m/s)	2018年8月	20
方案8	东风	中风(5m/s)	2018年3月	20	方案48	南风	中风(5m/s)	2018年8月	20
方案9	东风	大风(6.5m/s)	2018年3月	30	方案49	南风	大风(6.5m/s)	2018年8月	60
方案10	东风	飓风(8m/s)	2018年3月	30	方案50	南风	飓风(8m/s)	2018年8月	60
方案11	北风	微风(2m/s)	2018年10月	−30	方案51	东南风	微风(2m/s)	2018年6月	−30
方案12	北风	小风(3.5m/s)	2018年10月	−20	方案52	东南风	小风(3.5m/s)	2018年6月	−20
方案13	北风	中风(5m/s)	2018年10月	−10	方案53	东南风	中风(5m/s)	2018年6月	−10
方案14	北风	大风(6.5m/s)	2018年10月	−10	方案54	东南风	大风(6.5m/s)	2018年6月	−10
方案15	北风	飓风(8m/s)	2018年10月	0	方案55	东南风	飓风(8m/s)	2018年6月	0
方案16	北风	微风(2m/s)	2018年10月	10	方案56	东南风	微风(2m/s)	2018年6月	10
方案17	北风	小风(3.5m/s)	2018年10月	20	方案57	东南风	小风(3.5m/s)	2018年6月	20
方案18	北风	中风(5m/s)	2018年10月	20	方案58	东南风	中风(5m/s)	2018年6月	20
方案19	北风	大风(6.5m/s)	2018年10月	35	方案59	东南风	大风(6.5m/s)	2018年6月	30
方案20	北风	飓风(8m/s)	2018年10月	35	方案60	东南风	飓风(8m/s)	2018年6月	30
方案21	东北风	微风(2m/s)	2018年11月	−30	方案61	西南风	微风(2m/s)	2018年9月	−30
方案22	东北风	小风(3.5m/s)	2018年11月	−20	方案62	西南风	小风(3.5m/s)	2018年9月	−20
方案23	东北风	中风(5m/s)	2018年11月	−10	方案63	西南风	中风(5m/s)	2018年9月	−10
方案24	东北风	大风(6.5m/s)	2018年11月	35	方案64	西南风	大风(6.5m/s)	2018年9月	−10
方案25	东北风	飓风(8m/s)	2018年11月	0	方案65	西南风	飓风(8m/s)	2018年9月	0
方案26	东北风	微风(2m/s)	2018年11月	10	方案66	西南风	微风(2m/s)	2018年9月	10
方案27	东北风	小风(3.5m/s)	2018年11月	20	方案67	西南风	小风(3.5m/s)	2018年9月	20
方案28	东北风	中风(5m/s)	2018年11月	20	方案68	西南风	中风(5m/s)	2018年9月	20
方案29	东北风	大风(6.5m/s)	2018年11月	30	方案69	西南风	大风(6.5m/s)	2018年9月	30
方案30	东北风	飓风(8m/s)	2018年11月	30	方案70	西南风	飓风(8m/s)	2018年9月	30
方案31	西北风	微风(2m/s)	2018年12月	−30	方案71	西风	微风(2m/s)	2018年2月	−30
方案32	西北风	小风(3.5m/s)	2018年12月	−20	方案72	西风	小风(3.5m/s)	2018年2月	−20
方案33	西北风	中风(5m/s)	2018年12月	−10	方案73	西风	中风(5m/s)	2018年2月	−10
方案34	西北风	大风(6.5m/s)	2018年12月	−10	方案74	西风	大风(6.5m/s)	2018年2月	−10
方案35	西北风	飓风(8m/s)	2018年12月	0	方案75	西风	飓风(8m/s)	2018年2月	0
方案36	西北风	微风(2m/s)	2018年12月	10	方案76	西风	微风(2m/s)	2018年2月	10
方案37	西北风	小风(3.5m/s)	2018年12月	20	方案77	西风	小风(3.5m/s)	2018年2月	20
方案38	西北风	中风(5m/s)	2018年12月	20	方案78	西风	中风(5m/s)	2018年2月	20
方案39	西北风	大风(6.5m/s)	2018年12月	30	方案79	西风	大风(6.5m/s)	2018年2月	30
方案40	西北风	飓风(8m/s)	2018年12月	30	方案80	西风	飓风(8m/s)	2018年2月	30

（2）湖流模拟结果

当风速为 2m/s 时，湖湾水源地流速为 $1×10^{-6}\sim 0.95$cm/s；当风速增大为 3.5m/s 时，水源地流速增大为 $6×10^{-6}\sim 3$cm/s；当风速增大为 5m/s 时，水源地流速变为 $1×10^{-5}\sim 5$cm/s；风速进一步增大为 6.5m/s 时，水源地流速范围为 $2×10^{-5}\sim 7$cm/s；当风速为 8m/s 时，水源地的流速范围为 $0.02\sim 9$cm/s。流速的极大值和极小值主要出现在水源地和大太湖交界处以及岸边带。部分方案水源地模拟流场见图5-4。

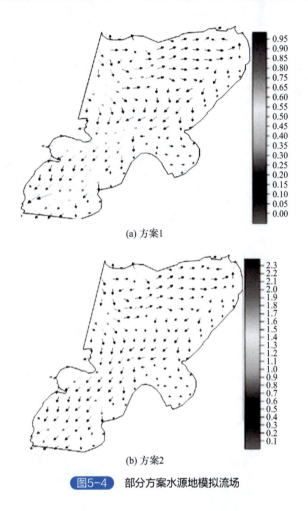

图5-4 部分方案水源地模拟流场

（3）波浪模拟结果

基于 SWAN 模型嵌套网格模拟了水源地不同风向、风速对水源地的波高、波周期和波长的影响，由于目前波浪模型未考虑河流边界和取水的影响，故波浪模型忽略入流河道流量和取水口取水。部分波浪模拟结果如图5-5所示。总体而言，当风速为 3.5m/s 时，水源地波高范围为 $0.01\sim 0.12$m，波周期为 $0.95\sim 1.4$s，波长为 $0.8\sim 2$m；当风速增大到 5m/s 时，水源地波高范围为 $0.02\sim 0.22$m，波周期为 $1.1\sim 1.8$s，波长为 $1\sim 2.8$m；当风速增大到 6.5m/s 时，波高范围为 $0.05\sim 0.35$m，波周期为 $1.1\sim 2.1$s，波长为 $1\sim 4.2$m；当风速进一步增大到 8m/s 时，波高范围为 $0.05\sim 0.45$m，波周期为 $1.1\sim 2.4$s，波长为 $1\sim 5.7$m。

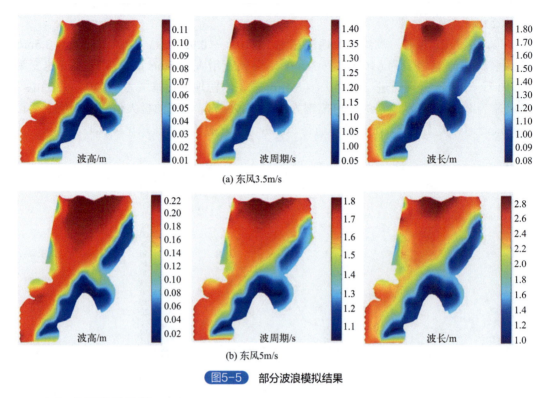

(a) 东风3.5m/s

(b) 东风5m/s

图5-5 部分波浪模拟结果

（4）水质模拟结果

湖湾水源地水质总体良好，但仍存在由风向或者倒灌等引起的内源污染风险。部分方案叶绿素a、NH_4^+-N、TN、TP结果如图5-6所示（叶绿素a单位为μg/L，NH_4^+-N、TN、TP单位为mg/L）。从计算可以看出，当风速＞5m/s时，由于波高较大，引起大量内源污染物释放。在湖流影响下，湖湾水源地水质会恶化。此时，胥江倒灌会进一步加剧这种情况。当风速达到8m/s时，部分情景下TN浓度可以达到4mg/L，TP浓度为0.35mg/L，NH_4^+-N浓度为0.4mg/L。如图5-6中的方案3～方案5。因此，消浪是提升湖湾水源地水质的有效手段之一。

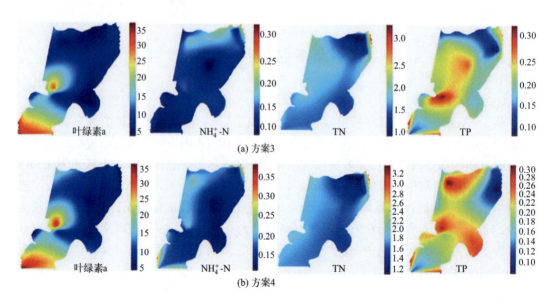

(a) 方案3

(b) 方案4

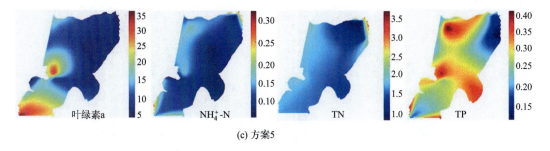

(c) 方案5

图5-6 湖湾水源地不同方案环境要素分布

5.2.4 水源地水动力优化方案和演算

（1）水动力优化方案目标

针对湖湾水源地水浅、浪大、底泥易悬浮，同时大太湖水流直接冲向水源地的问题，对湖湾水源地现状水流进行改造，削减湖湾水源地风浪强度，抑制湾内底泥再悬浮；提高湖湾水源地透明度，为水生植被修复创造良好的物理生境条件。

（2）方案设计

针对入湖河口、水源保护区和湖心重点区域风浪强度大，不利于水生植被生长与修复的问题，选择设计以下5种水源地围隔方案（表5-6），围隔布设位置见图5-7。

表5-6 方案设计概况

名称	方案概况	概化图
方案1	在水源地西偏南部设置围隔	图5-7（a）
方案2	在水源地西北部设置围隔	图5-7（b）
方案3	在水源地西南部设置围隔	图5-7（c）
方案4	在水源地北偏西设置围隔	图5-7（d）
方案5	在水源地西偏北设置围隔	图5-7（e）

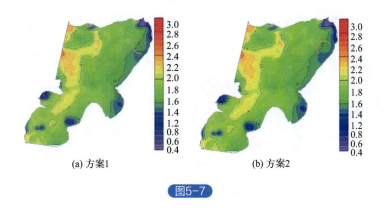

(a) 方案1　　　　　　　　　(b) 方案2

图5-7

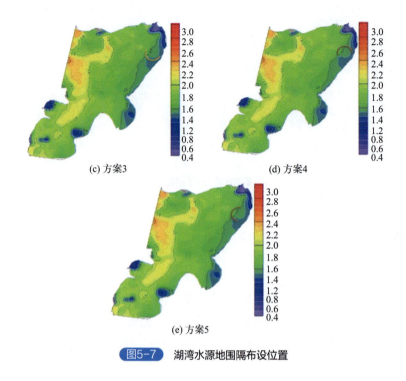

图5-7 湖湾水源地围隔布设位置

（3）方案消浪阻流效果分析

为评估围隔消浪阻流效果，基于湖湾水源地生态模型中的风浪和模块，开展东南风 5m/s 风场以及西北风 5m/s 风场作用下的风浪计算。两种风场下方案 1 的地形下波高、波周期和波长分布情况如图 5-8 所示。

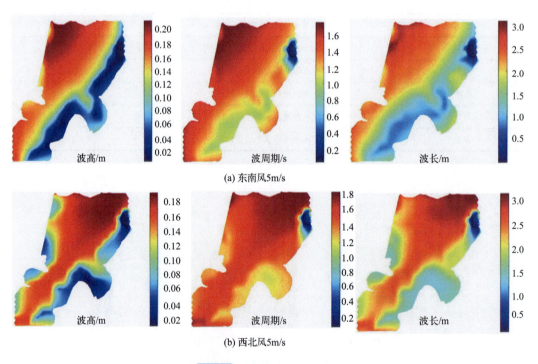

图5-8 不同方案波要素分布

可以看出，在设置围隔区后，由于减小了风的吹程，波浪在围隔区附近明显缩小，远离围隔区域，风的作用逐渐显现，消浪效果逐渐减弱。不同方案地形下5m/s风速时水源地的平均有效波高、波长的风浪削减程度见表5-7。

表5-7 不同方案地形下5m/s风速时水源的波高、波长的风浪削减程度

方案	东南风 5m/s 风速				西北风 5m/s 风速			
	波高		波长		波高		波长	
	平均有效波高/m	削减比例/%	平均有效波长/m	削减比例/%	平均有效波高/m	削减比例/%	平均有效波长/m	削减比例/%
方案1	0.061	43.0	0.56	75.9	0.076	53.4	0.62	77.5
方案2	0.073	31.8	0.62	73.3	0.072	55.8	0.59	78.6
方案3	0.058	45.8	0.53	77.1	0.081	50.3	0.68	75.4
方案4	0.076	28.9	0.64	72.5	0.089	45.4	0.75	72.8
方案5	0.063	41.1	0.63	72.9	0.073	55.2	0.60	78.2

从表5-7中可以看出，东南风平均有效波高削减比例为28.9%～45.8%，平均有效波长削减比例为72.5%～77.1%；西北风平均有效波高削减比例为45.4%～55.8%，平均有效波长削减比例为72.8%～78.6%。因此，东南风的削减比例均弱于西北风，这是因为水源地东南风本身吹程较短，强度较西北风为弱，围隔削减波长的比例强于波高。其中东南风情况下方案3的波高、波长削减比例最大，为最优方案，方案1次之，方案4最差；西北风情况下方案2的波高、波长削减比例最大，为最优方案，方案5次之，方案4为最差方案。

基于湖湾水源地水动力模型，分别在方案1～5条件下开展了东南风5m/s、西北风5m/s水动力模拟，发现：围隔在水源地外围产生了一定的阻流效应，改变了现状地形下水体在水源地周围的运移状态。由于围隔的阻流与导流作用，在水源地围隔周围产生小型环流态水体，围隔内水体流速基本为1～2cm/s，阻隔高污染水体直接冲向水源地，使入湖的高浑浊、高污染水体得到净化，降低了污染对水源地的影响。

根据相关研究，观测结果表明太湖底泥悬浮的临界风速在5～6.5m/s之间，一旦超过临界风速就会发生大量内源释放，因此在风速＞5m/s时应考虑设置围隔降低内源释放。

（4）方案挡藻效果分析

为评估围隔挡藻效果，基于湖湾水源地生态模型，开展东南风5m/s风场以及西北风5m/s风场作用下的风浪计算，不同方案地形下叶绿素a分布如图5-9和图5-10所示。由表5-8也可以看出，当风速为5m/s时，东南风作用下方案1叶绿素a的削减率为13.1%，方案2叶绿素a的削减率为10.3%，方案3叶绿素a的削减率为16.8%，方案4叶绿素a的削减率为8.4%，方案5叶绿素a的削减率为11.2%；西北风作用下方案1叶绿素a的削减率为13.8%，方案2叶绿素a的削减率为18.1%，方案3叶绿素a的削减率为9.4%，方案4叶绿素a的削减率为6.6%，方案5叶绿素a的削减率为17.4%。总之，通过设置围隔可以削减水源地内叶绿素a浓度，提高水源地水体质量。

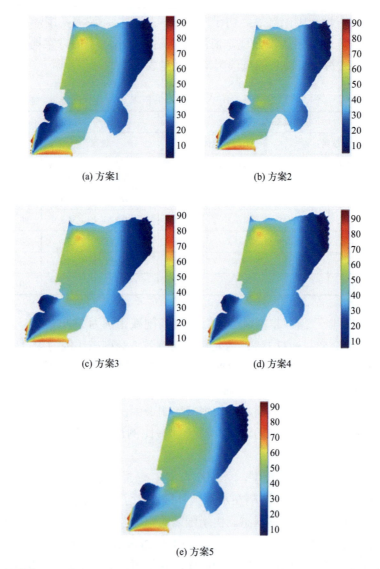

(a) 方案1　　(b) 方案2

(c) 方案3　　(d) 方案4

(e) 方案5

图5-9　不同围隔方案下东南风5m/s风场下的计算结果（叶绿素a单位：μg/L）

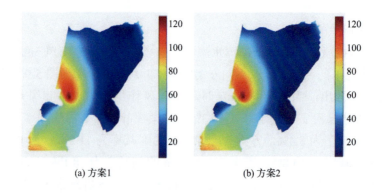

(a) 方案1　　(b) 方案2

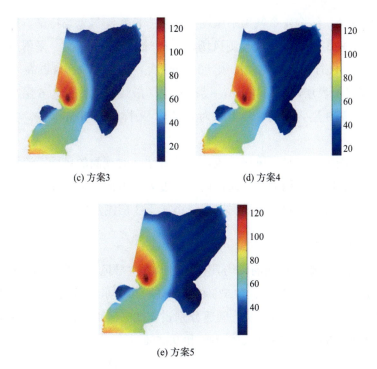

(c) 方案3　　　　(d) 方案4

(e) 方案5

图5-10　不同围隔方案下西北风5m/s风场下的计算结果（叶绿素a单位：μg/L）

表5-8　不同方案地形下东南风和西北风5m/s风速时水源地叶绿素a削减情况

方案	东南风5m/s风速		西北风5m/s风速	
	叶绿素a浓度/(μg/L)	削减比例/%	叶绿素a浓度/(μg/L)	削减比例/%
方案1	9.3	13.1	11.9	13.8
方案2	9.6	10.3	11.3	18.1
方案3	8.9	16.8	12.5	9.4
方案4	9.8	8.4	12.9	6.6
方案5	9.5	11.2	11.4	17.4

5.3　水源地流泥污染消除技术

针对浅水湖湾流向不固定，流泥迁移导致营养盐空间分布多变等问题，基于风浪扰动作用下流泥再悬浮与营养盐释放规律，设计建设锯齿形生态潜坝，实现水下地形重塑，最大限度地降低湖流流速和波浪强度，提高湖体透明度，为水生植物的生长营造良好生境。

5.3.1　水源地风场、流场特征

2019年7月14日至8月15日，在综合湖湾水源地形状、风场预估等的基础上布

设湖流观测点 6 个，结合 4 个气象站风场数据多方位观测气象场特征，以及夏季风与流场之间的关系。采用风速风向仪观测风场，采样频率为 5min/ 次。采用声学多普勒流速剖面仪（ADCP）进行三维流速的高频（30min/ 次）测定，除去仪器高（17cm）和盲区（30cm），从底层至表层，每层 40cm，设置 9 层（最终有效数据为 6 层，定义最下层为下层，下层向上第 3 层为中层，最上层为上层），采样频率 30min/ 次。实现气象场和流场定点、同步观测。

采用风玫瑰图统计和时序风场、流场统计方法。对观测的风场、流场数据进行分级分方向处理。根据时序的相关性，通过同步角度差和方向差分析 4 个气象站点风场之间的相关性；同时，分析不同湖流观测点上、中、下 3 层湖流的变化状态。

5.3.1.1 风场特征

由图 5-11 可知，观测期间的风场具有以南风为主导风向的夏季风特征，4 个气象站中偏南风分别占 72.9%、67.6%、77.5% 和 80.3%，其中东南风比率最大。在 S1 ~ S4 4 个风场观测点中，观测到 4m/s 以上风速分别占 43.2%、30.7%、47.1% 和 47.8%，而且偏南风比率分别为 89.4%、73.5%、81.0% 和 93.5%。

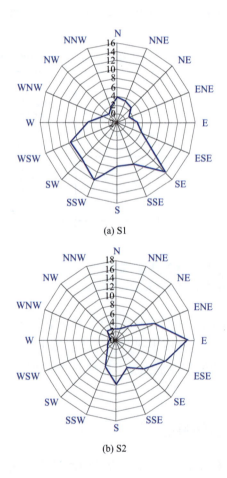

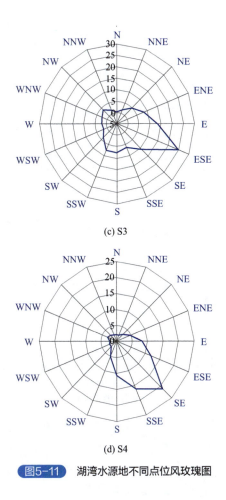

(c) S3

(d) S4

图5-11　湖湾水源地不同点位风玫瑰图

分析4个气象站的风场时序数据可知，观测期间湖湾水源地风场分布具有局部相对均匀性和全局不均匀性。在风向方面，S2～S4这3个站点之间，出现风速越小风场越不均匀的变化趋势。当风速超过4m/s时，3个观测点出现风向偏差＜22.5°的概率在75%左右，偏差＜45°的概率在90%左右，表明这3个观测点之间的风向具有一定程度的不均匀性；当风速小于4m/s时，不均匀性较为显著，3个观测点出现风向偏差＜22.5°的概率下降到65%左右，偏差小于45°的概率在85%左右，其中风速在2m/s以下的部分分别占40%和60%，表明风速对风场均匀性有一定的影响。另外，风向之间差别在67.5°内的时段，除风速小于2m/s的情况外，其他风速条件下比率均高于90%。S1观测点的风向与上述3个站点的风向之间出现较为明显的偏离（图5-12），存在20°左右的固定偏差，而且随着风速增加角度偏差变大，当地地形对这一现象有一定的影响。当风向差逐渐扩大时，S1与其他站点的差别比率逐渐缩小。以上规律表明，在风向方面不同点位风场之间具有一定的均匀性，在风速较小的情况下均匀性较差；在风速超过4m/s时，局部地形会对风场产生固定性的影响，如S1站点的风向偏离其他3个站点22.5°～45°。

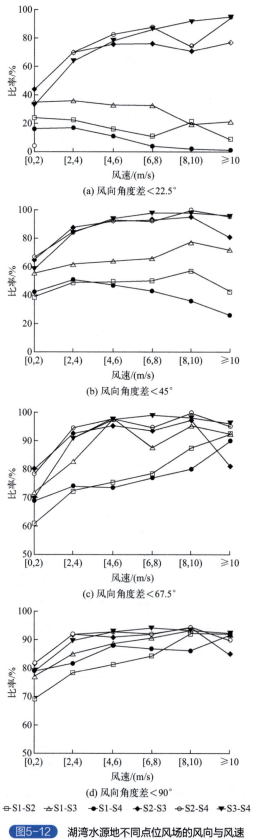

图5-12 湖湾水源地不同点位风场的风向与风速

5.3.1.2 流场特征

6 个观测点位流速小于 10cm/s 的整体比率在 90% 以上，上层流速大于 10cm/s 的比率较高（5% 以上）。各个点位及其对应的不同水层流速的分布不尽相同：

① H1 流速大于 10cm/s 的比率相对较大，而且上层比率最大；

② H2 上、中、下层流速分布比较均匀；

③ H3 和 H4 上层流速大于 10cm/s 的比率较大，上层与中、下层有较大分异；

④ H5 的 3 层水流速度比率差异较大，上层流速大于 10cm/s 的比率高于中层，中层高于下层，同时大于 10cm/s 流速的比率均较大；

⑤ H6 出现下层流速大于 10cm/s 的比率大于上、中层的情况，但比率均比较小，最大比率不到 3%。

在流向方面，各站点可分为有稳定主导流向（H1、H4）和主导流向不明显（H2、H3、H5、H6）2 种类型（图 5-13）。有稳定主导流向的站点中，H1 主导东向流（SE、ESE、E、ENE、NE），上、中、下层东向流比率分别为 58.8%、57.4%、56.0%，上、中、下层主导流向相对一致；H4 主导北向流（NW、NNW、N、NNE、NE），上、中、下层北向流比率分别为 54.0%、62.5%、59.7%，上层北偏东，中、下层北偏西。主导流向不明显的站点中，H2 上、下层主流向不一致，上层主导西北向（NW、WNW，22.4%）和东向（E、ENE、ESE，25.2%），下层主导西北向（WNW、NW、NNW，28.1%）和西南向（SW、SSW，23.3%）；H3 上层以东南向（SSE、SE、ESE，30.2%）为主，中、下层以西北向为主（NNW、NW、W、WNW，中层 35.5%，下层 42.4%），上层与中、下层湖流差异比较明显；H5 上层以东北向（NNE、NE、ENE，27.5%）和西南向（SW、WSW，18.2%）为主，下层以东南向（E、ESE，16.8%）和北向（N、NNE、NNW，24.9%）为主，中层作为过渡层，以西向（SW、W、WSW，24.3%）和北向（N、NNE，22.4%）为主；H6 上层流场较弱，流向不稳，中、下层流场发育，流速超过上层湖流，流向以西北向（中层 50.5%，下层 50.0%）为主。

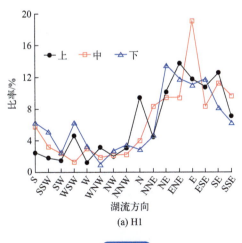

(a) H1

图5-13

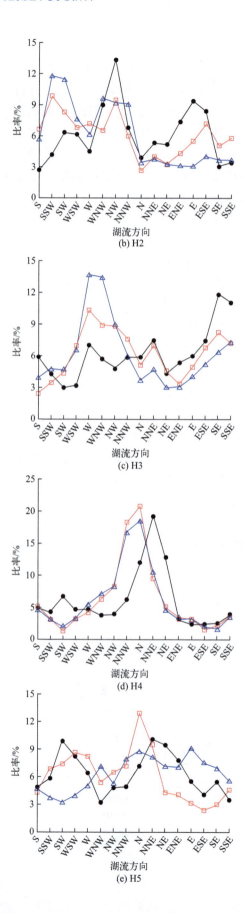

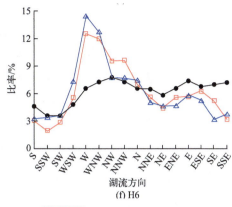

湖流方向
(f) H6

图5-13 观测期间典型时段风场

5.3.1.3 风场与流场之间的关系

(1) 特征风场选取与分析

根据风速和风向的特征，分别选取2019年7月20~22日、8月1~3日、8月7~9日连续相对稳定风场，作为低风速、中风速和高风速的代表性风场，用于研究不同风速的稳定风场下，风场与湖流之间的作用关系。图5-14给出了3个典型时段中4个气象站点的风速、风向状况。7月20~22日期间，4个气象站点的平均风速、最大风速分别为2.3m/s、5.8m/s，平均风向为东南风；8月1~3日期间，4个气象站点的平均风速、最大风速分别为3.8m/s、7.7m/s，平均风向为南风；8月7~9日期间，4个气象站点的平均风速、最大风速分别为6.7m/s、12.0m/s，平均风向为东风（表5-9）。

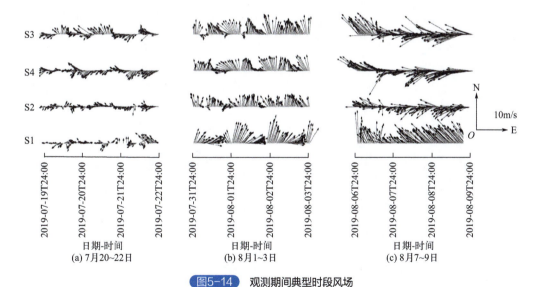

图5-14 观测期间典型时段风场

表5-9 特征时段的风场参数

时段	平均风速/(m/s)	最大风速/(m/s)	平均风向
7月20~22日	2.3	5.8	ES
8月1~3日	3.8	7.7	S
8月7~9日	6.7	12.0	E

（2）特征风场下湖流特征

考虑到风场直接作用在水体表面时对上层水流影响较大，选取 3 个特征风场背景下的上层流速，分析风场对湖流的作用。由图 5-15 可知，各站点上层流速比率过程线随着风速增加，比率峰值逐渐偏向大流速段。例如 H2，低风速阶段，湖流流速比率随着流速增加而逐渐减小，比率峰值出现在 0～2cm/s 流速段；中风速阶段，湖流流速比率随着流速增加先增大后逐渐减小，其比率峰值出现在 2～4cm/s 流速段；在高风速阶段，湖流流速比率随流速增加先增大后减小，比率峰值出现在 6～8cm/s 流速段。这表明上

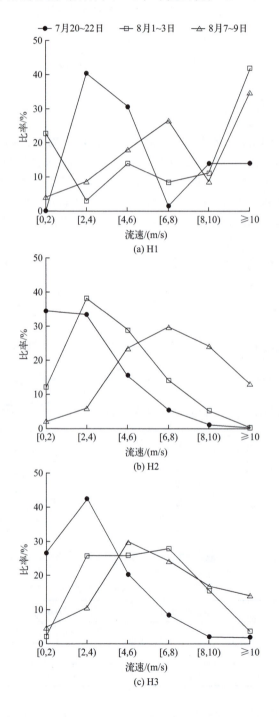

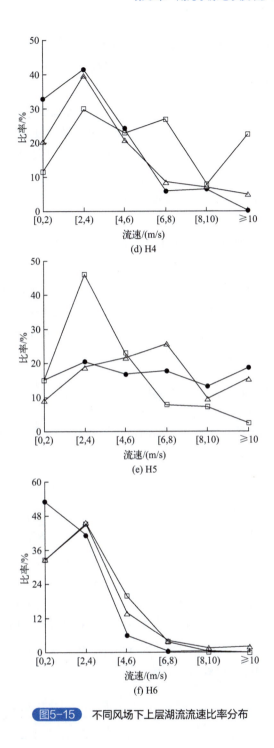

图5-15 不同风场下上层湖流流速比率分布

层流速随着风速的增加,高流速的湖流比率增大,即风速的加大直接导致上层流速增加。

综合各个站点不同风场下的湖流状况,可以看出湖流的分布与风场的变化有关。风速较大的情况下,西部湖区形成较为稳定的逆时针环流;风速较小的情况下,西部环流不明显,多出现上下分层的湖流,在站点 H2、H3 和 H5 表现明显。

观测数据反映了湖湾水源地的实际流场分布状态。多数时间，水源地风场风力较小且不稳定，无法形成稳定环流，这在一定程度上增加了湖泊内部流场的复杂性，为确定各个湖区湖流运动状态增加了难度。

从另一个角度看，在低风速条件下，虽然无法形成稳定环流，但在某些区域上层流相对稳定，在时段平均风速低于 2.0m/s 的小风情况下蓝藻更容易在水体表面积聚，上层湖流的流动状态对蓝藻堆积区的预测有重要作用。在时段平均风速为中高风速条件下，蓝藻在表层的积聚效应不明显，并随稳定湖流迁移，使蓝藻进行重新分布。因而，风场在弱风与强风之间转变的阶段是蓝藻重新分布的关键时期，后期的风速、风向对蓝藻堆积区域的形成有关键性的作用。

总体而言，湖湾水源地风场的分布具有不均匀性，表现在风向偏差和风速偏差上，这种不均匀性随着风速变小而更加显著；流场方面，水源地在多数时间流速 < 10cm/s（比率 > 90%）；流场在不同风场下变化较大，风生流特征显著；在风速的不同阶段，湖流流速以及湖流分布均差别较大；在低风速（时段平均风速 < 3.8m/s）情况下，上、下层湖流流速、流向分异显著，在高风速（时段平均风速 > 6.7m/s）情况下，西部湖区发展为逆时针环流，流向分异较小。

5.3.2 水源地底泥空间分布与污染特征

2018 年 6 月，借助全球定位系统在湖湾水源地布设 60 个采样点，采集表层沉积物样品，分析底泥空间分布，对表层沉积物营养盐的空间分布、污染评价及来源等进行解析。

5.3.2.1 底泥空间分布

底泥理化性质对水质及水生植被具有重要影响，弄清底泥空间分布及其污染特征，是进行湖泊污染流泥削减和生态修复的前提之一。湖湾水源地底泥空间分布调查结果显示，底泥厚度变化范围为 0～140mm，不同厚度泥层总面积达到 173.06km²，其中 10～20cm 底泥空间分布面积最大，达到 62.93km²，占底泥总面积的 36.4%，而且 0～40cm 泥层分布面积占总分布面积的 76.2%，尽管部分湖区底泥厚度超过了 140cm，但分布面积仅为 0.11km²；底泥总贮存量为 5070.35×10⁴m³，其中 0～40cm 底泥贮存量为 2394.35×10⁴m³，占总量的 47.2%（表 5-10）；流泥厚度空间分布不均，东西山水道以及水源地附近深，其他区域较浅（图 5-16）。

表5-10　水源地不同厚度的底泥面积分布以及底泥储存量

泥深/cm	平均泥深/m	面积/km²	底泥贮存量/10⁴m³
0～10	0.05	22.53	112.65
10～20	0.15	62.93	943.95
20～30	0.25	28.45	711.25
30～40	0.35	17.90	626.50
40～50	0.45	10.57	475.65
50～60	0.55	11.74	645.70

续表

泥深/cm	平均泥深/m	面积/km²	底泥贮存量/10⁴m³
60~70	0.65	7.61	494.65
70~80	0.75	3.62	271.50
80~90	0.85	2.08	176.80
90~100	0.95	1.78	169.10
100~110	1.05	1.71	179.55
110~120	1.15	0.98	112.70
120~130	1.25	0.68	85.00
130~140	1.35	0.37	49.95
>140	1.40	0.11	15.40
面积合计/km²			173.06
底泥总储存量/10⁴m³			5070.35

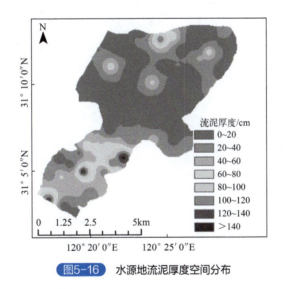

图5-16 水源地流泥厚度空间分布

5.3.2.2 表层沉积物营养盐空间分布

湖湾水源地表层沉积物营养盐含量空间差异大，如图5-17所示。其中，TN含量变幅为262.2～2979.6mg/kg，平均值为1027.5mg/kg，变异系数为50.1%，东北部湖区表层沉积物中TN含量较高；TP含量变幅为41.2～728.7mg/kg，平均值为423.2mg/kg，变异系数为29.6%，东北部、中部和西南部沿岸湖区表层沉积物中TP含量较高；有效氮（AN）含量变幅为8.6～150.0mg/kg，平均值为46.4mg/kg，变异系数为54.3%，东北部湖区以及东部湖湾区表层沉积物中AN含量较高，这与TN的空间分布特征较一致；有效磷（AP）含量变幅为4.4～36.4mg/kg，平均值为15.3mg/kg，变异系数为39.7%，与TP空间分布趋势基本一致，即北部和中部湖区含量较高。湖湾水源地表层沉积物不同形态氮或磷的空间分布大致相似，但在局部也有不同，这可能与湖区氧化还原条件、微生物种类和数量存在差异有关。

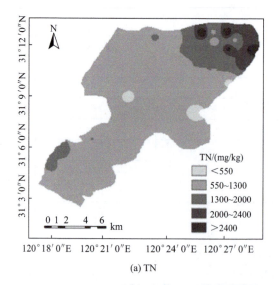

(a) TN

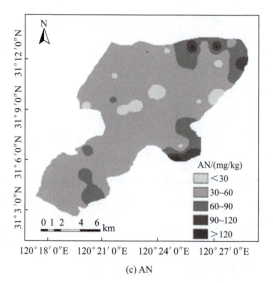

(b) TP

(c) AN

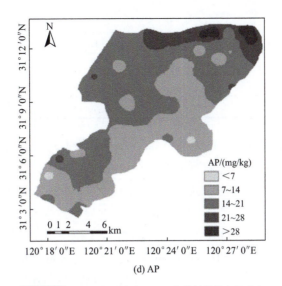
(d) AP

图5-17 湖湾水源地表层沉积物营养盐的空间分布

水生植物生物量及其空间分布是影响沉积物营养盐含量动态变化的重要因素。通常，水生植物生物量对沉积物中氮含量影响较大，二者具有较好的正相关关系，但对沉积物中总磷含量影响不明显。湖湾水源地东北部湖区水生植物生长繁茂、密度较高、生物量较大，沉积物中 TN 含量也较高，然而 TP 含量变化不明显。因此，东北部湖区表层沉积物中 TN 含量与该区域水生植被密切相关。水生动植物死亡凋落、腐烂分解后的营养物质经过长时间的沉降积累进入湖泊沉积物中，加之沉水植物根系拦截、固定作用，导致水源地表层沉积物中 TN 含量升高。

与国内其他湖泊（水库）相比（表 5-11），湖湾水源地表层沉积物中 TN 平均含量高于太湖和洪泽湖，低于巢湖、鄱阳湖、长寿湖、天目湖、洞庭湖、滆湖、阳澄湖和丹江口水库；TP 平均含量较低，低于鄱阳湖、太湖、巢湖、洪泽湖、长寿湖、滆湖和丹江口水库，但其含量高于天目湖、阳澄湖和洞庭湖。可见，湖湾水源地表层沉积物中 TN 含量仍相对较高，特别是东北部湖区，由于该湖湾水源地是苏州市重要的水源地，对水环境安全，尤其是取水口水质有更高要求，因此，水源地沉积物中 TN 内源污染负荷应加强管控。

表5-11 不同湖库表层沉积物营养盐含量对比

湖泊/水库	OM(有机质)/(mg/kg)	TN/(mg/kg)	TP/(mg/kg)
鄱阳湖	15900	1340	460
太湖	12800	860	560
巢湖	—	2751	1138
洪泽湖	13600	1020	580
滆湖	—	2208	709
长寿湖	28000	2256	622
天目湖	—	2598	323

续表

湖泊/水库	OM(有机质)/(mg/kg)	TN/(mg/kg)	TP/(mg/kg)
阳澄湖	—	3433	379
丹江口水库	25850	1340	570
洞庭湖	20600	1340	294

通常,环境介质中的有机质(OM)来自生活和农业污水、水生植物以及陆源植物碎屑,是反映沉积物有机营养程度的重要指标。OM可吸附、络合重金属和持久性有机污染物,使这些污染物的活性、生态风险增加。水源地表层沉积物中OM含量变幅为3727.9~50145.1mg/kg,均值为17096.6mg/kg,变异系数为51.7%。在空间分布上,水源地中部湖区表层沉积物中OM含量低,东北部、西南部湖区则较高(图5-18)。由于东北部湖区水生植被密布、生物量大,阻碍水体流动,降低沉积物中营养盐与上覆水体的交换量,有利于水生植被残体腐烂堆积,表层沉积物中OM含量增加;西南部湖区受到西山岛城镇居民生活污水排放、农业面源污染以及土地利用类型单一的影响,导致该湖区表层沉积物中OM含量也较高。与国内其他湖库相比(表5-11),湖湾水源地表层沉积物中OM平均含量高于鄱阳湖、太湖、洪泽湖,低于长寿湖、洞庭湖和丹江口水库,可见,湖湾水源地表层沉积物中OM含量相对较高,特别是东北部和西南部湖区,可能会对该湖区水质和水生态安全产生较大的影响。

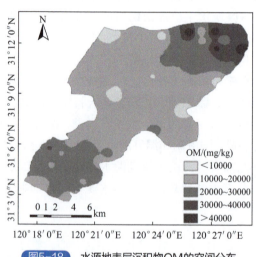

图5-18 水源地表层沉积物OM的空间分布

5.3.2.3 表层沉积物营养盐污染评价

(1)综合污染指数评价

湖湾水源地表层沉积物中TN单项评价指数(S_{TN})平均值为1.75,整体处于中度污染状态;TP单项评价指数(S_{TP})平均值为0.91,整体处于轻度污染状态;综合污染指数(FF)平均值为1.57,整体处于中度污染状态。TN在绝大多数(90%)样点均处于污染状态，其中轻度、中度和重度污染采样点分别占 35%、33.3% 和 21.7%；TP 处于轻度、中度和重度污染状态的采样点分别占 51.7%、36.7% 和 3.3%。湖湾水源地的表层沉积物营养盐综合污染程度处于轻度、中度和重度污染状态的采样点分别占 45%、25% 和 16.7%，表明水源地表层沉积物中营养盐的内源负荷不容忽视。

TN 中度、重度污染的湖区主要位于东北部和西南部，其他湖区多为轻度污染状态，这与综合污染评价指数结果较一致，可见，TN 是湖湾水源地表层沉积物中的主要污染物；TP 污染区域在空间分布上较为均一，北部湖区部分属于中度污染，其他湖区处于轻度污染状态（图 5-19）。东北部湖区 TN 污染较重是由于该区域水生植被分布集中，水生生物量大，生物残骸、排泄物及凋落物在重力作用下沉积，同时沉水植被根系对其进行拦截固定，因此极大地增加了该区域的 TN 含量；西南部湖区 TN 污染较重则可能与岛屿 A 村镇居民的生活污水直接排入湖区以及农业面源污染物随降雨径流入湖有关。

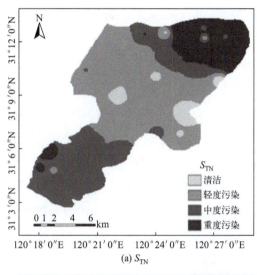

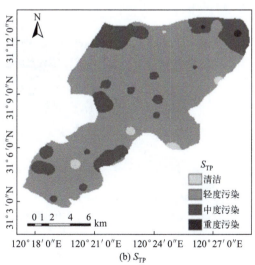

图 5-19

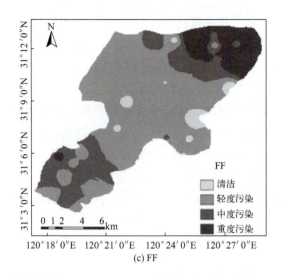

图5-19 湖湾水源地表层沉积物营养盐综合污染指数

(2) 有机指数及有机氮评价

湖湾水源地表层沉积物的有机指数变化范围为 0.005～0.823，平均值为 0.156，整体处于较清洁状态；有机氮变化范围为 0.025%～0.283%，平均值为 0.112%，整体也处于较清洁状态。在所有采样点中，6.7% 的样点处于有机污染状态，清洁的占 13.3%，较清洁的占 68.3%，尚清洁的占 11.7%；20% 的样点处于有机氮污染状态，处于清洁状态的占 23.3%，较清洁的占 10%，尚清洁的占 66.7%。这表明湖湾水源地表层沉积物有机污染状态整体较轻，但湖区内仍有部分区域污染较严重。由图 5-20 可知，有机氮和有机指数在空间分布上具有较好的一致性，均呈现出东北部湖区的污染高于其他湖区的特点，即东北部湖区处于污染状态，而其余湖区则处于无污染或轻度污染状态。东北部湖区沉

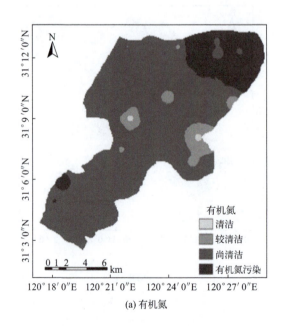

(a) 有机氮

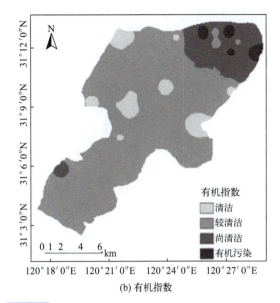

(b) 有机指数

图5-20 湖湾水源地表层沉积物有机指数及有机氮的含量

水植被生长茂盛，水生生物量大，该湖区有机质污染和有机氮污染严重与生物沉积密切相关。

5.3.2.4 表层沉积物中营养盐来源解析

（1）沉积物 C/N 值与 C/P 值特征分析

从生物沉积角度来看，沉积物中 C/N 值可反映有机质来源差别，有纤维束植物碎屑 C/N 值 > 20，无纤维束植物 C/N 值 =4～12，浮游动物 C/N 值 < 7，浮游植物 C/N 值 =6～14，藻类 C/N 值 =4～10。一般认为沉积物 C/N 值 > 10 时有机质以陆源为主，C/N 值 < 10 时以内源为主，C/N 值 ≈ 10 时内、外源有机质基本达到平衡状态。水源地表层沉积物 C/N 值分布范围为 4.8～18.0（图 5-21），均值为 9.96，近半数（48.3%）采样点的 C/N 值 > 10，表明水源地沉积物内、外源的有机质基本达到平衡状态。同时，绝大多数（98.3%）采样点的 C/N 值均处于 4～12，表明湖湾水源地表层沉积物有机质主要来自无纤维束植物和浮游植物。西南部和东部湖区表层沉积物中 C/N 值较高，表明该区域受外源输入影响较大，即岛屿 A 的生活污水等陆源 OM 进入水体后无法迅速彻底分解，而是沉积下来，是造成 C/N 值较高的重要因素。

C/P 值可反映沉积物中有机碳、磷化合物的分解速率以及磷形态。湖湾水源地表层沉积物中 C/P 值分布范围为 5.4～205.8（图 5-21），平均值为 26.5。湖湾水源地东北部、西南部以及东部湖区表层沉积物中 C/P 值较大。岛屿 A 的生活污水、农业废水排放等导致有机质在沉积物表层积累，形成表层富集现象，导致西南部湖区 C/P 值增大；东北部湖区水生生物凋亡后，生物中磷快速分解释放，尤其是 Fe/Al-P 和 OP，而有机质的分解则较慢，使得沉积物中有机质相对累积，因此该湖区表层沉积物中 C/P 值也较高。

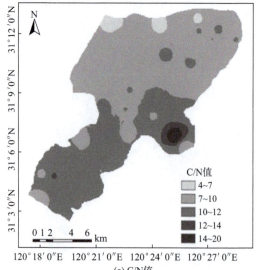

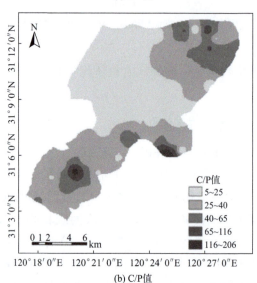

图5-21　湖湾水源地表层沉积物C/N值及C/P值的空间分布

（2）沉积物营养盐相关性分析

由 Pearson 相关系数矩阵（表 5-12）可知，湖湾水源地表层沉积物中 OM、TN 和 AN 之间存在较高程度的相关性，表明 OM、TN 和 AN 具有相似的污染来源；而 TP 与 TN、OM 之间的相关性弱，表明 TP 与 TN、OM 不具有同源性。结合磷空间分布特征以及太湖 TP 平均含量，通过比较发现，太湖 TP 平均含量高于湖湾水源地湖区，而且湖湾水源地湖区作为太湖的出水湖区，水流携带高含量 TP 的碎屑由太湖大桥断面进入湖湾水源地区域，水流流速变缓，携带的高 TP 含量的碎屑逐渐在表层沉积物中累积，因此临界太湖大桥区域沉积物中磷含量相对较高，完全不同于氮在湖湾水源地绝大部分区域表层沉积物中较为均匀分布的特征，这表明太湖的污染物输移对氮、磷空间分布影响程度存在明显的差异，尽管在局部湖区，尤其是东北、西南湖区氮、磷含量均较高。

湖湾水源地表层沉积物中的有机质和 TN，则主要由于东北部湖区水生植被生长茂盛，水生生物的残骸、凋落物等腐烂分解后使表层沉积物中的 OM 和 TN 含量增加，即与水生植被空间分布以及水生生物量密切相关。

表5-12　湖湾水源地表层沉积物中有机质与营养盐的Pearson相关系数

项目	OM	TN	TP	AN	AP
OM	1	0.956**	0.154	0.504**	0.259*
TN		1	0.201	0.522**	0.417**
TP			1	−0.070	0.376**
AN				1	0.158
AP					1

注：*为相关系数在0.05水平上显著；**为相关系数在0.01水平上显著。

综上，可以看出，湖湾水源地东北部湖区以及西南部湖区是 TN、有机质污染较严重的区域，而污染产生的原因各异。因此，需要采取不同污染治理措施减轻 TN 和有机质污染。就东北部湖区而言，该区域邻近水源取水口，取水产生的定向湖流可能会导致底泥再悬浮以及污染物进入上覆水。因此，该湖区表层沉积物中有机质污染仍需加强管控。同时也应该加强该湖区水生植被结构优化调控，根据水生植物的生长规律，定期对生长茂盛的水生植物进行收割，消除由水生植物死亡、凋落以及腐烂分解造成的二次污染，从而降低该区域表层沉积物中的总氮和有机质污染。

5.3.3　风浪扰动作用下沉积物再悬浮与营养盐释放特征

湖湾浅水型湖泊底泥易受水动力作用影响，导致沉积物再悬浮。沉积物再悬浮不仅影响水体的物理性质，还影响内源营养盐向水体中迁移、释放。营养盐不仅会持续损害湖泊水生态系统的健康，而且已经严重威胁到湖体功能的正常发挥。波浪作用引起的对水体中营养盐的水平和垂直输送会造成整个湖体中不同地区的水质差异，所以研究风浪扰动下沉积物再悬浮与营养盐释放特征至关重要。在湖湾水源地设置了 2 个代表性采样点，其中 1# 采样点（31°11′29.447″N，120°27′17.23″E）位于水生植被区，2# 采样点（31°8′29.12″N，120°23′39.09″E）位于无植被区。采用 Y 形悬浮装置开展底泥悬浮试验，该装置由 Y 形聚乙烯管、侧位搅拌电机、上部扰动电机和调频电机等主件组成，调节该装置下部和上部调频电机频率（0～60Hz）来控制下部搅拌旋桨和上部螺纹旋杆的转速。上部电机和下部电机的启动频率分别为 0 和 3.5Hz。下部旋桨通过推动水流增加沉积物再悬浮量；上部螺纹旋杆则通过旋转运动，增加悬浮颗粒物自由程，减小与管壁的碰撞概率，并推动水流产生垂向运动，使悬浮起来的沉积物在水柱中纵向交换，以实现所需的悬浮物垂向分布。

5.3.3.1　再悬浮与沉降过程中浊度变化

随着扰动频率增加，浊度呈现一定程度的上升，这可能是由于 2 个采样点底泥表层样的粒径组成大部分在 2～50μm 范围内，均属于粉砂级别，但是 1# 采样点底泥的平均粒径和中值粒径都小于 2# 采样点（表 5-13）。1# 采样点大风条件下，电机扰动频率调节为 3.27Hz，对应风速为 10.61m/s；小风条件下，电机扰动频率调节为 1.3Hz，对应风速为 1.56m/s。2# 采样点大风条件下，电机扰动频率调节为 2.99Hz，对应风速为 11.23m/s；中风条件下，电机扰动频率调节为 2.42Hz，对应风速为 6.09m/s。分别持续扰动 3h，沉降时间为 9h，采样时间点分别为 0、0.5h、1h、1.5h、2h、2.5h、3h、4h、6h、8h、10h、12h。

2 个采样点的底泥在扰动过程中，在大风和小风（或中风）条件下，上覆水体浊度均随着扰动历时的增加而增加；在沉降过程中，大风和小风（或中风）条件下，浊度均随着沉降时间的增加而呈现递减趋势，浊度的最终值接近于初始浊度值。说明扰动过程可以显著增加上覆水体的浊度，而且大风条件下能引起较大的浊度增量。当风停时，浊度在前 1h 内下降最快，在 7h 之内可以恢复到初始水平。

表 5-13 两个采样点底泥粒径组成

采样点	粒径组成 /%			粒径统计参数 /mm		
	黏粒(<2μm)	粉粒(2~50μm)	砂粒(50~1000μm)	平均值	中值	最大值
1#	11.1	84	4.9	0.020	0.012	0.033
2#	7.4	85.2	7.4	0.024	0.013	0.033

5.3.3.2 风浪作用下营养盐释放特征

水沉积物界面的营养盐交换是沉积物影响上覆水体的重要过程，研究水沉积物界面营养盐的释放通量及其影响因素，有助于认识湖泊水源地内源释放过程及相应的生态效应。周期性的剧烈风浪扰动，会将底泥间隙水中大量的活性营养盐释放到水体中，这可能也是太湖磷释放的主要模式。

（1）1# 采样点底泥营养盐变化特征

① 对于 1# 采样点，在不同的扰动过程中，经过小风的沉降过程后，NH_4^+-N 浓度基本恢复到初始值水平。从图 5-22 中可以看出，NH_4^+-N 浓度随着时间的增加而增大。相

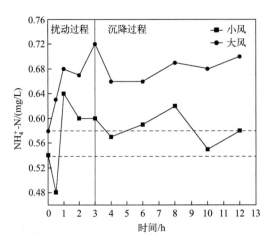

图 5-22 1# 采样点 NH_4^+-N 浓度随时间的变化

对于小风，大风更能引起较大的浓度增量，但是增量并不大，小于 0.2mg/L。在沉降过程中，NH_4^+-N 浓度并不是稳定降低的，尤其在经过大风的作用后，NH_4^+-N 浓度一直处在较高的水平，并没有沉降到初始水平。因此，大风浪作用会增大上覆水体中的 NH_4^+-N 浓度。

② 对于 1# 采样点，在扰动过程中，随风速持续时间的延长，TN 浓度增加。小风扰动过程中，TN 浓度的最大增量出现在 1h 时，为 1.68mg/L，为初始值的 80%，在 10h 时 TN 浓度出现升高；大风扰动过程中，TN 浓度的最大增量出现在 2h 时，为 2.11mg/L，为初始值的 91%（图 5-23）。由此可见，相对于小风，大风能导致更大的 TN 浓度增量。

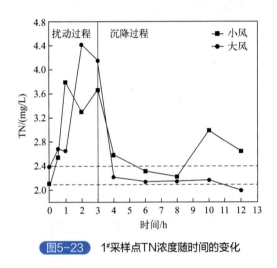

图5-23　1#采样点TN浓度随时间的变化

③ 对于 1# 采样点，在小风扰动过程中，TP 浓度并没有增加，反而在持续 2h 的小风作用下出现明显的低值。这可能是由于有机玻璃壁对可溶性磷的吸附效果显著，而可溶性磷在 TP 中占的比重又比较大，出现 TP 降低的现象。在大风过程中，当沉积物大量悬浮，TP 释放作用大于吸附作用时，表现出 TP 浓度随持续风速历时的延长而增大的趋势。TP 最大浓度增量出现在 2h 时，为 0.079mg/L，为初始值的 76%，如图 5-24 所示。

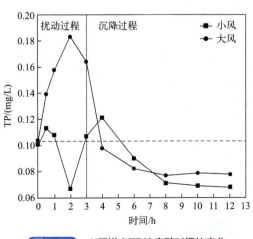

图5-24　1#采样点TP浓度随时间的变化

在 9h 的沉降过程后，上覆水中 TP 浓度显著低于初始值，其原因是水体中的悬浮物和胶体对 TP 的吸附性较强，经历过一次风浪过程后，只要沉降时间足够长就会降低水体中的 TP 浓度。无论是小风还是大风的条件下，经历 5h 的沉降过程后，上覆水中 TP 浓度基本达到平衡状态。

④ 对于 1# 采样点，在扰动过程中，相对于大风，小风能引起较大的高锰酸盐指数增量。在小风过程中，高锰酸盐指数最大增量出现在 1h 时，为 22.22mg/L，是初始值的 4.85 倍。在大风过程中，高锰酸盐指数最大增量出现在 3h 时，为 1.61mg/L，相对于初始值增加了 34.5%。在沉降过程前 1h 内，高锰酸盐指数的沉降量最大，经历 9h 的沉降后，水体中高锰酸盐指数接近初始值水平，结果如图 5-25 所示。

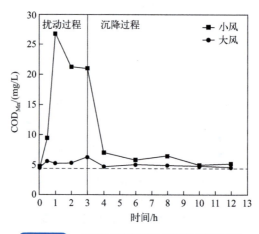

图5-25　1#采样点高锰酸盐指数随时间的变化

（2）2# 采样点底泥营养盐变化特征

① 对于 2# 采样点，如图 5-26 所示，在不同扰动过程中，随着时间的增加，NH_4^+-N 浓度也在增加。相对于中风，大风能引起更大的浓度增量。在沉降过程中，NH_4^+-N 浓度并不是稳定降低的，而是经过大风和中风的作用后 NH_4^+-N 浓度一直处在较高的水平，

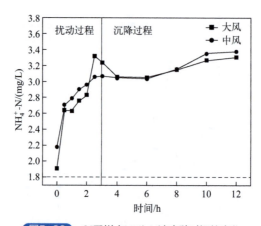

图5-26　2#采样点NH_4^+-N浓度随时间的变化

并没有恢复到初始水平，这与 1# 采样点相似。同样，也可以看出，大风浪作用会增加上覆水体中 NH_4^+-N 的浓度。

② 对于 2# 采样点，在扰动过程中，随风速持续时间的延长，TN 浓度逐渐增大。相对于中风，大风能引起较大的 TN 浓度增量。当风停时，在最初的 1h 内 TN 浓度下降最快，之后趋于稳定，但是始终高于初始值，如图 5-27 所示。与 1# 采样点相同，大风浪作用会增加上覆水体中 TN 浓度。

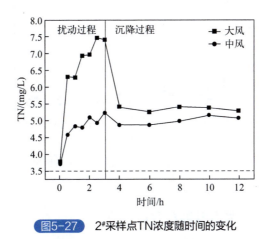

图5-27　2#采样点TN浓度随时间的变化

③ 对于 2# 采样点，在中风的扰动过程中，TP 浓度并没有增加，反而在持续一段时间的风速作用下，出现明显的低值，这可能是由于有机玻璃壁对可溶性磷的吸附效果显著，而可溶性磷在 TP 中占的比重又比较大，因此出现了 TP 降低的现象。但是在大风过程中，当沉积物大量悬浮，TP 的释放作用大于吸附作用时，表现出 TP 浓度随持续风速历时延长而增大，如图 5-28 所示。TP 最大浓度增量出现在 2h 时。

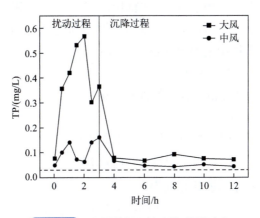

图5-28　2#采样点TP浓度随时间的变化

④ 对于 2# 采样点，在扰动过程中，相对于中风，大风更能引起较大的 COD_{Mn} 增量。在大风过程中，COD_{Mn} 最大增量出现在 1.5h 时，为 16.8mg/L，相对于初始值增加了

3.2 倍。在沉降过程的 1h 内，COD_{Mn} 的沉降量是最大的，也是最明显的，经历 9h 的沉降过程（无水动力扰动）后，水体中 COD_{Mn} 的浓度最终接近初始值水平，具体如图 5-29 所示。

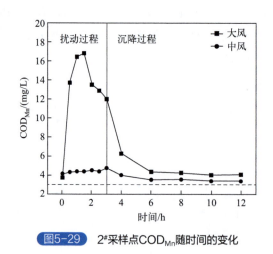

图5-29　2#采样点COD_{Mn}随时间的变化

5.3.3.3　不同风浪作用下营养盐释放通量

在水土界面，底泥在释放和吸附过程中分别扮演着源和汇的角色，水体中物质浓度的变化具有相似的规律。营养盐的再悬浮通量的计算方法可借用营养物释放速度的计算方法，公式为：

$$r = \left[V(C_n - C_0) + \sum_{j=1}^{n} V_{j-1}(C_{j-1} - C_a) \right] / (At) \tag{5-1}$$

式中　r——释放速度，等同于再悬浮通量 D，$mg/(m^2 \cdot d)$；

　　　V——柱（即实验中的有机玻璃圆筒）中上覆水体积，L；

C_n、C_0、C_{j-1}——第 n 次、初始和第 $j-1$ 次取样时某物质含量，mg/L；

　　　C_a——添加水样中的物质含量，mg/L；

　　　V_{j-1}——第 $j-1$ 次取样体积，L；

　　　A——柱样中水-沉积物接触面积，m^2；

　　　t——释放时间，d。

计算悬浮物的再悬浮通量时，该计算式可简化为：

$$D = V(C_n - C_0)/(At) \tag{5-2}$$

由于 $V=Ah$，故再悬浮通量计算式为：

$$D = h(C_n - C_0)/t \tag{5-3}$$

式中　D——再悬浮通量，$g/(m^2 \cdot d)$；

　　　h——水深，m；

　　　t——释放时间，d。

对于地表水，根据经验，浊度与悬浮物通量存在着定量的关系，一般认为1NTU=0.13mg/L，因此水中悬浮物的通量可以利用浊度来进行换算。

在持续3h风浪扰动过程中，大风条件下1#采样点的SS、NH_4^+-N、TP的再悬浮通量较大。TN、COD则表现相反，如图5-30所示。

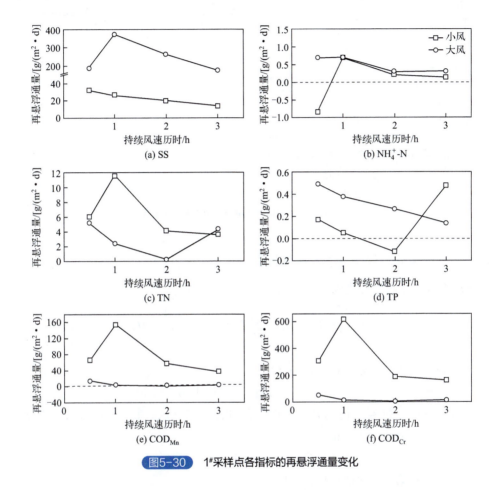

图5-30　1#采样点各指标的再悬浮通量变化

在持续3h风浪扰动过程中，大风条件下，2#采样点各指标的再悬浮通量都大于中风，但在扰动过程中再悬浮通量均呈下降趋势，如图5-31所示。

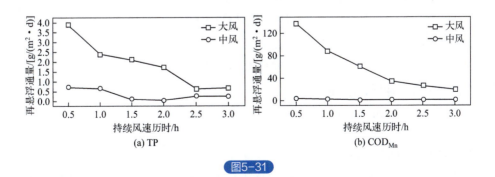

图5-31

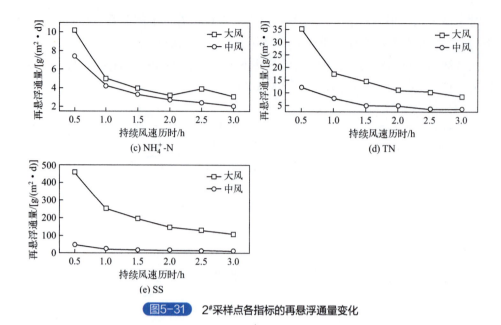

图5-31 2#采样点各指标的再悬浮通量变化

5.3.3.4 不同风浪作用下营养盐沉降通量

营养盐的沉降通量公式为：

$$D = \left[V(C_0 - C_n) + \sum_{j=1}^{n} V_{j-1}(C_{j-1} - C_a)\right]/(At) \tag{5-4}$$

式中 D——沉降通量，mg/(m²·d)；

V——柱（即实验中的有机玻璃圆筒）中上覆水体积，L；

C_n、C_0、C_{j-1}——电机停止扰动开始计时（第3h），第n次、初始和第$j-1$次取样时某物质含量，mg/L；

C_a——添加水样中的物质含量，mg/L；

V_{j-1}——第$j-1$次取样体积，L；

A——柱样中水-沉积物接触面积，m²；

t——沉降时间，d。

计算悬浮物的沉降通量时，该计算式可简化为：

$$D = V(C_0 - C_n)/(At) \tag{5-5}$$

由于$V=Ah$，故沉降通量计算式为：

$$D = h(C_0 - C_n)/t \tag{5-6}$$

式中 D——沉降通量，g/(m²·d)；

h——水深，m；

t——沉降时间，d；

其他符号意义同式（5-4）。

在大风和小风的沉降过程中，1#采样点所有指标的沉降通量均是随着沉降时间的延长而降低，如图 5-32 所示。小风和大风过后，在最初 1h 沉降时间内：NH_4^+-N 沉降通量分别达到 0.21g/(m^2·d) 和 0.42g/(m^2·d)；TN 沉降通量分别达到 7.52g/(m^2·d) 和 13.43g/(m^2·d)；TP 沉降通量分别达到 1.29g/(m^2·d) 和 0.64g/(m^2·d)；COD_{Mn} 沉降通量分别达到 97.37g/(m^2·d) 和 10.93g/(m^2·d)；COD_{Cr} 沉降通量分别达到 390.46g/(m^2·d) 和 40.37g/(m^2·d)。

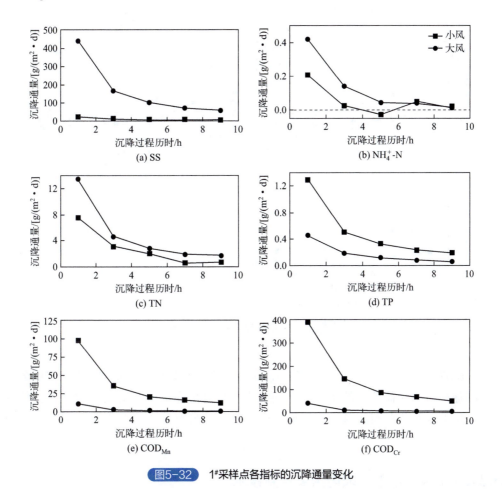

图5-32　1#采样点各指标的沉降通量变化

在大风和中风的沉降过程中，2# 采样点所有指标的沉降通量均是随着沉降时间的延长而降低，如图 5-33 所示。中风和大风过后，在最初 1h 的沉降时间内：NH_4^+-N 沉降通量分别达到 1.25g/(m^2·d) 和 0.14g/(m^2·d)；TN 沉降通量分别达到 13.92g/(m^2·d) 和 2.51g/(m^2·d)；TP 沉降通量分别达到 2.01g/(m^2·d) 和 0.65g/(m^2·d)；COD_{Mn} 沉降通量分别达到 39.95g/(m^2·d) 和 5.15g/(m^2·d)。

沉积物在水动力作用下发生悬浮，悬浮导致的直接影响是沉积物中孔隙水随沉积物的悬浮而释放出来。孔隙水中的营养盐浓度远高于上覆水中的营养盐浓度，伴随着沉积物中孔隙水释放到上覆水中，孔隙水中的营养盐也释放到上覆水中，然而这个过程并不一定使上覆水中的营养盐浓度升高。自然条件下，湖泊水体的营养盐浓度削减是由物理吸附、生物吸收、微生物分解等多种物理、化学、生物过程共同作用造成的。水中胶体

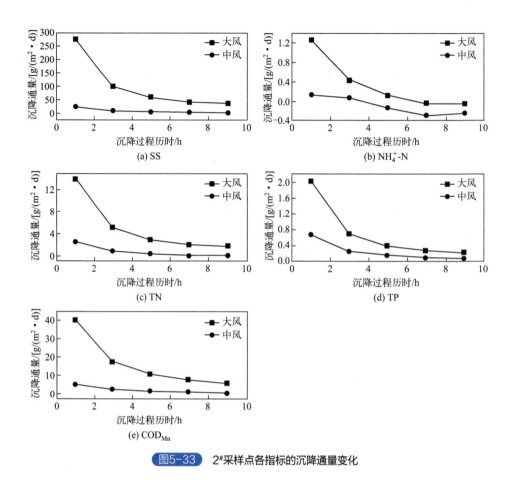

图5-33　2#采样点各指标的沉降通量变化

具有较强的吸附作用,既能吸附颗粒悬浮物也可吸附NH_4^+-N和PO_4^{3-}-P;微生物能分解有机物,有利于营养盐负荷的增大,但同时由于自身生命活动,需要吸收一定量的营养元素,利于营养盐负荷的减小。因此,营养盐的内源释放机制是多种因素共同作用的结果。

5.3.4　水源地水下潜坝内污染控制技术

5.3.4.1　水下潜坝消浪促淤技术原理

水下潜坝消浪促淤技术原理如图5-34所示。

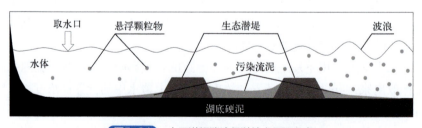

图5-34　水下潜坝消浪促淤技术原理示意

波传播受水下地形影响，一方面，湖底地形改变会导致波传播速度和波面形状变化，从而导致波浪破碎与波能损耗；另一方面，在波浪传播过程中，水质点做往返运动，地形改变使水深变浅，水底摩擦将导致消耗的能量增加，进而也会使波浪波能产生衰减。在重力作用下，水体中悬浮颗粒物沉降淤积，通过改变湖底地形，降低波浪扰动强度，加快悬浮颗粒物的淤积，提高水体透明度，减少波浪对水生植被的机械损伤，为水生植物生长提供良好的生境条件。

5.3.4.2 水下潜坝工艺流程及主要参数

（1）水下潜坝工艺流程

1）填充物混合　将粒径约为 2mm 的黄砂与膨润土按照 1∶2 的质量比进行充分混合，黄砂可确保填充物尽可能不被波浪淘失，而膨润土的作用表现在两个方面：一是黏合黄砂，使砂土成为多孔的整体；二是吸入水体中营养盐，降低水体中营养盐的浓度。

2）填充物装袋　将混合均匀的黄砂＋膨润土的混合物装入土工布袋中，并用耐水蚀的封口绳扎住土工布袋口。

3）土工布袋拼接安装　在工程区域，将填充的土工布袋放置到湖底，3 个土工布袋并排平行放置，然后在其上面再平行放置 2 个土工布袋，形成上下两层（根据目标水域的水位，可增加至 3 层）的梯形。

4）水下潜坝的固定　用尼龙网覆盖在水下潜坝表面，并将尼龙网两边的末端固定在不锈钢钢桩上，不锈钢钢桩按照一定距离设置在水下潜坝的两侧，确保水下潜坝保持设定形状，在促淤过程中持续发挥作用。

（2）水下潜坝主要参数

将填料装入土工布袋内，形成土工管，装入船内，运送到工程区，并沿岸线方向形成水下潜坝，水下潜坝呈锯齿形排布，相邻两个锯齿之间间隔 10m。土工布管袋直径 1m，下底面宽度为 3m，上底面宽度为 2m，垂直有效高度为 0.9m，土工布带形成的水下潜坝长 500m。

1）潜坝底宽　考虑到水下潜坝的稳定性，将 3 个直径为 50cm、长度为 1m 的土工布袋并排排列，将在水下形成下底面宽度为 3m、上底面宽度为 2m 的生态潜坝。

2）潜坝垂直高度　水下潜坝垂直高度可根据水深设置在 0.4～0.8m 之间。当水深 < 2m 时，将水下潜坝的垂直高度设置在 0.4m；当水深 ≥ 2m 时，水下潜坝的垂直高度设置在 0.8m。太湖属于浅水湖泊，平均水深为 1.9m，综合考虑，在湖湾水源地湖区布设的水下潜坝的垂直高度为 0.4m。

3）潜坝长度　根据研究目标、研究区域面积、污染底泥空间分布与物理属性设置水下潜坝的长度。湖湾水源地湖区位于太湖东南部，是太湖的出流区，水底泥沙含量主要受底泥再悬浮、大太湖来水的影响。因此，研究中设置的水下潜坝的长度为 500m。

5.3.4.3 观测结果分析

在潜坝构筑完成后，在其近岸测点观测风向在 270°～360°之间（东南风为主）的风场作用下风浪的平均波高及对应的风速。从图 5-35 中可以看出，潜坝向岸侧风浪波高与风速大小变化具有相同的趋势,即风速越大,观测点风浪平均波高也就越大,二者之间存在显著的线性相关关系。当风速变化范围为 0～10.7m/s 时,生态潜坝内侧观测到的最大波高为 0.19m,与潜坝外同等风速的 0.49m 波高相比衰减率约为 61.2%。观测期间经历了大风浪天气(2019 年 6 月 7 日),最大风速达 21.5m/s,持续 8h(2019年 6 月 7 日 8:10～16:10)风速大于 13m/s(每 5min 之内最大风速),风向以东风为主。在此期间,观测到潜坝下风向最大波高为 0.44m,最小波高为 0.18m,平均波高为 0.28m。分析表明,虽然潜坝对波浪具有一定的衰减作用,但在极端大风条件下示范区内波浪强度依然能够显著增加,对水生植被造成损害。

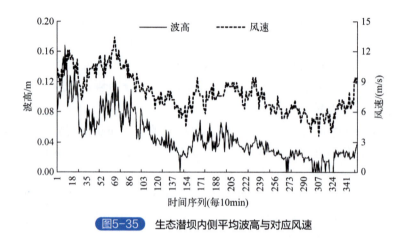

图5-35 生态潜坝内侧平均波高与对应风速

通过对比潜坝内外两侧的有效波高、湖流流速,可以发现:水下潜坝外侧有效波高在 0～0.219m 范围内变化,平均有效波高为 0.11m;潜坝内侧有效波高在 0～0.07m 范围内变化,平均有效波高为(0.025±0.06)m,平均有效波高下降了 61.7%,如图 5-36 所示。水下潜坝外侧湖流流速在 4.5～15.6cm/s 范围内变化,平均流速为 9.12cm/s;潜坝内侧湖流流速在 1.0～7.3cm/s 范围内变化,平均湖流流速为 4.85cm/s,故平均湖流流速下降了 46.8%,如图 5-37 所示。通过对比潜坝两侧流泥淤积深度发现,水下潜坝外侧流泥淤积深度在 18.0～23.0cm 范围内变化,平均淤积深度为 21.0cm;潜坝内侧

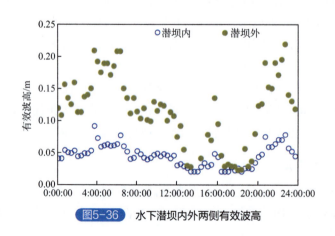

图5-36 水下潜坝内外两侧有效波高

流泥淤积深度在 35.0～40.0cm 范围内变化，平均淤积深度为 37.3cm，故平均淤积深度提高了 77.6%，如图 5-38 所示。水下潜坝内外侧流泥淤积平均速率分别为 0.311cm/d 和 0.175cm/d。上述结果表明，水下潜坝能有效降低波浪扰动强度和湖流大小，以及促进流泥的淤积。

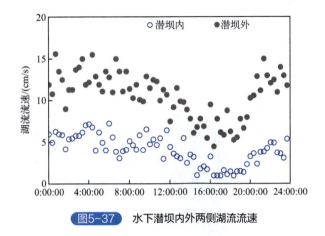

图5-37　水下潜坝内外两侧湖流流速

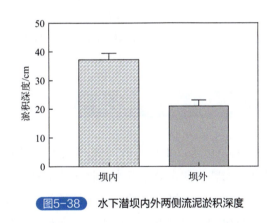

图5-38　水下潜坝内外两侧流泥淤积深度

如图 5-39 所示，通过潜坝两侧水体中 TN 浓度对比发现，水下潜坝外侧水体中 TN 浓度在 1.3～2.6mg/L 内变化，平均 TN 浓度为 1.8mg/L；潜坝内侧水体中 TN 浓度在 0.9～2.1mg/L 内变化，平均 TN 浓度为 1.5mg/L，水体平均 TN 浓度下降了 16.7%。水下潜坝外侧水体中 TP 浓度在 0.17～0.34mg/L 内变化，平均 TP 浓度为 0.23mg/L；潜坝内侧水体中 TP 浓度在 0.09～0.25mg/L 内变化，平均 TP 浓度为 0.16mg/L，水体平均 TP 浓度下降了 30.4%。此外，通过潜坝两侧水体透明度对比发现，水下潜坝外侧水体透明度在 36.0～50.1cm 内变化，平均透明度为 39.5cm；潜坝内侧水体透明度在 45.0～60.7cm 内变化，平均透明度为 51.7cm，水体平均透明度提高了 30.9%。可见，水下潜坝可以提升水体透明度，降低氮、磷营养盐浓度，为水生植物生长创造良好的生境条件。

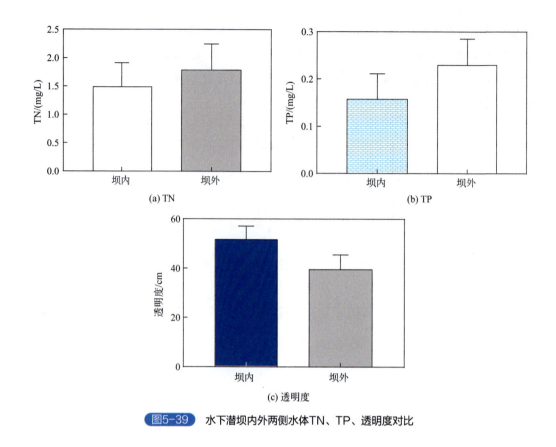

图5-39 水下潜坝内外两侧水体TN、TP、透明度对比

5.4 水源地水生植被优化调控技术

水源地水生植被优化调控技术,主要是针对湖湾水源地植被时空分布不均匀的问题,基于湖滨带挺水植被分布特征和水源地沉水植被生活史特征,通过分析植物体内营养盐及群落结构等的变化规律,开展挺水植被与沉水植被的群落调控原位试验,制定挺水植被植物空间配置与分时引种、收割方案,提出单位面积水柱体生物量年内最优化的沉水植物搭配模式。借助生态系统自组织功能作用下的竞争机制,调控近岸区挺水植物、敞水区沉水植物的优势种密度及生物量,提升水生植被多样性,降低水体营养盐水平,保障水源地生态安全。

研究的水源地水生植被优化调控技术,主要包括湖滨带挺水植被优化调控和敞水区沉水植被优化调控两大部分。

5.4.1 湖滨带挺水植被优化调控

基于湖滨带挺水植被的分布特征,分析典型挺水植物的降解过程对水质的影响,通过分析植物体内营养盐的变化规律而了解收割对植物生长的影响。借此,提出典型挺水植物的收割模式。

5.4.1.1 湖滨带挺水植被分布特征

2019 年，借助全球定位系统，在湖湾水源地湖滨带设 5 个 2m×2m 的样方代表性采样点，经纬度坐标见表 5-14。利用样方法对植物群落进行测定。采用全株挖取法取样，分离根、茎和叶，但由于香蒲和菖蒲的茎部粗壮且较短，故选取根部上方至 5cm 左右作为茎部，其余部分则为叶。

表5-14 湖湾水源地各水质监测点坐标

监测点	经纬度	监测点	经纬度
1#	31°7′18.76″N, 120°20′56.56″E	4#	31°6′35.91″N, 120°26′34.59″E
2#	31°12′40.27″N, 120°24′1.95″E	5#	31°5′13.36″N, 120°22′40.38″E
3#	31°12′45.02″N, 120°28′52.4″E		

（1）湖滨带挺水植物种类

5 个样点共采集 19 种植物，其中在 1# 采样点采集 4 种植物，分别是香蒲、劳豆、芦苇和金丝草；在 2# 采样点采集 5 种植物，分别是香蒲、喜旱莲子草、鬼针草、盒子草和芦苇；在 3# 采样点采集 8 种植物，分别是葎草、水芹、一年莲、双穗雀稗、香蒲、菖蒲、芦苇和荻；在 4# 采样点采集 10 种植物，分别是臭鸡矢藤、酸模叶蓼、鬼针草、羊蹄酸模、葎草、菖蒲、地笋、莲子草、香蒲和芦苇；在 5# 采样点采集 5 种植物，分别是藨草、芦苇、臭鸡矢藤、葎草和荻。

（2）湖滨带挺水植物各器官中 TN 分布特征

芦苇、藨草、臭鸡矢藤、葎草、劳豆、莲子草、双穗雀稗和荻的各器官中 TN 含量总体呈现出叶＞茎的趋势，说明这 8 种植物的叶片对氮元素的固定能力要明显高于茎，如图 5-40 所示。

金丝草、鬼针草、盒子草、地笋、水芹、香蒲和菖蒲的各器官中 TN 含量总体呈现出叶＞根＞茎的趋势，说明这 8 种植物的叶片对氮元素的固定能力要明显高于根和茎。但酸模叶蓼的各器官中 TN 含量表现为茎＞根＞叶的趋势，说明酸模叶蓼茎部对氮元素的固定能力要明显高于根和叶片。一年莲和羊蹄酸模的各器官中 TN 含量则表现为叶≈果/花＞根＞茎的趋势，喜旱莲子草的各器官中 TN 含量则呈现出叶＞果/花≈根＞茎的趋势，这 3 种植物的叶片对氮元素的固定能力要明显高于根和茎。不同植物类型各器官中 TN 的含量同样表现出较大的差异性，其中叶片在不同植物类型中的变化范围为 8.18～35.27g/kg，最高值出现在 2# 采样点的鬼针草，最低值出现在 1# 采样点的香蒲；茎在不同植物类型中的变化范围为 1.67～18.93g/kg，最高值出现在 4# 采样点的酸模叶蓼，最低值出现在 1# 采样点的金丝草；果/花在不同植物类型中的变化范围为 11.13～18.32g/kg，最高值出现在 3# 采样点的一年莲，最低值出现在 1# 采样点的香蒲；根部在不同植物类型中的变化范围为 4.19～26.29g/kg，最高值出现在 2# 采样点的鬼针草，最低值出现在 3# 采样点的一年莲。

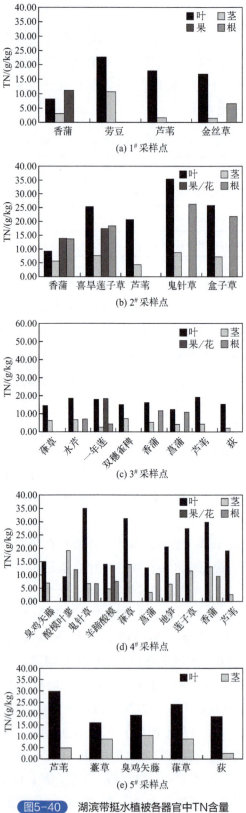

图5-40　湖滨带挺水植被各器官中TN含量

(3) 湖滨带挺水植物各器官中 TP 分布特征

芦苇、薹草、臭鸡矢藤、劳豆、莲子草、双穗雀稗和荻的各器官中 TP 含量总体呈现出叶＞茎的趋势，表明这 7 种植物的叶片对磷元素的固定能力要明显高于茎，但荸草各器官中 TP 含量表现为茎＞叶，这说明荸草茎部对磷元素的固定能力明显高于叶片（图 5-41）。金丝草、鬼针草和盒子草的各器官中 TP 含量总体呈现出叶＞根＞茎的趋势，说明这些植物的叶片对磷元素的固定能力要明显高于根和茎。地笋各器官中 TP 含量表现为茎＞根＞叶的趋势，酸模叶蓼各器官中 TP 含量表现为茎＞叶＞根的趋势，说明这 2 种植物的茎部对磷元素的固定能力要明显高于根和叶片。水芹和菖蒲各器官中 TP 含量为根＞叶＞茎，说明这 2 种植物的根部对磷元素的固定能力要明显高于茎和叶片。一年莲的各器官中 TP 含量则表现为果/花＞叶＞茎＞根，喜旱莲子草的各器官中总磷含量呈现出果/花＞叶＞根＞茎的趋势，羊蹄酸模的各器官中 TP 含量则表现为果/花＞根＞叶＞茎，说明这 3 种植物的果/花对磷元素的固定能力要明显高于根、茎和叶片。

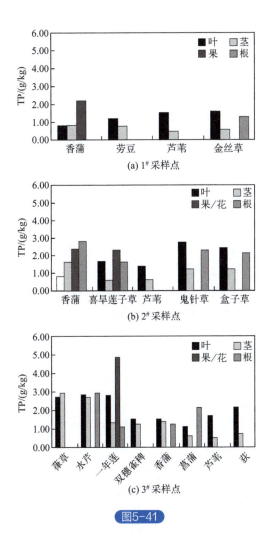

图 5-41

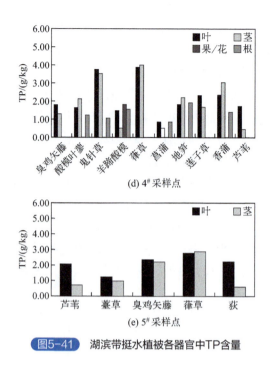

图5-41 湖滨带挺水植被各器官中TP含量

不同植物类型的器官中 TP 的含量同样表现出较大的差异性,其中叶片在不同植物类型中的变化范围为 0.78~3.87g/kg,最高值出现在 4# 采样点的荸草,最低值出现在 1# 采样点的香蒲;茎在不同植物类型中的变化范围为 0.47~3.99g/kg,最高值出现在 4# 采样点的荸草,最低值出现在 4# 采样点的芦苇;果/花在不同植物类型中的变化范围为 1.83~4.88g/kg,最高值出现在3# 采样点的一年莲,最低值出现在 4# 采样点的羊蹄酸模;根部在不同植物类型中的变化范围为 0.85~2.94g/kg,最高值出现在 3# 采样点的水芹,最低值出现在 4# 采样点的菖蒲。

(4)芦苇各生长指标的主成分分析及相关性分析

从挺水植物分布面积和生物量来看,芦苇是湖湾水源地湖滨带的绝对优势物种。因此,弄清楚芦苇生长指标之间的关系,对太湖滨岸带挺水植物的收割调控具有重要意义。2019 年 4 月中旬至 12 月,每半个月(15d)对 5 个采样点进行 1 次调查采样,采用 1m×1m 的样方,调查芦苇密度、盖度、株高、现存叶片数(展叶数)、节间数(分节数)、株径等。全部统计各指标后,计算平均值。其中,7 月中旬(芦苇生长旺盛季)在每个样地中每一采样点均采 5~10 株芦苇植株地上部分带回实验室,将其叶、茎(包括叶鞘)、穗分开,分别称鲜重,扫描计算(扫描后采用 Dt-scan 软件计算)叶面积后,再分别装入锡箔纸袋中置于烘箱中烘干至恒重后,称量其干重。芦苇生长指标的主成分分析(PCA)结果显示:主成分一、主成分二占原始数据信息(总方差)的 75.4%,见表 5-15。其中,第一主成分量的方差占总方差的 60.7%,第二主成分量的方差占总方差的 14.7%。第一主成分中总鲜重(x_4)、高度(x_7)、株径(x_9)、叶面积(x_5)、茎鲜重(x_1)具有较大的载荷,分别为 0.970、0.964、0.963、0.914、0.851;第二主成分中盖度(x_8)载荷(0.904)较大。两个主成分的表达式分别为:

$y_1=0.851x_1+0.617x_2+0.479x_3+0.970x_4+0.914x_5-0.656x_6+0.964x_7+0.264x_8+0.963x_9$

$y_2=0.180x_1-0.189x_2+0.139x_3-0.076x_4-0.000x_5+0.639x_6+0.052x_7+0.904x_8-0.048x_9$

由此可见,总鲜重(x_4)、叶面积(x_5)、高度(x_7)、株径(x_9)可以相对全面地反映出芦苇群落的生长状况,另外茎鲜重(x_1)、盖度(x_8)、叶鲜重(x_2)、密度(x_6)在一定程度上也可以表现出芦苇群落的生长状况。

表5-15 芦苇生长指标主成分分析及其载荷量

指标	主成分	
	第一主成分(y_1)	第二主成分(y_2)
茎鲜重(x_1)	**0.851**	0.180
叶鲜重(x_2)	0.617	−0.189
穗鲜重(x_3)	0.479	0.139
总鲜重(x_4)	**0.970**	−0.076
叶面积(x_5)	**0.914**	0.000
密度(x_6)	−0.656	0.639
高度(x_7)	**0.964**	0.052
盖度(x_8)	0.264	**0.904**
株径(x_9)	**0.963**	−0.048
特征根	5.466	1.324
贡献率/%	60.7	14.7

为弄清芦苇地上部分各生长指标间的关系,对地上部分各指标进行了相关性分析,见表5-16。结果表明,总鲜重(x_4)、高度(x_7)、株径(x_9)、叶面积(x_5)、茎鲜重(x_1)、盖度(x_8)间具有显著的相关性,这反映了芦苇群落生长指标间(例如株径和茎鲜重、叶面积和叶鲜重等)是相互影响的。除盖度外,密度与其他指标之间均呈现出不同程度的负相关关系,这表明对于芦苇而言,并非密度越大越好。相反,密度增大可能是致芦苇群落退化的原因之一。

表5-16 芦苇各指标Pearson相关性矩阵

指标	茎鲜重	叶鲜重	穗鲜重	总鲜重	叶面积	密度	高度	盖度	株径
茎鲜重	1								
叶鲜重	0.181	1							
穗鲜重	0.391**	0.171	1						
总鲜重	0.916**	0.560**	0.417**	1					
叶面积	0.782**	0.497**	0.440**	0.863**	1				
密度	−0.488**	−0.374**	−0.205	−0.563**	−0.577**	1			
高度	0.790**	0.640**	0.370**	0.926**	0.833**	−0.608**	1		
盖度	0.305*	0.085	0.117	0.291*	0.214	0.327*	0.341*	1	
株径	0.763**	0.661**	0.385**	0.912**	0.856**	−0.636**	0.949**	0.228	1

注:*表示差异显著,即$P<0.05$;**表示差异极显著,即$P<0.01$。

（5）不同时期芦苇吸收重金属含量间的相关性

芦苇各器官对重金属的积累导致的重金属污染可以用植物自身来修复，其成功与否取决于植物吸收重金属含量的高低和植物生物量的大小两个方面。由图 5-42 可知，生长周期内，芦苇各器官对这六种元素的积累呈现了先上升后下降的趋势。其中 10 月下旬达到了峰值，4～7 月为最低值，产生这种结果的原因与之前分析芦苇各器官中重金属含量的原因相似。

芦苇生长发育期需要吸收一定的重金属元素以供植物自身的发育，到了 10 月芦苇已停止生长并开始衰败，此时体内的重金属达到饱和状态，重金属累积量也达到了最高

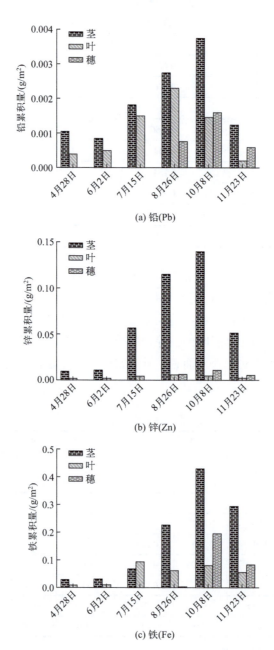

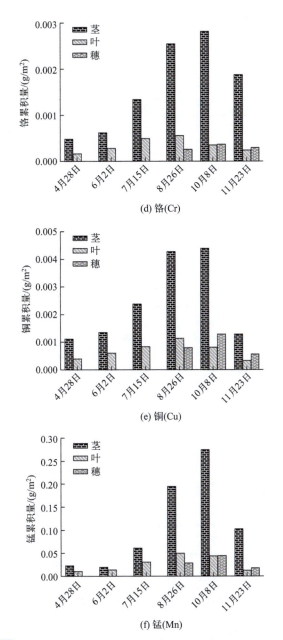

图5-42 湖滨带单位面积芦苇各器官对不同重金属的积累（2019年）

值。从不同重金属元素角度来看，湖湾水源地湖滨带不同时期芦苇吸收重金属含量按从大到小的顺序排列为 Fe＞Mn＞Zn＞Pb＞Cu＞Cr，这表明芦苇的生物量与芦苇各器官吸收重金属的能力是呈正比的，随着生物量的上升，芦苇各器官对重金属的累积量也上升。

通过对不同时期芦苇吸收不同重金属含量之间的皮尔森相关性进行分析（表5-17），整个生长季的芦苇植株吸收所富集的 Pb、Zn、Fe、Cr、Cu 和 Mn 等重金属含量呈现较大的相关性。不同时期芦苇吸收 Pb、Fe、Cr、Cu 及 Mn 的含量呈现明显的相关性，其中 Pb、Fe、Cu、Mn 分别呈现两两对应相关；Zn-Pb 在 2019 年 4 月 28 日呈现极显著相关性（$P<0.01$），Zn-Cu、Zn-Cr 在 2019 年 4 月 28 日呈现显著相关性（$P<0.05$），其他时期 Zn 与 Pb、Fe、Cr、Cu 及 Mn 五种重金属元素均无相关性。

表 5-17　芦苇吸收不同重金属含量之间皮尔森相关系数

2019年4月28日	Pb	Zn	Fe	Cr	Cu	Mn	2019年6月2日
Pb	1.000	0.544	0.735*	0.942**	0.955**	0.953**	Pb
Zn	0.738**	1.000	0.312	0.635*	0.581	0.461	Zn
Fe	0.730*	0.431	1.000	0.703*	0.859**	0.857**	Fe
Cr	0.911**	0.702*	0.789**	1.000	0.951**	0.924**	Cr
Cu	0.900**	0.645*	0.852**	0.984**	1.000	0.969**	Cu
Mn	0.947**	0.597	0.861**	0.941**	0.976**	1.000	Mn
2019年7月15日	Pb	Zn	Fe	Cr	Cu	Mn	2019年8月26日
Pb	1.000	−0.552	0.786**	0.624	0.745**	0.817**	Pb
Zn	0.018	1.000	−0.362	0.088	−0.107	−0.185	Zn
Fe	0.907**	−0.183	1.000	0.611*	0.751**	0.839**	Fe
Cr	0816**	0.479	0.595	1.000	0.915**	0.897**	Cr
Cu	0.916**	0.376	0.765**	0.917**	1.000	0.951**	Cu
Mn	0.955**	0.181	0.842**	0.788**	0.946**	1.000	Mn
2019年10月8日	Pb	Zn	Fe	Cr	Cu	Mn	2019年11月23日
Pb	1.000	−0.53	0.877**	0.869**	0.888**	0.921**	Pb
Zn	−0.464	1.000	−0.242	0.144	0.037	−0.119	Zn
Fe	0.911**	−0.372	1.000	0.678*	0.695*	0.981**	Fe
Cr	0.831**	−0.007	0.668*	1.000	0.955**	0.786**	Cr
Cu	0.958**	−0.287	0.993**	0.861**	1.000	0.782**	Cu
Mn	0.891**	−0.119	0.821**	0.945**	0.926**	1.000	Mn

注：**表示差异极显著，即$P<0.01$；*表示差异显著，即$P<0.05$。

（6）湖滨带沉积物营养盐特征

湖湾水源地湖滨带湿地沉积物中的 TN、TP 含量均呈现出衰老期高于生长期的趋势，而且空间差异显著（即 $P<0.05$），如图 5-43 所示。生长期、衰老期湖滨湿地沉积物中 TN 的含量变幅分别为 1373.0～2919.8mg/kg 和 2240.6～3923.4mg/kg；TP 含量变幅分别为 437.1～687.3mg/kg 和 556.0～790.7mg/kg。根据美国环保署（EPA）底泥污染分类阈值，挺水植物生长期湖湾水源地湖滨带各采样点沉积物中 TN 含量平均值为 2055.0mg/kg，＞2000.0mg/kg，处于重度污染水平；衰老期 TN 平均值则为 3071.0mg/kg，远超过重度污染临界阈值。挺水植物生长期各采样点沉积物中 TP 平均值为 564.2mg/kg，介于 420.0～650.0mg/kg 之间，处于中度污染水平；而衰老期 TP 平均值则为 652.7mg/kg，处于重度污染水平。

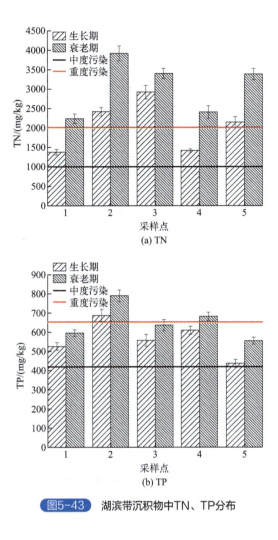

图5-43 湖滨带沉积物中TN、TP分布

由图5-44可知,湖湾水源地湖滨带沉积物生长期有效氮(AN)含量的变幅为70.8~133.8mg/kg,衰老期的变幅为89.2~165.4mg/kg,表现为衰老期的含量高于生长期的趋势,而且与TN的空间分布具有一致性;生长期有效磷(AP)含量的变幅为2.5~7.4mg/kg,衰老期的变幅为15.7~35.5mg/kg,呈现出衰老期的含量高于生长期的趋势。湖湾水源地湖滨带沉积物生长期有机质(OM)含量变幅为33595.2~35925.9mg/kg,而衰老期OM含量的变幅为35654.5~39942.4mg/kg,整体上表现为衰老期的含量高于生长期。

5.4.1.2 芦苇降解过程及对水质的影响

图5-45显示芦苇在4~44h期间内降解作用导致残留率由0.8996下降为0.8596,降解速率前4h较大,为0.6024d^{-1};4~44h期间降解速率相对较小,变化范围为0.0124~0.1485d^{-1},均值为0.0267d^{-1}。在4~44h期间,水体TN、溶解性总氮(TDN)、氨氮(NH_3-N)呈升高趋势,NH_3-N上升的相对幅度最大,其次为TN;亚硝酸盐氮(NO_2^--N)、TP、TDP以及正磷酸盐磷(PO_4^{3-}-P)含量呈振荡式变化,历时44h后的含

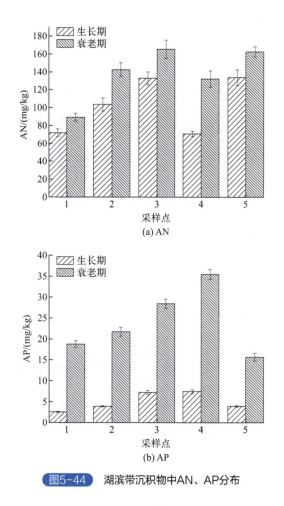

图5-44 湖滨带沉积物中AN、AP分布

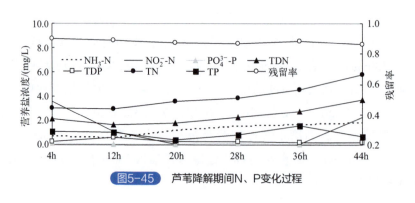

图5-45 芦苇降解期间N、P变化过程

量与历时4h的相比有所下降,其中TP含量的下降幅度最大,表明芦苇残体中的磷更容易在芦苇降解中释放。水体中NH_3-N、NO_2^--N、PO_4^{3-}-P、TDN、TDP、TN、TP与对照研究区原水放置2d的水体相比,分别升高了1.92倍、42.23倍、3.90倍、3.31倍、2.50倍、5.04倍、7.11倍。

图5-46为过滤后水体中芦苇残留率、野外水体中残留率及试验水体中N、P含量变化。经过216d的降解,试验水体和野外原位水体中芦苇残留率变化过程基本相似,试

验结束时，2 种水体中芦苇残留率均＜ 0.67。在降解试验初期，芦苇降解速率较大，芦苇室内和野外降解速率在前 2d 均值分别为 0.0129d^{-1} 和 0.0618d^{-1} 左右，室内降解速率于第 4 天达到最大值，野外降解速率于前 2d 达到最大值，第 4 天降解速率反而较小。第 6 天后，室内、野外芦苇降解速率均存在下降趋势，如图 5-47 所示。

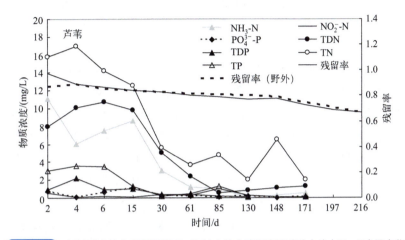

图5-46　过滤后水体中芦苇残留率、野外水体中残留率及试验水体中N、P含量变化

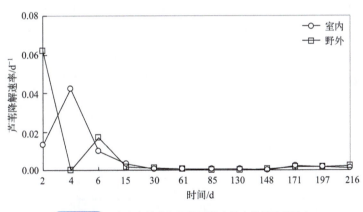

图5-47　室内水体中和野外原位水体中芦苇降解速率

因芦苇降解速率不断降低，由芦苇降解进入水体中的营养盐量较小，加上沉积物及降解试验瓶等吸附作用，水体中 TN 从第 4 天开始显著下降，TDN、TP 从第 6 天开始下降，NH_3-N 的含量从 15 天开始快速下降。第 171 天时水体中 NH_3-N、NO_2^--N、PO_4^{3-}-P、TDN、TDP、TN、TP 为原水放置 2d 时含量的 0.97 倍、1.10 倍、1.80 倍、1.49 倍、1.68 倍、2.08 倍、2.46 倍，PO_4^{3-}-P、TDP、TP 含量超过对应水体浓度倍数略大，芦苇降解对水体磷污染的贡献大于对 N 的贡献。

5.4.1.3　收割对芦苇生物量与氮、磷含（储）量的影响

于 2019 年进行芦苇收割，收割高度为距离地面 10cm 处，面积为 6m×6m，重复进

行3次，并将收割样地和保留样地（不进行收割，作为对照区）均围隔起来。用钢筋作骨架，以缝合的聚丙烯防水布围成6m×6m的半封闭式正方形无底围隔，防水布底部包裹砖块压入底泥，上部缝合在钢筋与杉木上，围隔高度为1.5m。

① 芦苇采集：于2019年4月12日、6月2日、7月28日、9月18日和11月29日在每块样方内采用"W"法随机选取芦苇20株，齐地割取芦苇地上部分。芦苇收割后立即称其茎与叶鲜重。取样的同时，随机抽取10株芦苇，测其株高、株径，并计算单位面积内的株数。

② 水样采集：考虑到收割样地6～9月有积水，于2019年7月28日、9月18日在每块样方内随机选取3个采集点采取水样，取样深度为水面下1/2水深处。

③ 沉积物采集：于2019年4月12日、6月2日、7月28日、9月18日和11月29日在每块样方内按"S"形设置5个采样点，对0～10cm深的表层土壤/底泥进行采样。采集表层土壤/底泥样品，将5个采样点的土样分层混合均匀。采集后的土壤/底泥用密封袋封好后放在阴处风干，磨碎，过0.15mm孔筛后放入密封袋中，标号备用。

（1）收割对芦苇生长状况的影响

1）收割对芦苇形态特征的影响　株高、株茎和密度是反映芦苇群落特征的重要参数。从表5-18中可以看出，保留样地的芦苇株径呈单峰型，株高和密度也呈先增大后降低的趋势。其中株高和株径从4月到9月一直增加，并在9月达到最大值，分别为4.17m和1.45cm；之后由于植株衰落而下降。密度在6月达到最大值，之后持续下降，这是由于芦苇植株种内对资源的竞争产生的自疏现象。

表5-18　不同处理方式下芦苇形态的动态变化

项目	处理方式	4月	6月	7月	9月	11月
株高/m	收割	1.56±0.21^A	3.41±0.35^A	2.37±0.17^A	3.46±0.26^A	3.30±0.23^A
	保留	1.63±0.16^A	3.26±0.24^A	3.86±0.25^a	4.17±0.18^a	3.76±0.27^A
株径/cm	收割	0.87±0.05^A	1.15±0.07^A	0.88±0.07^A	1.28±0.08^A	1.09±0.06^A
	保留	0.83±0.06^A	1.19±0.05^A	1.26±0.07^a	1.45±0.10^A	1.27±0.06^A
密度/(株/m^2)	收割	49±3^A	52±6^A	43±6^A	41±5^A	37±4^A
	保留	47±4^A	54±5^A	49±3^A	46±5^A	39±3^A

注：数据表示为平均值±标准误差。A表示在0.05水平上相关性显著，即$P<0.05$；a表示在0.01水平上相关性显著，即$P<0.01$。

在收割前，收割样地的芦苇群落的株高、株径及密度持续增长，收割后通过无性繁殖长出新的芽继续生长，芦苇的株高、株茎呈先增大后减小的趋势，在9月达到最大值，分别为3.46m、1.28cm，随后衰落下降。芦苇的密度持续下降，11月最小。处理前（4～6月），收割样地和保留样地芦苇的株高、株径和密度无显著差异；处理后（7～11月），收割样地芦苇的株高、株径和密度均低于保留样地的芦苇群落，除了7月株高、株径和9月株高的差异性达到显著水平外，其他的差异性不显著。

2）收割对芦苇地上生物量的影响　生物量是植物群落结构与功能的主要测定指标之一，反映了群落中各种植物的生长状况，同时也是衡量植物群落固碳能力的重要指标。不同处理方式下芦苇茎、叶及地上生物量总和的动态变化见图5-48。调查期内保留样地芦苇的茎、叶及地上生物量总和的变化趋势基本相同，各部分生物量随时间的推移而逐渐增加，9月生物量最大，随后各部分生物量有所下降。芦苇茎、叶和地上生物量总和在生长季节内的变化范围分别为259.9～1630.9g/m²、175.7～869.9g/m²、435.6～2500.8g/m²；收割样地内芦苇的茎、叶及地上生物量总和的变化范围分别为0～683.0g/m²、0～458.7g/m²、0～1136.2g/m²，4月、6月芦苇茎、叶生物量逐渐增加，至收割前，分别达到677.5g/m²、458.7g/m²。收割后，茎、叶及地上生物量总和逐渐增加，最大值都出现在9月，分别为683.0g/m²和397.8g/m²，其中茎的生物量略高于收割前，叶的生物量略低于收割前，其后随着生长季的结束与衰落，各部分生物量都有所下降。保留样地内芦苇茎生物量8月之前基本呈直线增长，月平均生长速率为225.5g/m²；9月的生长速率最大，为344.6g/m²；10月开始出现负增长。与茎生物量生长速率不同，叶片生物量均生长速率的最大值出现在7月，为164.4g/m²。在整个生长期内，收割样地内芦苇的茎、叶生物量最大值都出现在4月、5月，分别为253.7g/m²和170.7g/m²。虽然6～9月的雨热等条件优于4月、5月，但收割后芦苇的茎和叶的生物量增加量明显小于收割前的增加量，这也是收割样地内芦苇的茎、叶生物量最大值都出现在4月、5月的主要原因。收割后芦苇茎和叶的生物量持续增长，月生长速率均在9月达到极大值，分别为225.2g/m²和118.0g/m²，10月开始出现负增长。

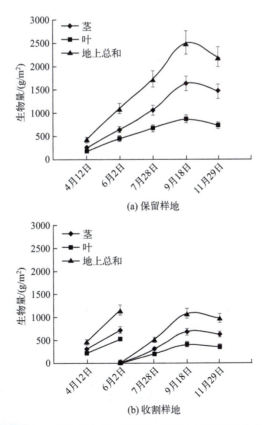

图5-48　不同处理方式下芦苇茎、叶及地上生物量的动态变化

收割处理后,收割样地内芦苇的茎、叶和地上生物量总和均低于保留样地的芦苇群落,而且差异性均达到极显著水平($P < 0.01$)。另外,两种处理方式下芦苇叶生物量和茎生物量间都存在显著正相关关系,说明芦苇在叶和茎之间的物质分配是比较均匀的(图 5-49)。

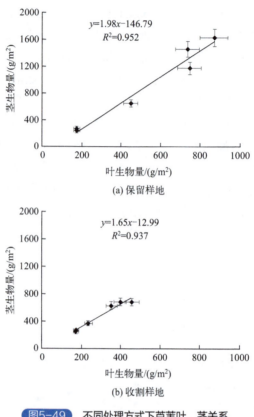

图 5-49　不同处理方式下芦苇叶、茎关系

(2) 收割对芦苇氮、磷含量储量的影响

1) 收割对芦苇氮、磷含量的影响　从图 5-50 中可以看出,生长季内,两种样地内芦苇茎和叶中的氮、磷含量的趋势相同,在生长初期(4月、5月),保留样地与收割样地内芦苇茎和叶中的氮、磷元素含量较高,而在生长旺季(6月、7月),随着茎和叶持续生长以及生物量不断扩大,其含量逐渐稀释降低,8月、9月茎和叶中的氮、磷含量又有不同程度的升高,而在 10 月芦苇植株衰老期,营养元素回流,叶片中的氮、磷含量和茎中的氮含量再次下降,但是茎中的磷含量却有所升高。

收割前,两种样地内芦苇茎和叶中的氮、磷含量差异不显著。收割后,收割样地内芦苇叶中的氮、磷含量都略高于保留样地内芦苇叶中的氮、磷含量,收割样地内茎中的氮、磷含量除了 8月、9月稍低于保留样地芦苇茎中的氮、磷含量外,其他月份都高于保留样地内芦苇茎中的氮、磷含量。数据分析表明,收割样地与保留样地内地上茎、叶中的氮、磷含量差异不显著。

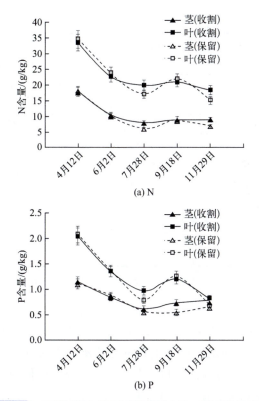

图5-50 不同处理方式下芦苇茎和叶中N、P含量的动态变化

2) 收割对芦苇氮、磷储量的影响 在整个生长季内,保留样地内芦苇茎和叶中氮、磷储量的总体特征为先升高后降低。生长初期,尽管芦苇茎、叶中氮、磷含量较高,但其生物量较低,因此氮、磷储量较小,6月后,随着生物量的迅速增加,其茎、叶中的氮、磷储量也迅速增加,并在9月达到最大值,其中茎、叶中氮储量分别为13.80g/m²和18.91g/m²,茎、叶中磷储量分别为0.91g/m²和1.08g/m²,此后随着芦苇生长衰落,茎、叶中的氮、磷储量有所下降。在生长初期(4月、5月),收割样地内芦苇茎和叶中氮、磷储量持续增长,在6月达到最大值,其中茎、叶中氮储量分别为7.07g/m²和9.58g/m²,茎、叶中磷储量分别为0.60g/m²和0.63g/m²;收割后,氮、磷储量也持续增大,并在9月达到最大,小于收割前的最高水平,随后因为芦苇生长衰落,茎、叶中氮、磷储量有所下降。

表5-19中的方差分析表明,收割前(4月、6月),两种处理下芦苇的茎、叶和地上部分的氮、磷储量无显著差异;收割后(7月、9月、11月),收割处理样地内芦苇的茎、叶和地上部分的氮、磷储量均低于保留样地内的芦苇群落,而且差异性均达到极显著水平($P < 0.01$)。

表5-19 不同处理方式下芦苇叶和茎N、P储量的动态变化   单位:g/m²

项目	处理方式	4月	6月	7月	9月	11月
叶N储量	收割	5.72±0.51^A	9.58±0.94^A	3.99±0.43^A	8.33±0.58^A	6.45±0.42^A
	保留	6.05±0.49^A	10.64±0.89^A	11.43±1.53^a	18.91±2.06^a	11.05±1.06^a

续表

项目	处理方式	4月	6月	7月	9月	11月
叶P储量	收割	0.32±0.05^A	0.63±0.08^A	0.20±0.04^A	0.48±0.15^A	0.29±0.07^A
	保留	0.36±0.09^A	0.57±0.11^A	0.53±0.06^a	1.08±0.21^a	0.51±0.12^a
茎N储量	收割	4.51±0.57^A	7.07±1.44^A	2.41±0.16^A	6.16±1.20^A	5.59±0.57^A
	保留	4.72±0.37^A	6.55±1.25^A	6.21±1.23^a	13.80±0.99^a	9.91±1.26^a
茎P储量	收割	0.29±0.09^A	0.60±0.05^A	0.19±0.03^A	0.50±0.03^A	0.49±0.11^A
	保留	0.32±0.08^A	0.57±0.06^A	0.58±0.13^a	0.91±0.06^a	0.94±0.09^a
地上部分N储量	收割	10.21±0.61^A	16.65±2.27^A	6.40±1.44^A	14.49±2.06^A	12.05±1.27^A
	保留	10.77±0.76^A	17.20±1.46^A	17.63±1.53^a	32.71±4.73^a	20.95±1.34^a
地上部分P储量	收割	0.63±0.04^A	1.23±0.29^A	0.39±0.02^A	0.98±0.07^A	0.78±0.06^A
	保留	0.68±0.06^A	1.14±0.11^A	1.11±0.12^a	2.01±0.24^a	1.45±0.20^a

注：数据表示为平均值±标准误差。A表示在0.05水平上相关性显著，即$P<0.05$；a表示在0.01水平上相关性显著，即$P<0.01$。

3）不同处理方式下芦苇生物量与氮、磷储量的关系　相关性分析表明，保留样地与收割样地芦苇的茎、叶和地上部分生物量与其氮、磷储量间均呈极显著的正相关系（$P<0.01$）（图5-51），芦苇茎、叶和地上生物量与氮、磷储量在生长季节的变化趋势基本相同；氮、磷含量与氮、磷储量间的相关性不显著。

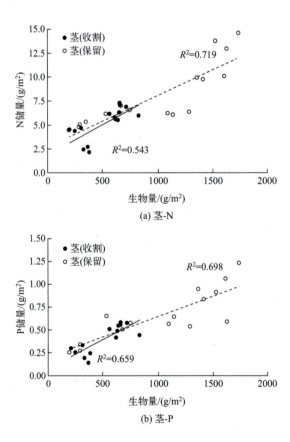

(a) 茎-N

(b) 茎-P

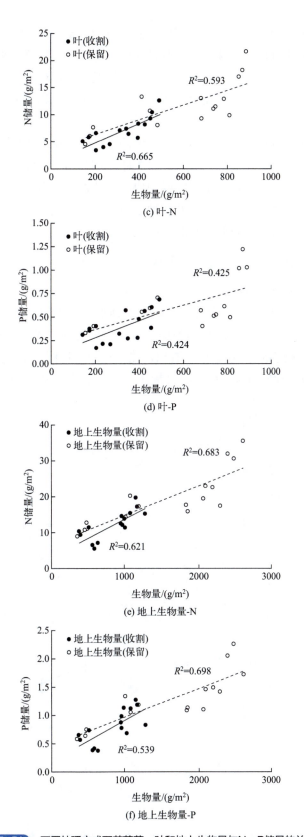

图5-51 不同处理方式下芦苇茎、叶和地上生物量与N、P储量的关系

处理后（7月、9月、11月），收割样地芦苇的株高、株茎和密度均低于保留样地的芦苇群落，除了7月株高、株茎和9月株高的差异性达到显著水平外，其他的差异性不显著。收割样地内芦苇的茎、叶和地上生物量均低于保留样地的芦苇群落，而且差异性均达到极显著水平。整个生长期内，两种处理下芦苇叶生物量和茎生物量间存在显著正相关关系。

在生长季节内，两种处理下芦苇茎和叶中的氮、磷含量变化趋势相近，而且芦苇茎和叶中的氮、磷含量差异不显著；处理后（7月、9月、11月），收割样地内芦苇的茎、叶和地上部分的氮、磷储量均低于保留样地内的芦苇群落，而且差异性均达到极显著水平。保留样地和收割样地芦苇的茎、叶和地上生物量与其氮、磷储量间均呈显著正相关关系，而氮、磷含量与氮、磷储量间的相关性不显著。

5.4.1.4 收割对沉积物和水体养分的影响

（1）收割对沉积物养分的影响

1）收割对沉积物中氮、磷含量的影响　湿地沉积物中的氮素含量随着植物的生长发育节律、物候及周围环境的变化而不断改变。不同处理方式下沉积物中TN、水解氮含量的动态变化如图5-52所示。可以看出，收割样地与保留样地的沉积物中TN、水解氮含量的变化趋势一致。TN、水解氮含量在7月之前呈下降趋势。7月，凋落物的分

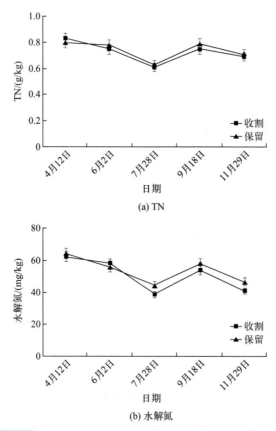

图5-52　不同处理方式下沉积物中TN、水解氮含量的动态变化

解、有机氮湿沉降的输入都会带来养分的累积，但7～8月是试验区集中降水期，适宜的温度与充足的降雨加速了有机质的矿化分解，植物生长旺盛，需要吸收较多的氮素来满足其生长需要，因而此时TN与水解氮含量降到了最低值。进入9月植物趋于成熟，对氮素的吸收减弱，凋落物归还量的增加也使沉积物中氮素含量增加。11月，TN与水解氮含量下降。方差分析表明，处理后，收割样地沉积物中TN与水解氮含量均低于保留样地，但差异性不显著。

图5-53给出了不同处理方式下沉积物中TP、有效磷含量的动态变化。可以看出，收割样地与保留样地的沉积物中TP、有效磷含量的变化趋势一致，都表现为春秋季较高、夏冬季较低。该季节变化特征可能与试验样地的特点有关，进入夏季后雨水增多，太湖水位上涨，试验样地处于淹水状态，沉积物中微生物活动减弱，反硝化作用增强，而且芦苇处在生长旺盛期，对沉积物中养分的吸收量很大，从而导致沉积物中养分均在夏季有所下降。方差分析表明，沉积物中TP在不同时期差异不显著，但有效磷在不同时期差异显著。处理后，收割样地沉积物中TP与有效磷含量均低于保留样地，但差异不显著。

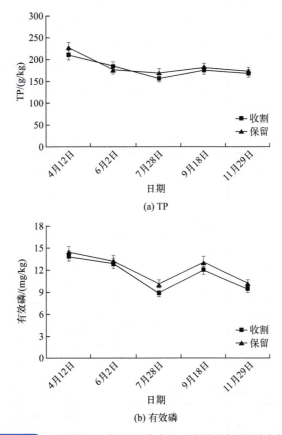

图5-53 不同处理方式下沉积物中TP、有效磷含量的动态变化

2）收割对沉积物中有机质与pH值的影响 收割样地与保留样地沉积物中有机质呈现出先降低后升高的趋势，见表5-20，虽然处理后保留样地沉积物中有机质含量高于收割样地，但同一时期不同处理方式下沉积物中有机质和pH值的差异性不显著，这表

明收割对沉积物中有机质和 pH 值并未产生显著的影响。

表5-20　不同处理方式下沉积物中有机质、pH值的动态变化

项目	处理	4月	6月	7月	9月	11月
有机质/(g/kg)	收割	7.56±0.76^{aA}	7.06±0.71^{aA}	5.19±0.46^{bA}	6.06±0.75^{abA}	6.63±0.57^{abA}
	保留	7.33±0.91^{aA}	7.20±0.65^{aA}	5.46±0.35^{bA}	6.47±0.50^{abA}	6.92±0.67^{abA}
pH值	收割	7.23±0.24^{aA}	7.28±0.36^{aA}	7.37±0.35^{aA}	7.26±0.32^{aA}	7.14±0.40^{abA}
	保留	7.18±0.29^{aA}	7.25±0.48^{aA}	7.41±0.54^{aA}	7.22±0.46^{aA}	7.09±0.37^{abA}

注：不同小写字母表示同一处理不同时期间的差异性显著（$P<0.05$），不同大写字母表示同一时期不同处理间的差异性显著（$P<0.05$）。

3）沉积物中养分含量与芦苇中氮、磷含量之间的相关关系　相关分析表明，在收割样地，芦苇中氮含量与磷含量呈极显著相关关系，芦苇中氮含量与土壤中有机质、TP 呈显著相关关系，而与沉积物中 TN、水解氮和有效磷呈极显著相关关系，芦苇中磷含量与沉积物中有机质、TN、水解氮、TP 呈显著相关关系，而与沉积物中有效磷呈极显著相关关系（表 5-21）；在保留样地，芦苇中氮含量与磷含量也呈极显著相关关系，芦苇中氮含量与沉积物中有机质、TN、TP 及有效磷呈显著相关关系，而与水解氮呈极显著相关关系，芦苇中磷含量与沉积物中 TN、TP 呈显著相关关系，而与沉积物中有机质、水解氮及有效磷呈极显著相关关系（表 5-22）。这表明，在收割样地与保留样地内，芦苇中的氮、磷含量明显受沉积物中养分的影响。

表5-21　收割样地沉积物中养分与芦苇中氮、磷含量之间的相关关系

项目	有机质	TN	水解氮	TP	有效磷	pH值	芦苇N	芦苇P
有机质	1.000							
TN	0.769*	1.000						
水解氮	0.723*	0.809**	1.000					
TP	0.590	0.748*	0.741*	1.000				
有效磷	0.588	0.749*	0.787**	0.840	1.000			
pH值	−0.590	−0.407	−0.257	−0.303	−0.243	1.000		
芦苇N	0.734*	0.791**	0.811**	0.743*	0.796**	−0.126	1.000	
芦苇P	0.773*	0.773*	0.728*	0.772*	0.835**	−0.115	0.818**	1.000

注：*表示在0.05水平上相关性显著，即$P<0.05$；**表示在0.01水平上相关性显著，即$P<0.01$。

表5-22　保留样地沉积物中养分与芦苇中氮、磷含量之间的相关关系

项目	有机质	TN	水解氮	TP	有效磷	pH值	芦苇N	芦苇P
有机质	1.000							
TN	0.811**	1.000						
水解氮	0.665*	0.808**	1.000					
TP	0.548	0.597	0.832**	1.000				
有效磷	0.513	0.818**	0.878**	0.611	1.000			

续表

项目	有机质	TN	水解氮	TP	有效磷	pH值	芦苇N	芦苇P
pH值	−0.477	−0.543	−0.311	−0.303	−0.209	1.000		
芦苇N	0.721*	0.706*	0.811**	0.751*	0.741*	−0.204	1.000	
芦苇P	0.782**	0.744*	0.794**	0.710*	0.810**	−0.219	0.782**	1.000

注：*表示在0.05水平上相关性显著，即$P<0.05$；**表示在0.01水平上相关性显著，即$P<0.01$。

（2）收割对水体养分的影响

从表5-23中可以看出，在收割样地与保留样地，9月水体的化学耗氧量、TN、NO_3^--N与NH_4^+-N含量都高于7月，TP、有效磷含量都是7月高于9月。而且7月、9月水体养分含量的差异性不显著。在同一时期，收割样地内水体的养分含量都低于保留样地内水体的养分含量，但方差分析表明差异不显著，这表明收割对水体养分并未产生显著的影响。

表5-23 不同处理方式下水体养分的动态变化

项目	处理方式	7月	9月
COD_{Mn}/(mg/L)	收割	5.37±0.41^{aA}	6.24±0.83^{aA}
	保留	5.52±0.37^{aA}	6.65±0.64^{aA}
TN/(mg/L)	收割	2.31±0.17^{aA}	2.67±0.23^{aA}
	保留	2.45±0.26^{aA}	2.78±0.19^{aA}
NO_3^--N/(mg/L)	收割	1.62±0.12^{aA}	1.82±0.18^{aA}
	保留	1.79±0.20^{aA}	2.03±0.21^{aA}
NH_4^+-N/(mg/L)	收割	0.37±0.05^{aA}	0.48±0.06^{aA}
	保留	0.41±0.04^{aA}	0.50±0.07^{aA}
TP/(mg/L)	收割	126.78±17.37^{aA}	93.22±7.95^{aA}
	保留	135.43±15.24^{aA}	102.35±8.13^{aA}
有效磷/(mg/L)	收割	97.30±10.72^{aA}	68.92±4.74^{aA}
	保留	103.91±8.16^{aA}	72.17±5.27^{aA}

注：不同小写字母表示同一处理不同时期间的差异性显著（$P<0.05$），不同大写字母表示同一时期不同处理间的差异性显著（$P<0.05$）。

5.4.1.5 芦苇收割模式

芦苇收割模式主要是确定植物的收割时间、收割频率和收割位置。

（1）收割时间

挺水植物的生长受到季节变化的显著影响，春初至夏末属于其生长阶段，挺水植物从环境介质中吸收大量的氮、磷等营养物质，促进其快速生长发育，增长生物量的同时降低水体中营养盐含量，对水质改善起到重要作用；秋初至冬末属于植物衰亡阶段，挺水植物器官的生理功能逐渐丧失，植株停止生长，叶片枯萎、脱落，后期枝干出现死亡。在立枯阶段，挺水植物枝叶凋散腐烂，在微生物作用下分解释放出氮、磷等营养物质，这些物质重新回到湖滨带生态系统中，导致水生态系统功能失调，水质恶化。适时收割，一方面可以保持挺水植物旺盛生长的状态，另一方面能够彻底移除植物从水体中吸收的氮、磷等营养物质。

水生植物的收割时间依据以下原理确定：基于水生植物不同生长阶段的氮、磷含量和总生物量变化，在水生植物相邻生长阶段的总生物量变化较小且氮、磷累积含量出现极大值时收割水生植物，而且在再生长的水生植物种子或营养繁殖体成熟之后进行最后一次收割。总生物量变化率和氮、磷累积量计算公式为：

$$总生物量变化率 = \frac{当前生长阶段的水生植物总生物量 - 前一生长阶段的水生植物总生物量}{前一生长阶段的水生植物总生物量} \tag{5-7}$$

$$T_{NP} = (TN + TP) - (TN_D + TP_D) \tag{5-8}$$

式中　T_{NP}——氮、磷累积量，mg/g；

TN——直到该生长阶段结束时水生植物的总氮含量，mg/g；

TP——直到该生长阶段结束时水生植物的总磷含量，mg/g；

TN_D——直到该生长阶段结束时水生植物的氮降解总量，mg/g；

TP_D——直到该生长阶段结束时水生植物的磷降解总量，mg/g。

在湖湾水源地湖滨带设立1个3m×3m样方，进行挺水植物芦苇的收割实验。首先，于2019年对不同生长阶段中芦苇的根、茎和叶器官中N、P含量进行监控，见表5-24。根据芦苇的生长特性，将芦苇的生长阶段划分为：生长期（4月初～6月上旬）、孕穗期（7月下旬～8月上旬）、抽穗期（8月上旬～8月下旬）、开花期（8月下旬～9月上旬）、种子成熟期（10月上旬）以及落叶期（11月下旬）。

表5-24　单株芦苇在不同生长阶段根、茎和叶器官中的N、P含量

器官	指标	干重/(mg/g)					
		生长期	孕穗期	抽穗期	开花期	种子成熟期	落叶期
根	N	11.7	11.2	11	10.5	10.2	9.8
	P	3.6	3.4	3.1	2.8	2.6	2.3
茎	N	13.2	12.8	12.4	11.7	11.1	10.4
	P	4.4	4.1	3.8	3.3	2.9	2.6
叶	N	23.9	22.2	19.9	17.8	16.2	15.4
	P	5.2	5	4.9	4.7	4.7	4.6
生物量/(g/m²)		800	1100	1600	1950	2001	2015

此外，在芦苇的生长期、孕穗期和抽穗期，芦苇各器官的降解量可忽略。但从种子成熟期开始，芦苇的各器官以表5-25中所列的不同的释放速率分解N、P。

表5-25　芦苇不同器官N、P释放速率

指标	释放速率/[mg/(g·d)]		
	根	茎	叶
N	0.015	0.053	0.088
P	0.0008	0.0013	0.0027

基于表5-25，计算得到芦苇从开花期到种子成熟期的总生物量变化率为：

$$总生物量变化率 = (2001-1950)/1950 \times 100\% = 2.6\%$$

此外，基于表5-24和表5-25可以确定，在种子成熟期，芦苇各器官中的N、P累积量达到极大值。综上，在种子成熟期（10月上旬）至落叶期（11月下旬）对芦苇进行收割较为适宜。

（2）收割频率

芦苇是湖湾水源地挺水植物中的绝对优势物种。6月上旬之前是芦苇生长期，之后芦苇进入孕穗、抽穗和种子成熟期。孕穗和种子成熟期期间对芦苇进行收割会导致芦苇死亡。于生长期（6月2日）和衰亡期（12月2日）（对照）开展的芦苇收割实践表明：与对照（12月2日）相比，生长期收割促进了芦苇叶片的水分利用效率和光能利用效率，但总体上会导致芦苇的茎和叶生物量下降。在生长季节内，两种处理下的芦苇茎和叶中的N、P含量变化趋势相近，而且芦苇茎和叶中的N、P含量差异不显著；由于收割样地芦苇的株高、株茎和密度均低于保留样地的芦苇群落，收割样地内芦苇的茎、叶和地上部分的N、P储量均显著低于保留样地内的芦苇群落。

芦苇群体质量对下一年影响很大，如年内连续多次收割，最终造成减产，并可使一级芦苇变为二级芦苇，进而成为三级芦苇，质量变差，甚至出现秃塘绝收等严重的后果。因此，从成本效益角度来看，在芦苇生命周期内，在芦苇衰亡期进行1次收割是恰当且必要的，既能促进芦苇生物量形成，为造纸工业和生物炭制备提供了燃料，又能降低环境介质中的营养盐，减少由芦苇腐烂分解产生的二次污染。

（3）收割位置

芦苇是多年生草本植物，以无性繁殖为主，主要靠越冬芽翌年繁殖，为了保护越冬芽，并方便作业，一般在封冻前期进行人工收割。通过对不同留茬高度芦苇密度、高度、盖度、展叶数、节间数、株径进行方差分析，发现芦苇生长指标在不同留茬处理之间无显著差异。其中，不同留茬处理的芦苇密度为79～195株/m^2，株高为192～398cm，盖度为80%～100%，展叶数为10～20片，节间数为12～24个，株径为4.74～10.01mm。盖度的变异系数小于10%，表明在此生长阶段芦苇种群盖度的值是稳定的；高度、展叶数、节间数以及株径的变异系数多在10%～20%之间，表明这些表征芦苇种群的生长指标是相对稳定的，未发生较大变化，可塑性较小；密度的变异系数几乎均大于20%，甚至接近30%，表明其具有较大的可塑性，即一定的时间或空间差异可以使之发生较大的变化，具体见表5-26。不同留茬处理的结果显示，留茬高度对芦苇次年生长无显著影响。

表5-26 不同留茬高度处理下芦苇生长指标的比较

留茬高度/cm	密度/(株/m²)	株高/cm	盖度/%	展叶数/片	节间数/个	株径/mm
0	112.33±30.48 (27.14%)	251.00±39.10 (15.58%)	83.89±4.17 (4.97%)	13.67±1.94 (14.19%)	15.67±2.12 (13.53%)	6.57±0.91 (13.85%)
10	118.11±25.96 (21.98%)	273.67±30.34 (11.09%)	86.22±4.15 (4.81%)	13.44±2.07 (15.40%)	15.33±2.24 (14.61%)	6.85±1.19 (17.37%)
20	113.11±31.12 (27.51%)	259.67±36.84 (14.19%)	86.56±4.80 (5.55%)	13.78±3.63 (26.34%)	15.89±4.26 (26.81%)	6.50±1.71 (26.31%)
30	114.11±21.30 (18.67%)	282.78±34.81 (12.31%)	87.89±5.01 (5.70%)	12.78±2.28 (17.84%)	14.89±2.57 (17.26%)	6.96±1.20 (17.24%)
40	122.67±28.69 (23.39%)	280.44±29.03 (10.35%)	90.00±6.61 (7.34%)	13.78±1.72 (12.48%)	14.56±2.07 (14.22%)	7.04±1.19 (16.90%)

注：括号内数据为变异系数。

考虑到残体腐烂降解释放营养盐与保护芦苇越冬芽，建议芦苇收割时留茬高度在10～15cm，避免对越冬芽造成伤害，促使芦苇次年正常生长与形成生物量，确保芦苇的水质净化与景观等生态功能正常发挥。收割芦苇为造纸工业和生物炭制备提供了原料，又能降低环境介质中的营养盐，减少由芦苇腐烂分解产生的二次污染。

5.4.2 敞水区沉水植被优化调控

基于水源地水生植被生活史特征分析和研究区水生植被调查，从水动力、水文、水质等角度分析其对沉水植被群落结构的影响，提出了沉水植被恢复保育以及调控措施。

5.4.2.1 水源地水生植被生活史特征

植被生活史反映了植株个体生物量周年内的变化，生活史也是湖湾水源地沉水植物年内生物量大幅波动的决定性因素。特定水域内的植被物种趋于单一，或生活史重合度高，区域内植被现存量有高度的年内波动；相反，更高的物种多样性和明显的生活史差异有利于水域植被现存量的稳定性。因此，植被生活史的差异是沉水植被调控时需要考虑的关键因素之一。

基于太湖水生植被历史数据收集整理及研究区水生植被调查与分析，在揭示太湖水生植被现状分布及演变趋势基础上，分析了植被参数在其生长周期内的变化趋势，识别了太湖主要水生植被物种萌发、快速生长、密度限制和衰亡等关键过程的年内时间分配，见表5-27。

表5-27 湖湾水源地水生植被生活史对照表

月份	1	2	3	4	5	6	7	8	9	10	11	12
马来眼子菜	衰亡	消失	消失	萌发	快速生长	快速生长	快速生长	密度限制	密度限制	密度限制	密度限制	衰亡
苦草		消失	消失	萌发	快速生长	快速生长	快速生长	密度限制	密度限制	密度限制	密度限制	衰亡

续表

月份	1	2	3	4	5	6	7	8	9	10	11	12
微齿眼子菜	消失	萌发	快速生长	密度限制	密度限制	密度限制	密度限制	密度限制	密度限制	密度限制	密度限制	衰亡
狐尾藻	衰亡	萌发	快速生长	密度限制	密度限制	密度限制	密度限制	密度限制	密度限制	衰亡	衰亡	衰亡
轮叶黑藻	消失	消失	萌发	快速生长	快速生长	密度限制	密度限制	密度限制	密度限制	衰亡	衰亡	消失
菹草	快速生长	密度限制	密度限制	密度限制	衰亡	衰亡	消失	消失	萌发	快速生长	快速生长	
伊乐藻	消失	消失	萌发	快速生长	密度限制	密度限制	密度限制	密度限制	密度限制	衰亡	衰亡	衰亡
金鱼藻	消失	消失	萌发	快速生长	密度限制	密度限制	密度限制	密度限制	密度限制	衰亡	衰亡	衰亡
菱	消失	消失	消失	萌发	快速生长	密度限制	密度限制	密度限制	衰亡	衰亡	衰亡	消失
荇菜	消失	萌发	快速生长	快速生长	密度限制	密度限制	密度限制	密度限制	密度限制	衰亡	消失	消失

5.4.2.2 水动力对沉水植被空间分布及群落组成的影响

（1）沉水植被机械抗性特征

利用自主研发的"一种测定水生植物的机械抗性的装置"对水生植物机械特性进行测定。测试部位为植株的顶端、茎中部、茎基以及叶基，对这些部位分别进行测定。基于太湖水生植被研究成果，选择的优势种为马来眼子菜、轮叶黑藻、狐尾藻、苦草、微齿眼子菜、金鱼藻。大茨藻株植株体较为脆弱，但在风浪较大湖区依然有一定的出现频率，因此研究中除了选择太湖优势物种外也将大茨藻纳入对比分析中。受试物种中的马来眼子菜的株高优势明显，平均株高为1.98m，其最大株高可达3.5m，超出水深1m左右。其次是狐尾藻，平均株高为1.58m。大茨藻株高最为矮小，平均株高为34cm，植株体靠近湖底，受底部切应力的影响明显，但受波浪拖曳作用的影响最小。叶片数量方面，金鱼藻叶轮生，每轮6~8叶，因此叶数最多，平均为210叶/株。其次是大茨藻和狐尾藻，平均为163.7叶/株和162.4叶/株。研究的有茎植物中，马来眼子菜叶片宽大，平均为25叶/株，叶数最少。苦草具有匍匐茎，叶片基生，在所有植被物种中单株叶片数量最低，平均为6.1叶/株。叶片数量和叶片形状在很大程度上决定了植株体本身的拖曳系数，从而影响其在水流中所受的拖曳力。在同等机械抗性条件下，叶片数量较少的物种受到的拖曳作用更小。受试物种的单株生物量方面，狐尾藻平均生物量最大，为18.52g，明显高于其他物种。剩余物种单株生物量差距相对较小，其中马来眼子菜最大，单株生物量为9.11g；微齿眼子菜最小，为3.11g。

水生植物的机械抗性除了受纤维成分的影响外，很大程度上还取决于茎的粗细程度，尤其对于同种属植物来说。研究中，受试物种的茎基直径变化范围为0.55~1.95mm，茎基最细的为微齿眼子菜，最粗的为马来眼子菜，与轮叶黑藻、狐尾藻、大茨藻茎基的直径差别幅度较小（图5-54）。茎基的断裂应力的测定结果显示，植物体整株拉力抗性变化范围为1.23～18.16N，其中马来眼子菜茎基的断裂应力最大，具有较强的拉力抗性，能经受较大强度的水流拖曳力；其次是大茨藻，为1.73N；其余物种的断裂应力较小且差异不大，拉力抗性较为接近。植株体是否受损，除了受断裂应力的影响外，还受植物体自身拖曳系数的影响。

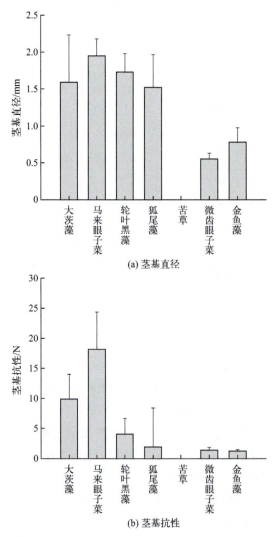

图5-54 受试水生植被植物种茎基直径、茎基抗性对比

各受试物种茎中直径和茎中抗性如图5-55所示。茎中直径变化范围为0.4～2.3mm，茎中最细的同样为微齿眼子菜，最粗的为狐尾藻，其次是轮叶黑藻。马来眼子菜茎基和茎中较为接近，而狐尾藻茎基与茎中相比，相对偏细。茎中断裂应力变化范围为0.78～10.39N，最大断裂应力和最小断裂应力均低于茎基，表明茎中相对较为脆弱。马来眼子菜茎中断裂应力最大；其次是茎中直径较粗的狐尾藻，为9.35N；剩余的物种茎中断裂应力急剧下降，最大为2.39N。

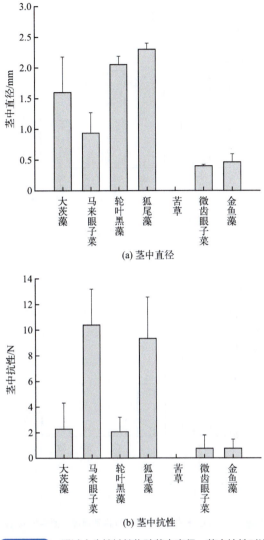

图5-55 受试水生植被植物种茎中直径、茎中抗性对比

植株体顶端茎直径和顶端茎抗性对比如图 5-56 所示。顶端茎直径变化范围为 0.67～2.22mm，与茎中值较为接近。具体到各物种，顶端茎直径最粗的为轮叶黑藻；其次是大茨藻；马来眼子菜和狐尾藻次之，二者较为接近。微齿眼子菜的顶端茎直径最小，为 0.67mm。顶端茎断裂应力变化范围为 0.64～10.12N，与茎中值较为接近。在各物种中，马来眼子菜的顶端茎断裂应力明显高于其他受试物种。同为眼子菜科的微齿眼子菜的顶端拉力抗性反而最小，在风浪作用下容易断裂。

叶基断裂应力可以直观地反映出叶片的抗性。从图 5-57 中可以看出，苦草的叶基抗性最大，断裂应力为 6.6N，明显高于其他受试物种。其次是马来眼子菜和狐尾藻，断裂应力分别为 1.27N 和 0.74N。其他物种的叶基断裂应力较小且较为接近，发生断叶的概率相对较高。

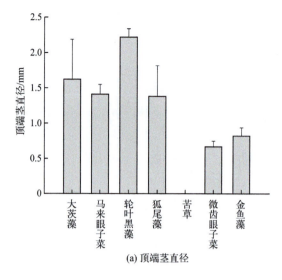

(a) 顶端茎直径

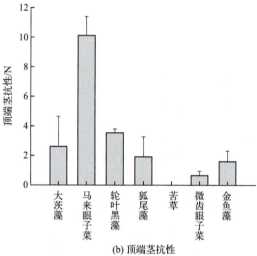

(b) 顶端茎抗性

图5-56 受试水生植被植物种顶端茎直径、顶端茎抗性对比

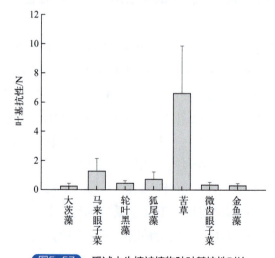

图5-57 受试水生植被植物种叶基抗性对比

(2) 太湖波浪特征

将太湖水深统一设置为 2.5m，即与太湖最大水深接近，太湖岸线环境不变。计算的典型风速为 2m/s、5m/s、10m/s、15m/s。太湖不同区域形成的稳定波浪的有效波高都随着风速的增大而增大。在东南向（SE）风速作用下，受太湖岸线及岛屿影响，不同风速下形成的波浪在西太湖范围内达到该风速下最大波浪。随着风速的增大，达到该风速下最大波浪的范围逐渐扩大，例如风速 15m/s 时整个西太湖的波浪都达到该风速下最大波浪状态。

受太湖岸线影响，SE 向风时，随着与背风面岸线距离的增大，形成稳定波浪的有效波高越来越大，达到一定距离后岸线的影响就会消失，该影响距离随着风速的增大逐渐减小。这主要是由于风速一定时，距离背风面越近，风距越小，产生的稳定波浪的有效波高就越小，随着风速增大，风距的影响会越来越小。此外，受太湖岸线特殊性影响，不同方向时，在太湖不同区域达到的稳定后的有效波高也是不同的。这主要是因为太湖岸线特殊的形态，西南方向较开敞，太湖各湖湾进口方向也是西南向或南向，风施加于水域时可以形成较大的风距，因此西南向或南向风时，太湖大部分区域（包括各湖湾）稳定后的波浪都可以达到该风速下最大波浪状态；而其他方向风时，由于岸线及岛屿等的影响，在各湖湾无法产生较充足的风距，东北风（NE）方向时最为明显，导致各湖湾的波浪无法达到该风速下最大波浪状态。

(3) 植被群落分布对波浪的响应

无波浪试验区水生植物生物量最高，达 12.38kg/m²；其次是弱波浪区，为 0.81kg/m²；中强波浪区和强波浪区水生植物生物量最低，分别为 0.13kg/m² 和 0.01kg/m²；湖心区无水生植物。水生植物的生物量随波浪强度的增加有降低的趋势。各波浪强度下水生植物的种类也存在差异。无波浪区水生植物种类最多，为 14 种，其中，沉水植物 7 种，漂浮植物 3 种，挺水植物 2 种，浮叶植物 2 种；其次是弱波浪区，沉水植物 8 种，浮叶植物 2 种；强波浪区只观测到马来眼子菜，无其他植物存活。夏季植被达到密度制约期，观测发现无波浪区植被覆盖率在 99% 以上；弱波浪区覆盖率达 87.5%；中强波浪区植被覆盖率为 12%；强波浪区植被现存量急剧下降，覆盖率低于 5%。风浪扰动严重限制了植被的定居与繁殖。

各物种具有不同的机械抗性及物理外形，因此对波浪产生的拖曳力具有不同的响应程度。苦草、轮叶黑藻的机械抗性相对较弱，尤其是轮叶黑藻的茎基抗性较弱，在强波浪作用下容易整株断裂，因此在不同季节对波浪强度都较为敏感，生物量随波浪强度的增大而减少。对波浪强度次为敏感的是狐尾藻，在不同季节均与波浪强度负相关，尤其是秋季。尽管狐尾藻茎中抗性相对较强，但秋季狐尾藻进入衰亡期，本来较弱的茎基抗性进一步下降，极易整株断裂从而漂浮在水面上。上述物种的机械抗性特征，一定程度上决定了其不能在波浪较强的开阔水域存活，只能分布在湖湾内或近岸水域。马来眼子菜具有较强的机械抗性，也是在太湖广泛分布的优势物种。基于不同物种机械抗性差异，可通过布设潜滩消浪营造多样化动力条件，调整水生植被群落的空间布局与物种组成。

5.4.2.3 水位对沉水植被群落结构的影响

（1）水位梯度对沉水植物生物量和密度的影响

对 2013～2018 年太湖沉水植被与水位数据的统计结果显示，生物量分布水深范围主要集中在 1.3～2.1m 范围内。冬季和春季的沉水植被生物量与水深不具有显著相关性，夏季和秋季的植被生物量与水深显著相关，表明太湖水深直接影响沉水植被总现存量，将显著引起植被的扩张或缩减。

2015～2017 年间的水位发生了显著变化，沉水植物生物量也具有显著性差异（$P < 0.01$）。事实上，2016 年 2 月、5 月、8 月和 11 月平均生物量较 2015 年同期分别下降了 0.39kg/m²、1.63kg/m²、2.03kg/m² 和 1.68kg/m²。与 2016 年相比，2017 年的生物量分别增加了 0.32kg/m²、0.91kg/m²、1.2kg/m² 和 0.69kg/m²，表明水深的升高会引起生物发生相应的变化。图 5-58 为 2013～2017 年长期调查获得的春、夏、秋、冬代表月份的沉水植物密度、出现频率与水深的关系，可以看出：水深低于 1.4m 时，沉水植物出现频率和相对密度随水深增加而缓慢升高。沉水植物在冬季、春季、夏季、秋季，分别分布在 <2.04m、2.216m、3.228m、2.44m 的水深范围内。不论是从沉水植物的植被密度还是从出现频率来看，太湖东部水域各季 1.4m 水深区域均适宜沉水植被生长、繁殖、发育。冬季水深为 1.4～2.04m，沉水植物的相对密度和相对出现频率降低，>2.04m 的水深不适合沉水植物生长；春季沉水植物在 1.41～1.9m 范围时对水深变化较为敏感，水深增加可引起生物量及出现频率快速下降，此外，沉水植物对水深变化的敏感性降低，出现频率虽维持在 66.7%，但是生物量较低；夏季东部湖区沉水植物适宜生长水深为 1.45～2.66m，水深为 2.67～3.15m 时，对水深变化十分敏感，出现频率和密度随水深的增加而快速下降；秋季沉水植物在水深 <1.90m 区域生长，相对频率和相对密度均 >60%。水深 >1.90m 时，随着水深的增加，出现频率和相对密度均下降。

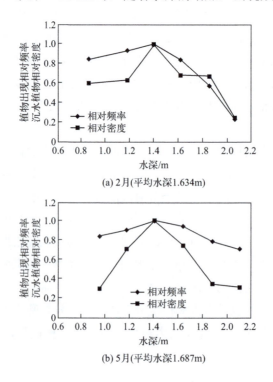

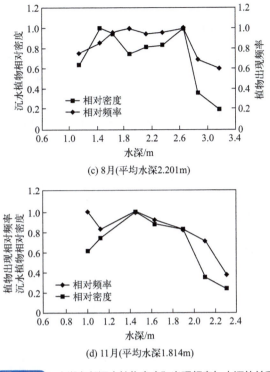

(c) 8月(平均水深2.201m)

(d) 11月(平均水深1.814m)

图5-58　太湖东部沉水植物密度和出现频率与水深的关系

前述分析可以看出,在水深大到一定程度时太湖沉水植物的生物量会随着水深的增大而总体降低,但是也显示了在水深较小时生物量也可能随水深减小而降低。2013～2017年水深与沉水植物群落逐年间差异见表5-28,可以看出,水深差异的出现,并不代表沉水植物就会出现差异。这表明水生植物系因其群落的自组织性和惯性对水深变化具有一定的缓冲能力。水深变幅不大时,沉水植物能够适应水深/水位的变化。而当水深变化过大,沉水植物受到破坏后,尽管水位恢复至正常水平,但是沉水植物也需要较长的时间才能恢复。

表5-28　水深及沉水植物生物量当年与次年之间的差异性(95%置信区间)

时间	指标	群落间	群落内			F值	显著性
		总方差	总方差	平均均方差	自由度		
2013年与2014年	生物量	22.323	2443.1	8.226	297	2.714	0.101
	水深	0.008	23.4	0.077	303	0.107	0.744
2014年与2015年	生物量	6.452	3792.3	12.641	300	0.51	0.476
	水深	3.136	44.2	0.144	308	21.833	0.000
2015年与2016年	生物量	158.222	3053.6	9.914	308	15.959	0.000
	水深	5.547	73.4	0.238	309	23.345	0.000
2016年与2017年	生物量	47.362	2424.0	7.87	308	6.018	0.015
	水深	12.367	52.5	0.172	305	71.862	0.000

（2）沉水植物对水深的适应性

2019年4月17日、5月9日、5月15日、7月16日开展了太湖不同沉水植物在春季至夏季期间株高的补充调查，获得了狐尾藻、马来眼子菜等植物在不同月份的株高，统计了不同物种株高和水深的关系、株高和频率的关系，如图5-59和图5-60所示。随着水深的增加，除轮叶黑藻外，各物种株高均呈增加趋势，这表明，水深过浅对植被株高具有抑制作用，马来眼子菜和狐尾藻等冠层型物种在水深较小的情况下大量叶片暴露于空气中会增加植株死亡风险。

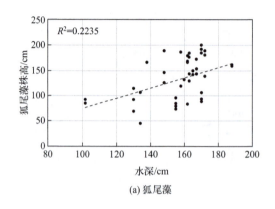

(a) 狐尾藻

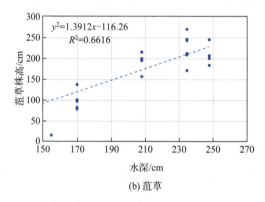

(b) 菹草

图5-59 春季水生植被株高和水深关系

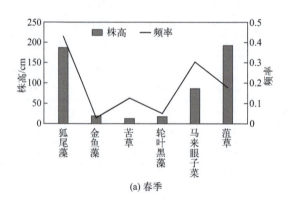

(a) 春季

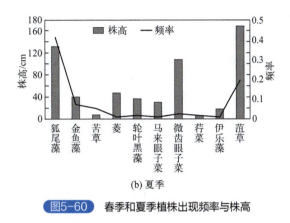

(b) 夏季

图5-60　春季和夏季植株出现频率与株高

5.4.2.4　水质对沉水植被群落的影响

沉水植物的生长和分布除了受水位的控制外，还与其他环境要素密切相关。研究表明，流速、水下光照、底质、水体营养盐等多种环境因子都不同程度地影响着沉水植物的物种组成、生物量和分布。在一定营养盐浓度范围内，营养盐浓度升高有助于沉水植物生长；当水体营养盐浓度过高时又会对植物根系和叶片造成胁迫，限制植被群落的扩张。同时，高营养盐水体易发生藻类水华，恶化水下光照条件，抑制沉水植物生长。明确植被与环境要素的关系是进行多要素水位调控模式情景设计的重要前提。统计结果显示，太湖不同水生植被物种与部分水质指标具有显著相关性，见表5-29。

表5-29　太湖不同水生植被物种与水质的相关性

指标		马来眼子菜	狐尾藻	微齿眼子菜	轮叶黑藻	苦草	菹草
TN	相关系数	−0.13*	−0.04	−0.24*	−0.12*	−0.19*	0.08
	P	0.00	0.34	0.00	0.01	0.00	0.09
	N	484	476	482	482	481	481
TP	相关系数	−0.10*	0.03	−0.17*	−0.08	−0.13*	0.03
	P	0.03	0.50	0.00	0.07	0.01	0.47
	N	483	475	481	481	480	480
NH_4^+-N	相关系数	−0.01	0.21	0.06	0.01	0.03	0.03
	P	0.92	0.06	0.32	0.83	0.61	0.58
	N	333	331	332	331	332	333
COD_{Mn}	相关系数	0.07	−0.20*	−0.11*	−0.11*	−0.11*	0.22*
	P	0.13	0.00	0.02	0.02	0.02	0.00
	N	483	475	481	481	480	480
叶绿素a	相关系数	0.08	0.13*	−0.10*	−0.02	−0.02	0.07
	P	0.09	0.01	0.04	0.62	0.66	0.19
	N	411	405	411	413	410	409
SD（透明度）	相关系数	0.15*	0.15*	0.44*	0.08*	0.12*	0.09*
	P	0.00	0.00	0.00	0.04	0.01	0.04
	N	446	439	444	444	444	444

注：*表示差异显著，即$P<0.05$。

沉水植物的根系和叶片均可从沉积物与水体中吸收氮素，氮素能从沉积物或水体中进入植株表观自由空间，接着透过质膜进入细胞内部，通过吸收、转运、同化等过程完成对氮素的吸收。国内浅水湖泊水体 TN 浓度范围一般处于 1～4mg/L。近年来太湖不同湖区 TN 浓度变化处于 0.6～3.8mg/L。研究发现，水体 TN 为 2～16mg/L 时，沉水植物能较好地适应外部条件。单因素实验研究发现，水体中 TN 浓度的升高并不会对沉水植物的生长产生抑制作用，在一定程度上 TN 浓度的升高会对沉水植物的生长产生有利作用。但在实际湖泊环境中，TN 的升高往往造成水体富营养化及藻类的异常增殖，进而造成水生植被的衰退。

统计太湖不同湖区沉水植物生物量与 TN 的关系，如图 5-61 所示，发现二者在各湖区均呈负相关，表明湖泊中的影响过程较受控实验更为复杂。太湖总体上处于中营养到轻度富营养状态，水体中的 TN 一般为Ⅳ类和Ⅴ类标准，能够为水生植被生长提供必要的氮素。太湖水生植被生物量与 TN 的关系在不同湖区也存在一定的差异。A 湖区是典型的草藻过渡性湖区，草型与藻型生态系统在湖湾内均有一定的规模，二者之间存在较明显的边界。藻型湖区 TN 浓度峰值高且变幅较大，植被生物量较小；东部草型湖区植被生物量增加，TN 变化范围缩窄。B 湖区和 C 湖区的植被主要分布于近岸区，TN 浓度与植被生物量关系具有较大的随机性，但总体上生物量高值区的水体 TN 浓度呈下

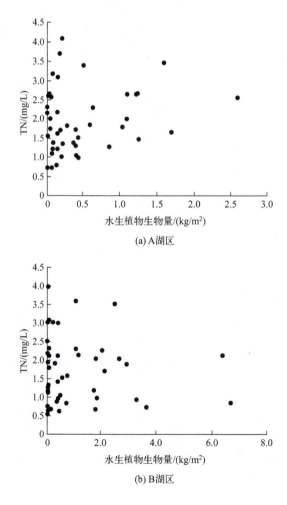

(a) A 湖区

(b) B 湖区

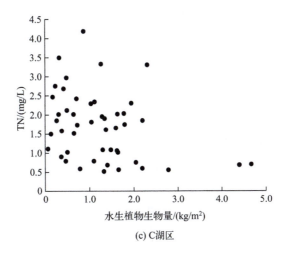

(c) C湖区

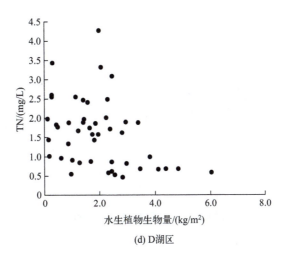

(d) D湖区

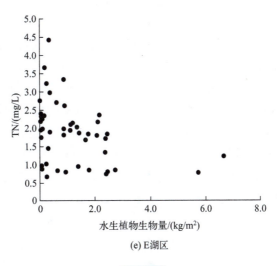

(e) E湖区

图5-61

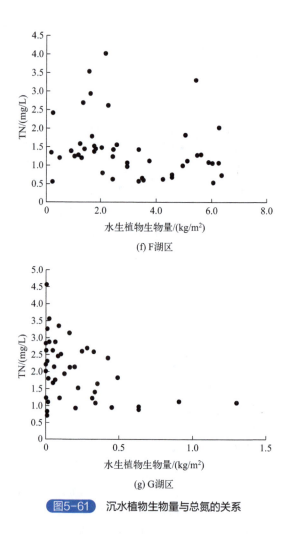

图5-61 沉水植物生物量与总氮的关系

降趋势。D湖区（即前文中的典型湖湾水源地）是太湖植被覆盖率最大的湖区，当植被生物量较低时TN变化范围较大，植被生物量超过 2.5kg/m² 之后TN浓度大幅下降，当生物量超过 4kg/m² 时TN浓度稳定在 1.0mg/L 以下。E湖区和F湖区的变化趋势与D湖区较为一致，不同点在于E湖区的植被生物量偏低。东太湖是受人类活动干预最大的湖区，植被生物量大，TN浓度变化幅度大。在生物量较大的湖区也存在TN浓度高的情况。

氨氮（NH_4^+-N）被认为是最易被植物（尤其是沉水植物）吸收和利用的营养元素之一。研究表明，当NH_4^+-N浓度过高时，植物吸收过多的NH_4^+-N就会产生氨害。实验结果发现，低浓度（0.5mg/L、1.2mg/L）的NH_4^+-N对轮叶黑藻的生长具有促进作用；当NH_4^+-N超过 4mg/L 时，轮叶黑藻的相对生长率明显下降；当NH_4^+-N浓度达到 16mg/L 时，轮叶黑藻在20多天内全部死亡。研究结果也发现，当NH_4^+-N浓度大于 1.5mg/L 时，轮叶黑藻的生长会受到胁迫。适宜穗花狐尾藻生长的NH_4^+-N浓度为 1.5～4.0mg/L，更高的浓度会抑制其生长，从而导致生物量的降低。对太湖NH_4^+-N与沉水植被生物量进行了统计，如图5-62所示，发现因太湖中NH_4^+-N浓度不高，各湖区NH_4^+-N并未对水生植物产生明显的抑制作用。

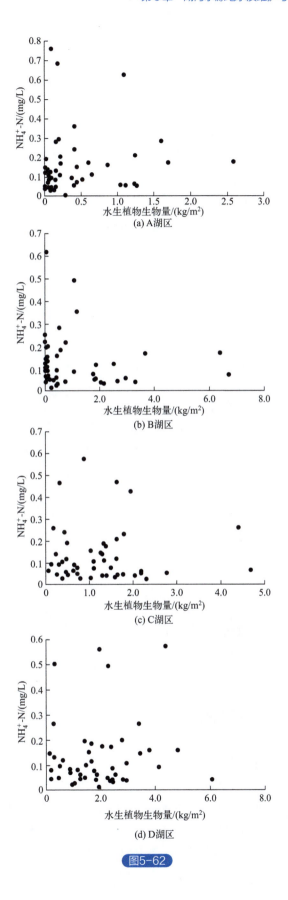

图5-62

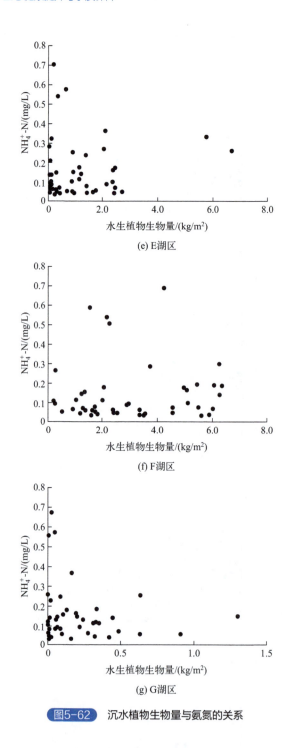

图5-62 沉水植物生物量与氨氮的关系

研究发现,水体中 TP 浓度对沉水植物生长的影响程度,因植物物种不同而不同。轮叶黑藻在 TP 浓度为 0~0.2mg/L 情况下能够正常生长,在 TP 浓度 0.2mg/L 时生长最好,而在高磷浓度(0.4~0.8mg/L)时受到胁迫。穗花狐尾藻在 TP 浓度为 0.1~0.8mg/L 时能够正常生长,在 TP 浓度为 0.4mg/L 时生长最好,而在低磷浓度(0~0.02mg/L)下受到胁迫。伊乐藻在 TP 浓度为 0.064~0.512mg/L 时能够正常生长,而且最佳生长的 TP 浓度为 0.128mg/L,当 TP 浓度达到 1.024mg/L 时伊乐藻的光合速率生物量明显降低,生长受到抑制。近年来,太湖各湖区 TP 浓度为 0.04～0.27mg/L,与实验处理浓度较为接近,但太湖 TP 浓度的上升会导致水体中藻类的异常增殖,通过营养竞争和遮蔽光照对水生植物产生抑制。研究发现,太湖春季和冬季浮游植物的生长主要受磷限制,磷浓度升高能够显著提高浮游植物的生物量和生长速率。而夏、秋季蓝藻水华发生时,氮是主要限制因子,磷是次要限制因子。因此,TP 浓度的变化对太湖水生植被具有重要影响。统计各湖区 TP 浓度和水生植物生物量,发现:除东太湖外,其他各湖区 TP 浓度随植被生物量增加呈明显的下降趋势。A 湖区、B 湖区、E 湖区和 F 湖区在无植被的情况下,TP 浓度峰值高,变幅大,极不稳定,随着生物量增加,TP 浓度下降并趋于稳定。D 湖区(即前述的典型湖湾水源地)高浓度频次低,大部分点位 TP 浓度维持在全湖较低水平。东太湖受围网养殖影响,在生物量较大区域其 TP 浓度峰值依然较高,而且变化幅度大。

水体叶绿素 a 浓度(Chl a)可以反映水体浮游藻类的数量,是表征湖泊富营养化状态的核心指标。湖泊中大型水生植物与藻类相互竞争氮、磷营养盐及光能,一方面,大型水生植物能够分泌化感物质,抑制浮游植物生长,同时能够遮光抑藻,控制富营养化水体中藻类的生长。穗花狐尾藻、伊乐藻通过释放水解多酚对铜绿微囊藻的生长产生抑制,马来眼子菜、黑藻、苦草、光叶眼子菜、篦齿眼子菜等沉水植物通过释放酚酸类、脂肪酸类、生物碱等化感物质抑制藻类生长。另一方面,藻类生物量增加,水体透明度下降,同时藻毒素浓度增加,很大程度上对大型水生植物产生毒性,在一定的营养盐浓度区间内,原本的生态系统在外界环境扰动(风浪、光抑制和鱼类牧食)下极易发生水生植被衰退现象。统计太湖各湖区 Chl a 和沉水植物生物量,发现:不同湖区 Chl a 随生物量的增加均明显下降。A 湖区植被生物量超过 1.5kg/m² 之后 Chl a 趋于稳定,并维持在较低浓度。B 湖区和 C 湖区的藻类密度峰值高,当植被生物量超过 4kg/m² 之后 Chl a 降至低浓度。D 湖区～F 湖区的植被茂盛,Chl a 总体处于全湖较低水平。F 湖区中无植被区的藻类变化幅度大,随着植被生物量的增加,Chl a 明显降低,表明水生植被对藻型湖区的藻类抑制效果更为突出。

高锰酸盐指数(COD_{Mn})可反映水体中有机及无机可氧化物质污染。研究发现,在中营养水体中,太湖水生植物优势种马来眼子菜叶片中的叶绿素含量、过氧化物酶活性均与 COD_{Mn} 呈显著正相关关系,表明马来眼子菜在较高 COD_{Mn} 浓度下仍能够生长。太湖目前 COD_{Mn} 处于Ⅱ类和Ⅲ类水标准,浓度不高,并非影响水生植被分布的关键因素,而植被的生物量大小则对 COD_{Mn} 有一定的影响。太湖各湖区沉水植物生物量与 COD_{Mn} 统计结果发现:各湖区 COD_{Mn} 浓度随植被生物量的增加均呈下降趋势,而且高生物量区的 COD_{Mn} 浓度趋于稳定,变化幅度缩小。东太湖 2019 年之前存在大规模的围网养殖,植被生物量较大的情况下水体 COD_{Mn} 浓度依然偏高,受人类活动影响明显。

5.4.2.5 沉水植物收割调控

通过人工收割定量模拟实验,探讨水生植物在遭受不同强度收割时,其生产力、所在群落特征及其环境所发生的变化，阐明水生植物对不同强度和方式收割的响应机制，为水生植被收割调控提供技术参数。

(1) 收割干预对伊乐藻的影响

在相同水深条件下，伊乐藻遭受第 1 次收割后损失的生物量随收割强度的增大而显著增大。植物在遭受前两次收割中所损失的生物量随着水深的增大而减小。此后，遭受收割后所损失的最大生物量均发生在水深为 60cm 或者 90cm 条件下遭受低、中度收割伊乐藻处理组。在遭受收割的 3 个植物处理组中，实验结束时在 90cm、120cm 和 150cm 水深下单株生物量最大值均出现在中等强度收割条件下，未处理的伊乐藻生物量大于遭受过收割的处理组中的生物量。不同水深下的光照条件是导致植物收割出现差异的关键要素。实验结束时在水深为 90cm 条件下未处理组生物量最大（$P < 0.05$）。在第 1 次模拟收割后，低强度的收割促进了植物的生长。由于受水深较大处光照条件的限制，在 120cm 和 150cm 水深下高、中强度收割后的伊乐藻生物量的恢复能力小于 60cm 和 90cm 水深下同强度收割后伊乐藻生物量的恢复能力。

在水深为 60cm、90cm 和 120cm 条件下，地下生物量与地上生物量比值在 3 种收割处理组中均是在高强度的收割条件下最大。水深为 60cm 条件下不同的处理间的根长和根数均无显著性差异（$P > 0.05$）。水深为 90cm 条件下根长对收割的响应敏感。在水深为 120cm 和 150cm 条件下，根长在低收割强度中最长。在水深为 60cm 条件下所有强度的收割均促进了根数的增加，在水深为 120cm 条件下中度收割及水深为 150cm 条件下低强度收割亦可促进根数的增加。

各水深条件下伊乐藻在经受第 1 次收割时，在 3 种收割强度的单位深度生物量损失中中等强度下的最大，表明植物位于 50% 以上水深范围内的生物量相对较多，换言之，生物量集中在中、上水层。在第 2 次收割中，水深为 60cm 条件下低强度收割在所有收割强度组中单位深度损失的生物量最大，单位深度损失的生物量随收割强度的增加而减少，说明在相对较小的水深条件下生物量主要集中在水体表层，收割后生物量变化幅度更大。单位深度的生物量在第 3 次收割及实验最后的生物量收获中均是中等强度收割的最大。单位深度的生物量在水深为 120cm 和 150cm 条件下各收割强度组中均较小。实验结束时单位深度的生物量比此前高，主要原因是最后的生物量收割包含了此前收割残留下来的不带顶尖的植株体。

不同水深及收割强度下，伊乐藻相对生长速率（RGR）中生物量为整个实验期间的累积生物量，如图 5-63 所示。在水深为 90cm 条件下，未处理组的伊乐藻的 RGR 最大，水深和收割强度对伊乐藻的 RGR 均有显著性影响，见表 5-30。在水深为 60cm 条件下，不同的收割强度对 RGR 无显著影响（$P > 0.05$），但相比未处理组，收割促进了生物量的生产力，中等强度的收割提高了伊乐藻的 RGR，而当水深大于 60cm 时 RGR 在未处理组中最高。RGR 在 120cm 和 150cm 水深下的 3 种收割强度中，中等收割强度下较高。中等强度的收割在该实验条件下可能刺激植物为了获取资源增加了生物量的生产力。收割强度的增加在相对较大的水深条件下对生物量的累积起抑制作用，而伊乐藻对中等强度收割有一定的耐受性。

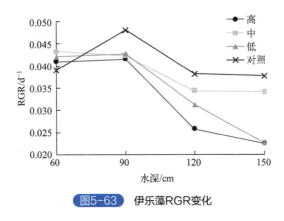

图5-63 伊乐藻RGR变化

表5-30 伊乐藻在不同水深和收割强度下RGR双因素方差分析

因素	自由度(d.f.)	F值	显著性(P)
收割强度	3	21.956	<0.001
水深	3	8.261	<0.001
收割强度×水深	9	2.582	0.023

（2）收割干预对狐尾藻的影响

未经收割处理的狐尾藻的生物量呈减少趋势，而经高强度收割的狐尾藻的生物量保持增长，中强度收割后狐尾藻的生物量呈先增加后减少的趋势，如图5-64（a）所示。7月6日至8月6日，低强度、中强度和高强度收割的狐尾藻生物量的增长率分别为0.001d^{-1}、0.008d^{-1}和0.017d^{-1}；8月，狐尾藻进入了明显的衰亡期，8月6日至9月15日生物量增长率分别为−0.011d^{-1}、−0.015d^{-1}和−0.008d^{-1}，可见高强度收割延长了狐尾藻的生长期。9月15日高强度收割的狐尾藻生物量分别是低强度和中强度处理的0.91倍和1.42倍。高强度的收割缓和了狐尾藻生物量的衰亡趋势，甚至刺激了生物量的增加。狐尾藻为成熟无性系的生物量分配模式，根、茎、叶生物量依次增加，呈现与马来眼子菜、川蔓藻等相反的头重脚轻的结构，所以在一定的条件下容易上浮。低强度收割的狐尾藻群落因过度生长，水下光照减弱，植株基茎缺氧导致物理抗性降低，同时自身的浮力增加使得植物体上浮、衰亡，是生物量减少的主要原因。

狐尾藻植株密度的变化趋势与生物量的变化趋势一致，如图5-64（b）所示。在8月6日第2次监测时，高强度收割后的植株密度超过中强度收割的处理，而且在9月15日第3次监测中其植株密度大于低强度收割的处理，分别是低强度收割和中强度收割的1.20倍和1.68倍。收割使狐尾藻种群中可利用空间得以恢复，更多的光照可进入更深层的水体，为植株下层新萌生的植株提供了必要的能量和空间；而在低强度的处理中，植物生长旺盛，生物量聚集在水体表面，水体下层的幼苗因得不到足够的生长空间和光照，不但生长受阻，而且在一定的盖度条件下可能因受到增大的浮力，植株整体上浮，最终植株密度减小。上浮的植物因漂浮在水体表层增加了对水面的覆盖率，对底部的植物产生不利的影响，并且上浮至水面的狐尾藻因温度过高和光照过强，光合作用受到抑制，逐渐死亡，发生腐烂，使得植物生态功能下降。

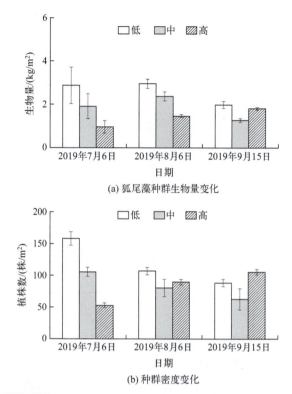

图5-64 不同收割条件下狐尾藻种群生物量和种群密度变化

(3) 收割干预对菹草的影响

在菹草生长期,适量收割有利于菹草的生长。从表5-31中可以看出,2019年4月12日至5月5日(第一阶段),随着收割强度的减小,菹草生物量增长率也减小,80%收割处理下菹草增长率达到0.189d^{-1};第二阶段差异不显著,除100%收割外,增长率介于$-0.019 \sim 0.013$d^{-1};第三阶段呈现出随着初始收割强度增大植物衰亡减慢的趋势,如图5-65所示。2019年5月5日,菹草在80%收割处理中衰亡相对较慢且较为稳定,而其他处理衰亡速率加快。由于水温的快速升高,在5月25日之前平均水温已经超过26℃,各处理组菹草进入了明显的衰亡阶段,但是从中还是可以看出,高强度的收割处理延缓了菹草生物量的减少。在6月20日,80%和60%菹草收割处理下其生物量分别是未进行收割处理条件下的16.8倍和10.0倍,而20%菹草收割处理与未收割处理相比菹草生物量无显著差异($P > 0.05$)。虽然菹草的衰亡速率主要受温度上升的影响,但是在实验初期收割给菹草提供了再生长的空间,菹草产生大量新生分枝,使得植物保持生长趋势,延迟了菹草的衰亡时间。

表5-31 2019年不同收割强度下菹草生物量变化(g/m^2)及上浮情况

日期	处理方式					
	100%	80%	60%	40%	20%	0%
2019年4月12日	0	204.8±3.5e(W)	409.6±17.4d(W)	614.3±43.6c(W)	819.1±72.6b(W)	1023.9±90.8a(W)
2019年5月5日	0	1134.1±48.6a(W)	903.7±32.6b(W)	835.8±52.4c(F)	960.0±48.6b(F)	936.2±78.6b(F)

续表

日期	处理方式					
	100%	80%	60%	40%	20%	0%
2019年5月25日	0	699.1±33.2a(W)	639.4±34.6b(W)	613.6±32.5b(F)	555.9±41.5cd(F)	594.3±32.3bc(F)
2019年6月20日	0	360.2±34.2a(W)	214.1±42.5b(F)	89.8±20.5c(F)	21.8±7.8d(F)	21.5±6.5d(F)

注：1. 数据为平均值±标准差，$n=3$。
2. 不同的小写字母表示处理间差异显著（$P<0.05$）[a～e分别代表不同的收割强度：100%（全部收割）、80%、60%、40%、20%]。
3. W代表未上浮，F代表上浮。

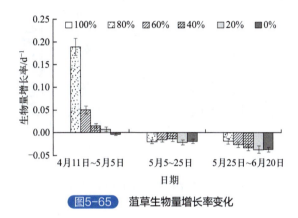

图5-65　菹草生物量增长率变化

菹草成熟无性系的生物量分配模式导致它在一定的条件下也较容易上浮。在5月25日，仅80%和60%收割处理下菹草未发生上浮现象。此时，菹草的盖度也达到85%以上，这说明收割后新生长的菹草不容易断枝上浮。至6月20日，仅有80%菹草收割处理未发生上浮现象。值得关注的是，5月5～25日在80%和60%收割处理组中菹草生物量减少，在这段时间内，菹草的盖度呈增长趋势，见表5-32，说明菹草仅在冠层表现出增长迹象。6月20日，60%收割处理组中菹草盖度大于80%菹草收割处理组，但是其生物量却远低于后者，原因可能是菹草的上浮导致表观盖度较大。以上结果表明，较高强度的收割可延长菹草的生命周期，推迟菹草的上浮时间，改变菹草种群生物量在水体中的分布格局。

表5-32　2019年不同收割强度下菹草的盖度　　　　　　　　　单位：%

日期	收割处理方式					
	100%	80%	60%	40%	20%	0%
4月12日	0	20	40	60	80	100
5月5日	0	85	90	92	90	70
5月25日	0	100	100	70	40	10
6月20日	0	35	80	30	5	2

（4）收割干预对双角菱的影响

双角菱经 100% 收割后失去了再生长能力。而在其他强度收割条件下，双角菱的盖度均能恢复到较高水平，如图 5-66（a）所示。即便在 75% 的收割条件下，双角菱依然可以恢复到 75% 的盖度。整个实验期间，在 25% 和 50% 收割条件下菱的盖度无显著差异（$P > 0.05$）。

7月3日，菱的生物量与收割强度呈显著的负相关性，如图 5-66(b) 所示。8月6日，75% 收割中菱生物量小于 0% 收割处理下的生物量，但大于 25% 和 50% 收割处理下的生物量；9月15日，75% 和 50% 收割处理中菱的生物量均大于 0% 和 25% 收割处理中的菱生物量（$P < 0.05$）。

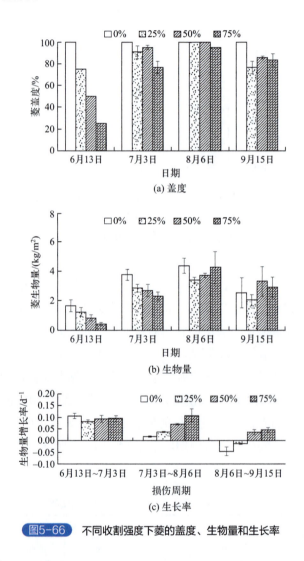

图5-66　不同收割强度下菱的盖度、生物量和生长率

在 6 月 13 日～7 月 3 日期间，收割对菱的生物量增长率无显著影响 [图 5-66（c）]，此后除 100% 收割处理外，菱的增长率随收割强度的增大而增大。3 次收割处理后，0% 和 25% 处理下，生物量增长率分别降至 $-(0.046 \pm 0.018)$ d^{-1} 和 $-(0.012 \pm 0.002)$ d^{-1}，而 50% 和 75% 收割强度下分别增加至 (0.036 ± 0.011) d^{-1} 和 (0.047 ± 0.011) d^{-1} [图 5-66（c）]。

第 1 次收割后，随收割强度的增大单位面积菱盘数减少 [图 5-67（a）]，但是第 2 次收割后 25%、50% 和 75% 收割间菱盘数无显著差异（$P > 0.05$）。菱盘直径在 75% 收割强度下的增长率最大，最后达到了（45.7±4.3）cm [图 5-67（b）]。另外，菱分蘖数亦是在 75% 收割处理中最大 [图 5-68（a）]。经过 94d 的实验，不同处理间单个菱盘所产生的果实数无显著差异（$P > 0.05$）[图 5-68（b）]。

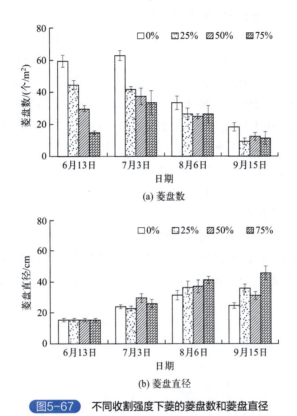

图5-67 不同收割强度下菱的菱盘数和菱盘直径

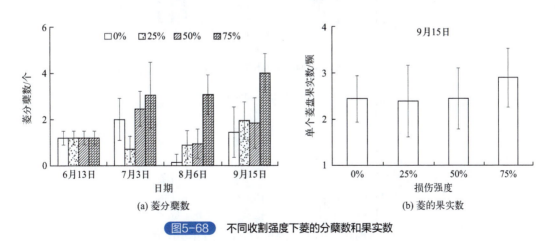

图5-68 不同收割强度下菱的分蘖数和果实数

浮叶植物双角菱因能迅速遮盖水体表面，是具有一定竞争优势的沉水植物。菱在快速生长期的生长模式可用单种群逻辑斯蒂生长模型描述：

$$dN/dt = rN(1-N/K) \tag{5-9}$$

式中　　t——时间，d；

　　　　N——t时刻的生物量，kg；

　　　　r——种群增长率；

　　　　K——环境容量，kg/m^2。

因 6 月 13 日～8 月 6 日 0% 收割处理中菱未受到收割，整个实验期间的 K、r 可以通过在 0% 处理中监测的生物量线性回归计算得出。计算出 K 的值为 $4.40kg/m^2$，r 为 0.11。根据生长模型公式，当 N 接近 K 时生长率接近 0（稳定生长期）；当 N 接近 $K/2$ 时，增长率将会接近最大值。通过计算相邻两次菱收割之间菱的平均生物量，得出第 1 次收割与第 2 次收割间 0%、25%、50% 和 75% 收割强度下的平均生物量分别为 $2.71kg/m^2$、$2.05kg/m^2$、$1.76kg/m^2$ 和 $1.36kg/m^2$，第 2 次收割与第 3 次收割间分别为 $4.08kg/m^2$、$2.79kg/m^2$、$2.55kg/m^2$ 和 $2.42kg/m^2$，第 3 次后分别为 $3.47kg/m^2$、$2.31kg/m^2$、$2.60kg/m^2$ 和 $2.00kg/m^2$。第 2 次收割后，50% 和 75% 收割强度使得菱的生物量接近 $K/2$，因此收割提高了菱的增长率，并且除 100% 收割外，生长率与收割强度呈正相关性。即便是 75% 收割亦可保证菱具有强大的再生长能力。

双角菱通过改变生长策略的方式来适应重复发生的收割。在高强度的重复收割条件下，菱残余下来的分枝依然具有较强的再分枝和生长能力，通过产生新的菱盘和增加菱盘直径来恢复种群优势（图 5-69）。增加菱盘直径和产生新的菱盘均可保证在高

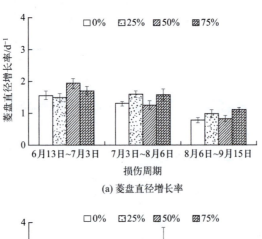

(a) 菱盘直径增长率

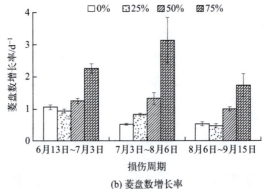

(b) 菱盘数增长率

图 5-69　不同收割强度下菱盘直径增长率和菱盘数增长率

强度的收割条件下快速占据水面，并形成绝对优势种群。6月13日~7月3日、7月3日~8月6日和8月6日~9月15日菱盘直径的增长率范围分别为1.49~1.94d^{-1}、1.26~1.59d^{-1}和0.79~1.11d^{-1}。6月13日~7月3日、7月3日~8月6日和8月6日~9月15日菱盘数的增长率范围分别为0.94~2.25d^{-1}、0.53~3.14d^{-1}和0.47~1.43d^{-1}。整个实验期间25%、50%和75%收割中菱盘直径增长率与未进行收割条件下菱盘直径增长率的比值分别为1.14、1.08和1.24；而菱盘数增长率的比值分别为1.11、1.85和3.74。这表明植株增加菱盘数是应对收割强度的主导生长策略。菱在高强度收割条件下，菱盘的持续生长时间长于低强度收割和未收割的处理组。75%的收割是唯一能维持菱盘直径一直处于正增长状态的收割强度。菱在高强度收割条件下，由于生长空间得到释放，生长周期被延长。

5.5 水生植物收割残体资源化处置技术

为破解植物残体资源化处置与次生污染防控的难题，将芦苇收割残体作为生物炭制备原料，基于工艺参数优化和材料特性表征，研发空气爆破预处理-循环热解技术，有效提升了植物生物炭的制备效率。生物炭产品主要用于农田土壤的减污增肥，优化了"水环境—水生植物体—生物炭—土壤—农作物"的养分单向传输资源化模式。

5.5.1 技术原理与流程

（1）技术原理

以富含N、P的水生植物为原料，采用热解法制备富磷、富碳、多官能团的环境功能材料，并用于改良土壤，提高土壤肥力，改善土壤物理结构，降低土壤中重金属与有机物含量，减少土壤氮、磷流失，形成"水环境—水生植物体—生物炭—土壤—农作物"的C、N、P单向传输体系，提高土壤环境质量，减少湖泊面源污染。

研究内容包括：a.调查湖湾水源地水生植物收割物；b.分析闪爆预处理和常规预处理对生物炭基本性质、处理费用的影响；c.对比以陆生植物和水生植物为原料制备生物炭的固碳能力的差异；d.对比闪爆预处理和常规预处理下生物炭固碳能力的差异；e.研究不同生物炭肥力指数，生物炭及改性生物炭对P的吸附能力，生物炭对土壤的增肥能力和对土壤的固持能力；f.通过吸附试验研究生物炭及改性生物炭对重金属铬和草甘膦污染物的吸附能力与吸附机理，通过土培实验研究生物炭及改性生物炭对土壤中铬和草甘膦的修复效果；g.估算生物炭制备验证平台及生物炭制备费用。技术路线如图5-70所示。

（2）技术流程

技术流程主要分为如下3个部分：

1）主要为空爆预处理　将芦苇秸秆原材料经破碎机粉碎后，通过输送机运往纤维分离仓，在纤维分离仓中经过高温和空压机空爆处理，获得半成品原料，再通过压力输送机运往压榨机处理，经过废水处理器提取木糖和木质素，最后得到空爆技术处理芦苇秸秆纤维。

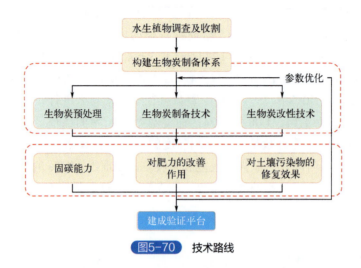

图5-70　技术路线

2）主要为生物炭热解　将空爆生物炭运送至炭化炉，同时接通冷却循环水，待热解过程产生烟气，打开废气处理装置，得到炭化后的原始生物炭。

3）提高生物炭吸附污染物质的能力　采用浸渍改性法对原始生物炭进行改性处理，具体为将原始生物炭浸渍于改性剂中，当浸渍完成后将生物炭运送至烘干设备中烘干，最后得成品改性生物炭。

（3）核心步骤

1）闪爆物理法植物纤维分离技术　将闪爆物理法植物纤维分离技术作为制备生物炭的预处理技术。木质纤维素原料的主要成分为纤维素、半纤维素及木质素，而闪爆物理法植物纤维分离技术主要是利用高温高压水蒸气或其他气相介质处理纤维原料，高温蒸汽迅速渗透进入植物内部，再骤减压力，使植物孔隙中的气体急剧膨胀，产生爆炸，将生物原料爆裂成细小的纤维束状，迅速分解后分离产出高质量的植物纤维。在物理化学作用下，半纤维素部分水解，木质素软化变得易降解，从而使木材横向联结强度下降，细胞孔隙中充满高压气体，变得柔软可塑。当骤然减压时，孔隙中的气体急剧膨胀，产生爆炸，将生物原料爆裂成细小的纤维束状，从而实现原料的组分分离和结构变化。闪爆物理法又称"闪爆技术"。

闪爆技术的优势包括：

① 可经济有效地分离植物中的各组分，使其便于生产利用。预处理的目的不是针对某一种组分，也不能一味地强调各组分完全分离后再利用，要在尽量减少损失或不损失的前提下进行回收；

② 可实现原料中各组分的有效分离，减少后续转化过程中各组分之间的相互抑制；

③ 可以控制有害物质的产生；

④ 可以减少化学物质加入或经济地回收所用化学制剂，以减少后续治理的成本；

⑤ 可以减少原料的粉碎或者磨碎等处理单元，降低能耗和成本。

2）生物炭及改性生物炭的制备

① 生物炭的制备：预处理后的植物收割物经限氧热解，制备生物炭。

② 改性生物炭的制备

ⅰ. 镁改性芦苇生物炭：提升生物炭对磷（P）的吸持能力，为作物提供缓释磷肥，减少农田磷流失。

ⅱ. 铁改性芦苇生物炭：提升生物炭对六价铬的吸附，并促进六价铬向三价铬的转化，降低土壤重金属毒性。

ⅲ. 生物炭与微生物复合材料：有效提升对草甘膦的吸附和降解，降低土壤草甘膦危害。

5.5.2 水生植物收割残体生物炭的制备及性能

5.5.2.1 生物炭的制备与性能表征

（1）材料制备

1）生物炭的制备　将芦苇原材料清洗后粉碎，置于烘箱中在 80℃ 条件下烘干，取出原材料置于马弗炉以 5℃/min 的加热速率加热至 500℃，恒温限氧加热 3h，冷却至室温，研磨过 100 目筛后即贮存备用，标记为 BC500。

2）改性生物炭的制备　称取适量 BC500 于锥形瓶中，加入 100mL 0.3mol/L 的硝酸铁溶液，将悬浮液 pH 值调至 7.0，保持 pH 值稳定 2h，超声分散悬浮液 2h，25℃ 条件下避光静置 24h 后，用无水乙醇和超纯水交替清洗 3 次去除杂质，过滤后在 75℃ 条件下过夜烘干、研磨过 100 目筛，得铁改性生物炭，标记为 FeBC500。

3）微生物菌剂的制备

① 菌株母液制备：从功能微生物培养基中挑取适量菌种，在 30℃ 下恒温振荡（150r/min）18h，取出培养液，于低温下保存备用。

② 菌悬液制备：将菌株母液以 2% 的接种量接种至培养液中，在 30℃ 下恒温振荡（150r/min）18h 后离心过滤，下层沉淀用无菌水冲洗 3 次，去除细胞生长繁殖代谢物以及残留培养基，无菌水定容配置成菌悬液，待用。

4）生物炭固定化微生物复合材料的制备　取 1g 生物炭置于 100mL LB 液体培养基中，121℃ 下灭菌 30min，以 2% 的接种量接入菌株 C，在 30℃ 下恒温振荡（150r/min）18h 后离心过滤，用 1%（质量分数）的无菌水洗涤下层沉淀部分，离心并重复洗涤 3 次至中性；去除细胞生长繁殖代谢物以及残留培养基，离心所得固体即为固定化微生物。

（2）性能表征

1）表观特征　以秸秆、芦苇、稻壳为原料分别在 350℃、550℃ 的温度下制备生物炭。350℃ 下制备的生物炭颜色略显棕色或黑灰色，而 550℃ 下制作的生物炭则是黑色较深，这是因为 550℃ 下原料热解得更充分，生物炭的含碳量更高，石墨化程度更高，碳更稳定。表 5-33 为不同原材料在不同温度下制备得到的生物炭的外观及其扫描电镜（SEM）图。

表5-33 不同原材料在不同温度下制备得到的生物炭的表观现状

项目	芦苇	秸秆	稻壳
原材料			
350℃, 2h, N₂			
550℃, 2h, N₂			

2）表面官能团　图5-71为生物炭的FTIR（傅里叶变换红外光谱仪）图谱，由图可见，不同植物原料制得的生物炭含有相似的官能团，如羧基、内酯基、酚羟基和羰基等。生物炭在3400cm^{-1}附近存在吸收峰，这归属于O—H伸缩振动的结果；生物炭在1600cm^{-1}附近的吸收峰说明其中有C=C或C=O存在；生物炭在1400cm^{-1}处的峰是碳酸根上C—O键作用的结果；2940cm^{-1}附近的峰为—CH_2—或—CH_3的反对称伸缩振动峰；1050cm^{-1}附近的吸收峰为C—O—C的伸缩振动峰；1097cm^{-1}处为磷酸根中的P—O键的伸缩振动峰。

通过图5-71（a）可以看到，在350℃下制备的3种生物炭中，秸秆生物炭和芦苇生物炭的C=C或C=O吸收峰强度强于稻壳生物炭，而在图5-71（b）中，550℃下制备的稻壳生物炭的C=C或C=O吸收峰强度有明显提高，并超过了芦苇生物炭的强度。在图5-7（b）中，稻壳各峰强度均有增高，P—O键的伸缩振动也最为显著。比较图5-71（a）、（b）可以看到，随着温度的提升，3种生物炭的上述几种红外吸收峰均有不同的增强，同时一些原本不明显的吸收峰逐渐消失，说明随热解温度上升，官能团种类减少,强吸收峰的强度进一步增加,而稻壳生物炭在温度上升后官能团种类保留相对更多,数量和强度也最大。

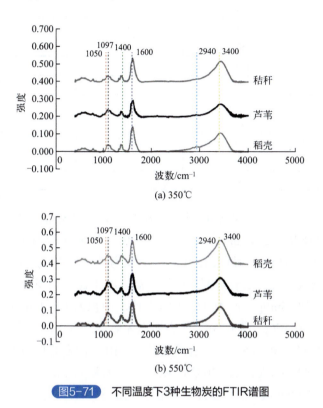

图5-71　不同温度下3种生物炭的FTIR谱图

3) BET 比表面积　运用 V-Sorb X800 比表面积及孔径分析测定仪测定不同原材料、不同碳化时间、不同热解温度及含氧条件下制备的生物炭。称取两个质量在 0.1500g（±0.0200g）的生物炭样做平行样,放入比表面积测定仪中,先进行预处理,去除生物炭内的水分;再进行测定,通过向生物炭通氮气和氦气来测定它的比表面积大小,并分析平均数与方差。

测定原理:在 $-196℃$ 低温液氮环境下,通入一定流量比例的氮氦混合气体,采用高精度热导池根据样品吸附氮分子前后的气体浓度变化,得到吸附峰或脱附峰,峰面积正比于氮气吸附量,应用直接对比法或 BET 理论计算出样品的比表面积大小。

不同温度下 3 种生物炭的 $BET-N_2$ 比表面积见表 5-34。

表5-34　不同温度下3种生物炭的$BET-N_2$比表面积

原料	热解温度/℃	热解时间/h	$BET-N_2$比表面积/(m^2/g)
芦苇	350	2	1.69
	350	3	24.45
	350	4	2.62
	450	3	1.91
	550	3	4.69

续表

原料	热解温度/℃	热解时间/h	BET-N_2比表面积/(m^2/g)
秸秆	350	2	13.95
	350	3	3.16
	350	4	10.82
	450	3	146.44
	550	3	218.65
稻壳	350	2	5.78
	350	3	7.48
	350	4	49.32
	450	3	148.48
	550	3	180.83

对于芦苇生物炭来说，随着热解温度的升高，BET 比表面积先减小后增大。350℃时 BET 比表面积最大为 24.45m^2/g，而 550℃时 BET 比表面积为 4.69m^2/g，高于 450℃时的 BET 比表面积 1.91m^2/g。最大 BET 比表面积为最小 BET 比表面积的 12.8 倍。

对于秸秆生物炭来说，随着热解温度的升高，BET 比表面积增大。550℃时 BET 比表面积最大，为 218.65m^2/g，而 450℃时 BET 比表面积为 146.44m^2/g，远高于 350℃时的 BET 比表面积 3.16m^2/g。最大 BET 比表面积为最小 BET 比表面积的 69.2 倍。

对于稻壳生物炭来说，随着热解温度的升高，BET 比表面积增大。550℃时 BET 比表面积最大，为 180.83m^2/g，而 450℃时 BET 比表面积为 148.48m^2/g，远高于 350℃时的 BET 比表面积 7.48m^2/g。最大 BET 比表面积为最小 BET 比表面积的 24.2 倍。

对比 3 种原材料在不同炭化（热解）时间下制备出的生物炭的 BET 比表面积可以发现，不同原料制备出的生物炭随着炭化时间的变化，比表面积的变化并不相同。这是由于木质素、纤维素和半纤维素的具体炭化时间都不相同，所以炭化时间对生物炭比表面积的影响小于原材料对生物炭比表面积的影响。

4）电化学性质　如表 5-35 所列，制备的 350℃和 550℃的芦苇生物炭、秸秆生物炭和稻壳生物炭的 pH 均为碱性。550℃生物炭的 pH 值、CEC（阳离子交换量）均高于 350℃生物炭，最高和最低分别为 550℃稻壳生物炭（pH=10.64，CEC=303cmol/kg）和 350℃芦苇生物炭（pH=8.03，CEC=110cmol/kg）；350℃生物炭的有机质、TN、TP 含量较高；在相同的制备温度下，3 种原料中秸秆生物炭的有机质含量最高，稻壳生物炭的 TN、TP 含量最高。

表5-35　生物炭样品的pH值、CEC

生物炭名称	有机质/(g/kg)	TN/(mg/kg)	TP/(mg/kg)	pH值	CEC/(cmol/kg)
芦苇生物炭L350	205.4	131	67	8.03	110
芦苇生物炭L550	192.8	127	63.5	9.27	183
秸秆生物炭J350	264.8	151	38	9.12	167
秸秆生物炭J550	245.3	136	34.5	10.31	208
稻壳生物炭D350	179.2	338	85	9.95	257
稻壳生物炭D550	166.1	316	73	10.64	303

5.5.2.2 生物炭的固定碳含量

生物炭能很好地改良土壤,提高土壤的碳含量,改善土壤的性质,从而提高土壤的肥力,提高农作物的收成。一般情况下,生物炭总固碳效果取决于生物质向生物炭的热解炭化和生物炭输入土壤实现碳封存这两个过程,而热解炭化过程中如何制备出碳保留量高和稳定性强的生物炭产品显得尤为关键。通常情况下,对于特定的生物质原材料,热解温度是影响生物质炭物理化学结构特性的最重要的因素。因而,研究中以原始芦苇秸秆、空爆预处理芦苇秸秆为原料,开展热解温度对生物质炭碳保留量及稳定性影响的研究,以期减少热解过程中 C 的损失并提高 C 的稳定程度,对全面了解生物质炭固碳能力有十分重要的意义。表 5-36 所列为生物炭原材料与制备成生物炭后的对比图。

表5-36 原材料与成炭后的图片

项目	原材料	350℃	450℃	550℃
原始芦苇秸秆				
空爆预处理芦苇秸秆				

根据《固体生物质燃料工业分析方法》(GB/T 28731—2012),生物炭中固定碳含量计算公式为:

$$FC_{ad}=100-(M_{ad}+A_{ad}+V_{ad}) \tag{5-10}$$

式中　FC_{ad}——固体生物质燃料试样中空气干燥基固定碳的质量分数,%;

M_{ad}——固体生物质燃料试样中水分的质量分数,%;

A_{ad}——固体生物质燃料试样中空气干燥基灰分的质量分数,%;

V_{ad}——固体生物质燃料试样中空气干燥基挥发分的质量分数,%。

(1) 以水生植物和陆生植物为原料的生物炭固碳率对比

对比水生植物残体(芦苇)与传统陆生植物残体(稻壳、秸秆),探究不同种类生物炭的固定碳含量,具体见表 5-37。3 种生物炭的灰分含量和固定碳含量均随着热解温度的升高而增加,而生物炭的挥发分含量则逐渐降低。

表5-37 3种生物炭的灰分、挥发分和固定碳含量测定

生物炭名称	热解温度/℃	灰分/%	挥发分/%	固定碳含量/%
芦苇生物炭L350	350	9.80	44.67	45.53
芦苇生物炭L550	500	19.16	30.36	50.84
秸秆生物炭J350	350	14.95	40.17	44.88

续表

生物炭名称	热解温度/℃	灰分/%	挥发分/%	固定碳含量/%
秸秆生物炭J550	500	25.14	25.95	48.91
稻壳生物炭D350	350	14.00	45.89	40.11
稻壳生物炭D550	500	21.78	37.01	41.21

在两种热解温度下，水生植物类生物炭（芦苇生物炭）的灰分含量始终低于陆生植物类生物炭。生物炭中的灰分含量主要来源于原料中无机矿物组分，因此水生植物类生物炭的灰分含量低的原因主要是其原料中矿质成分更低，而秸秆中较高的灰分含量则主要归因于各种无机矿物组分的积累。

热解温度从350℃升高到550℃时，挥发分含量减小。挥发分含量的降低主要是由于热解过程中，生物质中的纤维素、半纤维素和木质素等成分被逐渐降解。相反，随着热解温度的升高，固定碳含量逐渐升高，并且水生植物类生物炭的固定碳含量增加得更快，即当温度达到550℃时水生植物类生物炭的固定碳含量显著高于同一热解温度下陆生植物类生物炭，芦苇生物炭的固定碳含量为50.84%，能达到50%以上。

芦苇生物炭中固定碳含量高可能是由于芦苇中木质素和半纤维素的含量相对较高。木质素的炭收率最高，其次是半纤维素，最低的是纤维素。木质素含量越高，固碳率越高。通常认为木质素是由基本结构单元（$C_6 \sim C_3$），通过不同内部连接而形成的生物大分子。根据其结构单元的不同，可将木质素分为对羟苯基型（H-型，Hydroxy-Phenyl）、愈创木基型（G-型，Guaiacyl）和紫丁香基型（S型，syringyl）3种基本类型。

（2）空爆预处理技术和常规预处理技术制备的生物炭的固碳率对比

对比以常规预处理芦苇秸秆、空爆技术处理芦苇秸秆为原材料制备的生物炭，探究不同预处理技术对固定碳含量的影响，见表5-38。常规预处理生物炭、空爆预处理生物炭的灰分含量和固定碳含量均随着热解温度的升高而增加（除空爆BC550的固定碳含量稍低于空爆BC500外），而生物炭的挥发分含量则逐渐降低。

表5-38　不同生物炭灰分、挥发分和固定碳含量测定

样品名称	温度/℃	灰分/%	挥发分/%	固定碳/%
空爆BC350	350	12.77	40.38	46.85
空爆BC450	450	18.41	32.82	48.77
空爆BC500	500	18.92	28.09	52.99
空爆BC550	550	21.48	27.77	50.75
常规L350	350	9.8	44.67	45.53
常规L500	500	19.16	30.36	50.84

在350℃热解温度条件下，常规预处理生物炭的灰分含量低于空爆生物炭。生物炭中的灰分含量主要来源于原料中无机矿物组分，因此，常规预处理生物炭灰分含量低的原因主要是原料中矿质成分更低，而空爆生物炭较多的灰分含量则主要归因于各种无机矿物组分的积累。与常规预处理生物炭相比，低温时空爆生物炭的挥发分明显降低，是因为植物中含炭物质在预处理过程中被闪蒸掉，挥发分低，灰分高；高温时，在热解过

程中易挥发成分已经去除，所以挥发分无显著性差异。

热解温度从350℃到550℃时，挥发分含量逐渐减小。挥发分含量的降低主要是由于热解过程中，生物质中的纤维素、半纤维素和木质素等成分被逐渐降解。相反，随着热解温度的升高，固定碳含量逐渐升高，即当温度达到500℃时，常规处理生物炭、空爆生物炭的固定碳含量最高，分别为50.84%、52.99%，均能达到50%以上。

5.5.2.3 生物炭的增肥潜力

生物炭的肥力是生物炭农田施用的关键参数。生物炭中有机质含量采用水合热重铬酸钾氧化-比色法测定，生物炭中TP采用碱熔-钼锑抗分光光度法测定，生物炭中全氮含量采用凯氏法测定。

有机质含量计算公式为：

$$\text{有机质含量(mg/g)} = c \times 1.724 \times 1.32 / m \tag{5-11}$$

式中　c——含碳量，mg；

　　　m——生物炭质量，g；

　　1.724——有机碳变换为有机质的系数；

　　1.32——有机质氧化校正系数。

TP含量：秸秆纤维生物炭中TP含量采用0.5mol/L NaHCO$_3$ 浸提-钼锑抗比色法。首先，称取通过100目筛孔的秸秆纤维生物炭2.50g，置于250mL锥形瓶中，加入50mL碳酸氢钠浸提剂，在20～25℃下振荡30min；取出后过滤于250mL干燥的锥形瓶中，同时做试剂空白；吸取浸提液10mL，于50mL容量瓶中，加4mL钼锑抗显色剂（小心慢加，边加边摇，防止产生的CO_2使溶液喷出瓶口），等CO_2充分放出后，用水定容至刻度。在高于15℃的室温下放置30min，在分光光度计上于波长882nm处比色，以空白实验溶液为参比溶液调零点，读取吸光度值。

结果计算：

$$\omega(P) = \rho V T_s / m \tag{5-12}$$

式中　$\omega(P)$——土壤中有效磷含量，mg/kg；

　　　ρ——从工作曲线上查得的显色液中磷的浓度 mg/L；

　　　V——显色液体积，mL；

　　　T_s——分取倍数，浸提液总体积/吸取浸提液体积；

　　　m——风干土质量，g。

（1）生物炭的肥力指数

生物炭的肥力是生物炭农田施用的关键参数，芦苇（水生植物）生物炭、秸秆（陆生植物）生物炭的有机质、TN、TP含量如表5-39所列。

表5-39　生物炭样品中有机质、营养元素含量

原料	制备温度/℃	有机质/(g/kg)	TN/(mg/kg)	TP/(mg/kg)
芦苇生物炭L350	350	225.4	131	67
芦苇生物炭L550	500	212.8	127	63.5
秸秆生物炭J350	350	244.8	151	38
秸秆生物炭J550	500	225.3	136	34.5

由表 5-39 可知，350℃下制备的生物炭中的有机质、TN、TP 含量高于 550℃下制备的生物炭。温度升高，生物炭制备原料中的 C、N、P 会挥发损失或转化成较稳定的状态，不利于营养物质的供应。

芦苇在相对富营养的水体中生长，积累了较高的 N、P，因此转化为生物炭后生物炭中的 N、P 元素亦较高。有机碳、TN、TP 是土壤肥力的主要因子，因此将生物炭中有机碳、TN、TP 加和，表征生物炭的肥力指数。350℃条件下制备的秸秆生物炭的肥力指数为 24.5%，芦苇生物炭的肥力指数为 22.6%。550℃条件下制备的秸秆生物炭的肥力指数为 22.5%，芦苇生物炭的肥力指数为 21.3%。

（2）生物炭及改性生物炭对土壤肥力提升的作用

生物炭材料本身含有较高的 P，施入土壤可增加土壤中 P 含量。此外，生物炭还对 P 元素有一定的吸附和固留能力，可有效避免 P 的流失，进一步增强土壤的肥力。为提高生物炭对 P 的吸附和固留能力，因此研究中对生物炭进行了改性。

通过柱淋溶实验研究土壤中添加芦苇生物炭（BC）或改性芦苇生物炭（MBC）对土壤吸附和固留 P 的能力的改善作用。

镁改性芦苇生物炭制备：将芦苇细末按照一定比例浸渍到氯化镁溶液中，浸渍 2h，放入 80℃烘箱中烘干至恒重。将浸渍烘干后的芦苇放入马弗炉中高温裂解。将 100g 芦苇细末浸渍到 500mL 浓度为 1mol/L 的氯化镁溶液中，浸渍 2h，放入 80℃烘箱中烘干至恒重。将浸渍烘干后的芦苇放入马弗炉中，分别在 300℃、450℃和 600℃条件下高温裂解，裂解时间均为 2h，冷却至室温后用去离子水将表面灰分洗净，在 80℃条件下烘干至恒重，冷却研磨过 100 目筛，得到不同温度下制备的镁改性生物炭。分别编号为 MBC-300、MBC-450 和 MBC-600，贮存于干燥器内备用。改性制备流程如图 5-72 所示。

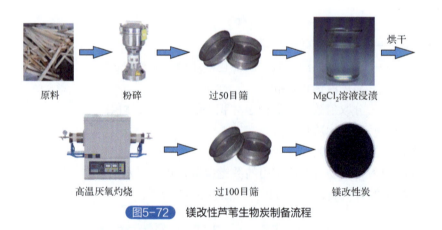

图 5-72　镁改性芦苇生物炭制备流程

柱淋溶试验方法：将洗净后的石英砂缓慢加入并压实填充在柱底端，装填高度约 5cm。覆盖一层 0.45μm 的滤膜，将土壤填充至高度为 5cm（考虑到淋溶后有泥层收缩的情况，高度比设定高度高 0.5～1cm）。在土壤层上方加入生物炭与土壤混合层（生物炭约占 30%，对照组直接覆盖底泥），装填高度为 2cm，上层覆盖 0.45μm 滤膜，然后用高度为 5cm 左右的石英砂压实。

实验共设两个实验组，分别填充芦苇生物炭（BC）和改性芦苇生物炭（MBC）与土壤的混合层。设置一个对照组，填充原土壤。实验开始前，用去离子水自下而上缓慢饱和填充柱，泵入的流速为 0.1mL/min，饱和填充柱约 24h。正式淋溶开始时，采用上进下出连续进水的模式，控制淋溶速率为 0.27mL/min，淋溶介质为磷含量 0.77mg/L 的磷酸盐溶液。每隔 4d 取淋出液，测量其 DIP（溶解态无机磷）浓度，整个淋溶过程持续 28d。

如图 5-73 所示，MBC 组中淋出溶液中磷浓度逐渐低于对照组，而 BC 组与对照组磷浓度相差不大，这表明 MBC 对外源磷的吸附量持续增加。到第 28 天时，对照组、BC 组和 MBC 组对磷的累计吸附量分别为 5.27mg、5.38mg 和 6.20mg。与对照组相比，BC 组和 MBC 组对磷的持留能力分别提高了 2.09% 和 17.65%。

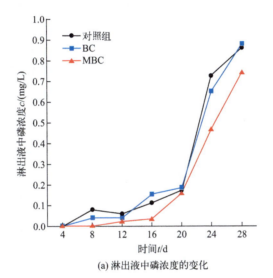

(a) 淋出液中磷浓度的变化

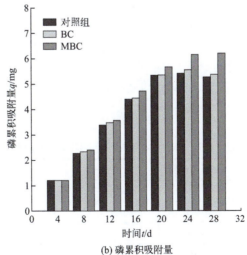

(b) 磷累积吸附量

图5-73 淋出液中磷浓度的变化与磷累积吸附量

MBC 有丰富的孔隙结构，而且表面所含的氧化镁（MgO）对上覆水中溶解性磷酸盐具有较强的吸附能力。MBC 对磷酸盐的吸附机制为表面静电吸引，颗粒内复合和沉淀过程结合。MgO 遇到水表面会发生羟基化反应，表面呈正电荷，能够静电吸附带负电荷的磷酸盐，随着反应继续进行，PO_4^{3-} 通过生物炭表面孔隙或间隙，通过颗粒内扩散和膜扩散过程进一步进入 MBC 基质内，形成颗粒内复合，并与 MgO 发生沉淀反应。

综上，生物炭及改性生物炭具有较大的对磷（P）的吸附和固留能力，与对照组相比，BC 组和 MBC 组对磷的持留能力分别提高了 2.09% 和 17.65%。

（3）生物炭对磷的吸附能力研究

等温吸附拟合：通过等温吸附试验，研究不同温度制得的镁改性芦苇生物炭对磷的吸附容量和吸附特性，采用 Langmuir 和 Freundlich 等温吸附模型对各平衡吸附容量和磷平衡浓度之间的关系进行拟合。

得到的不同温度条件下制得的镁改性生物炭的吸附量与磷平衡浓度的变化趋势如图 5-74 所示，拟合获得的相关参数如表 5-40 所列。从相关系数 R^2 来看，MBC-300、MBC-450 和 MBC-600 这 3 种生物炭对磷的吸附较符合 Langmuir 模型，3 种生物炭对磷的最大吸附量都随着初始浓度的增大而增大，MBC-300、MBC-450 和 MBC-600 的理论最大吸附量分别为 94.437mg/g、317.094mg/g 和 155.992mg/g，与实验值接近。可以看出，MBC-450 对磷酸盐的吸附效果相对较好。

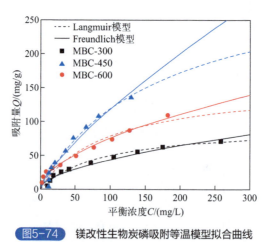

图 5-74 镁改性生物炭磷吸附等温模型拟合曲线

表 5-40 镁改性生物炭等温吸附模型拟合参数

材料	Langmuir 模型			Freundlich 模型		
	Q_{max}/(mg/g)	K_L	R^2	K_F	n	R^2
MBC-300	94.437	0.011	0.989	3.338	1.787	0.969
MBC-450	317.094	0.006	0.973	3.445	1.303	0.952
MBC-600	155.992	0.010	0.945	5.798	1.795	0.966

注：Q_{max} 为最大吸附量；K_L 为吸附平衡常数；K_F 为 Freundlich 吸附常数；n 为经验常数；R^2 为相关系数。

（4）生物炭不同施加方式对磷流失的影响

研究中通过柱实验研究表层施加生物炭（覆盖）和生物炭与土壤混合（混合）两种生物炭施加方式下，生物炭对外源磷的吸附固留能力。

实验所用装置为圆柱形有机玻璃管（d=8.4cm，h=20.5cm），如图 5-75 所示，底部用橡胶塞密封，管壁预留用于安装 Rhizon 间隙水采样器（Rhizon core solution sampler）的小孔。按镁改性生物炭不同投加方式设置 3 个实验组，分别为对照组、覆盖组、混合组。其中，对照组不投加生物炭；覆盖组将 1cm 厚的 MBC-450 生物炭（约 30g）覆盖在土壤表面；混合组将 30g MBC-450 与表层 2cm 土壤充分混合。再用虹吸法向装置内缓慢加入 8cm 水，避免土壤再悬浮。待稳定后，将 Rhizon 采样管插入土壤水界面下 2cm、4cm 和 6cm 处，使用玻璃胶和生料带对孔缝进行密封，防止漏水。将装置外土壤水界面以下的部分贴上遮光纸。

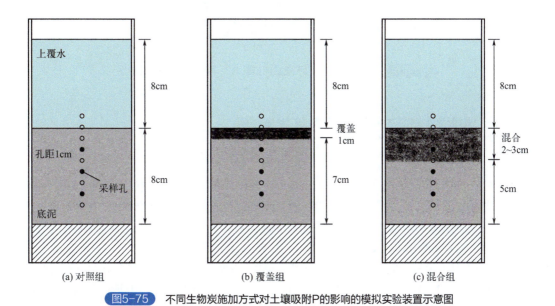

图5-75　不同生物炭施加方式对土壤吸附P的影响的模拟实验装置示意图

如图 5-76 所示，以不同方式投加生物炭，土壤对外源磷的吸收能力不同。随着时间的推移，覆盖组、混合组中生物炭对外源磷的累计吸附量持续增加，略高于对照组，而且生物炭混合条件下外源磷的累计吸附量比生物炭覆盖条件下略高。与对照组相比，覆盖组和混合组对磷的累计吸附量分别提高了 11.7% 和 17.3%。这是因为镁改性生物炭有丰富的孔隙结构，而且表面所含的 MgO 对淹水条件中溶解性磷酸盐有较强的吸附能力。镁改性生物炭对磷酸盐的吸附机制为表面静电吸引、颗粒内复合和沉淀过程相结合。MgO 遇到水表面会发生羟基化反应，在 pH < 12 的水体中，氧化镁表面呈正电荷，能够静电吸附带负电荷的磷酸盐。随着反应继续进行，磷酸根离子通过生物炭表面孔隙或间隙，通过颗粒内扩散和膜扩散过程进一步进入生物炭基质内，形成颗粒内复合，并与 MgO 发生沉淀反应。同时表层土壤被氧化，由厌氧状态转化为好氧状态，有利于磷从淹水条件中向土壤迁移以及抑制内源磷的释放。不同投加方式之间进行对比，发现混合组的累计吸附量高于覆盖组，这主要是因为混合更容易改变土壤的物理化学性质以及

结构特性,以致原土壤对磷的吸附容量和持留能力增加。另一种解释是原有土壤对磷酸盐的吸附贡献,特别是与生物炭混合使原有土壤的某些性质发生改变,提高了它对磷的吸附和固定能力。

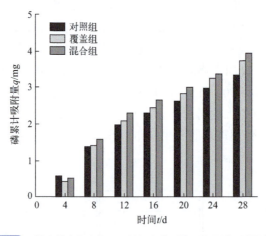

图5-76 镁改性生物炭的不同投加方式对外源磷累计吸附量的影响

5.5.3 功能生物炭对污染物的去除效果

5.5.3.1 功能生物炭对六价铬的降污能力

针对生物炭对六价铬的降污能力,主要研究:不同pH值条件对芦苇生物炭及改性芦苇生物炭对Cr(Ⅵ)吸附量的影响;芦苇生物炭及改性芦苇生物炭对Cr(Ⅵ)的吸附动力学;芦苇生物炭及改性芦苇生物炭对Cr(Ⅵ)的吸附热力学。

(1)生物炭的SEM及BET分析

生物炭(BC500)和改性生物炭(FeBC500)的微观结构如图5-77(a)、(b)所示。BC500壁厚约为1μm,大孔结构的尺寸为10μm,经高温炭化后产生丰富的孔隙结构,可为硝酸铁改性后铁元素负载于生物炭表面提供场所。BC500与FeBC500的表面形态基本相似,表明在改性过程中生物炭原始结构未被破坏;与BC500相比,FeBC500表面和孔道内因附着铁氧化物,从而提高了材料表面的粗糙程度,扩增了孔道,使比表面积由112.72m²/g增加至166.23m²/g,孔体积由0.091358cm³/g增加至0.158048cm³/g(表5-41)。因此,改性使生物炭比表面积增大,生物炭表面吸附点位增多,从而增大了对Cr(Ⅵ)的去除率。结合SEM-EDS能谱[图5-77(c)、(d)]分析生物炭改性前后元素组成,FeBC500表面新增Fe元素占比为9%,表明经硝酸铁改性后Fe元素成功附着于生物炭表面。

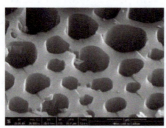

(a) BC500 SEM图

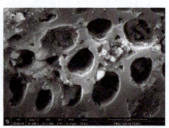

(b) FeBC500 SEM图

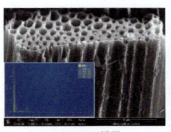

(c) BC500 EDS谱图　　　　　　　(d) FeBC500 EDS谱图

图5-77　生物炭改性前后SEM图和EDS谱图

表5-41　生物炭改性前后比表面积、平均孔径和孔体积

材料	比表面积/(m^2/g)	平均孔径/nm	孔体积/(cm^3/g)
BC500	112.72	3.24	0.091358
FeBC500	166.23	3.81	0.158048

（2）溶液pH值对生物炭吸附Cr（Ⅵ）的影响

不同pH值条件下生物炭的表面电荷及Cr（Ⅵ）的存在形态不同，进而影响改性前后生物炭对Cr（Ⅵ）的吸附行为。当pH<6时，$HCrO_4^-$和$Cr_2O_7^{2-}$为Cr（Ⅵ）的主要存在形态；pH＞6时为CrO_4^{2-}。溶液pH对Cr（Ⅵ）吸附行为的影响如图5-78所示。当初始溶液pH值为2时，BC500和FeBC500对Cr（Ⅵ）的去除率最高，分别为68.68%和94.52%，吸附量分别为9.71mg/g和13.86mg/g。改性芦苇生物炭的吸附率比原始芦苇生物炭对Cr（Ⅵ）的吸附量提高了25.84%。随着pH值的增加，2种生物炭对Cr（Ⅵ）的去除效率均持续降低，当pH值上升至8时BC500和FeBC500的去除率分别降低至3.05%和14.7%，因此低pH值条件有利于改性前后生物炭对Cr（Ⅵ）的去除。主要原因为：a. 低pH值条件下，结合Zeta电位可知生物炭表面存在大量正电荷，可与阴离子Cr（Ⅵ）发生静电吸附；b. 生物炭表面的含氧官能团在低pH值条件下能与$HCrO_4^-$和$Cr_2O_7^{2-}$以氢键形式结合，将Cr（Ⅵ）吸附至生物炭表面；c. 静电吸附过程中部分Cr（Ⅵ）

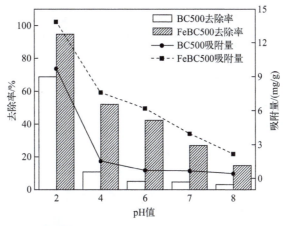

图5-78　pH值对生物炭去除Cr（Ⅵ）的影响

被还原为 Cr（Ⅲ），随着 pH 值的增大，生物炭表面负电荷增多，静电吸附作用减弱，溶液中 OH^- 浓度增加，Cr（Ⅵ）的存在形态转变为 $Cr_2O_7^{2-}$ 和 CrO_4^{2-}，OH^- 与 Cr（Ⅵ）发生竞争吸附，使得改性前后生物炭对 Cr（Ⅵ）的去除能力下降。

（3）吸附动力学

分别采用准一级动力学方程、准二级动力学方程和颗粒内扩散模型进行拟合。拟合结果见表 5-42 和图 5-79。准一级动力学方程参数 k_1 分别为 0.00195、0.00332，R^2 分别为 0.936、0.953，准二级动力学方程参数 k_2 分别为 0.00141、0.00461，R^2 分别为 0.992、0.999。准二级动力学方程拟合改性前后生物炭吸附 Cr（Ⅵ）得到的理论饱和吸附量（Q_e）分别为 11.94mg/g、15.32mg/g，与实验所得的实际吸附量更为接近。表明改性前后生物炭对 Cr（Ⅵ）的吸附更符合准二级动力学方程，吸附过程为化学吸附。

表5-42 吸附动力学参数

材料	准一级动力学方程			准二级动力学方程		
	Q_e/(mg/g)	k_1/min^{-1}	R^2	Q_e/(mg/g)	k_2/[g/(mg·min)]	R^2
BC500	7.56	0.00195	0.936	11.94	0.00141	0.992
FeBC500	3.81	0.00332	0.953	15.32	0.00461	0.999

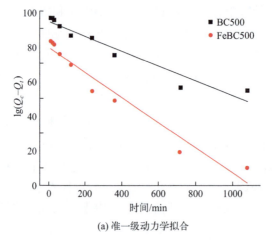

图5-79 吸附动力学拟合结果

颗粒内扩散模型结果如图 5-80 和表 5-43 所示。改性前后生物炭对 Cr（Ⅵ）的吸附过程主要分为三个阶段：初始阶段斜率最大，此时两种生物炭对 Cr（Ⅵ）的去除率最高，主要是因为溶液中 Cr（Ⅵ）浓度高，生物炭表面和溶液中 Cr（Ⅵ）浓度差较大，扩散阻力小，吸附速率较高，Cr（Ⅵ）通过膜扩散迅速聚集到生物炭的外表面，被生物炭外表面吸附；第二阶段斜率略小，属于 Cr（Ⅵ）穿过液膜进入生物炭内部进行的内扩散，Cr（Ⅵ）通过粒子间内扩散进入生物炭的内表面，被生物炭内表面上的吸附点位吸附；而后溶液中剩余 Cr（Ⅵ）浓度降低，扩散阻力变大，吸附速率变慢，直至最后达到吸附平衡状态。三个分段拟合的线性方程的截距均不为零，颗粒内扩散模型拟合方程的反向延长线不通过原点，说明颗粒外扩散控制也是吸附过程的速率控制步骤，颗粒内扩散控制不是唯一的速率控制步骤，吸附过程是由生物炭表面吸附和颗粒内扩散共同控制的。

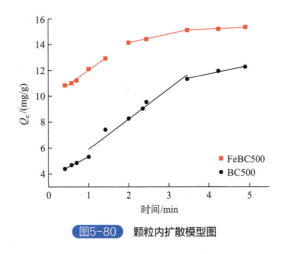

图5-80　颗粒内扩散模型图

表5-43　改性前后生物炭吸附 Cr（Ⅵ）内扩散模型参数

样品	阶段	K_{ip}/[mg/(g·min$^{0.5}$)]	C	R^2
BC500	一	2.205	9.795	0.9728
	二	0.667	12.773	0.9980
	三	0.165	14.502	0.8876
FeBC500	一	1.527	3.781	0.9981
	二	2.321	3.589	0.9456
	三	0.652	9.121	0.9728

注：K_{ip} 为吸附质在吸附剂中扩散的速率常数，C 为边界厚度常数。

（4）吸附等温线分析

采用 Freundlich 和 Langmuir 等温吸附方程对实验数据进行拟合，相关参数如图 5-81 和表 5-44 所示。改性前后生物炭均更满足 Langmuir 拟合，属于单分子层吸附。改性生物炭 FeBC500 对 Cr（Ⅵ）的最大饱和吸附量（Q_m）是 27.34mg/g，BC500 对 Cr（Ⅵ）的最大饱和吸附量是 12.39mg/g，改性后最大饱和吸附量提高了 1.2 倍。Freundlich 模型的相关系数 $1/n$ 值代表了吸附反应发生的难易程度，当 $1/n > 1$ 时表明吸附过程不易进行，当 $0.5 < 1/n < 1$ 时表明吸附过程较易发生，当 $0.1 < 1/n < 0.5$ 时表明吸附过程极易发生。BC500 与 FeBC500 的 $1/n$ 分别为 0.4223 和 0.5210，表明改性前后生物炭与 Cr（Ⅵ）易发生吸附作用。

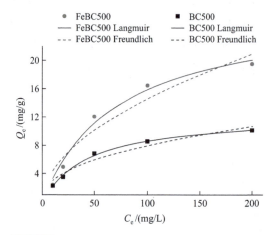

图 5-81　改性前后生物炭对 Cr（Ⅵ）的等温吸附曲线

表 5-44　改性前后生物炭对 Cr（Ⅵ）的等温吸附拟合参数

材料	Langmuir 模型			Freundlich 模型		
	Q_m(mg/g)	b(常数)(L/mg)	R^2	K_F	$1/n$	R^2
BC500	12.39	0.0224	0.9958	1.1366	0.4223	0.9499
FeBC500	27.34	0.0138	0.9851	1.3226	0.5210	0.9306

（5）吸附机理分析

1）官能团作用　吸附后，BC500 和 FeBC500 在不同特征峰处均发生振幅减弱或偏移。BC500 吸附后在 3420cm^{-1}、1618 cm^{-1}、1400cm^{-1} 处特征吸收峰减弱，1102cm^{-1} 处特征吸收峰发生偏移；FeBC500 吸附后在 3424cm^{-1}、1400cm^{-1} 处特征吸收峰减弱，1098cm^{-1}、1636cm^{-1} 处特征吸收峰发生偏移，如图 5-82 所示。这表明 BC500 和 FeBC500 表面的 C＝O、O—H、C＝C、C—O 等官能团参与生物炭对 Cr（Ⅵ）的吸附，发生专性吸附行为。FeBC500 吸附后 Fe—O 的特征吸收峰振幅减弱和发生偏移，说明 Fe 参与 Cr 的反应。

2）氧化还原作用　吸附后溶液中三价铬浓度如图 5-83 所示。当 pH=2 时，BC500 的 Cr（Ⅲ）产生量为 1.86mg/L，FeBC500 的 Cr（Ⅲ）产生量为 7.23mg/L。低 pH 值条件更易使 Cr（Ⅵ）还原为 Cr（Ⅲ），FeBC500 表面的部分 Fe^{3+} 发生水解反应，向溶液中提供大量的 H^+ 会显著增强生物炭与 Cr（Ⅵ）之间的静电作用及生物炭对 Cr（Ⅵ）

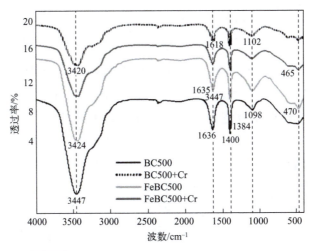

图5-82 改性前后生物炭吸附Cr(Ⅵ)前后的FTIR图

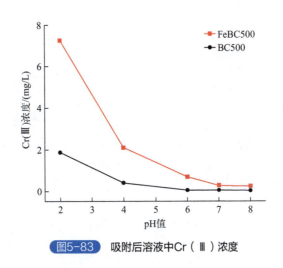

图5-83 吸附后溶液中Cr(Ⅲ)浓度

的还原能力。同时,由于低pH值条件下Fe^{3+}在溶液中的主要存在形态为$Fe(OH)^{2+}$,$Fe(OH)^{2+}$被生物炭上的官能团还原为具有强还原性的Fe^{2+}。

在pH=2时,改性生物炭的Cr(Ⅲ)产生量明显高于原始生物炭,原因是改性生物炭中Fe^{3+}作为电子穿梭体增强了改性生物炭和Cr(Ⅵ)之间的得失电子作用,增强了生物炭对Cr(Ⅵ)的还原作用。在酸性条件下Fe^{3+}能被生物炭表面官能团还原为Fe^{2+}[式(5-13)],Fe^{2+}失电子将Cr(Ⅵ)还原为Cr(Ⅲ)[式(5-14)和式(5-15)],在此过程中Fe^{2+}失电子氧化成Fe^{3+},Fe^{3+}可以重新被吸附到生物炭表面,并再次充当电子穿梭体,从而提高Cr(Ⅵ)去除率。其中Cr(Ⅲ)易与表面带负电的生物炭发生静电吸附形成$Cr(OH)_3$沉淀,同时Cr(Ⅲ)可以与Fe^{2+}或Fe^{3+}形成沉淀[式(5-16)和式(5-17)],从而提高Cr(Ⅵ)的去除率。

$$Fe^{3+}+biochar(生物炭表面官能团) \longrightarrow Fe^{2+} \tag{5-13}$$

$$Cr_2O_7^{2-} + 6Fe^{2+} + 7H_2O \longrightarrow 2Cr^{3+} + 14OH^- + 6Fe^{3+} \tag{5-14}$$

$$3Fe^{2+} + HCrO_4^- + 7H^+ \longrightarrow 3Fe^{3+} + 4H_2O + Cr^{3+} \tag{5-15}$$

$$(1-x)Fe^{3+} + xCr^{3+} + 3H_2O \longrightarrow Cr_xFe_{1-x}(OH)_3 + 3H^+ \tag{5-16}$$

$$(1-x)Fe^{3+} + xCr^{3+} + 3H_2O \longrightarrow Cr_xFe_{1-x}OOH + 3H^+ \tag{5-17}$$

(6) 微生物-生物炭复合材料对Cr（Ⅵ）的吸附性能的研究

1) 生物炭固定化微生物复合材料的制备　取1g生物炭置于100mL的LB液体培养基中，于121℃下灭菌30min，以2%的接种量接入菌株C，在30℃下恒温振荡（150r/min）18h后离心过滤，用1%（质量分数）的无菌水洗涤下层沉淀部分，离心并重复洗涤3次至中性，去除细胞生长繁殖代谢物以及残留培养基，离心所得固体即为固定化微生物。通过SEM对其形貌进行分析，如图5-84所示，CBC和CFeBC两种复合材料的表面均附着菌株C，菌株形态正常，在吸附过程中无明显变化，表明采用吸附法可成功制备出两种复合材料。CBC表面呈片状，相对光滑，附着菌株较分散；CFeBC表面因改性存在铁的氧化物，相对粗糙，粗糙的表面更有利于菌株聚集，因此CFeBC表面附着菌株较聚集且呈团状。

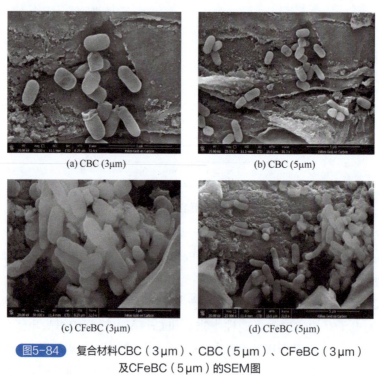

图5-84　复合材料CBC（3μm）、CBC（5μm）、CFeBC（3μm）及CFeBC（5μm）的SEM图

2) 初始pH对生物炭固定化微生物吸附Cr（Ⅵ）的影响　不同的初始pH值条件下，CBC和CFeBC两种复合材料去除Cr（Ⅵ）的能力不同。溶液pH对复合材料吸附Cr（Ⅵ）的影响如图5-85所示。当pH值为3时，CBC和CFeBC对Cr（Ⅵ）的吸附能力最高，分别为70.74%和83.75%。在此pH值条件下，CBC和CFeBC两种复合材料可通过静电吸附将Cr（Ⅵ）与生物炭表面质子化的活性位点结合，溶液pH值越低，复

合材料表面聚集的正电荷就越多，越有利于复合材料与Cr（Ⅵ）之间的静电吸附作用。此时，吸附后溶液中OD_{600}（600nm处吸光值）分别为0.26和0.29。低pH值条件下菌株C的繁殖能力较弱，此时发挥作用的主要是复合材料中的生物炭和菌株C中的细胞壁、细胞膜。当pH值升高至5时，CBC和CFeBC的吸附能力减弱，分别为23.59%和26.89%，原因为：随着溶液pH值的增加，Cr（Ⅵ）在溶液中存在的形态会发生改变，此时溶液中OH^-增加，此时OH^-和CrO_4^{2-}都与H^+发生静电吸附作用，复合材料的表面负电荷增多，复合材料与Cr（Ⅵ）之间的排斥力增大，复合材料对Cr（Ⅵ）的去除能力减弱。此时，吸附后溶液中OD_{600}值分别为0.4和0.55，菌株C在酸性条件下的繁殖能力较弱，生物炭和菌株C在此pH值条件下的吸附能力最弱。当pH值为7时，CBC和CFeBC的吸附能力增强，分别为44%和51.86%，原因为：生物炭独特的孔隙构造能够为菌株C的繁殖提供充足的生长场所，生物炭可以保护菌株C免受重金属的毒害作用，给菌群的生长活动供给较多碳源的同时，也能吸附去除重金属。此时，吸附后溶液中OD_{600}值分别为1.48和1.74，菌株C能大量繁殖，增强CBC和CFeBC对Cr（Ⅵ）的吸附能力。

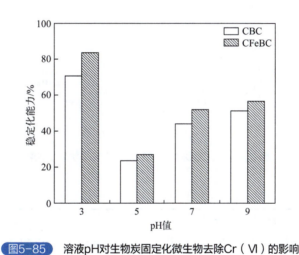

图5-85　溶液pH对生物炭固定化微生物去除Cr（Ⅵ）的影响

根据图5-86和表5-45所示的实验数据拟合结果，可以看出，在初始0～6h内CBC对Cr（Ⅵ）的吸附速率较快，原因为在初始阶段复合材料表面存在大量的吸附点位。6～24h内吸附速率降低，24h后吸附逐渐达到平衡，这是因为吸附后期复合材料表面的吸附点位被占据，而且溶液中Cr（Ⅵ）的浓度变低，因此Cr（Ⅵ）吸附速率降低，复合材料对Cr（Ⅵ）的吸附逐渐达到饱和。为了进一步研究CBC复合材料对Cr（Ⅵ）的吸附机制，研究中使用准一级动力学和准二级动力学模型对实验数据进行拟合。根据表5-45的拟合结果，准一级动力学方程参数k_1分别为0.180、0.245，R^2分别为0.984、0.974；准二级动力学方程参数k_2分别为0.00802、0.01570，R^2分别为0.997、0.994。表明CBC复合材料对Cr（Ⅵ）的吸附过程符合准二级动力学方程，主要为化学吸附。

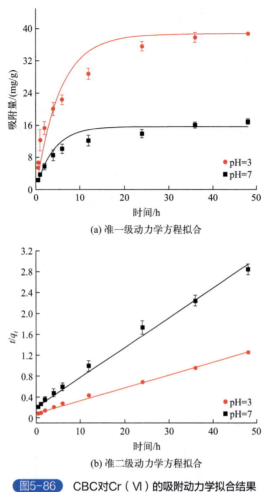

(a) 准一级动力学方程拟合

(b) 准二级动力学方程拟合

图5-86 CBC对Cr(Ⅵ)的吸附动力学拟合结果

表5-45 (BC对CR/Ⅵ)的吸附动力学参数

材料 CBC	准一级动力学方程			准二级动力学方程		
	Q_e/(mg/g)	k_1/min^{-1}	R^2	Q_e/(mg/g)	k_2/[g/(mg·min)]	R^2
pH=3	38.686	0.180	0.984	40.617	0.00802	0.997
pH=7	15.694	0.245	0.974	17.556	0.01570	0.994

根据图5-87和表5-46所示的实验数据拟合结果，发现：在初始0～6h内CFeBC对Cr(Ⅵ)的吸附速率较快，这是因为在初始阶段复合材料表面存在大量的吸附点位；6～24h内吸附速率降低，24h后吸附逐渐达到平衡，原因为吸附后期复合材料表面的吸附点位被占据，而且溶液中Cr(Ⅵ)的浓度变低，因此Cr(Ⅵ)的吸附速率降低，复合材料对Cr(Ⅵ)的吸附逐渐达到饱和。为了进一步研究CFeBC复合材料对Cr(Ⅵ)的吸附机制，采用准一级动力学和准二级动力学模型对实验数据进行拟合，拟合结果如表5-46所列。准一级动力学方程参数k_1分别为0.3866、0.1023，R^2分别为0.973、0.956；准二级动力学方程参数k_2分别为0.00577、0.00696。R^2分别为0.994、0.974。表明CFeBC复合材料对Cr(Ⅵ)的吸附过程符合准二级动力学方程，吸附过程主要为化学吸附。

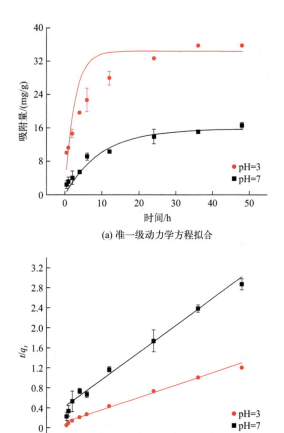

图5-87 CFeBC对Cr（Ⅵ）的吸附动力学拟合结果

表5-46 CFeBC对Cr（Ⅵ）的吸附动力学参数

材料 CFeBC	准一级动力学方程			准二级动力学方程		
	Q_e/(mg/g)	k_1/min^{-1}	R^2	Q_e/(mg/g)	k_2/[g/(mg·min)]	R^2
pH=3	34.390	0.3866	0.973	40.388	0.00577	0.994
pH=7	15.831	0.1023	0.956	18.488	0.00696	0.974

为了进一步确定复合材料在吸附Cr（Ⅵ）过程中可能存在的机制，分别采用Langmuir和Freundlich两种等温拟合模型对吸附数据进行线性拟合，得到的参数如图5-88和表5-47所示。当pH值为3时，Langmuir模型对CBC和CFeBC两种复合材料的R^2分别为0.99980和0.96048，Freundlich模型对CBC和CFeBC两种复合材料的R^2分别为0.99995和0.98054，最大饱和吸附量分别为74.20mg/g和101.30mg/g，这表明CBC和CFeBC两种复合材料在吸附Cr（Ⅵ）的过程中符合Freundlich模型，说明两种复合材料对Cr（Ⅵ）的吸附主要是多层吸附。Freundlich模型假设的溶液是非理想溶液，而且吸附剂的吸附为非均匀的化学吸附。生物炭固定化微生物使菌株吸附在生物炭表面，复合材料表面不均匀，由单层吸附变为多层吸附，从而增加了对Cr（Ⅵ）的吸附

能力。Freundlich 模型中的 $1/n$ 参数代表了吸附反应发生的难易程度，当 $1/n > 1$ 时吸附过程不易进行，当 $0.5 < 1/n < 1$ 时该过程较易发生，当 $0.1 < 1/n < 0.5$ 时该过程十分容易发生，CBC 和 CFeBC 两种复合材料的吸附参数 $1/n$ 在 $0.5 \sim 1$ 之间，表明该过程较易发生。

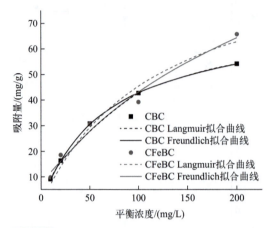

图5-88　改性前后生物炭对 Cr（Ⅵ）的等温吸附曲线

表5-47　改性前后生物炭对 Cr（Ⅵ）的等温吸附拟合参数

材料 pH=3	Langmuir 模型			Freundlich 模型		
	Q_{max}/(mg/g)	K_L	R^2	K_F	$1/n$	R^2
CBC	74.20	0.01551	0.99980	6.1402	0.80721	0.99995
CFeBC	101.30	0.0082	0.96048	4.69397	0.50455	0.98054

如图 5-89 和表 5-48 所示，当 pH 值为 7 时，Langmuir 模型对 CBC 和 CFeBC 两种复合材料的 R^2 分别为 0.90188 和 0.97628，Freundlich 模型对 CBC 和 CFeBC 两种复合材料的 R^2 分别为 0.97174 和 0.99128，最大饱和吸附量分别为 25.69mg/g 和 29.39mg/g，

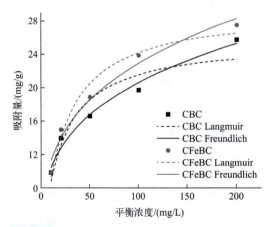

图5-89　改性前后生物炭对 Cr（Ⅵ）的等温吸附曲线

表5-48　改性前后生物炭对Cr（Ⅵ）的等温吸附拟合参数

材料 pH=7	Langmuir模型			Freundlich模型		
	Q_{max}/(mg/g)	K_L	R^2	K_F	$1/n$	R^2
CBC	25.69	0.05182	0.90188	2.3947	0.53239	0.97174
CFeBC	29.39	0.04645	0.97628	6.1175	0.77052	0.99128

这表明CBC和CFeBC两种复合材料在吸附Cr（Ⅵ）的过程中符合Freundlich模型，说明两种复合材料对Cr（Ⅵ）的吸附主要是化学多层吸附。CBC和CFeBC两种复合材料的吸附参数$1/n$在0.5～1之间，表明该过程较易发生。与pH值为3时相比，吸附量明显降低，原因是：当pH值为7时，Cr（Ⅵ）在溶液中的存在形式会发生改变，溶液中OH^-浓度增加，CrO_4^{2-}和OH^-会产生静电排斥作用，复合材料中生物炭作用下降，菌株C承担主要作用。

3）生物炭固定化微生物对Cr（Ⅵ）的吸附机理　如图5-90所示，CBC和CFeBC两种复合材料吸附Cr（Ⅵ）后，波峰均发生振幅减弱，或波数发生偏移，其中CBC在1620cm^{-1}、1398cm^{-1}、1222cm^{-1}、1097cm^{-1}、806cm^{-1}处发生偏移和振幅减弱，CFeBC在1635cm^{-1}、1396cm^{-1}、1228cm^{-1}、1095cm^{-1}、812cm^{-1}处发生偏移和振幅减弱，表明CBC和CFeBC两种复合材料表面的C=O、O—H、C=C、C—O等官能团参与对Cr（Ⅵ）的吸附，发生专性吸附行为。

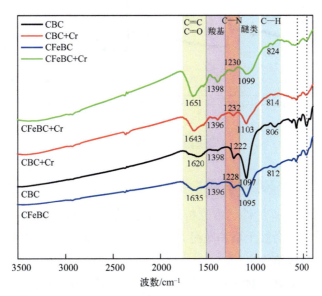

图5-90　CBC和CFeBC两种复合材料吸附Cr（Ⅵ）前后的FTIR图

另外，通过XPS谱图，分析了C 1s、O 1s、Cr 2p、Fe 2p等的单元素谱图，发现：C 1s光谱解卷积为282.78eV、284.8eV和286.61eV三个峰分别对应于C=C、C—O和C=O官能团，与红外FTIR识别的官能团一致。C=C的相对含量从74.29%减少到52.32%，C—O和C=O的相对含量从13.10%和12.61%分别增加到20.17%

和 27.51%，原因是：吸附过程中 C═C 被氧化成 C═O 和 C—O，铁改性生物炭复合材料表面官能团参与了 Cr（Ⅵ）的去除过程。O 1s 光谱解卷积为 2 个峰，分别为 529.95eV 处的 C—O 和 531.46eV 处的 —OH。C—O 的相对含量从 54.7% 增加到 68.64%，表明 C=O 提供电子被氧化成 C—O，—OH 的相对含量从 45.3% 降至 31.36%，这是由 H_3O^+ 的形成引起的。对 Fe 2p 光谱进行解卷积，吸附后有 3 个峰，分别是位于 709.05 eV 处的 FeO 峰，位于 710.14eV 处的 Fe_2O_3/Fe（OH）$_3$ 峰，以及位于 723.41eV 处的 Fe（Ⅲ）峰。吸附 Cr（Ⅵ）后的 Cr 2p 图谱可解卷积为 3 个峰，分别是位于 576.42eV 和 585.96eV 处的 Cr（Ⅲ）峰，位于 580.37eV 的 Cr（Ⅵ）峰。吸附 Cr（Ⅵ）后，在材料表面检测到 Cr（Ⅲ），表明铁改性生物炭复合材料将部分 Cr（Ⅵ）还原成 Cr（Ⅲ）。

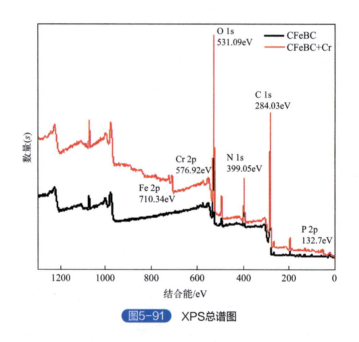

图5-91　XPS总谱图

5.5.3.2　功能生物炭对农药草甘膦的降解能力

草甘膦是一种广谱灭生性、内吸传导性有机磷除草剂，被广泛应用于防治农田草害。草甘膦的极性强，会被土壤和底泥大量吸附，从而恶化土壤和水环境，抑制微生物酶活性，影响非靶目标植物生长。

合适的载体材料应具有对细胞毒性小、机械强度高、化学稳定性好、传质性能好等特点，多年来，碳质材料被频繁用作降解有机污染物的固定载体。其中，生物炭因其成本效益高、来源多、理化性能好而备受关注。例如，大的比表面积和高孔隙率，可以为细菌提供宝贵的栖息地，提高细菌浓度和污染物的去除效率。因此，研究旨在探索草甘膦降解菌株和生物炭结合体对草甘膦废水的处理机制。

（1）微生物-生物炭复合修复材料的制备方法

1）草甘膦降解菌的筛选　以某农药厂农药生产车间污泥为菌种来源，称取 10g 土壤，加入 100mL 灭菌的含草甘膦 50mg/L 的无机盐培养基（培养基成分：$MgSO_4 \cdot 7H_2O$ 为 0.5g/L，$CaCl_2$ 为 0.04g/L，KH_2PO_4 为 0.5g/L，K_2HPO_4 为 1.5g/L，NaCl 为 0.5g/L，pH=7）和数颗玻璃珠，在 150r/min、30℃的摇床中振荡 7d。富集培养 1 周后，取富集培养基中的培养液 10mL 转接到含 100mg/L 草甘膦的新鲜灭菌培养基中，在相同温度和转速下培养 7d，每隔 7d 按照草甘膦浓度为 50mg/L、100mg/L、200mg/L、400mg/L、600mg/L 驯化。采用稀释涂布法，取最后一次富集培养液 1mL 进行稀释，分别取 200μL 涂布于含相同浓度草甘膦的无机盐固体培养基中，每个处理设置 3 个平行，涂布后将平板倒扣于 30℃恒温培养箱中，4～5d 后观察平板上菌落生长情况，挑选出生长较好的菌落，在 LB 固体培养基（培养基成分：胰蛋白胨 10g/L，酵母提取物 5g/L，NaCl 10g/L，琼脂 15g/L，pH=7）中经过多次划线分离得到以草甘膦为唯一碳源的纯降解菌株，命名为 Z-1。

2）菌株的鉴定　将纯化的菌株划线接种于 LB 固体培养基上，培养 4～5d 后观察其菌落形态特征：菌落不透明，呈淡黄色，菌落黏稠。菌落的生理生化性质鉴定参照伯杰细菌鉴定生理生化测试，鉴定结果见表 5-49。

表5-49　菌落的生理生化性质鉴定结果

实验内容	实验结果	实验内容	实验结果
革兰氏染色	+	甲基红	+
淀粉水解	+	糖类分解	+
V-P 实验	+	接触酶	+

注："+"表示阳性。

3）分子生物学鉴定结果　测定菌株 Z-1 的 16S rDNA，经基因组 DNA 提取、PCR（聚合酶链式反应）扩增、凝胶电泳、纯化回收、连接试剂盒、感受态细胞的制备（氯化钙法）、连接产物转化、蓝白斑筛选和质粒提取与测序等一系列步骤进行菌株的鉴定，得到其序列长度为 1353bp。将序列在 NCBI 中进行 BLAST 比对分析，即与数据库中已知的核酸序列进行同源性比较，继而用 MEGA7.0 软件中 Neighbor-Joining（NJ）方法构建 Z-1 的系统发育树。BLAST 程序在线分析结果表明菌株 Z-1 的 16S rDNA 与水微菌属（*Aquamicrobium* sp.）具有高度同源性。菌株 Z-1 的系统发育树如图 5-92 所示。

(2) 生物炭固定化 Z-1——浸泡吸附法

1）复合材料制备方法　以水稻秸秆为原料，用水洗净后烘干粉碎，置于密闭容器中放置在马弗炉中，500℃下限氧热解 3h，制得的生物炭过 100 目筛，置于干燥环境中保存。以水稻秸秆生物炭为载体材料，采用直接浸泡法吸附固定化 Z-1。称取 1g 水稻秸秆生物炭于 100mL 的 LB 液体培养基中，混匀后放入 121℃高压灭菌锅中灭菌 30min，冷却至室温后，接种 2% 的菌液，在 30℃、150r/min 的摇床中振荡培养 48h 即完成浸泡固定化，离心后用无菌水清洗 3 次以去除培养基成分，将复合材料用冷冻干燥法干燥 24h 后保存备用。

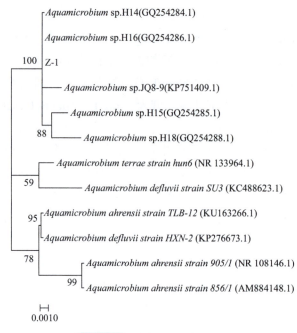

图5-92　菌株Z-1系统发育树

2）材料表面结构及性质　吸附材料的比表面积和孔径是表面性质的重要组成部分，会影响吸附材料的吸附效果。水稻秸秆生物炭和生物炭固定化菌（固定化微生物炭）的BET测试结果如表5-50所列。生物炭和固定化菌的比表面积分别为7.96m²/g和5.89m²/g，有微生物的附着后生物炭比表面积有所减小，但平均孔径和孔体积变化较小，可能是因为微生物对生物炭内部孔道结构的影响较小。

表5-50　材料的BET测试结果

材料	比表面积/(m²/g)	平均孔径/nm	孔体积/(cm³/g)
生物炭	7.96	16.53	0.0329
固定化微生物炭	5.89	15.30	0.0227

采用扫描电镜成像技术对水稻秸秆生物炭上吸附固定化的微生物进行定性表征，实验结果表明生物炭表面及孔隙中Z-1的吸附定植较多，复合材料吸附48h后，生物炭表面及孔隙中微生物有所减少，可能脱落于溶液中（图5-93）。

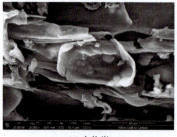

(a) 生物炭

(b) 菌株Z-1

(c) 生物炭固定化Z-1

(d) 生物炭固定化Z-1吸附48h后

图5-93　水稻秸秆生物炭吸附固定化Z-1扫描电镜图

生物炭的基本理化性质见表5-51。生物炭有较高的养分含量，其中N和P的含量可达127mg/kg和63.5mg/kg，充足的养分可以供微生物繁殖利用，可在一定程度内保持微生物活性，并提高微生物抗外界环境变化的能力。

表5-51　生物炭基本理化性质

测定指标	测定参数	单位	测定指标	测定参数	单位
产率	35.43	%	N	127	mg/kg
pH值	8.63	—	P	63.5	mg/kg
CEC值	183	cmol/kg			

（3）生物炭对草甘膦的等温吸附研究

采用Langmuir和Freundlich等温模型拟合吸附数据，拟合结果如图5-94所示，拟合参数见表5-52。可以看出，生物炭对草甘膦的最大饱和吸附量为8.77mg/g，而且草甘膦在水稻秸秆生物炭上的吸附可以用Freundlich方程来描述，Freundlich方程（$R^2=0.984$）的拟合效果（$R^2=0.9$）显著好于Langmuir方程，说明生物炭对草甘膦的吸附为单层吸附。

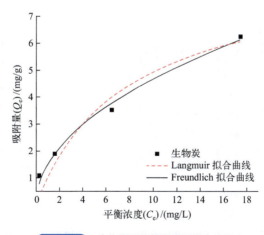

图5-94　生物炭吸附等温模型拟合结果

表5-52　生物炭吸附等温模型拟合参数

材料	Langmuir 模型			Freundlich 模型		
	Q_m/(mg/g)	K_L	R^2	K_F	$1/n$	R^2
生物炭	8.77	0.13	0.9	1.5	0.49	0.984

(4) 生物炭-微生物复合材料对农药草甘膦的去除效果

1) 不同初始浓度的影响　如图5-95所示，生物炭-微生物复合材料可在192h内将1200mg/L的草甘膦完全去除；当草甘膦初始浓度为1400mg/L时，生物炭-微生物复合材料对其去除效率可达75%，而生物炭对30mg/L的草甘膦的去除效率只有42%。这说明，在不同草甘膦初始浓度下，生物炭-微生物复合材料对各处理中草甘膦的降解效率均远好于纯生物炭。另外，生物炭-微生物复合材料对较高浓度草甘膦的降解率一直较纯生物炭高，说明生物炭对菌具有更好的底物耐受性。

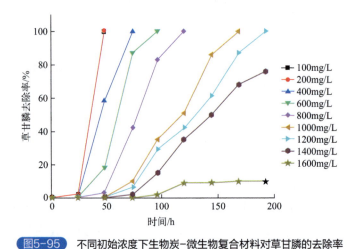

图5-95　不同初始浓度下生物炭-微生物复合材料对草甘膦的去除率

2) 不同pH值的影响　如图5-96所示，在五种pH值条件下，草甘膦的初始浓度均为200mg/L，生物炭-微生物复合材料对草甘膦的去除效果都达到100%，而在pH呈弱

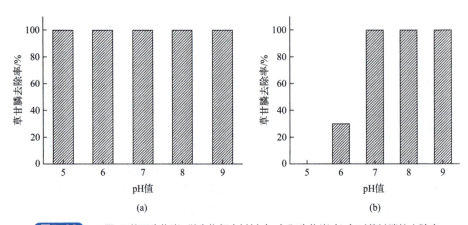

图5-96　不同pH值下生物炭-微生物复合材料（a）和生物炭（b）对草甘膦的去除率

酸性条件下，生物炭对草甘膦的去除效率大大降低，说明生物炭可以更好地保护微生物，从而使其不受 pH 值的影响，提高对草甘膦的去除效果。

3）生物炭-微生物复合材料对农药草甘膦污染土壤的修复效果　在真实农药草甘膦污染土壤中，进一步研究生物炭及生物炭-微生物复合材料对农药草甘膦的去除效果。每个处理组取 100g 污染土壤（污染物添加后经过 15d 稳定期），分别加入 6% 的水稻秸秆生物炭、微生物及生物炭-微生物复合材料（6%，质量分数）进行生物炭修复实验。添加生物炭、微生物及生物炭-微生物复合材料的修复组分别记为 BC、Z-1、ZBC，以未添加生物炭的污染土壤为对照组，标记为 CK，每个处理组重复两次，于培养的第 7 天取样测定，采用醋酸缓冲溶液提取法提取测定草甘膦含量。

如图 5-97 所示，生物炭、微生物及复合材料对草甘膦均有去除效果，将 3 种修复材料添加至草甘膦污染土壤中 7d 后，污染土壤中草甘膦的浓度都有不同程度的下降（表 5-53），具体为：污染土壤原始草甘膦含量为 0.107mg/kg，添加 6% 芦苇秸秆生物炭处理组修复 7d 后，污染土壤中草甘膦剩余含量为 0.08mg/kg，去除率为 25%；添加草甘膦降解菌处理组修复 7d 后，污染土壤中草甘膦剩余含量为 0.027mg/kg，去除率为 75%；添加生物炭-微生物复合材料处理组在修复草甘膦污染土壤 7d 后，草甘膦浓度为 0.013mg/kg，去除率达 87.5%。相比生物炭和游离菌处理，复合材料对土壤中草甘膦的去除效率大大提升。

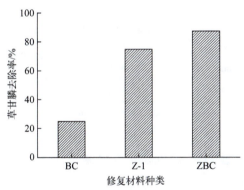

图5-97　生物炭、微生物及生物炭-微生物复合材料对土壤中草甘膦去除效果

表5-53　生物炭、微生物及生物炭-微生物复合材料对土壤中草甘膦去除效果

样品名称	土壤中草甘膦含量/(mg/kg)	修复7d后草甘膦含量/(mg/kg)	去除率/%
CK	0.107	—	—
BC		0.08	25
Z-1	—	0.027	75
ZBC		0.013	87.5

5.5.3.3　功能生物炭对农药阿特拉津的去除效果

将未浸渍的秸秆粉末和金属盐溶液浸渍的秸秆粉末分别填入带盖陶瓷坩埚中，然后

将其放入马弗炉中,在500℃下恒温隔氧热解3h,冷却至室温后。经研磨过100目筛后,未改性生物炭记为DBC。

金属改性生物炭研磨过筛后,用超纯水和无水乙醇反复冲洗以去除多余杂质,将清洗后的生物炭置于70℃烘箱中烘干,存于玻璃瓶中,按Fe^{2+}和Mn^{2+}摩尔比设定,分别为3∶1、1∶3、2∶0、0∶2,4种比例分别标记为F_3M_1DBC、F_1M_3DBC、FeDBC和MnDBC。

(1)不同生物炭材料对阿特拉津的影响

原始生物炭和4种金属改性生物炭材料对溶液中阿特拉津的吸附量随时间的变化曲线如图5-98所示。在2h内,阿特拉津被5种生物炭迅速吸附,主要原因是此阶段生物炭吸附点位充足且溶液中阿特拉津浓度较高,溶液中与生物炭表面上的阿特拉津浓度差较大,吸附速率较大,随后生物炭上的吸附点位逐渐减少,而且阿特拉津的浓度差减小,因此吸附速率逐渐降低,并在24h后趋于平衡。

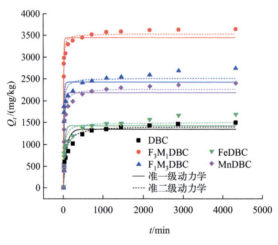

图5-98 生物炭对阿特拉津的吸附动力学拟合曲线

由表5-54可知,5种生物炭吸附阿特拉津的准二级动力学模型拟合度(R^2=0.960、0.989、0.956、0.978、0.915)均高于准一级动力学(R^2=0.896、0.955、0.893、0.921、0.824)。因此,准二级动力学方程能更准确地描述五种生物炭对水中阿特拉津的吸附过程,说明生物炭对阿特拉津的吸附速率主要受化学作用控制,阿特拉津与生物炭之间可能存在电子共有和转移现象。金属改性生物炭对阿特拉津的两种动力学吸附速率常数(k_1、k_2)均高于DBC,表明铁、锰改性提升了生物炭的吸附速度,其原因可能是改性生物炭具有相对较大的比表面积、孔径、孔容以及丰富的含氧官能团,增强了对阿特拉津的吸附性能。而双金属共改性生物炭的吸附速率常数最大,其原因可能是生物炭表面上存在的具有良好的电子传递性的$FeMnO_3$,可提升改性生物炭与有机物之间的电子转移速率,从而增强对阿特拉津的吸附。

表5-54 生物炭对阿特拉津的吸附动力学拟合参数

材料	准一级动力学方程			准二级动力学方程		
	Q_e/(mg/kg)	k_1/min^{-1}	R^2	Q_e/(mg/kg)	k_2/[kg/(mg·min)]	R^2
DBC	1343.17	0.0126	0.896	1423.70	0.00131	0.960
F_3M_1DBC	3437.32	0.1094	0.955	3528.73	0.00607	0.989
F_1M_3DBC	2414.96	0.0675	0.893	2504.95	0.00435	0.956
MnDBC	2175.45	0.0441	0.921	2266.43	0.00295	0.978
FeDBC	1413.85	0.0335	0.824	1489.43	0.00311	0.915

颗粒内扩散拟合结果见图5-99和表5-55。生物炭对阿特拉津的吸附过程明显存在三个阶段：第一阶段是阿特拉津跨液膜扩散，由于溶液中阿特拉津浓度高，生物炭表面吸附位点较多，阿特拉津被生物炭外表面快速吸附，此时扩散速率最大；第二阶段是阿特拉津在生物炭孔隙内扩散，阿特拉津进入生物炭孔道内部，被生物炭内表面的吸附位点吸附，由于需要进入生物炭孔道内，扩散速率减慢；第三阶段是溶液中阿特拉津浓度降低，吸附位点减少，扩散阻力增大，吸附速率降低直到到达吸附平衡状态。生物炭吸附阿特拉津的三个阶段拟合方程的斜率大小均为 $k_1 > k_2 > k_3$，而且截距均不为零（$C \neq 0$），说明颗粒内扩散是生物炭吸附阿特拉津过程中的速率控制步骤，但不是唯一限速步骤。与DBC相比，第一阶段改性生物炭对阿特拉津的扩散速率较大，其原因是改性生物炭表面的铁/锰氧化物可与阿特拉津分子中含N基团发生络合作用形成复合物，复合物内部电子重新进行分配，将阿特拉津吸附在生物炭表面，而第一阶段金属改性生物炭上铁、锰氧化物表面活性位点最多，从而提升了第一阶段吸附速率。

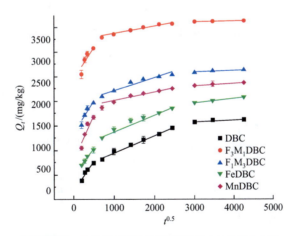

图5-99 生物炭吸附阿特拉津的颗粒内扩散拟合曲线

表5-55 生物炭吸附阿特拉津的颗粒内扩散拟合参数

材料	阶段一			阶段二			阶段三		
	k_1	C_1	R^2	k_2	C_2	R^2	k_3	C_3	R^2
DBC	0.618	157.66	0.978	0.174	590.46	0.995	0.017	1472.61	0.944
F_3M_1DBC	0.628	2452.87	0.951	0.074	3232.18	0.957	0.0086	3575.63	0.998

续表

材料	阶段一			阶段二			阶段三		
	k_1	C_1	R^2	k_2	C_2	R^2	k_3	C_3	R^2
F_1M_3DBC	0.633	1351.99	0.971	0.132	1950.40	0.975	0.015	2508.77	0.846
MnDBC	0.945	768.15	0.955	0.086	1842.58	0.965	0.020	2198.98	0.992
FeDBC	0.664	467.79	0.996	0.171	1026.41	0.995	0.043	1707.66	0.997

采用 Freundlich 和 Langmuir 等温吸附方程对原始生物炭和金属改性生物炭对阿特拉津（ATZ）的吸附过程进行拟合，由图 5-100 及表 5-56 可知，原始生物炭和金属改性生物炭对阿特拉津的平衡吸附量均随平衡浓度的增加而增加，并逐渐趋于平缓。同时，改性后生物炭对阿特拉津的最大饱和吸附量均有大幅增加，其中 F_3M_1DBC 对阿特拉津的最大饱和吸附量是 7993.44mg/kg，约为 DBC（2321.51mg/kg）的 3.44 倍。由拟合模型的 R^2 来看，Freundlich 模型对吸附的拟合度（R^2 分别为 0.991、0.931、0.981、0.982 和 0.983）优于 Langmuir 模型（R^2 分别为 0.932、0.915、0.975、0.978 和 0.976），因此 5 种生物炭对阿特拉津的吸附行为更符合 Freundlich 模型，属于多层吸附。Langmuir 模型中 K_L 表示生物炭对阿特拉津的吸附性能，其值越大，说明生物炭对阿特拉津的吸附性能越强。拟合结果显示，4 种改性生物炭对阿特拉津的吸附性能均强于 DBC，其吸附能力依次为 F_3M_1DBC（K_L=2.798）＞F_1M_3DBC（K_L=0.540）＞MnDBC（K_L=0.492）＞FeDBC（K_L=0.425）＞DBC（K_L=0.390）。Freundlich 模型中 $1/n$ 代表生物炭吸附作用的难易程度，当 $1/n$＞1 时表明难以发生吸附作用，当 $0.5 < 1/n < 1$ 时表明吸附作用较易发生，当 $0.1 < 1/n < 0.5$ 时表明吸附作用极易发生。拟合结果显示 5 种生物炭的 $1/n$ 值均小于 0.5，说明 5 种生物炭对阿特拉津容易发生吸附行为。

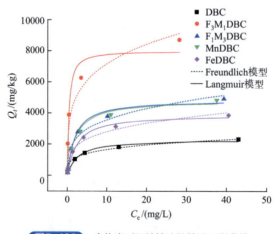

图5-100　生物炭对阿特拉津的等温吸附曲线

表5-56 生物炭对阿特拉津的等温吸附拟合参数

材料	Langmuir模型			Freundlich模型		
	Q_m/(mg/kg)	K_L	R^2	K_F	$1/n$	R^2
DBC	2321.51	0.390	0.932	953.50	0.239	0.991
F_3M_1DBC	7993.44	2.798	0.915	4155.28	0.235	0.931
F_1M_3DBC	4854.88	0.540	0.975	1899.83	0.269	0.981
MnDBC	4838.39	0.492	0.978	1861.22	0.274	0.982
FeDBC	3907.27	0.425	0.976	1508.56	0.264	0.983

（2）pH值对生物炭吸附性能的影响

通过调节溶液初始pH值来研究pH值对生物炭吸附性能的影响。如图5-101所示，在初始pH=3～11的溶液中5种生物炭均可吸附阿特拉津，而且随pH值的变化，5种生物炭对阿特拉津的吸附量的最大波动幅度分别为F_3M_1DBC（0.55%）＜F_1M_3DBC（2.48%）＜MnDBC（2.99%）＜FeDBC（6.29%）＜DBC（8.83%），表明铁、锰改性后pH值对生物炭吸附阿特拉津的影响有所减弱。而改性生物炭对阿特拉津的吸附量均大于DBC，其原因主要有两方面：一方面，由于阿特拉津的pK_a=1.68，而5种生物炭的零点电荷均小于3，因此，在pH=3～11的溶液里阿特拉津均以阴离子（ATZ⁻）的形式存在，生物炭表面均带负电荷，生物炭与阿特拉津之间应表现为静电斥力。改性生物炭的Zeta电位的绝对值低于DBC，因此改性生物炭对阿特拉津的静电斥力小于DBC。另一方面，阿特拉津分子中强吸电子的N原子可与生物炭表面含氧官能团以氢键作用结合，也可作为π-电子受体与生物炭上的金属元素形成π-π相互作用，F_3M_1DBC表面含有更多的—OH和较稳定的金属氧化物，具有更强的氢键作用和π-π相互作用，则F_3M_1DBC对阿特拉津的吸附强于其他生物炭。因此，静电吸附不是生物炭对阿特拉津的主要吸附作用，进而表明F_3M_1DBC对阿特拉津的吸附受pH值影响较小。

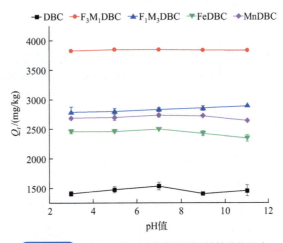

图5-101 溶液pH值对生物炭吸附阿特拉津的影响

（3）不同离子对生物炭吸附阿特拉津的影响

为考察改性生物炭在吸附过程中的抗干扰性，以水体中常见的 Na^+ 和 Mg^{2+} 为例，研究共存阳离子对生物炭吸附阿特拉津的影响。图 5-102 为在不同共存离子强度下 DBC 和 F_3M_1DBC 对阿特拉津的吸附量变化图。当溶液中 Na^+ 浓度从 0 增大到 0.5mol/L 时，Na^+ 对 DBC 和 F_3M_1DBC 吸附阿特拉津有轻微的促进作用（吸附量分别提升了 19.5% 和 3.27%），可能是因为 Na^+ 被生物炭吸附后，生物炭表面对 ATZ^- 的静电斥力减弱，从而对阿特拉津的吸附量增加。但当 Mg^{2+} 浓度增加时，其对 BC 和 MnBC 吸附阿特拉津均有明显的抑制作用（吸附量分别降低了 32.6% 和 10.1%），一方面是因为 Mg^{2+} 具有更高的电荷数，其与生物炭的结合力远大于 Na^+，吸附到生物炭表面的 Mg^{2+} 易与水分子作用，在生物炭表面形成阻碍吸附阿特拉津的水化膜；另一方面是因为溶液中 ATZ^- 可与溶液中 Mg^{2+} 存在较强的静电引力，使阿特拉津与 Mg^{2+} 相结合，消耗阿特拉津表面可与生物炭结合的作用位点，亦可导致生物炭对阿特拉津的吸附量降低。共存离子强度的影响表明吸附位点的竞争会抑制生物炭吸附阿特拉津，而随着两种离子浓度的变化，其对 F_3M_1DBC 吸附的影响幅度均小于 DBC，说明金属改性后生物炭的抗干扰性显著提升。

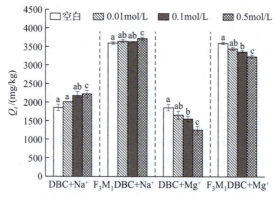

图5-102　溶液离子强度对DBC和F_3M_1DBC吸附阿特拉津的影响（空白即离子浓度为0）

5.6　湖湾水源地水生植被调控管理工程案例

近年来，太湖水生植被分布面积出现大面积退化，水源地水生沉水植被保护的天然屏障遭到破坏，水源地取水口水质不能稳定达标，水体藻类含量超过 20μg/L，存在藻类水华风险。此外，湖滨带挺水植物生长茂盛，挺水植物残体无序处置导致其体内营养盐回到水体，对水源地产生二次污染。因此，研究中针对水生植被优化调控技术、水生植物收割残体资源化处置技术、水源地流泥污染消除技术等在湖湾水源地部分区域的湖滨带进行了工程应用及示范。示范区域沿湖堤长 2000m，宽 10～25m，面积约 33000m²，其中挺水植物区面积 20000m²，沉水植物区面积 13000m²。工程区域如图 5-103 所示。工程关键控制点经纬度坐标见表 5-57。

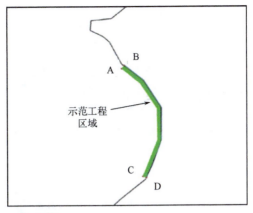

图5-103　工程控制点（A、B、C、D）示意图

表5-57　工程控制点（A、B、C、D）经纬度

编号	经纬度坐标	编号	经纬度坐标
A	31.126075N，120.432003E	C	31.105460N，120.435894E
B	31.126593N，120.432522E	D	31.105238N，120.436500E

5.6.1　工程方案

水源地湖滨岸带区域主要包括挺水植物调控区、沉水植物调控区、水下潜坝消浪促淤区三大部分，空间布局如图5-104所示。并建设水生植物收割物生物炭制备技术验证平台，对收割的水生植物进行资源化处置利用。

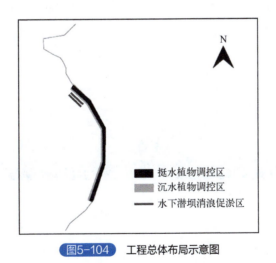

图5-104　工程总体布局示意图

（1）挺水植物调控区

挺水植物调控区，主要通过围网将其与外部环境分隔，进一步分隔成小的调控单元，围网结构如图5-105所示。

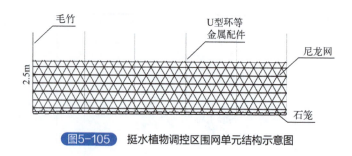

图5-105 挺水植物调控区围网单元结构示意图

（2）沉水植物调控区

沉水植物调控区，主要通过围网及不透水涤纶布将其与外部环境分隔，进一步分隔成小的调控单元，围网结构如图5-106所示。

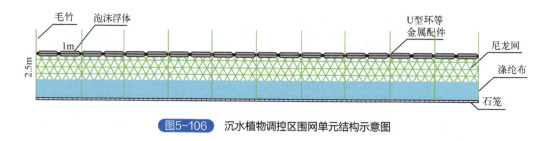

图5-106 沉水植物调控区围网单元结构示意图

（3）水下潜坝消浪促淤区

湖底地形改变会导致波传播速度和波面形状的变化，从而导致波浪破碎与波能损耗。在重力作用下，水体中悬浮颗粒物沉降淤积，通过改变湖底地形，降低波浪扰动强度，加快悬浮颗粒物的淤积，提高水体透明度，减少波浪对水生植被的机械损伤，为水生植物生长提供良好生境条件。水下潜坝消浪促淤技术剖面如图5-107所示。

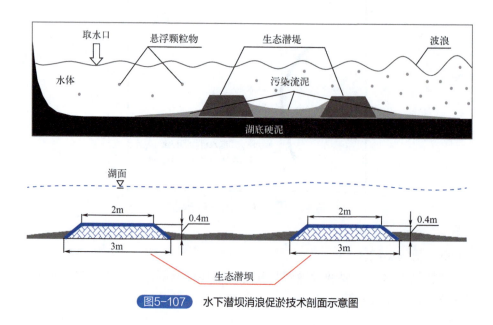

图5-107 水下潜坝消浪促淤技术剖面示意图

（4）水生植物收割物生物炭制备技术验证平台

水生植物收割物生物炭制备技术验证平台由热解炉、尾气收集处理装置、余热利用装置、温控系统等构成，设计如图 5-108 所示。平台可通过温控系统控制和选择生物炭热解温度，每天生产生物炭 1kg。

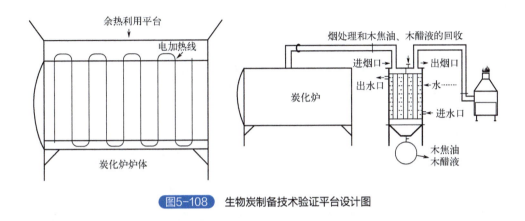

图5-108 生物炭制备技术验证平台设计图

5.6.2 工程建设

水生植被优化调控区于 2019 年 6 月建成。污染流泥消减区于 2019 年 8 月建成，如图 5-109 所示，并于 2020 年 3～4 月先后在示范区内补种沉水植物和挺水植物。水生植被收割残体资源化处置技术验证平台于 2019 年 12 月底建成，如图 5-109 所示。

图5-109 工程示范建设过程

5.6.3 工程实施效果

2017年2月、5月、8月和11月对工程示范所在湖区的TN、TP、COD_{Mn}、叶绿素a、透明度进行了监测,调研了《太湖流域省界水体水资源质量状况通报》(太湖流域管理局)公布的太湖"东部沿岸区"水质类别与营养状态分级。湖湾水源地中工程示范所在区域不同季节的水质本底情况,见表5-58。

表5-58 2017年工程示范所在湖区水质情况

时间	TN/(mg/L)	TP/(mg/L)	COD_{Mn}/(mg/L)	叶绿素a/(μg/L)	SD(透明度)/m	水质类别	营养状态分级
2月	1.73	0.103	5.05	8.37	0.35	V	57.7
5月	1.96	0.097	4.69	16.68	0.50	V	56.6
8月	1.88	0.086	4.31	11.29	0.45	Ⅲ类	53.8
11月	1.38	0.115	6.63	12.48	0.45	Ⅲ类	50.5

利用无人机航拍影像和Arcgis地图处理技术对湖滨带水生植被分布范围及总量进行了计算,挺水植被总分布面积0.2443km^2,区内挺水植被分布不均,局部过密和大面积地表裸露现象同时存在;工程示范建设前,设置6个监测点位($1^\#\sim6^\#$),对其挺水植物香农-威纳多样性指数(DI)进行了多样方取样计算,发现DI变化范围在0.15~0.33,单样点植被多样性指数偏低,见表5-59。

表5-59 示范区挺水植被多样性指数

点位	株数/(ind/m^2)						DI
	芦苇	薹草	芦竹	菱草	荻	香蒲	
$1^\#$	15	1	0	0	0	0	0.23
$2^\#$	28	0	1	1	0	0	0.20
$3^\#$	20	1	0	1	1	0	0.33
$4^\#$	28	0	0	0	0	1	0.15
$5^\#$	23	0	0	2	1	0	0.23
$6^\#$	24	0	2	0	0	0	0.29

2020年工程示范建成后,设置16个监测点,其中挺水植物调控区监测点8个,包括示范工程挺水植物调控区内4个($1^\#\sim4^\#$),对照区内4个($5^\#\sim8^\#$);沉水植物调控区监测点8个,包括示范工程沉水植物调控区内4个($9^\#\sim12^\#$),对照区内4个($13^\#\sim16^\#$)。

如图5-110所示,可以看出,2019年3月~2020年11月,示范区水生植物多样性指数在0.549~1.583变化;对照区则在0.455~1.292变化。示范区各月水生植物多样性指数在0.36以上;与对照区相比,各月水生植被多样性指数增加超过10%。

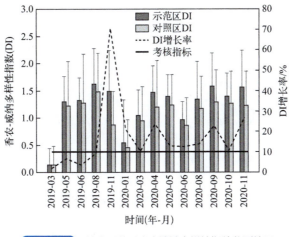

图5-110　技术示范区水生植被多样性指数监测结果

工程示范建成后潜堤内侧底泥淤积效果提高了43.7%以上，波高削减率可达61.7%，水体透明度增加23.6%、TN和TP浓度分别削减了16.7%和30.4%；冬季湖滨带挺水植被收割，可去除TN 21.8t、TP 1.6t，湖湾水源地水体TN下降0.07mg/L，TP下降0.005mg/L，提升了水源地水质。同时，通过水生植物收割物生物炭制备技术验证平台，每天可以生产1kg的生物炭，对收割的水生植物实现了资源化处理处置。

参考文献

[1] 陈壮，梁媛，赵奔，等. 改性生物炭对Cr(Ⅵ)的吸附特性研究[J]. 复旦学报(自然科学版)，2021，60(6)：779-788.

[2] 葛春辉，张云舒，唐光木，等. 生物炭的施入对玉米生物量和磷养分吸收的影响[J]. 新疆农业科学，2020，57(3)：442-449.

[3] 何绪生，张树清，佘雕，等. 生物炭对土壤肥料的作用及未来研究[J]. 中国农学通报，2011，27(15)：16-25.

[4] 金圣圣，张丽梅，贺纪正. 锰氧化物与环境中有机物的作用及其在环境修复中的应用[J]. 环境科学学报，2008(12)：2394-2403.

[5] 李荣华，涂志能，Ali Amjad，等. 生物炭复合菌剂促进堆肥腐熟及氮磷保留[J]. 中国环境科学，2020，40(8)：3449-3457.

[6] 蔺兰兰，李海洋，赵学瑞，等. 中空介孔磁性Fe_3O_4@HMPDA微粒的制备及其对水中抗生素的分离性能[J]. 兰州交通大学学报，2021，40(5)：112-120.

[7] 孟依柯，王媛，汪传跃，等. 木屑生物炭对填料土的氮磷吸附及雨水持留改良影响[J]. 环境科学，2021，42(12)：5876-5883.

[8] 司友斌，王慎强，陈怀满. 农田氮、磷的流失与水体富营养化[J]. 土壤，2000(4)：188-193.

[9] 宋豆豆，李莉，刘伟婷. 玉米秸秆改性生物炭对磺胺类抗生素的吸附特性[J]. 生态与农村环境学报，2021，37(11)：1473-1480.

[10] 文登鸿，吴雪莲，崔凌峰，等. 生物质炭施用对土壤理化性状和碳形态的影响[J]. 农技服务，2017，34(24)：7-8.

[11] 王悦满，高倩，薛利红，等. 生物炭不同施加方式对水稻生长及产量的影响[J]. 农业资源与环境学报，2018，

35(1): 58-65.

[12] 赵少华，宇万太，张璐，等. 土壤有机磷研究进展[J]. 应用生态学报，2004(11): 2189-2194.

[13] 张阿凤，潘根兴，李恋卿. 生物黑炭及其增汇减排与改良土壤意义[J]. 农业环境科学学报，2009, 28(12): 2459-2463.

[14] 张爱平，刘汝亮，高霁，等. 生物炭对宁夏引黄灌区水稻产量及氮素利用率的影响[J]. 植物营养与肥料学报，2015, 21(5): 1352-1360.

[15] 郑琴，王秀斌，宋大利，等. 生物炭对潮土磷有效性、小麦产量及吸磷量的影响[J]. 中国土壤与肥料，2019(3): 130-136.

[16] 张军，宋萌萌，高兴，等. 生物炭填充方式与老化对生物滞留氮磷淋失的影响[J]. 中国给水排水，2020, 36(15): 100-106.

[17] 朱赫特，郭雅欣，陈晓，等. 磷酸改性水生植物生物炭吸附微囊藻毒素-LR 及其影响因素[J]. 环境科学学报，2021, 41(5): 1878-1890.

[18] 邹意义，袁怡，沈涛，等. $FeCl_3$ 改性污泥生物炭对水中吡虫啉的吸附性能研究[J]. 环境科学学报，2021, 41(9): 3478-3486.

[19] 祝国荣，张萌，王芳侠，等. 从生物力学角度诠释富营养化引发的水生植物衰退机理[J]. 湖泊科学，2017, 29(5): 1029-1042.

[20] 朱金格，胡维平，刘鑫，等. 湖泊水动力对水生植物分布的影响[J]. 生态学报，2019, 39(2): 454-459.

[21] 王月玲. 添加生物炭对塿土温室气体排放和土壤理化性质的影响[D]. 杨凌: 西北农林科技大学，2017.

[22] 卢慧宇. 水肥调控及生物炭施用对作物产量和氮磷效率及氮磷淋失的影响[D]. 杨凌: 西北农林科技大学，2022.

[23] Agrawal A A. Phenotypic plasticity in the interactions and evolution of species[J]. Science, 2001, 294: 321-326.

[24] Abdelraheem W H M, Rabia M K M, Ismail N M. Evaluation of copper speciation in the extract of Eichhornia crassipes using reverse and forward/CLE voltammetric titrations[J]. Arabian Journal of Chemistry, 2016, 9: S1670-S1678.

[25] Ahmad M, Lee S S, Lee S E, et al. Biochar-induced changes in soil properties affected immobilization/mobilization of metals/metalloids in contaminated soils[J]. Journal of soils and sediments, 2017, 17: 717-730.

[26] Ai T, Jiang X, Liu Q, et al. Daptomycin adsorption on magnetic ultra-fine wood-based biochars from water: Kinetics, isotherms, and mechanism studies [J]. Bioresource Technology, 2019, 273: 8-15.

[27] Brant J, Lecoanet H, Wiesner M R. Aggregation and deposition characteristics of fullerene nanoparticles in aqueous systems[J]. Journal of Nanoparticle Research, 2005, 7: 545-553.

[28] Brodowski S, Amelung W, Haumaier L, et al. Black carbon contribution to stable humus in German arable soils[J]. Geoderma, 2007, 139(1-2): 220-228.

[29] Bastami K D, Neyestani M R, Esmaeilzadeh M, et al. Geochemical speciation, bioavailability and source identification of selected metals in surface sediments of the Southern Caspian Sea[J]. Marine pollution bulletin, 2017, 114(2): 1014-1023.

[30] Chambers P A, Prepas E E, Hamilton H R, et al. Current velocity and its effect on aquatic macrophytes in flowing waters[J]. Journal of Applied Ecology, 1991, 1(3): 249-257.

[31] Chan K Y, Van Z L, Meszaros I, et al. Agronomic values of greenwaste biochar as a soil amendment[J]. Soil Research, 2008, 45(8): 629-634.

[32] Atkinson C J, Fitzgerald J D, Hipps N A. Potential mechanisms for achieving agricultural benefits from biochar application to temperate soils: A review[J]. Plant and Soil, 2010, 337(1-2): 1-18.

[33] Cao X, Liang Y, Zhao L, et al. Mobility of Pb, Cu, and Zn in the phosphorus-amended contaminated soils under simulated landfill and rainfall conditions[J]. Environmental Science and Pollution Research, 2013, 20(9): 5913-5921.

[34] Costa E T D S, Guilherme L R G, Lopes G, et al. Effect of equilibrium solution ionic strength on the adsorption of Zn, Cu, Cd, Pb, As, and P on aluminum mining by-product[J]. Water, Air, & Soil Pollution, 2014, 225(3): 1894.

[35] Cui X, Hao H, Zhang C, et al. Capacity and mechanisms of ammonium and cadmium sorption on different wetland-plant derived biochar[J]. Science of the total environment, 2016, 539: 566-575.

[36] Chen M, Wang D, Yang F, et al. Transport and retention of biochar nanoparticles in a paddy soil under environmentally-relevant solution chemistry conditions[J]. Environmental pollution, 2017, 230: 540-549.

[37] Chen T, Jing W, Feng G, et al. Biochar and bacteria inoculated biochar enhanced Cd and Cu immobilization and enzymatic activity in a polluted soil[J]. Environment international, 2020, 137: 105576.

[38] DeLuca T H, MacKenzie M D, Gundale M J, et al. Wildfire-produced charcoal directly influences nitrogen cycling in ponderosa pine forests[J]. Soil Science Society of America Journal, 2006, 70(2): 448-453.

[39] Deng J, Liu Y, Liu S, et al. Competitive adsorption of Pb(Ⅱ), Cd(Ⅱ) and Cu(Ⅱ) onto chitosan-pyromellitic dianhydride modified biochar[J]. Journal of colloid and interface science, 2017, 506: 355-364.

[40] Downing K M, Stacey M. Flow-induced forces on free-floating macrophytes[J]. Hydrobiologia, 2011, 671(1): 121-135.

[41] Ernst W H O. Bioavailability of heavy metals and decontamination of soils by plants[J]. Applied geochemistry, 1996, 11(1-2): 163-167.

[42] El-Naggar A, Lee S S, Awad Y M, et al. Influence of soil properties and feedstocks on biochar potential for carbon mineralization and improvement of infertile soils[J]. Geoderma, 2018, 332: 100-108.

[43] El-Naggar A, Shaheen S M, Ok Y S, et al. Biochar affects the dissolved and colloidal concentrations of Cd, Cu, Ni, and Zn and their phytoavailability and potential mobility in a mining soil under dynamic redox-conditions[J]. Science of the total environment, 2018, 624: 1059-1071.

[44] Feriancikova L, Xu S. Deposition and remobilization of graphene oxide within saturated sand packs[J]. Journal of hazardous materials, 2012, 235: 194-200.

[45] Fernández-Fernández M, Rodriguez-Gonzalez P, Sánchez D H, et al. Accurate and sensitive determination of molar fractions of 13C-Labeled intracellular metabolites in cell cultures grown in the presence of isotopically-labeled glucose[J]. Analytica chimica acta, 2017, 969: 35-48.

[46] Fu J, Yu D, Chen X, et al. Recent research progress in geochemical properties and restoration of heavy metals in contaminated soil by phytoremediation[J]. Journal of Mountain Science, 2019, 16(9): 2079-2095.

[47] Filho J S, Gantalice J B, Guerra S S, et al. Drag coeffcient and hydraulic roughness generated by an aquatic vegetation patch in a semi-arid alluvial channel[J]. Ecological Engineering, 2011, 141: 105598.

[48] Gaskin J W, Steiner C, Harris K, et al. Effect of low-temperature pyrolysis conditions on biochar for agricultural use[J]. Transactions of the ASABE, 2008, 51(6): 2061-2069.

[49] Guo Y, Tang W, Wu J, et al. Mechanism of Cu(Ⅱ) adsorption inhibition on biochar by its aging

process[J]. Journal of Environmental Sciences, 2014, 26(10): 2123-2130.

[50] Guo Y, Fan R, McLaughlin N, et al. Impacts induced by the combination of earthworms, residue and tillage on soil organic carbon dynamics using 13C labelling technique and X-ray computed tomography[J]. Soil and Tillage Research, 2021, 205: 104737.

[51] Geng Y, Pan X, Xu C, et al. Phenotypic plasticity rather than locally adapted ecotypes allows the invasive alligator weed to colonize a wide range of habitats[J]. Biological Invasions, 2007, 9(3): 245-256.

[52] He L, Zhong H, Liu G, et al. Remediation of heavy metal contaminated soils by biochar: Mechanisms, potential risks and applications in China[J]. Environmental pollution, 2019, 252: 846-855.

[53] Hameed R, Lei C, Fang J, et al. Co-transport of biochar colloids with organic contaminants in soil column[J]. Environmental Science and Pollution Research, 2021, 28(2): 1574-1586.

[54] Johnson W P, Li X, Yal G. Colloid retention in porous media: Mechanistic confirmation of wedging and retention in zones of flow stagnation[J]. Environmental science & technology, 2007, 41(4): 1279-1287.

[55] Jiang S, Dai G, Liu Z, et al. Field-scale fluorescence fingerprints of biochar-derived dissolved organic matter (DOM) provide an effective way to trace biochar migration and the downward co-migration of Pb, Cu and As in soil[J]. Chemosphere, 2022, 301: 134738.

[56] James W F, Barko J W, Butler M G. Shear stress and sediment resuspension in relation to submersed macrophyte biomass[J]. Hydrobiologia, 2004, 515: 181-191.

[57] Karami N, Clemente R, Moreno-Jiménez E, et al. Efficiency of green waste compost and biochar soil amendments for reducing lead and copper mobility and uptake to ryegrass[J]. Journal of hazardous materials, 2011, 191(1-3): 41-48.

[58] Kang J K, Yi I G, Park J A, et al. Transport of carboxyl-functionalized carbon black nanoparticles in saturated porous media: Column experiments and model analyses[J]. Journal of Contaminant Hydrology, 2015, 177: 194-205.

[59] Kołodyńska D, Krukowska J, Thomas P. Comparison of sorption and desorption studies of heavy metal ions from biochar and commercial active carbon[J]. Chemical Engineering Journal, 2017, 307: 353-363.

[60] Lehmann J. A handful of carbon[J]. Nature, 2007, 447(7141): 143-144.

[61] Li M, Liu Q, Guo L, et al. Cu(II) removal from aqueous solution by Spartina alterniflora derived biochar[J]. Bioresource technology, 2013, 141: 83-88.

[62] Liu S, Xu W H, Liu Y G, et al. Facile synthesis of Cu(II) impregnated biochar with enhanced adsorption activity for the removal of doxycycline hydrochloride from water[J]. Science of The Total Environment, 2017, 592: 546-553.

[63] Liu X J, Li M F, Singh S K. Manganese-modified lignin biochar as adsorbent for removal of methylene blue[J]. Journal of materials research and technology, 2021, 12: 1434-1445.

[64] Liang Y, Ding L A, Song Q, et al. Biodegradation of atrazine by three strains: Identification, enzymes activities, biodegradation mechanism[J]. Environmental Pollutants and Bioavailability, 2022, 34(1): 549-563.

[65] Liang Y, Zhao B, Yuan C. Adsorption of atrazine by Fe-Mn-modified biochar: The dominant mechanism of π-π interaction and pore structure[J]. Agronomy-Basel, 2022; 12(12): 3097.

[66] Liang Y, Li XR, Liu S, et al. Tracing the synergistic migration of biochar and heavy metals based on 13C isotope signature technique: Effect of ionic strength and flow rate[J]. Science of the Total

Environment, 2023, 859(1): 160229.

[67] Liu H, Liu G, Xing W. Functional traits of submerged macrophytes in eutrophic shallow lakes affect their ecological functions[J]. Science of the Total Environment, 2021, 760: 143332.

[68] Major J, Lehmann J, Rondon M, et al. Fate of soil-applied black carbon: Downward migration, leaching and soil respiration[J]. Global Change Biology, 2010, 16(4): 1366-1379.

[69] Mancinelli E, Baltrėnaitė E, Baltrėnas P, et al. Dissolved organic carbon content and leachability of biomass waste biochar for trace metal (Cd, Cu and Pb) speciation modelling[J]. Journal of Environmental Engineering and Landscape Management, 2017, 25(4): 354-366.

[70] Meng Z, Huang S, Xu T, et al. Competitive adsorption, immobilization, and desorption risks of Cd, Ni, and Cu in saturated-unsaturated soils by biochar under combined aging[J]. Journal of Hazardous Materials, 2022, 434: 128903.

[71] Madsen J D, Chambers P A, James W F. et al. The interaction between water movement, sediment dynamics and submersed macrophytes[J]. Hydrobiologia, 2001, 444: 71-84.

[72] Meng Z, Yu X, Xia S, et al. Effects of water depth on the biomass of two dominant submerged macrophyte species in floodplain lakes during flood and dry seasons[J]. Science of the Total Environment, 2023, 877: 162690.

[73] Miler O, Albayrak I, Nikora V, et al. Biomechanical properties and morphological characteristics of lake and river plants: Implications for adaptations to flow conditions[J]. Aquatic Sciences, 2014, 76(4): 465-481.

[74] Niaz M, Mubashir H, Waheed U, et al. Biochar for sustainable soil and environment: A comprehensive review[J]. Arabian Journal of Geosciences, 2018, 11(23): 731.

[75] Obia A, Børresen T, Martinsen V, et al. Vertical and lateral transport of biochar in light-textured tropical soils[J]. Soil and Tillage Research, 2017, 165: 34-40.

[76] Pan Y, Peng Z, Liu Z, et al. Activation of peroxydisulfate by bimetal modified peanut hull-derived porous biochar for the degradation of tetracycline in aqueous solution[J]. Journal of Environmental Chemical Engineering, 2022, 10(2): 107366.

[77] Puijalon S, Bouma T J, Douady C J, et al. Plant resistance to mechanical stress: Evidence of an avoidance-tolerance trade-off[J]. New Phytologist, 2011, 191(4): 1141-1149.

[78] Qiu M, Liu L, Ling Q, et al. Biochar for the removal of contaminants from soil and water: A review[J]. Biochar, 2022, 4(1): 19.

[79] Riis T, Biggs B F. Hydrologic and hydraulic control of macrophyte establishment and performance in streams[J]. Limnology and Oceanography, 2003, 48(4): 1488-1497.

[80] Shen C, Li B, Huang Y, et al. Kinetics of coupled primary-and secondary-minimum deposition of colloids under unfavorable chemical conditions[J]. Environmental science & technology, 2007, 41(20): 6976-6982.

[81] Sun W L, Xia J, Li S, et al. Effect of natural organic matter (NOM) on Cu(II) adsorption by multi-walled carbon nanotubes: Relationship with NOM properties[J]. Chemical Engineering Journal, 2012, 200: 627-636.

[82] Shi K, Xie Y, Qiu Y. Natural oxidation of a temperature series of biochars: Opposite effect on the sorption of aromatic cationic herbicides[J]. Ecotoxicology and environmental safety, 2015, 114: 102-108.

[83] Subramaniam N S, Bawden C S, Rudiger S R, et al. Development of a novel 13C-labelled methionine breath test protocol for potential assessment of hepatic mitochondrial function in sheep using isotope-ratio mass spectrometry[J]. International Journal of Mass Spectrometry, 2019, 442:

102-108.

[84] Sun C, Zhang Z C, Zhu K, et. al. Biochar altered native soil organic carbon by changing soil aggregate size distribution and native SOC in aggregates based on an 8-year field experiment[J]. Science of the Total Environment, 2020, 708: 134829.

[85] Saiful M, Kawser M, Habibullah M. Human and ecological risks of metals in soils under different land-use types in an urban environment of Bangladesh[J]. Pedosphere, 2020, 30(2): 201-213.

[86] Shi Y, Zhao Z, Zhong Y, et al. Synergistic effect of floatable hydroxyapatite-modified biochar adsorption and low-level $CaCl_2$ leaching on Cd removal from paddy soil[J]. Science of The Total Environment, 2022, 807(2): 150872.

[87] Sand-Jensen K. Drag and reconfiguration of freshwater macrophytes[J]. Freshwater Biology, 2003, 48(2): 271-283.

[88] Schutten J, Dainty J, Davy A J. Root anchorage and its significance for submerged plants in shallow lakes[J]. Journal of Ecology, 2005, 93(3): 556-571.

[89] Su H, Chen J, Wu Y, et al. Morphological traits of submerged macrophytes reveal specific positive feedbacks to water clarity in freshwater ecosystems[J]. Science of the Total Environment, 2019, 684: 578-586.

[90] Sultan S E. Phenotypic plasticity for plant development, function and life history[J]. Trends in Plant Science, 2000, 5(12): 537-542.

[91] TTrakal L, Bingöl D, Pohořelý M, et al. Geochemical and spectroscopic investigations of Cd and Pb sorption mechanisms on contrasting biochars: Engineering implications[J]. Bioresource technology, 2014, 171: 442-451.

[92] Vogan P J, Sage R F. Effects of low atmospheric CO_2 and elevated temperature during growth on the gas exchange responses of C_3, C_3-C_4 intermediate, and C_4 species from three evolutionary lineages of C_4 photosynthesis[J]. Oecologia, 2012, 169(2): 341-352.

[93] Vilvanathan S, Shanthakumar S. Modeling of fixed-bed column studies for removal of cobalt ions from aqueous solution using Chrysanthemum indicum[J]. Research on Chemical Intermediates, 2017, 43(1): 229-243.

[94] Wang H, McCaig T N, DePauw R M, et al. Physiological characteristics of recent Canada Western Red Spring wheat cultivars: Components of grain nitrogen yield[J]. Canadian Journal of Plant Science, 2003, 83(4): 699-707.

[95] Wang Y, Tang X, Chen Y, et al. Adsorption behavior and mechanism of Cd(Ⅱ) on loess soil from China[J]. Journal of Hazardous Materials, 2009, 172(1): 30-37.

[96] Wang H, Huang Y, Shen C, et al. Co-transport of pesticide acetamiprid and silica nanoparticles in biochar-amended sand porous media[J]. Journal of Environmental Quality, 2016, 45(5): 1749-1759.

[97] Wang T, Xue Y, Zhou M, et al. Comparative study on the mobility and speciation of heavy metals in ashes from co-combustion of sewage sludge/dredged sludge and rice husk[J]. Chemosphere, 2017, 169: 162-170.

[98] Wang Y, Zhang W, Shang J, et al. Chemical aging changed aggregation kinetics and transport of biochar colloids[J]. Environmental science & technology, 2019, 53(14): 8136-8146.

[99] Wang X, Xu J, Liu J, et al. Mechanism of Cr(Ⅵ) removal by magnetic greigite/biochar composites[J]. Science of The Total Environment, 2020, 700: 134414.

[100] Wang Y, Li M, Jiang C, et al. Soil microbiome-induced changes in the priming effects of 13C-labelled substrates from rice residues[J]. Science of the Total Environment, 2020, 726: 138562.

[101] Wei L, Wang K, Noguera D R, et al. Transformation and speciation of typical heavy metals in soil aquifer treatment system during long time recharging with secondary effluent: Depth distribution and combination[J]. Chemosphere, 2016, 165: 100-109.

[102] Weng Z H, Van Z L, Singh B P, et al. Biochar built soil carbon over a decade by stabilizing rhizodeposits[J]. Nature Climate Change, 2017, 7(5): 371.

[103] Wu J, Wang T, Zhang Y, et al. The distribution of Pb(Ⅱ)/Cd(Ⅱ) adsorption mechanisms on biochars from aqueous solution: Considering the increased oxygen functional groups by HCl treatment[J]. Bioresource Technology, 2019, 291: 121859.

[104] Xu L, Wang T, Wang J, et al. Occurrence, speciation and transportation of heavy metals in 9 coastal rivers from watershed of Laizhou Bay, China[J]. Chemosphere, 2017, 173: 61-68.

[105] Xiang Y, Yang X, Xu Z, et al. Fabrication of sustainable manganese ferrite modified biochar from vinasse for enhanced adsorption of fluoroquinolone antibiotics: Effects and mechanisms[J]. Science of The Total Environment, 2020, 709: 136079.

[106] Xu Z, Xu X, Yu Y, et al. Evolution of redox activity of biochar during interaction with soil minerals: Effect on the electron donating and mediating capacities for Cr(Ⅵ) reduction[J]. Journal of hazardous materials, 2021; 414: 125483.

[107] Yang Z, Liang J, Tang L, et al. Sorption-desorption behaviors of heavy metals by biochar-compost amendment with different ratios in contaminated wetland soil[J]. Journal of soils and sediments, 2018, 18(4): 1530-1539.

[108] Yang F, Xu Z, Huang Y, et al. Stabilization of dissolvable biochar by soil minerals: Release reduction and organo-mineral complexes formation[J]. Journal of hazardous materials, 2021, 412: 125213.

[109] Yang B, Qiu H, Zhang P, et al. Modeling and visualizing the transport and retention of cationic and oxyanionic metals (Cd and Cr) in saturated soil under various hydrochemical and hydrodynamic conditions[J]. Science of The Total Environment, 2022, 812: 151467.

[110] Yang Y, Sun K, Han L, et al. Biochar stability and impact on soil organic carbon mineralization depend on biochar processing, aging and soil clay content[J]. Soil Biology and Biochemistry, 2022, 169: 108657.

[111] Yang C, Shi X, Nan J, et al. Morphological responses of the submerged macrophyte Vallisneria natans along an underwater light gradient: A mesocosm experiment reveals the importance of the Secchi depth to water depth ratio[J]. Science of the Total Environment, 2022, 808: 152199.

[112] Yu L, Yu D. Differential responses of the floating-leaved aquatic plant Nymphoides peltate to gradual versus rapid increases in water levels[J]. Aquatic Botany, 2011, 94: 71-76.

[113] Zhang W, Niu J, Morales V L, et al. Transport and retention of biochar particles in porous media: effect of pH, ionic strength, and particle size[J]. Ecohydrology, 2010, 3(4): 497-508.

[114] Zhou L, Liu Y, Liu S, et al. Investigation of the adsorption-reduction mechanisms of hexavalent chromium by ramie biochars of different pyrolytic temperatures[J]. Bioresource Technology, 2016, 218: 351-359.

[115] Zhou Q, Liao B, Lin L, et al. Adsorption of Cu(Ⅱ) and Cd(Ⅱ) from aqueous solutions by ferromanganese binary oxide–biochar composites[J]. Science of the total environment, 2018, 615: 115-122.

[116] Zeng S, Ma J, Yang Y, et al. Spatial assessment of farmland soil pollution and its potential human health risks in China[J]. Science of the total environment, 2019, 687: 642-653.

[117] Zheng T, Wang T, Ma R, et al. Influences of isolated fractions of natural organic matter on

adsorption of Cu (Ⅱ) by titanate nanotubes[J]. Science of The Total Environment, 2019, 650: 1412-1418.

[118] Zheng S, Wang Q, Yuan Y, et al. Human health risk assessment of heavy metals in soil and food crops in the Pearl River Delta urban agglomeration of China[J]. Food chemistry, 2020, 316: 126213.

[119] Zhang X, Li Y, Wu M, et al. Enhanced adsorption of tetracycline by an iron and manganese oxides loaded biochar: Kinetics, mechanism and column adsorption[J]. Bioresource Technology, 2021, 320: 124264.

[120] Zhu G, Yuan C, Di G, et al. Morphological and biomechanical response to eutrophication and hydrodynamic stresses[J]. Science of the Total Environment, 2018, 622: 421-435.

[121] Zhu J G, Deng J C, Zhang Y H, et al. Response of submerged aquatic vegetation to water depth in a large shallow lake after an extreme rainfall event[J]. Water, 2019, 11(11): 2414.